石油和化工行业“十四五”规划教材
化学工业出版社“十四五”普通高等教育规划教材
高等院校智能制造人才培养系列教材

人工智能原理及应用

张超　主编　　吴自高　王进峰　陶然　副主编

The Principles and Applications of Artificial Intelligence

化学工业出版社
·北京·

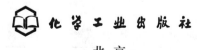

内容简介

本书是一本介绍人工智能的入门级教材，系统地论述了人工智能的概念、原理与应用，主要内容包括绪论（第1章）、知识表示与推理技术（第2章）、机器学习算法（第3～7章）、计算智能理论（第8～11章）、专家系统（第12章）等板块。本书不但介绍了人工智能的基本原理，还结合各个研究方向的前沿成果对各种智能算法和应用技术进行详细阐述，力求清晰地呈现人工智能的经典理论与实用方法。各章采用思维导图、学习目标和案例引入的方式进行引导，注重基础理论的讲解，对各种人工智能算法均配以公式推导和计算流程图，并通过浅显易懂的实例来演示智能算法的具体应用，各章末尾小结部分进行知识点总结，以帮助读者更好地理解和掌握各章所涉及的基本理论和基础知识。

本书是高等院校本科生和研究生学习人工智能的教材，也可供从事人工智能研究与开发的技术人员参考。

图书在版编目（CIP）数据

人工智能原理及应用 / 张超主编 ； 吴自高，王进峰，陶然副主编. -- 北京 ： 化学工业出版社，2024. 12.
（高等院校智能制造人才培养系列教材）. -- ISBN 978-7-122-46008-0

Ⅰ. TP18

中国国家版本馆CIP数据核字第2024MB6645号

责任编辑：金林茹　　文字编辑：王　硕
责任校对：李露洁　　装帧设计：韩　飞

出版发行：化学工业出版社（北京市东城区青年湖南街13号　邮政编码100011）
印　　装：北京云浩印刷有限责任公司
787mm×1092mm　1/16　印张16¾　字数397千字　2025年3月北京第1版第1次印刷

购书咨询：010-64518888　　售后服务：010-64518899
网　　址：http://www.cip.com.cn
凡购买本书，如有缺损质量问题，本社销售中心负责调换。

定　　价：59.00元

高等院校智能制造人才培养系列教材
建设委员会

主任委员：

罗学科　郑清春　李康举　郎红旗

委员（按姓氏笔画排序）：

门玉琢　王进峰　王志军　王　坤　王丽君
田　禾　朱加雷　刘　东　刘峰斌　杜艳平
杨建伟　张　毅　张东升　张烈平　张峻霞
陈继文　罗文翠　郑　刚　赵　元　赵　亮
赵卫兵　胡光忠　袁夫彩　黄　民　曹建树
戚厚军　韩伟娜

序

党的二十大报告指出，要建设现代化产业体系，坚持把发展经济的着力点放在实体经济上，推进新型工业化，加快建设制造强国、质量强国、航天强国、交通强国、网络强国、数字中国。实施产业基础再造工程和重大技术装备攻关工程，支持专精特新企业发展，推动制造业高端化、智能化、绿色化发展。推动战略性新兴产业融合集群发展，构建新一代信息技术、人工智能、生物技术、新能源、新材料、高端装备、绿色环保等一批新的增长引擎。其中，制造强国、高端装备等重点工作都与智能制造相关，可以说，智能制造是我国从制造大国转向制造强国、构建中国制造业全球优势的主要路径。

制造业是一个国家的立国之本、强国之基，历来是世界各主要工业国高度重视和发展的重要领域。改革开放以来，我国综合国力得到稳步提升，到 2011 年中国工业总产值全球第一，分别是美国、德国、日本的 120%、346%和 235%。党的十八大以来，我国进入了新时代，发展的格局更为宏大，“一带一路”倡议和制造强国战略使我国工业正在实现从大到强的转变。我国不但建立了全球最为齐全的工业体系，而且在许多重大装备领域取得突破，特别是在三代核电、特高压输电、特大型水电站、大型炼化工、油气长输管线、大型矿山采掘与炼矿综采重点工程建设项目、重大成套装备、高端装备、航空航天等领域取得了丰硕成果，补齐了短板，打破了国外垄断，解决了许多“卡脖子”难题，为推动重大技术装备高质量发展，实现我国高水平科技自立自强奠定了坚实基础。进入新时代的十年，制造业增加值从 2012 年的 16.98 万亿元增加到 2021 年的 31.4 万亿元，占全球比重从 20%左右提高到近 30%；500 种主要工业产品中，我国有四成以上产量位居世界第一；建成全球规模最大、技术领先的网络基础设施……一个个亮眼的数据，一项项提气的成就，勾勒出十年间大国制造的非凡足迹，标志着我国迎来从“制造大国”“网络大国”向“制造强国”“网络强国”的历史性跨越。

最早提出智能制造概念的是美国人 P.K.Wright，他在其 1988 年出版的专著 *Manufacturing Intelligence*（《制造智能》）中，把智能制造定义为“通过集成知识工程、制造软件系统、机器人视觉和机器人控制来对制造技工们的技能与专家知识进行建模，以使智能机器能够在没有人工干预的情况下进行小批量生产”。当然，因为智能制造仍处在发展阶段，各种定义层出不穷，国内外有不同专家给出了不同的定义，但智能机器、智能传感、智能算法、智能设计、解决制造过程中不确定问题的智能方法、智能维护是智能制造的核心关键词。

从人才培养的角度而言，实现智能制造还任重道远，人才紧缺的局面很难在短时间内扭转，相关高校师资力量也不足。据不完全统计，近五年来，全国有 300 多所高校开办了智能制造专业，其中既有双一流高校，也有许多地方院校和民办高校，人才培养定位、课程体系、教材建设、实践环节都面临一系列问题，严重制约着我国智能制造业未来的长远发展。在此情况下，如何培养出适应不同行业、不同岗位要求的智能制造专业人才，是许多开设该专业的高校面临的首要任务。

智能制造的特点决定了其人才培养模式区别于其他传统工科：首先，智能制造是跨专业的，其所涉及的知识几乎与所有工科门类有关；其次，智能制造是跨行业的，其核心技术不仅覆盖所有制造行业，也适用于某些非制造行业。因此，智能制造人才培养既要考虑本校专业特色，又不能脱离社会对智能制造人才的需求，既要遵循教育的基本规律，又要创新教育体系和教学方法。在课程设置中要充分考虑以下因素：

- 考虑不同类型学校的定位和特色；
- 考虑学生已有知识基础和结构；
- 考虑适应某些行业需求，如流程制造，离散制造，混合制造等；
- 考虑适应不同生产模式，如多品种、小批量生产、大批量生产等；
- 考虑让学生了解智能制造相关前沿技术；
- 考虑兼顾应用型、技能型、研究型岗位需求等。

改革开放 40 多年来，我国的高等教育突飞猛进，高等教育的毛入学率从 1978 年的 1.55%提高到 2021 年的 57.8%，进入了普及化教育阶段，这就意味着高等教育担负的历史使命、受教育的对象都发生了深刻的变化。面对地方应用型高校生源差异化大，因材施教，做好智能制造应用型人才培养，解决高校智能制造应用型人才培养的教材需求就是本系列教材的使命和定位。

要解决好这个问题，首先要有一个好的定位，有一个明确的认识，这套教材定位于智能制造应用人才培养需求，就是要解决应用型人才培养的知识体系如何构造，智能制造应用型人才的课程内容如何搭建。我们知道，应用型高校学生培养的主要目的是为应用型学科专业的学生打牢一定的理论功底，为培养德才兼备、五育并举的应用型人才服务，因此在课程体系、基础课程、专业教育、实践能力培养上与传统综合性大学和“双一流”学校比较应有不同的侧重，应更着眼于学生的实用性需求，应培养满足社会对应用技术人才的需求，满足社会实际生产和社会实际发展的需求，更要考虑这些学校学生的实际，也就是要面向社会发展需求，为社会各行各业培养“适销对路”的专业人才。因此，在人才培养的过程中，对实践环节的要求更高，要非常注重理论和实践相结合。据此，在应用型人才培养模式的构建上，从培养方案、课程体系、教学内容、教学方式、教材建设上都应注重应用型人才培养的规律，这正是我们编写这套智能制造相关专业教材的目的。

这套教材的突出特色有以下几点：

① 定位于应用型。这套教材不仅有适应智能制造应用型人才培养的专业主干课程和选修课程教

材，还有基于机械类专业向智能制造转型的专业基础课教材，专业基础课教材的编写中以应用为导向，突出理论的应用价值。在编写中引入现代教学方法和手段，结合教学软件和工业仿真软件，使理论教学更为生动化、具象化，努力实现理论课程通向专业教学的桥梁作用。例如，在制图课程中较多地使用工业界成熟设计软件，使学生掌握比较扎实的软件设计能力；在工程力学教学中引入有限元软件，实现设计计算的有限元化；在机械设计中引入模块化设计的概念；在控制工程中引入 MATLAB 仿真和计算机编程内容，实现基础教学内容的更新和对专业教育的支撑，凸显应用型人才培养模式的特点。

② 专业教材突出实用性、模块化、柔性化。智能制造技术是利用先进的制造技术，以及数字化、网络化、智能化等知识和控制理论来解决制造过程中不确定和非固定模式的问题，使得制造过程具有智能的技术，它的特点是综合性和知识内涵的丰富性以及知识本身的创新性。因此，在教材建设上与以前传统的知识技术技能模式应有大的区别，更应注重对学生理念、意识、认知、思维方式和系统解决问题能力的培养。同时考虑到各行业、各地和各校发展阶段和实际办学水平的不同，希望这套教材尽可能为各校合理选择教学内容提供一个模块化、积木式结构，并在实际编写中尽量提供项目化案例，以便学校根据具体情况做柔性化选择。

③ 本系列教材注重数字资源建设，更多地采用多媒体的互动方式，如配套课件、教学视频、测试题等，使教材呈现形式多样化，数字内容更为丰富。

由于编写时间紧张，智能制造技术日新月异，编写人员专业水平有限，书中难免有不当之处，敬请读者及时批评指正。

高等院校智能制造人才培养系列教材建设委员会

前言

人类尝试理解智能本质的历史相当悠久，也取得了非常辉煌的成果，逐渐形成了一门研究和开发模拟、延伸、扩展人类智能的理论、方法、技术及应用系统的新兴学科，称为人工智能。人工智能是一门以计算机科学为基础，涵盖了几乎所有自然科学与社会科学的交叉性学科，是公认的极具应用前景的前沿技术，被视为新一轮科技革命和产业变革的重要驱动力量。各个国家都高度重视人工智能的研发，不断加大投入，在人工智能领域开展技术竞争。近年来，与人工智能相关的产业规模始终保持平稳增长，尤其是在智能芯片、机器人、深度学习、图像与自然语言处理等领域进展显著，深度学习、阿尔法围棋（AlphaGo）、聊天机器人 ChatGPT 的横空出世，引领了一轮又一轮人工智能技术的发展热潮。

近年来，在国家自然科学基金、大学“双一流”建设等项目的支持和资助下，笔者所在团队开展了很多人工智能领域的研究和教学工作，本书将相关成果进行了归纳和总结，主要内容分为绪论（第 1 章）、知识表示与推理技术（第 2 章）、机器学习算法（第 3~7 章）、计算智能理论（第 8~11 章）、专家系统（第 12 章）等板块，涵盖了人工智能的基本概念和应用领域、知识表示方法及推理技术、专家系统、线性分类与回归模型、决策树分类算法、贝叶斯算法、支持向量机、聚类算法、人工神经网络、遗传算法、蚁群优化算法、粒子群优化算法、模糊逻辑推理、模拟退火算法、禁忌搜索算法等，着重突出人工智能的基础理论和工程应用技术。本书在知识阐述过程中始终强调人工智能算法的基本原理，通过工程案例求解来展示人工智能方法的应用全流程，目的是使读者在理解人工智能原理的基础上，不但能“知其然”，还能“知其所以然”，从而系统地建立起人工智能的理论体系，形成以智能算法为核心的完整理论体系和知识链条。

本书第 1、2、8、10 章由华北电力大学张超编写，第 3、4、5、6 章由华北电力大学吴自高编写，第 7、12 章由北京理工大学陶然编写，第 9、11 章由华北电力大学王进峰编写，张超负责统稿工作。研究生靳瑞卿参与了部分图表的绘制，鲁绍朴编写了相关的程序代码，在此对上述同志谨表谢意。

本书的出版获得了华北电力大学“双一流”建设项目的资金支持，在此对华北电力大学表示最为诚挚的谢意。

限于笔者的水平，加之人工智能是一门正在高速发展的学科，许多原理和方法尚在不断探索之中，本书难免存在不足之处，敬请读者予以批评指正。

编者

扫码获取配套资源

目 录

第1章

绪论

扫码获取配套资源

人类从来没有停止过对自身，尤其是对能够让人类成为世界主宰的根源——智能的研究和探索。自古以来，人们一直试图去理解智能的本质，并设计人造产品来模拟自身的部分智慧和能力。从偃师献给周穆王的会歌舞的木头人，到诸葛亮设计的用来搬运粮草的“木牛流马”，从欧洲中世纪结构复杂的自动运行的巨钟，到文艺复兴时期达·芬奇设计的机械鸟，无一不饱含着运用人工技术来刻画人类智能的早期想象和尝试。

直到1956年“人工智能”这个术语诞生，人工智能才真正成为了一门科学，在科学的理论和方法的指导下不断向前发展。六十多年来，人工智能技术发展突飞猛进，已逐步成为一门具有日臻完善的理论基础和被广泛应用的交叉性、前沿性学科。如今，人工智能是最新兴的科学与工程领域之一，尤其在近三十年来取得很多突破性的成果，在众多学科领域获得了广泛的应用，被称为21世纪三大尖端技术（基因工程、纳米科学、人工智能）之一。人工智能历经几度沉浮和无数的艰难险阻，才有了今天展现在世人面前的由智能手机、无人机、自动驾驶汽车等智能产品和系统构成的崭新世界。

那么，到底什么是人工智能？如何理解人工智能？人工智能主要研究什么问题？如何应用人工智能？这些问题已经成为人工智能学科需要解答的基本问题。本章将针对这些问题开展初步的论述，着重阐述人工智能的基本概念、发展概况、主要学派、研究领域等问题。

思维导图

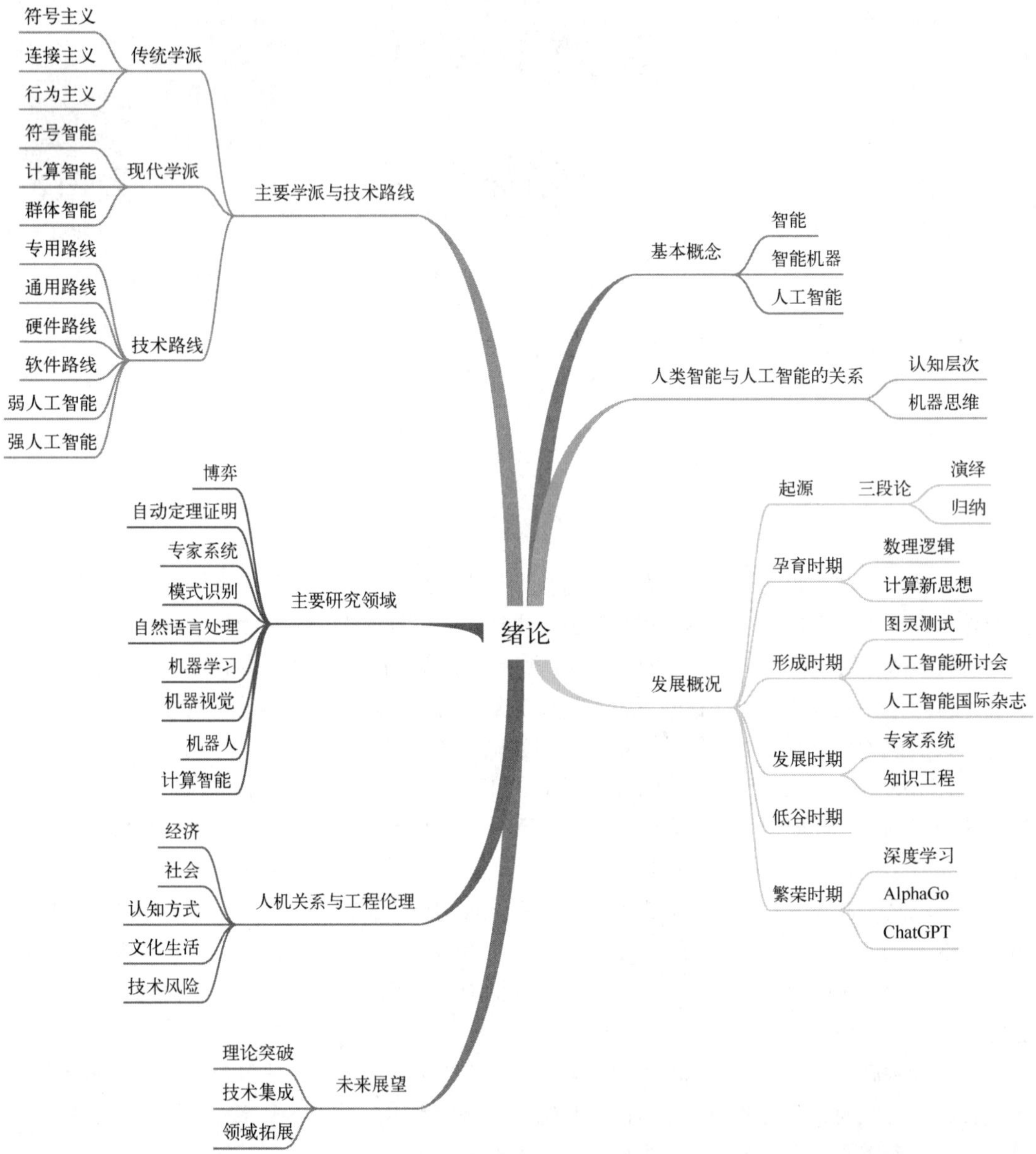
绪论
主要学派与技术路线
传统学派
符号主义
连接主义
行为主义
现代学派
符号智能
计算智能
群体智能
技术路线
专用路线
通用路线
硬件路线
软件路线
弱人工智能
强人工智能
主要研究领域
博弈
自动定理证明
专家系统
模式识别
自然语言处理
机器学习
机器视觉
机器人
计算智能
人机关系与工程伦理
经济
社会
认知方式
文化生活
技术风险
未来展望
理论突破
技术集成
领域拓展
基本概念
智能
智能机器
人工智能
人类智能与人工智能的关系
认知层次
机器思维
发展概况
起源
三段论
演绎
归纳
孕育时期
数理逻辑
计算新思想
形成时期
图灵测试
人工智能研讨会
人工智能国际杂志
发展时期
专家系统
知识工程
低谷时期
繁荣时期
深度学习
AlphaGo
ChatGPT

学习目标

1. 理解并掌握人工智能的定义，了解人工智能的发展历程。
2. 熟悉人工智能的主要学派，理解各学派的理论基石与应用技术。
3. 理解人工智能与人类智能的差异，熟悉人工智能的主要方法和应用领域。
4. 理解人工智能对人类社会的影响，了解人工智能的未来发展方向。

案例引入

ChatGPT 是美国人工智能研究实验室——OpenAI 于 2022 年推出的一种由人工智能技术驱动的自然语言处理工具，使用了 Transformer 神经网络架构，拥有语言理解和文本生成能力，能够通过连接大量的语料库来训练模型，同时具备极为庞大的知识库，使得 ChatGPT 可以采用与人类几乎无异的方式进行聊天交流，还能根据上下文进行互动。实际上，ChatGPT 不单单是聊天机器人，还能执行撰写邮件和文案、开发视频脚本、翻译文本，甚至写诗、编程、绘图等复杂任务。

ChatGPT 为何能够实现如此神奇的功能？人工智能又是如何模拟人类的知识、思维、策略等能力的？要回答这些问题，就需要我们从人工智能的根本任务出发，去深入理解智能的本质。

1.1　人工智能的基本概念

人工智能（artificial intelligence，AI）是一门由计算机科学、控制论、信息论、语言学、神经生理学、心理学、数学、哲学等多种学科相互渗透而发展起来的交叉性学科，引起人们日益增多的兴趣和关注，并获得了迅速发展。许多其他学科开始引入人工智能技术，其中专家系统、自然语言处理、图像识别、机器学习已成为新兴的知识产业的重要突破口。

自人工智能诞生以来，人们就围绕着“什么是人工智能？”这一问题争论不休。由于人工智能的内涵丰富，涉及的学科和领域众多，直至今天，关于人工智能仍然没有一个公认的、严格的定义。为此，人们尝试从不同的角度和切入点对人工智能进行定义，下面就从不同的侧面来深入理解人工智能的概念。

1.1.1　智能

智能是“智慧”和“能力”的合称。从感觉到记忆再到思维的过程，称为“智慧”，产生的行为和语言的表达过程则称为“能力”。智能分为自然智能（或生物智能）和人工智能。自然智能包括人类和自然界生物系统所具有的智能，其中人类智能即人类的知识、智力和才能的总和，表现为人类对客观事物进行合理分析、判断，及有目的地行动和有效地处理周围环境事宜的综合能力，是人类在认识世界和改造世界的活动中，由脑力劳动表现出来的能力。

智能一般指人类智能，可以视为知识和智力的总和。知识是智能的基础，智力则是指获取和运用知识求解问题的能力。总的来说，智能是一种应用知识处理环境问题的能力，或者说是由目标准则衡量的抽象思考的能力。简单地说，智能就是人类认识、理解和学习事物的能力，即认识世界和改造世界的能力。

根据美国教育学家、心理学家加德纳（H. Gardner）的多元智能理论，人类智能可以分为语言智能、逻辑数学智能、空间智能、身体动觉智能、音乐智能、人际智能、内省智能、自然智能等。这一理论认为，人类的认知并非是一元的，不能采用单一的、量化的手段来考察人的智能，智能的培养也应从多个方面综合开展。

1.1.2 智能机器

能够在各类环境中自主地或交互地执行各种拟人任务的机器称为智能机器（intelligent machine）。智能机器能够模拟人类的智能行为，帮助甚至代替人类完成很多需要具备智能才能从事的工作任务，降低人类工作的强度和危险性。可以说，设计、制造和运用智能机器是人类研究人工智能的最初动力。在电子计算机诞生之后，智能机器就具备了实现的基础。

- 阿尔法围棋（AlphaGo）：第一个战胜围棋世界冠军的智能机器，由谷歌（Google）旗下的 DeepMind 公司开发。2016 年 3 月，AlphaGo 与围棋世界冠军、职业九段棋手李世石进行围棋人机大战，最终以 4 比 1 的总比分获胜，围棋界公认阿尔法围棋的棋力已经超过人类顶尖职业围棋棋手水平。
- 深海探测器“海斗一号”：中国科学院沈阳自动化研究所主持研制的作业型全海深自主遥控潜水器，搭载的具有完全自主知识产权的全海深电动机械手，能完成海底样品抓取、沉积物取样、标志物布放、水样采集等工作，搭载的高清摄像系统可获取海底的地质环境、生物活动等影像资料。2020 年 6 月，“海斗一号”在马里亚纳海沟最大下潜深度 10907m，填补了中国万米作业型无人潜水器的空白。
- 智能语音助手：Siri 是苹果（Apple）公司的一款基于人工智能技术的自然语言识别软件，具有强大的语音知识库，能够将用户口语转化成文字，提供对话式的应答，可调用系统自带的应用来查找信息、拨打电话、发送文本、获取路线、播放音乐等，支持多语言的实时翻译功能，还能够不断学习新的声音和语调。

1.1.3 人工智能

人工智能包含诸多方面的内涵。简单地说，智能机器所包含的智能称为人工智能或机器智能。人工智能区别于人类智能，是通过智能机器所展现出来的人为制造的智能，或者说是一种由人工手段模拟的非自然智能，其目的是理解和模仿人类的智能行为。

从实现功能方面来看，人工智能是智能机器（或计算机）所执行的通常与人类智能有关的功能，如判断、推理、证明、识别、感知、理解、设计、思考、规划、学习和问题求解等思维活动。被称为“人工智能之父”的美国人工智能大师明斯基（M. L. Minsky）认为“人工智能是让机器做本需要人的智能才能做到的事情的一门学科”。美国麻省理工学院的温斯顿（P. H. Winston）教授则认为“人工智能就是研究如何使计算机去做过去只有人才能做的智能工作”。

由于人类的智能活动离不开知识，因此人工智能也可以说是研究知识的学科。斯坦福大学人工智能研究中心的尼尔逊（N. J. Nilsson）教授对人工智能的定义是“人工智能是关于知识的学科，即怎样表示知识以及怎样获取知识并运用知识的科学”。1977 年，美国斯坦福大学的计算机科学家费根鲍姆（E. A. Feigenbaum）教授在第五届国际人工智能会议上提出了知识工程的概念，认为知识工程是以知识为基础的系统，研究如何由计算机表示知识，进行问题的自动求解。知识工程以知识为研究对象，主要包括三个领域，即知识表示、知识获取和知识运用。知识表示是对知识的一种描述或约定，是计算机能够理解并用于描述知识的数据结构；知识获取则是通过人工智能程序和人机交互，使计算机获取人类知识，建立知识库来存储表示知识的数据；知识运用是指依据计算机存储的知识去解决有关问题，包括知识的检索、解释和推理等。费根鲍姆从知识工程的角度出发，认为“人工智能是一个知识信息处理系统”，通过计算机和智能软件来建立专家系统，对需要专家知识才能解决的应用难题提供求解的手段。专家系统是知识工程的产物，因此费根鲍姆被称为“专家系统和知识工程之父”。

由于计算机是实现人工智能的基础，因此人们将人工智能归属于计算机科学的一个分支。从学科的角度来讲，人工智能就是研究、设计和开发智能机器并将其用于模拟、延伸和扩展人类智能的融理论、方法、技术及应用系统于一体的一门新兴科学。

近些年来，人工智能的概念被进一步扩展，从传统的、学派分立、层次分离的“狭义人工智能”，发展成为现代的、多学派兼容、多层次结合、多智能体协同的“广义人工智能”。济南大学人工智能研究院院长钟义信教授认为“广义智能是一切可以把信息转化为知识，把知识转化为智力的机制”；西北工业大学何华灿教授认为“广义智能是信息系统感知环境及其变化，通过自身结构和功能的改变，恰当而有效地对其做出反应，以适应环境，达到系统生存目标的能力”；中国人工智能领域著名科学家、人工智能学科的主要奠基人涂序彦教授认为“广义人工智能是兼容多学派的人工智能，模拟、延伸与扩展人类及动物的智能，既研究机器智能，也研究智能机器，是多层次结合的人工智能，不仅研究个体的、单机的、集中式的人工智能，而且研究群体的、网络的、多智能体的、分布式的人工智能”。

总体来讲，可以将人工智能定义为：人工智能是一个以计算机科学为基础、多学科融合的交叉新兴学科，主要研究、开发用于模拟、延伸和扩展人类智能的理论、方法、技术及应用系统，力图通过计算过程理解智能的本质，并生产出一种能够以类似人类智能的方式做出反应的智能机器。

1.2　人类智能与人工智能的关系

1.2.1　人工智能模拟人类的认知过程

人工智能的终极目标是模拟人类智能，因此人工智能必须能够像人类一样进行认知，即模拟人类认知的过程。

在普通心理学中，认知过程是指人脑通过感觉、知觉、记忆、思维、想象等形式反映客观对象的性质及对象间关系的过程。可以将人类的认知过程分为三个阶段：感性阶段、知性阶段和理性阶段。感性阶段由人类的生理过程完成，通过感官接收外界刺激，即客观事物直接作用于人的感官引起神经冲动，由感觉神经传导至大脑的相应部位；知性阶段也称为初级信息提取，是对接收到的外界刺激进行信息提取，形成文字、图像等；理性阶段是运用思维策略（如演绎、归纳等）对提取出来的信息进行推理以获得知识，是认知的最高层级。

如果想利用计算机来模拟人类的认知过程，那么就意味着计算机必须具有和人类类似的认知功能，以对应人类认知过程中的三个阶段。计算机的各种硬件（如键盘、鼠标、传感器、系统总线、通信网络等）对应于人类的感官和神经系统，实现信息的接收和传输；计算机语言（即机器指令）对应于人类的初级信息处理，完成信息的提取；计算机程序则对应于人类的思维策略，通过编写和运行计算机程序实现推理。上述对应关系如图 1-1 所示。

由此可知，研究认知过程的主要任务是探求高层次思维策略与初级信息处理的关系，利用计算机硬件获取外界输入，通过计算机语言模拟人类的初级信息提取，最后运用计算机程序对提取出来的信息进行推理，来模拟人类的思维决策过程。由此可见，计算机可以在生理过程、初级信息处理和思维策略三个层面上与人类的认知过程一一对应，因此计算机就是实现人工智能的物理基础。这也正是图灵所预言的人类创造出智能机器的可能性。

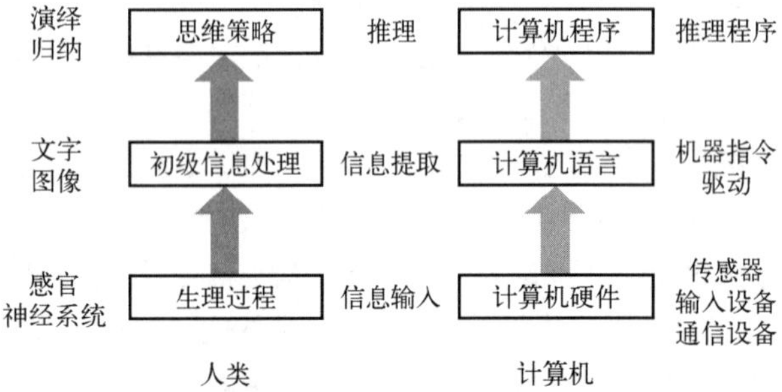

图 1-1 人类和计算机的认知过程

1.2.2 人类思维与机器思维的差异

虽然计算机具备模拟人类思维的能力，但人脑与计算机毕竟不同，在运作机制、速度、表达和处理信息等方面存在着很大的差异。

【例 1-1】同余式理论。

《孙子算经》卷下第二十六题：“今有物不知其数，三三数之剩二，五五数之剩三，七七数之剩二。问物几何？答曰：二十三。”

人类思维求解：“术曰：三三数之剩二，置一百四十；五五数之剩三，置六十三；七七数之剩二，置三十。并之得二百三十三，以二百十减之，即得。凡三三数之剩一则置七十，五五数之剩一则置二十一，七七数之剩一则置十五。一百六以上，以一百五减之，即得。”这个解法给出一个通用的公式，称为“孙子剩余定理”，即某一个整数对 3 取余时每余 1 就计一个 70，对 5 取余时每余 1 就计一个 21，对 7 取余时每余 1 就计一个 15，然后将所计的数求和，和数超过 106 的几倍，就减去几倍的 105，即可得到这个整数的值。按这个公式计算的和数为：$70\times2+21\times3+15\times2=233$。由于 $233>106\times2$，因此要减去 $105\times2=210$，所以这个待求的整数为 $233-210=23$。

计算机求解：$x\in\mathbf{N}_+$，$x\%3=2$，$x\%5=3$，$x\%7=2$，求 x 的最小值。其中，%即计算机中的求余运算符。x 从 1 开始，判断是否满足条件，如果满足，则返回 x 的值；否则 x 自增 1。继续上述循环过程，直至找到满足条件的解，退出循环并返回 x 的值。

【例 1-2】鸡兔同笼问题。

《孙子算经》卷下第三十一题："今有雉兔同笼，上有三十五头，下有九十四足，问雉兔各几何？"

人类思维求解： 假设鸡和兔都是训练有素的，每吹一次哨就抬起一只脚。当吹了两次哨后，所有的鸡都坐在了地上，此时只有兔还能用两只脚立着，也就是还立着 $94-35\times2=24$ 只脚，故兔的数量为 $24\div2=12$（只），则鸡的数量为 $35-12=23$（只）。

计算机求解： 设鸡的数量为 x，兔的数量为 y，且 $x, y\in\mathbf{N}_+$，有 $x+y=35$，$2x+4y=94$。令 $x=1$，$y=35-x$，计算 $n=2x+4y$。如果 n 不等于 94，则令 x 自增 1，重复上述验证过程，直至 n 等于 94，此时返回 x 和 y 的值，即为问题的解。

通过以上两个数学问题的求解过程可以看出，人脑善于总结经验，在求解问题时更加注重策略和技巧的运用；而计算机比人脑拥有更快的运算速度，在求解问题时则显得简单粗暴，往往是利用高速计算来穷尽所有可能的解。

人脑采用的是神经元的交互和传递，信息的传递和处理更加灵活和多样化，而计算机则是使用电子信号的传输处理，速度和精度更高。人脑可以通过鲜明的语言和形象来表达和理解信息，使感知和表达信息更加自然和准确，而计算机则需要利用计算机语言和程序来进行信息处理，人工智能的水平高低主要取决于计算机程序对人类思维策略的逼近程度。此外，人脑通过学习、感知和记忆等功能求解复杂问题，并能够适应环境变化，而人工智能则往往需要依靠大量的训练来实现，一旦数据环境发生变化，问题的求解就可能需要重新开展。

尽管人工智能在某些方面的确超过了人脑，但目前的人工智能从总体上而言尚达不到人类智能的水平。人类智能是生理的和心理的过程，而人工智能只是人类智能的一种模拟，是无意识的机械、物理过程。机器思维并非人类思维，不能把机器思维和人类思维等同起来，因此人工智能也不等同于人类智能。

1.3 人工智能的发展概况

1.3.1 人工智能的起源

人工智能经历了漫长的发展历程，很久之前人们就开始研究自身的思维形式，尝试用人造装置或机器来代替部分脑力劳动。早在公元前 4 世纪，古希腊的哲学家亚里士多德（Aristotle）就在他的名著《工具论》中提出了形式逻辑的主要定律，其中称为"三段论"的演绎推理方法实际上就是一种知识表达的规范，这被视为人工智能研究的早期成果。三段论以真言判断为前提，借助于一个共同项，把两个直言判断联系起来从而得到结论，这个推理过程就称为演绎推理。

【例 1-3】演绎推理。

- 一切金属都是可以熔解的；
- 因为铁是金属；
- 所以铁可以熔解。

在此例中，第一段是一个真言判断（即公理），第二段是一个直言判断（即旧知识），借助于这二者的共同项"金属"，将真言对象"金属"的属性"可以熔解"传递到直言对象"铁"，从而得到第三段中的结论（即新知识）。

17 世纪，英国唯物主义哲学家培根（F. Bacon）在他的著作《新工具》中系统地阐述了科学归纳法。科学归纳法利用排除法逐步排除外在的、偶然的联系，提纯出事物之间内在的、本质的联系，是从事物中找出公理和概念的推理方法，同时也是进行正确思维和探索真理的重要认识工具。

【例 1-4】归纳推理。

- 在平面内，直角三角形的内角和是 180°，锐角三角形的内角和是 180°，钝角三角形内角和也是 180°；
- 直角三角形、锐角三角形和钝角三角形是全部的三角形；
- 所以平面内一切三角形的内角和都是 180°。

演绎法和归纳法是两种不同的推理方法。演绎推理是从一般性的原理或原则中推演出个别性知识，其思维过程是由一般到个别；归纳推理则是由个别或特殊的知识概括出一般性的结论，其思维过程是由个别到一般。

1.3.2 人工智能的发展阶段

人工智能的发展大致可分为以下几个阶段。

（1）孕育时期

1685 年，德国数学家莱布尼茨（G. W. Leibniz）提出了万能符号和推理演算的思想，认为可以建立一种通用的符号语言，并在此符号语言的基础上进行推理演算，这为数理逻辑的诞生奠定了基础。之后，英国逻辑学家布尔（C. Boole）致力于使思维规律形式化和机械化，并在 1854 年出版的《思维法则》一书中首次使用符号语言描述了思维推理的基本法则，从而创立了以他的名字命名的布尔代数。20 世纪 30 年代，奥地利数学家哥德尔（K. Godel）的不完全性定理使数理逻辑发生革命性的变化，从而开创了数理逻辑的新时期。

到了 20 世纪 40 年代，关于计算的新思想极大地促进了电子计算机的诞生。1940 年，美国贝尔实验室的斯蒂比兹（G. Stibitz）研制了 M-1 继电器计算机，可以解决复数的加减乘除四则运算问题，开创了数字计算机的时代。1946 年 2 月，第一台通用电子数字计算机 ENIAC 研制成功，标志着现代电子计算机的诞生，计算机作为一门学科得到了极为迅速的发展，是 20 世纪科学技术最伟大的成就之一。可以说，只有在电子计算机诞生之后，人工智能才真正具备了实现的基础条件。

（2）形成时期

1950 年，被称为“计算机科学与人工智能之父”的英国数学家图灵（A. M. Turing）提出了著名的图灵测试，用来判断机器是否具有智能。图灵测试由一名询问者（Q）与一男（M）一女（F）两名被测试者进行，Q 与 F、M 隔离，通过电传打字机提问来判断两名测试者的身份，其中 M 必须尽力使 Q 判断错误，而 F 的任务则是帮助 Q 做出正确判断。如果用一台机器来替代 M，并且不会被辨别出机器身份，那么称该机器通过了图灵测试，这台机器就具有智能。

1956 年夏季，美国达特茅斯大学举行了历史上首次人工智能研讨会，被视为人工智能学科诞生的标志。在此次研讨会上，麦卡锡（J. McCarthy）首次提出了“人工智能”这个概念，人工智能的内容和任务也得以确定。另外，纽厄尔（A. Newell）和西蒙（H. A. Simon）还展示了他们设计的逻辑推理机。1969 年，第一届国际人工智能联合会议（International Joint Conference on AI）在美国华盛顿召开，1970 年，《人工智能国际杂志》（*International Journal of AI*）创刊，这两个事件被视为人工智能学科创立的里程碑。

（3）发展时期

1964 年至 1966 年期间，美国麻省理工学院人工智能实验室的魏泽鲍姆（J. Weizenbaum）打造出第一个聊天机器人 Eliza，能够针对提问内容分析主词关联，找到其中的关键字词，并做出相应的回答。

1968 年，美国斯坦福研究所公布研发成功的机器人 Shakey，它带有视觉传感器，能根据人的指令发现并抓取积木，可以算是世界上第一台智能机器人。

同年，费根鲍姆领导的研究小组开发出第一个专家系统 DENDRAL，用于通过质谱仪分析有机化合物的分子结构。之后，他们又成功开发了医疗专家系统 MYCIN，用于抗生素药物治疗。1977 年，费根鲍姆进一步提出了知识工程的概念。自此，知识表示、知识获取和知识运用成为人工智能系统的三个基本问题。

（4）低谷时期

20 世纪 70 年代，人工智能研究遭遇了瓶颈，这主要是因为当时计算机的存储和处理能力不足以解决实际的人工智能问题，也没有人知道一个计算机程序如何才能学习到知识。由于缺乏进展，英国政府、美国国防部高级研究计划局和美国国家科学委员会逐渐停止了对人工智能的研究资助。

专家系统诞生后，虽然一度产生了对专家系统的狂热追捧，但人工智能的计算瓶颈问题并没有得到解决，经历过 1974 年经费削减的研究者们预计不久后人们将转向失望。事实被他们不幸言中，专家系统的实用性仅仅局限于某些特定情境，这并没有为人工智能带来更好的发展机遇。到了 20 世纪 80 年代晚期，美国国防部高级研究计划局的新任领导认为人工智能并非“下一个浪潮”，拨款将倾向于那些看起来更容易出成果的项目，这导致人工智能的研究进入了低谷。

（5）繁荣时期

1997 年 5 月 11 日，IBM 公司的超级电脑“深蓝”（Deep Blue）在与俄罗斯国际象棋特级大师加里 • 基莫维奇 • 卡斯帕罗夫的人机对战中获胜，成为首个在标准比赛时限内击败国际象棋世界冠军的电脑系统。这是人工智能发展史上里程碑式的一幕，人类第一次意识到人工智能的强大能力，人工智能对人类地位带来的挑战也引发了全世界的巨大轰动和焦虑。

2006 年到 2015 年是人工智能崛起的黄金十年。2006 年，英国皇家学会院士辛顿（G. Hinton）教授提出了深度学习神经网络，使得人工智能的性能获得了突破性进展。2011 年，IBM 公司开发出使用自然语言回答问题的人工智能程序“沃森”（Watson）。2013 年，深度学习算法开始被广泛运用在产品开发中，Facebook 人工智能实验室成立，开始探索更加智能化的深度学习产品；谷歌（Google）公司收购了加拿大的一家专门从事语音和图像识别的创业企业 DNNresearch，推广深度学习平台；百度则创立了深度学习研究院。2015 年，谷歌开源了利用大量数据直接就能训练计算机来完成任务的第二代机器学习平台 Tensor Flow。2016 年 3 月 15 日，基于深度学习的谷歌人工智能程序 AlphaGo 以 4：1 的比分战胜了围棋世界冠军李世石，新世纪的人机对战令人工智能正式被世人所熟知，因此 2016 年也被称为人工智能的“元年”。2022 年 11 月 30 日，人工智能技术驱动的自然语言处理工具 ChatGPT 发布，可以生成非常准确、流畅、自然的语言输出，几乎可以与人类的语言水平相媲美。

今天，深度学习在语音识别、图像识别、自然语言处理等方面取得了巨大进展，已经成为人工智能领域的一个重要研究方向，引领人工智能开始了新一轮的蓬勃发展。

1.4 人工智能的主要学派与技术路线

自人工智能诞生以来，学者们对于人工智能提出了各种观点，由此产生了不同的学术流派。早期的人工智能研究中逐渐形成了符号主义、连接主义和行为主义三大学派，这被称为人工智能传统学派。随着人工智能的理论和技术不断发展，又形成了符号智能流派、计算智能流派和群体智能流派三个人工智能现代学派。

1.4.1 传统学派

按照传统划分方法，对人工智能研究影响较大的主要有符号主义、连接主义和行为主义三大学派。

（1）符号主义学派

符号主义学派也称逻辑主义学派、心理学派、计算机学派。该学派以人脑的心理模型为依据，认为人工智能源于数理逻辑，其主要原理是物理符号系统假设和有限合理性原理，早期代表人物有纽厄尔、肖、西蒙、费根鲍姆、尼尔逊等人。

符号主义学派认为人类认知的基元是符号，智能是符号的表征和运算过程，计算机是一个物理符号系统，因此可以将智能形式化为符号、知识、规则和算法，通过表征和计算，实现对人类智能的模拟。符号主义学派将问题或知识表示成某种符号，采用符号推演的方法，从宏观上模拟人脑的推理、联想、学习、记忆、计算等功能，是一种基于逻辑推理的智能模拟方法。

符号主义学派的代表性成果是启发式算法、专家系统和知识工程理论与技术。计算机出现后，在计算机上实现了逻辑演绎系统，又发展出启发式算法用来证明数学定理，表明可以应用计算机模拟人类智能活动。此后，符号主义走过了一条“启发式算法→专家系统→知识工程”的发展道路。符号主义学派最早采用“人工智能”这个术语，在人工智能研究领域曾经长期一枝独秀。20 世纪 80 年代末，符号主义学派开始日渐衰落，其重要原因是：符号主义试图将人类智能活动抽象化为简洁的规则，但是人类大脑的结构极其复杂，思维方式也远不止逻辑和推理，不能仅仅依靠计算机形式化为符号来解决；计算机只处理符号，就不可能像人一样进行感知。

符号主义学派认为：人的认知过程即符号操作过程；人是一个物理符号系统，计算机也是一个物理符号系统，因此计算机能够模拟人类智能。此外，知识是信息的一种形式，是构成智能的基础，人工智能的核心问题是知识表示、知识推理和知识运用。知识可以用符号表示和推理，可以建立起基于知识的人类智能和人工智能的统一理论体系。这些观点为人工智能的发展做出了重要贡献，尤其是对人工智能走向工程应用具有特别重要的意义。在人工智能的其他学派出现之后，符号主义仍然是人工智能的主流派别。

【拓展知识 1-1】物理符号系统。

物理符号系统又称符号操作系统，其中任何一个模式只要能与其他模式相区别，就是一个符号，例如不同的英文字母就是不同的符号。对符号进行操作就是对符号进行比较，从中找出相同的和不同的符号。物理符号系统的基本任务和功能就是辨认相同的符号和区别不同的符号。为此，系统必须能够辨别出不同符号之间的实质差别。符号可以是物理符号，也可以是头脑中的抽象符号，或者是电子计算机中电子的运动模式，还可以是大脑中神经元的某些运动方式。一个完善的符号系统应具有以下6种基本功能：①输入符号；②输出符号；③存储符号；④复制符号；⑤建立符号结构，确定多个符号间的关系，组成符号集合；⑥条件性迁移，在符号结构的基础上，根据当前的输入信息执行一系列操作，即满足一定的条件就可以产生某种结果。

物理符号系统的假设：任何一个系统，如果它能够表现出智能，那么它就一定能够执行上述6种功能；反之，任何系统如果具备这6种功能，那么它就能够表现出智能。

推论1：因为人具有智能，因此人一定是一个物理符号系统。

推论2：因为计算机具有物理符号系统的6种功能，所以计算机是一个物理符号系统，因此计算机一定可以表现出智能。

推论3：因为人是一个物理符号系统，计算机也是一个物理符号系统，所以能够用计算机来模拟人的智能。

【拓展知识 1-2】有限合理性原理。

有限合理性原理是由美国计算机科学家赫伯特·西蒙提出的现代决策理论的重要基石之一。新古典经济理论假定决策者是“完全理性”的，在决策中趋向于采取最优策略，以最小代价取得最大收益。而西蒙认为“最优化”的概念只有在纯数学和抽象概念中存在，这是因为人的认识能力有限，在复杂的环境中不可能做出最优的决策。也就是说，人的决策都是在有限的理性下进行的。完全的理性导致决策人寻求最优解，而在有限的理性下则寻求符合要求或令人满意的解。

在西蒙看来，按照满意的标准进行决策要比最优化原则更为合理，因为在满足要求的情况下，前者可以极大地降低搜寻和计算成本，可以简化决策程序。因此，满意标准是绝大多数决策所遵循的基本原则。在有限合理性的基础上，不考虑所有可能的情况，只考虑与问题有关的情况，从而做出“令人满意”的决策。从某种意义上来说，一切决策都是某种折中，最终的方案都不是尽善尽美的，决策人拥有知识的程度决定着其决策的合理性和满意化程度。西蒙认为知识是处理信息的手段，决策人需要提升自己的知识和能力，尽量克服个人认知的局限性，以使决策尽可能地“令人满意”。

（2）连接主义学派

连接主义学派也称仿生学派、生理学派，其将人工神经网络（ANN）以及神经网络间的连接机制与学习算法作为人工智能的主要原理，认为人工智能源于仿生学，强调智能活动是由大量简单单元（即神经元）经复杂连接后并行运行的结果，因此可以采用人工方式构造神经网络，再通过训练人工神经网络来模拟智能。

连接主义学派以人脑的生理模型为依据，通过对生物神经结构的模拟，实现学习、记忆、联想、计算和推理等功能，代表性成果是1943年美国神经生理学家麦克洛克（W. McCulloch）和数理逻辑学家皮茨（W. Pitts）创立的脑模型（MP模型）。1957年，计算机科学家罗森布拉特（F. Rosenblatt）提出了感知机（perceptron）；20世纪60年代至70年代，以感知机为代表的脑模型研究出现热潮，但由于当时的理论和技术条件限制，连接主义一度陷入沉寂。直到霍普菲尔德（J. Hopfield）在1982年和1984年发表两篇重要论文，提出用硬件模拟神经网络，连接主义才重新获得关注。1985年受限玻尔兹曼机、1986年多层感知器的概念被陆续提出。1986年，认知心理学家鲁梅尔哈特（D. E. Rumelhart）等人提出了多层网络的反向传播（BP）算法，解决了多层感知器的训练问题。1987年，卷积神经网络（CNN）开始用于语音识别。1989年，反向传播神经网络用于识别银行手写支票的数字，首次实现了人工神经网络的商业化应用。此后，连接主义势头大振，从模型到算法，从理论分析到工程应用，为神经网络计算机走向市场打下基础。

近年来，连接主义学派在人工智能领域取得了辉煌成绩。深度学习理论取得突破以后，大数据技术框架的形成和图形处理器（GPU）的发展使得深度学习所需要的算力得到满足，连接主义学派开始大放光彩。2009年，多层神经网络在语音识别方面取得了重大突破；2011年，苹果将Siri整合到iPhone 4中；2012年，谷歌研发的无人驾驶汽车开始路测；2016年，AlphaGo击败围棋世界冠军李世石；2018年，DeepMind公司的AlphaFold破解了困扰科学家半个世纪的蛋白质折叠问题。

连接主义学派反对物理符号系统假设，认为人的思维基元是神经元，而不是符号。与符号主义学派强调的对人类逻辑推理的模拟不同，连接主义学派强调对人类大脑进行直接模拟，提出连接主义的大脑工作模式和用于取代符号操作的电脑工作模式。人工神经网络模型就是对大脑结构的模拟，各种机器学习方法就是对大脑学习和训练机制的模拟。虽然连接主义在当下如此强势，但是其发展也严重受到脑科学的制约，人们对于大脑的认知依旧停留在神经元这一层次，目前尚不明确神经网络结构与产生的智能水平之间的关联，这导致大量的探索最终失败。

(3) 行为主义学派

行为主义学派也称进化主义学派、控制论学派，其原理为进化论、控制论及“感知-动作”型控制系统。该学派认为人工智能源于控制，智能取决于感知和行为，即对外界复杂环境的适应，不同的行为表现出不同的功能和不同的控制结构。自然智能是生物自然进化的产物，生物通过与环境及其他生物之间的相互作用产生智能，人工智能也可以沿这个途径发展，像人类智能一样不断进化。

行为主义最早来源于20世纪初期的一个心理学流派，后者认为行为是有机体用以适应环境变化的各种身体反应的组合，其理论目标在于预见和控制行为。维纳（N. Wiener）和麦克洛克等人提出的控制论和自组织系统以及钱学森等人提出的工程控制论和生物控制论，影响了许多领域。行为主义学派把神经系统的工作原理与信息理论、控制理论、逻辑以及计算机联系起来，主张通过行为模拟来实现人工智能。行为模拟是模拟人在控制过程中的智能活动和行为特性，如自适应、自寻优、自学习、自校正、自镇定和自组织等。20世纪60年代至70年代，上述这些控制系统的研究取得了一定的进展，在20世纪80年代诞生了智能控制和智能机器人系统。20世纪末，行为主义以人工智能新学派的面孔出现，很多人对其产生了兴趣并参与研究。

行为主义学派的代表性成果首推美国著名机器人制造专家布鲁克斯（R. Brooks）的六足行

走机器人，被看作新一代的“控制论动物”，是一个基于“感知-动作”模式的模拟昆虫行为的控制系统，由150个传感器和23个执行器构成，能够像蝗虫一样进行六足行走。这个六足机器人虽然不具有像人那样的推理、规划能力，但其应对复杂环境的能力却大大提高，在自然环境下具有灵活的防碰撞和漫游行为。另外，著名的研究成果还有美国波士顿动力公司的人形机器人Atlas和机器狗BigDog，能够完成各种动作，在稳定性、移动性、灵活性上都极具亮点。这些机器人的智慧来源于肢体与环境的互动，而非大脑控制中枢。

在行为主义者眼中，只要机器能够具有和智能生物相同的表现，那它就是智能的。行为主义对传统的人工智能理论进行了批评和否定，认为智能不需要知识、不需要推理，认为符号主义和连接主义对智能的描述过于简单和抽象，不能真实地反映客观存在。行为主义学派具有很强的目的性，因为过于关注应用技术的发展，无法像符号主义和连接主义那样迎来爆发式增长。

总体来说，符号主义研究抽象思维，注重数学可解释性，通过预置知识赋予机器智能；连接主义研究形象思维，偏向于模仿人脑，靠机器自行学习获得智能；而行为主义研究感知思维，令机器在与环境的作用和反馈中获得智能。随着人工智能研究的不断深入，这三大学派的思想必将被融会贯通，共同为人工智能的发展和应用发挥作用。

1.4.2 现代学派

随着人工智能理论和技术的不断发展，传统的三大学派不断分化整合，又逐渐形成了技术路线各不相同的符号智能流派、计算智能流派和群体智能流派。

(1) 符号智能流派

符号智能（symbolic intelligence）流派是人工智能传统学派中符号主义的继承和发展，主要由心理学派、认知学派、语言学派、计算机学派、逻辑学派和数学学派等汇集而成。符号智能流派的共同特征是对智能和人工智能持狭义的观点，侧重于研究利用计算机软件来模拟人的抽象思维过程，并把思维过程视为抽象的符号处理过程。

(2) 计算智能流派

计算智能（computational intelligence）流派是神经计算、进化计算、免疫计算、模糊计算和单点搜索等算法学派的统称。与符号智能流派完全不同，计算智能流派重新回到依靠数值计算解决问题的轨道上，是对符号推演的再次否定。计算智能流派不寻求智能产生的机理，而是将智能体视为黑盒子，通过大量输入数据对智能体进行训练和迭代，使其输出逐渐逼近期望，在不断的迭代过程中体现出智能。连接主义学派的复兴，使得计算智能流派大有夺取人工智能研究领域霸主地位之势，但是受大脑生理结构研究的限制，计算智能流派仍有一定的局限性。

(3) 群体智能流派

群体智能（swarm intelligence）流派由多智能体系统、生态平衡、细胞自动机、蚁群算法和粒子群算法等学派组成。群体智能流派用生态系统的观点看待智能，认为团结就是力量，智能同样可以表现在群体的整体特性上，群体中每个个体的智能虽然很有限，但通过个体之间的分工协作和相互竞争，可以表现出很高的智能。群体智能流派继承了进化主义学派的理论，可以算是计算智能流派的分支，虽然形成较晚，但发展前景很远大。

1.4.3 人工智能的技术路线

关于如何在技术上实现人工智能，将其转化为实用的人工智能产品，即人工智能的技术路线问题，也存在着派别和分歧。

(1) 专用路线

专用路线的支持者们认为人工智能非常独特，强调研制和开发专门用于人工智能的计算机硬件、软件、开发工具、编程语言及配套设备。这是因为人工智能对于计算机性能的要求非常高，其计算任务并非通用计算机所能承担，必须开发专门用于实现人工智能的高性能计算机系统，例如 IBM 公司的“深蓝”、DeepMind 公司的 AlphaGo 等。

(2) 通用路线

通用路线的支持者们认为人工智能并不神秘，通用计算机的软硬件能够对人工智能开发提供有效的支持，强调人工智能应用系统和产品的开发应与计算机主流技术相结合，并把知识工程视为软件工程的一个分支。智能手机可以说是通用路线的典型代表，运行于智能手机上的诸如语音助手、智能导航、网络购物、视频社交等应用程序，无一不包含人工智能的最新实用技术。

(3) 硬件路线

硬件路线的支持者们认为计算机硬件是人工智能的物理实现基础，因此将发展硬件技术放在人工智能研究的首要位置，认为智能机器的开发有赖于计算机的智能硬件和固化技术。

(4) 软件路线

软件路线的支持者们认为智能软件是人工智能的核心，强调人工智能的发展主要依赖于计算机软件技术，智能机器的研制在于开发各种智能软件、工具及其应用系统。

(5) 弱人工智能

弱人工智能的支持者们认为不可能制造出能够像人类一样真正地推理和解决问题的智能机器，它们只不过看起来像是智能的，但其实并不真正拥有智能，也不会有自主意识。弱人工智能的智能性主要体现在基础的推理能力和高速的计算能力上，是目前人工智能领域广泛应用的主要产品。

(6) 强人工智能

强人工智能的支持者们认为可以制造出能够真正进行推理和解决问题的智能机器，这些机器有知觉和自我意识，可以独立思考问题并制定解决问题的最优方案。智能机器可分为类人的人工智能（即机器的思考和推理就像人类思维一样）和非类人的人工智能（即机器产生了和人类完全不一样的知觉和意识及推理方式）。

总的来说，在人工智能的基本理论、研究方法和技术路线等方面，不同的学派有不同的观点，甚至存在着激烈的争论。各个学派对人工智能的理解不尽相同，所秉持的理论都有自己的优势和特点，同样也有缺陷和不足。单独研究各个理论和方法虽然是必要的，但不可否认的是，人工智能的基本理论不存在绝对的正确和错误，目前的人工智能系统往往是结合多家之长的产物，人工智能的真正含义可能是各个学派的集成。因此，未来人工智能的研究，预计将朝理论集成的方向迅猛发展。例如，以连接主义作为“大脑”，驱动行为主义的“躯体”，同时将符号主义的知识预置在连接主义的“大脑”中，这种集百家之长的人工智能将会在更广泛的领域内展现出更优的智能和更高的商业价值。

1.5　人工智能的主要研究领域

人工智能是一门典型的交叉性学科，研究领域非常广泛，主要涉及机器学习、自然语言处理、机器视觉、知识工程、自动推理和机器人六大方向，每个方向又可以细分出很多应用场景。随着计算机技术和互联网技术的飞速发展，人工智能的算法不断丰富、完善，与传统学科相结合后也产生出很多创新性的应用领域。

1.5.1　博弈

人工智能的第一个大成就就是能够与人类进行对弈的棋类（如跳棋、象棋、五子棋、围棋等）程序。在博弈中，需要根据当前形势确定应对的策略，并与对手开展斗智，这是只有人类才具备的高级智慧形式。

最早成功的人工智能下棋程序是 1951 年英国人斯特拉奇开发的西洋跳棋程序 Draughts，在英国曼彻斯特大学的费兰蒂计算机上运行。到 1952 年夏天，这个程序可以以合理的速度玩一个完整的跳棋游戏。

1956 年，美国的塞缪尔（A. Samuel）在 IBM704 计算机上研制成功了具有自学习、自组织和自适应能力的跳棋程序 Checkers。这个程序具备学习能力，可以从棋谱中学习，也可以在对弈过程中积累经验，不断提高棋艺。通过不断学习，Checkers 在 1959 年击败了塞缪尔本人，1962 年又战胜了美国一位保持 8 年之久胜绩的州冠军。

1985 年，美国卡内基・梅隆大学的博士生储逢钏（Feng-hsiung Hsu）研制了一个国际象棋程序 Chiptest，并于 1989 年加入了 IBM 公司的 Deep Blue 智能计算机研制小组。Deep Blue 的硬件系统采用了 256 个处理器，能够进行高速并行计算，在国际象棋比赛规定的每步 3 分钟限时内，可以推演 1000 亿～2000 亿步棋局，思考速度达到 200 步每分钟。1997 年 5 月 11 日，Deep Blue 以 3.5∶2.5 的比分战胜了国际象棋大师卡斯帕罗夫。

当时，人类在围棋领域尚保持着优势，这是因为围棋比国际象棋的棋子数量更多，棋局也更加复杂，每个棋子的位置对于整个棋局的发展都可能产生重大影响，这使得围棋程序的计算难度更大。2016 年，DeepMind 公司的 AlphaGo 横空出世，在与围棋世界冠军李世石进行的围棋人机大战中，以 4 比 1 的总比分获胜。两次人机大战如图 1-2 所示。一年后，AlphaGo 的升级版 AlphaGo Zero 又以 3 比 0 的比分战胜了当时等级分最高的中国棋手柯洁。

(a) Deep Blue对阵卡斯帕罗夫

(b) AlphaGo对阵李世石

图 1-2 两次人机大战

需要说明的是，Deep Blue 采用的是穷举方法，即生成所有可能的走法，然后搜索每一种可能走法，并不断地评估棋局，尝试找出最佳走法。Deep Blue 包括三个主要组件，即走棋模块、评估模块和搜索控制器，各组件都服务于“优化搜索速度”这一共同目标；而 AlphaGo 的核心算法是深度机器学习，由两个网络组成，分别是决策网络和值网络，其中决策网络负责选择下一步棋的走法，值网络负责预测该步走法的胜率。AlphaGo 实际上既没有高级的围棋概念，也不懂围棋的定式和技巧，它只有一个运行目标，那就是“获胜”，并依赖于对大数据的深度学习，不断地提高胜率来达到胜利的目的。

1.5.2 自动定理证明

数学领域中对数学猜想寻求一个证明或反证，一直被认为是一项智能任务，不仅需要具备根据假设进行逻辑推理的能力，有时还需要某些技巧甚至直觉。为了求证某个猜想，数学家会运用数学知识，设想需要证明哪些引理，判断出哪些已有的定理能够在猜想的证明中发挥作用；也可以把证明分解为若干子问题，分别独立地对所有子问题进行求解，最终完成原问题的证明。

1956 年，纽厄尔和西蒙提出逻辑理论，并编写了逻辑理论机程序，采用搜索树和启发式原则来排除不太可能的解决方案，成功证明了《数学原理》中前 52 个定理中的 38 个。

1965 年，英国数学家和计算机科学家鲁宾逊（J. A. Robinson）提出了一种基于逻辑的反证法，被称为数理逻辑的消解原理，奠定了自动定理证明的基础。

1976 年，美国数学家阿佩尔（K. Appel）和哈肯（W. Haken）等人采用 3 台大型计算机，花去大量 CPU 时间，并对中间结果人为反复修改 500 多处，最终成功证明了 124 年之久悬而未决的四色定理，轰动了当时的国际计算机界。

1977 年，中国科学院院士、数学家吴文俊在初等几何定理的机器证明方面首先取得成功，提出了几何定理的机器证明方法；此后又相继提出微分几何的定理机械化证明方法、方程组符号求解的消元法、全局优化的有限核定理，建立了数学机械化体系。

【例 1-5】 逻辑推理——谁是窃贼？

警方拘捕了张三、李四、王五和赵六共 4 个有盗窃嫌疑的人进行审讯，已知其中只有 1 人是窃贼，而且只有窃贼说假话，审讯记录如下：

- 张三：我不是窃贼；
- 李四：王五是窃贼；
- 王五：赵六是窃贼；

- 赵六：王五在说谎。

试根据四个嫌疑人的供词，采用逻辑推理方法判断哪个人是窃贼。

解：将张三、李四、王五和赵六依次编号为 1、2、3、4，假设 x 是窃贼的编号。根据审讯记录可以得到以下断言：①$x!=1$；②$x==3$；③$x==4$；④$!(x==4)$。其中，“!”即计算机语言中的逻辑非运算符。由于只有窃贼说谎，因此上述四个断言必定有 3 个为真（true），1 个为假（false）。令 x 取值遍历 1、2、3、4，当结果为 3 真 1 假时，x 的值即为窃贼的编号。由表 1-1 可知，只有当 x 取值为 3 时，4 个断言中有 3 个为真、1 个为假，所以窃贼一定是王五。

表 1-1 断言的真值表

断言	$x!=1$	$x==3$	$x==4$	$!(x==4)$	结果
$x=1$（张三）	false	false	false	true	1 真 3 假
$x=2$（李四）	true	false	false	true	2 真 2 假
$x=3$（王五）	true	true	false	true	3 真 1 假
$x=4$（赵六）	true	false	true	false	2 真 2 假

1.5.3 专家系统

专家系统（expert system）是知识工程的典型产品，其内部具有大量的某个领域人类专家水平的知识与经验，能够利用人类专家的知识和解决问题的方法来处理该领域的问题。专家系统应用人工智能和计算机技术，根据某领域的知识和经验进行推理和判断，模拟人类专家的决策过程，解决人类专家才能处理的复杂问题。简单地说，专家系统是一种模拟人类专家解决领域问题的计算机程序系统。

专家系统的组成部件主要有知识库、推理机、解释器、接口等。知识库用于存放某领域的专家知识，包括事实、可行操作和规则等，涉及知识获取和知识表示两个方面的内容。“知识获取”解决知识工程师与领域专家的交流沟通问题，“知识表示”则要解决如何用计算机能够理解的形式表达和存储知识。推理机是用来存储专家系统所采用的规则和控制策略的程序，还能够根据知识进行推理和导出结论，而不是简单地搜索知识库，从而使得专家系统能够以逻辑方式协调地工作。解释器能够向用户解释专家系统的行为，包括解释推理结论的正确性以及系统输出其他候选解的原因。接口又称人机界面，是专家系统和用户进行交互的工具，使用户能够输入必要的数据、提出问题、了解推理过程及推理结果等。专家系统通过接口接收用户的输入和提问，并将对问题的回答反馈给用户，同时进行必要的解释。

20 世纪 60 年代初，出现了一些运用逻辑学的和模拟心理活动的通用问题求解程序，可以证明定理和进行逻辑推理。1965 年，费根鲍姆领导的研究小组在总结通用问题求解系统的经验的基础上，结合化学领域的专门知识，开发了第一个专家系统 DENDRAL。1977 年，费根鲍姆提出了知识工程的概念，自此之后专家系统的理论和技术不断发展，应用于化学、数学、物理、生物、医学、农业、气象、地质勘探、军事、工程技术、法律、商业、空间技术、计算机设计和制造等众多领域，出现了众多的专家系统，其中不少专家系统在功能上已达到甚至超过同领域人类专家的水平，并在实际应用中产生了巨大的经济效益。

专家系统的发展经历了三代：第一代专家系统（DENDRAL、MACSYMA 等）以高度专业化、求解专门问题的能力强为特点，但在体系结构的完整性、可移植性、系统的透明性和灵活性等方面存在缺陷，求解问题的能力弱；第二代专家系统（MYCIN、CASNET 等）属单学科专业型、应用型系统，其体系结构较完整，移植性方面也有所改善，而且在系统的人机接口、解释机制、知识获取技术、不确定推理技术、增强专家系统的知识表示，和推理方法的启发性、通用性等方面都有所改进；第三代专家系统属多学科综合型系统，采用多种人工智能语言，综合采用各种知识表示方法和多种推理机制及控制策略，并开始运用各种知识工程语言、骨架系统及专家系统开发工具和环境来研制大型综合专家系统。当前，专家系统的研究与开发已经迈向第四代，采用大型多专家协作系统、多种知识表示、综合知识库、自组织解题机制、多学科协同解题与并行推理、专家系统工具与环境、人工神经网络知识获取及学习机制等最新的人工智能技术来实现具有多知识库、多主体的专家系统。

1.5.4 模式识别

模式是指事物的标准样式，具有一般性、简单性、重复性、结构性、稳定性和可操作性等特征。人工智能领域所研究的模式识别是指用计算机帮助或代替人类进行事物样式的识别。

模式识别（pattern recognition）有时也称为模式分类（pattern classification），就是采用计算的方法，根据样本的特征将样本划分到一定的模式类别中去。这里的样本，一般指文字、符号、图像、声音、数据等形式的实体对象。模式识别是人类的一项基本智能，模式识别的研究目的就是使计算机系统可以模拟人类通过感官接收外界信息、识别并理解周围环境的感知能力。

模式识别是一个不断发展的新学科。随着人类对大脑认识的进步，模拟人脑构造的人工神经网络研究早在 20 世纪 50 年代末至 60 年代初就已经开始。1957 年，罗森布拉特就提出了模拟人脑进行模式识别的数学模型感知器，初步实现了通过给定类别的各个样本对识别系统进行训练，使系统在学习完毕后具有对其他未知类别的模式进行正确分类的能力。同一年，周绍康基于统计决策理论中的损失函数、统计决策函数等概念研究最优字符识别问题，促进了模式识别研究工作的迅速发展。1962 年，纳拉西曼（R. Narasiman）提出了一种基于基元关系的句法识别方法。1974 年，华裔美籍信息学家傅京孙出版了专著《句法模式识别及其应用》。1982 年至 1984 年，霍普菲尔德深刻揭示出人工神经网络所具有的联想存储和计算能力，进一步推动了模式识别的研究工作，在很多应用方面取得了显著成果，从而形成了模式识别的人工神经元网络方法的新方向。

模式识别的应用主要包括文字识别、语音识别、指纹识别、遥感技术、医学诊断、故障诊断等众多领域，目前正处于蓬勃发展的阶段。随着深度学习理论的不断深化，基于人工神经网络的模式识别技术将会有更好的发展前景。

1.5.5 自然语言处理

自然语言处理俗称人机对话，主要研究使用计算机模拟人类的语言交际过程，使计算机能理解和运用人类的自然语言，实现人机之间的自然语言沟通。实现人机之间的自然语言交流意味着要使计算机既能理解自然语言文本的意义，也能以自然语言文本来表达给定的意图、思想等。前者称为自然语言理解，后者称为自然语言生成。计算机语言或程序是精确、无歧义的，而人类语言往往是模糊、有歧义的，因此计算机实现自然语言理解和自然语言生成是十分困难的。

自然语言处理程序通过阅读文本和建立内部数据库，能够回答用户提出的问题，实现语音理解和输出，把句子从一种语言翻译为另一种语言，执行用自然语言给出的指令和获取知识等任务，其难点主要在于：

（1）自然语言的多样性

自然语言表达含义时没有统一的格式，可以使用字、词、短语、句子、段落等进行灵活的组合。例如，要求计算机播放音乐时可以说放歌曲、播放乐曲、听首音乐、唱首歌等等，所表达的意思完全一致，但形式各有不同。

（2）自然语言的歧义性

当缺少上下文环境的约束，或断句不同时，自然语言都容易造成歧义。例如，当对计算机说“我想去拉萨”时，计算机就很难理解你想要做什么：是需要买火车票？是想听音乐？还是想查找拉萨的景点？“一个女孩叫我妈妈”究竟是“叫我/妈妈”还是“叫/我妈妈”？

（3）自然语言的鲁棒性[1]

自然语言在输入的过程中，尤其是通过语音识别获得文本时，会存在多字、少字、错字、噪声等问题。虽然存在错误，但以人的智能来讲是可以理解的，而计算机则不易理解。

（4）自然语言的知识依赖性

自然语言是对世界的符号化描述，语言天然连接着知识，如果脱离知识，对语言的理解就会出现歧义。例如，“晚安”可以是告别用语，也可以是一首歌曲的名字。

目前，人工智能在自然语言翻译和语音理解方面已经取得了重大突破，尤其是结合深度学习和大数据技术的聊天机器人 ChatGPT 的出现，大大促进了人类对自然语言的本质和规律的理解，使人机交互和语言沟通的探索上升到更高的层次，甚至可以说在一定程度上改变了人类思维和认知的方式。

1.5.6 机器学习

学习能力是衡量人工智能水平的重要指标，也是使计算机具有智能的根本途径。正如美国数学家、信息论创始人香农（C. E. Shannon）所说：“一台计算机如果不会学习，那就不能称为是具有智能的。”如何让计算机像人一样通过学习来获取知识，正是机器学习的研究内容。

机器学习（machine learning）是人工智能领域较晚出现的一个分支，主要研究人类学习的机制以及计算机模拟人类学习活动以自动获取新知识的理论和方法，是典型的多学科交叉领域，涵盖概率论、统计学、近似理论和复杂算法等众多领域。

实现机器学习，最基本的做法是使用算法来解析数据并从中学习知识，然后对真实事件做

---

[1] 鲁棒性是指控制系统在一定（结构、大小）的参数摄动下，维持其他性能的特性。

出决策和预测。与传统的解决特定任务的硬编码程序不同，机器学习采用泛型编程，通过对大量数据的“训练”，采用各种学习算法从训练数据中学习规律或经验，进而使计算机知道如何完成任务。

机器学习的研究经历了多个阶段，包括从有教师指导的归纳学习向无教师指导的发现学习（如数据挖掘）转变、从缺乏坚实理论的经验性学习向具有严密数学基础的学习理论转变、从面向确定性环境的观察学习向面向不确定性环境的统计学习（如粗糙集、概率理论和统计学习理论等）转变。早期机器学习的内涵方面，符号主义学习长期占据主导地位，但自 20 世纪 90 年代以来，就是统计学习理论的天下了。当前，基于连接主义的深度学习已经成为机器学习领域最前沿的研究方向和研究热点，目前已在语音识别和图像处理等方面解决了很多复杂的模式识别难题。

1.5.7 机器视觉

机器视觉（machine vision）就是用机器代替人眼来感知、测量和判断，是一项综合性技术，主要包括图像处理技术、机械工程技术、控制技术、电光源照明技术、光学成像技术、传感器技术、模拟与数字视频技术、计算机软硬件技术等。前沿的研究领域包括实时并行处理、主动式定性视觉、动态和时变视觉、三维景物建模与识别、实时图像压缩传输和复原、多光谱和彩色图像处理与解释等。机器视觉系统适用于一些不适于人工作业的危险工作环境或者人工视觉难以满足要求的场合，在大批量重复性工业生产过程中，用机器视觉检测方法可以大大提高生产的效率和自动化程度。

20 世纪 60 年代中期，美国学者罗伯兹（L.R. Roberts）开始研究能够理解由多面体组成的“积木世界”的技术，当时运用的预处理、边缘检测、轮廓线构成、对象建模、匹配等技术，后来一直在机器视觉中应用。在图像理解研究中，古兹曼（A. Guzman）提出运用启发式知识，表明用符号过程来解释轮廓画的方法不必求助于诸如最小二乘法匹配之类的数值计算程序。到 20 世纪 70 年代，机器视觉形成了几个重要研究分支，包括：目标制导的图像处理、图像处理和分析的并行算法、从二维图像提取三维信息、序列图像分析和运动参量求值、视觉知识的表示和视觉系统的知识库等。今天，对机器视觉的研究进一步细化为自动光学检查、人脸识别、文字识别、纹理识别、无人机、无人驾驶汽车、产品质量等级分类、印刷品质量自动化检测、追踪定位等应用场景，尤其是在无人机领域，已形成品种丰富、功能多样的系列化实用产品，在军事和民事领域都发挥了极为重要的作用。

1.5.8 机器人

人工智能研究中日益受到重视的另一个分支是机器人。机器人是一种能够半自主或全自主工作的智能机器，通过编程和自动控制来执行诸如作业或移动等任务。机器人具有感知、决策、执行等基本特征，可以辅助甚至替代人类完成危险、繁重、复杂的工作，提高工作效率与质量，扩大或延伸人的活动及能力范围。

根据应用环境可以将机器人分为两大类：工业机器人和特种机器人。工业机器人是指面向工业领域的多关节机械手或多自由度机器人。特种机器人则是除工业机器人之外的、用于非制造业并服务于人类的各种先进机器人，包括服务机器人、水下机器人、娱乐机器人、军用机器人、农业机器人等。

从发展阶段来看，机器人大致经历了三代：

第一代机器人是示教再现型机器人。这种机器人通过计算机来控制一个多自由度的机械，通过示教存储程序和信息，工作时把信息读取出来，然后发出指令，这样可以重复当时示教的结果，再现出这种动作。

第二代机器人是感觉型机器人。这种机器人拥有类似人的某种感觉，如力觉、触觉、滑觉、视觉、听觉等，能够通过感觉来感受和识别工件的形状、大小、颜色。

第三代机器人是智能型机器人。这种机器人带有多种传感器，可以进行复杂的逻辑推理、判断及决策，在变化的内部状态与外部环境中，自主决定自身的行为。

此外，对机器人的研究还促进了许多人工智能思想的发展。机器人的一些技术可以用来描述一种世界状态转变为另一种状态的过程，使人们对于怎样产生动作序列的规划以及怎样监督这些规划的执行有较好的理解。

1.5.9 计算智能

计算智能建立在仿生学的基础上，基于对生物体智能机理和自然界规律的认识，采用数值计算的方法模拟和实现生物智能和规律，是人工智能的一个分支。计算智能注重模仿自然界，特别是生物界的生物个体或群体的生存和进化规律，来设计求解问题的方法。计算智能主要依赖于设计者提供的数据和数学计算方法，而不是依赖于知识，其本身具有明显的数值计算信息处理特征，强调用计算的方法来研究和处理智能问题。计算智能对计算技术和符号物理技术相结合的各种智能理论、模型、方法的综合集成起到重要的促进作用。

计算智能的基本领域包括神经计算、进化计算、模糊计算和单点搜索算法。

（1）神经计算

神经计算就是用数值方法模拟大脑神经系统求解问题的计算方法，强调智能活动是由大量神经元经复杂的相互连接后并行运行的结果，着力在细胞水平上模拟大脑结构及功能。人工神经网络就是其典型代表性技术。

（2）进化计算

进化计算模拟生物进化过程中优胜劣汰的自然选择机制和遗传信息的传递规律，把要解决的问题看作环境，在一些可能的解组成的种群中，通过自然演化寻求最优解。它借用生物群体进化的规律，通过繁殖、竞争、再繁殖、再竞争，实现优胜劣汰，一步步逼近问题的最优解。代表性方法有遗传算法、蚁群优化算法、粒子群优化算法、免疫算法等。

（3）模糊计算

模糊计算以模糊集合理论为基础，通过模糊运算来反映事物性质的不确定性，处理不精确的模糊输入信息，模拟人脑非精确、非线性的信息处理能力。主要内容包括模糊逻辑、模糊推理、模糊系统等模糊应用领域中所用到的计算方法及理论，并糅合了人工智能的其他手段，因此模糊计算也常常与人工智能相联系。

（4）单点搜索算法

单点搜索算法是从海量的信息源中通过约束条件和额外信息对问题的解进行单点迭代搜索的方法。不同于遗传算法、蚁群算法等群体搜索算法，单点搜索算法没有并行处理能力，能够有效地避免陷入局部最优，从而得到问题的全局最优解。代表性方法主要有模拟退火算法、禁忌搜索算法等。

总之，计算智能以数据为基础，以计算为手段来建立模型，进行问题求解，以实现对生物智能及行为的模拟。从研究内容和方法上来说，计算智能与机器学习存在着一定的内容交叉。

1.6 人机关系与工程伦理

自人工智能诞生以来，人工智能技术的不断发展已经对人类社会的发展产生了十分深远的影响，涉及人类的经济利益、社会结构、生活方式、文化信息等各个方面。这使得人类社会面临着由人工智能技术带来的前所未有的风险和挑战，因此必须关注人工智能带来的工程伦理问题。

1.6.1 人工智能对经济的影响

人工智能技术已经逐渐渗透到各个行业和领域，有助于实现生产自动化，提高生产效率和生产质量，降低生产风险，从而为人工智能的研发者、拥有者和使用者都带来可观的经济效益。尤其是专家系统的运用，使用户以比较经济的手段执行任务而无须聘请有经验的人类专家，从而大大减少劳务开支、培训费用和时间成本。专家系统本身是软件，易于复制和推广，因此能够广泛地传播专家知识和经验，使昂贵的专业知识迅速运用到专业领域，从而使终端用户从中受益。

另一方面，人工智能与计算机技术之间联系紧密，因此人工智能还会对计算机技术的发展产生极大的推动作用。人工智能的计算复杂度越来越高，这就要求计算机的软硬件必须不断地提升性能以适应人工智能的需求，从而促进了计算机并行处理和专用集成芯片的开发。当前，自动程序设计已成为现实，对软件开发产生了积极影响，如算法发生器和灵巧的数据结构的应用。此外，人工智能技术的运用还能够提高计算机网络的管理协作能力，保障计算机网络的安全性和稳定性，降低网络管理成本。这些在人工智能研究中开发出来的新技术，有效提高了计算机的处理能力，推动计算机技术不断向前发展，从而为人类社会创造出更大的经济效益。

1.6.2 人工智能对人类社会的影响

由于人工智能的可复制性高、实际运用成本低，能够高效替代重复性、流程性的人力劳动。从积极的角度讲，推广人工智能可以大大提高生产力，减少社会生产对人力的需求，使人们从繁重的低回报劳动中解脱出来，去做一些更具创造性的事情，或者从事公益、福利、教育等社会性工作；但是，人工智能的广泛应用也可能使一部分人不得不改变自己的工种和工作方式，一些知识和技术水平较低的人甚至可能失业，加大贫富差距，导致社会两极分化更加严重，而且劳务就业问题严重时可能会影响社会稳定。

人工智能还会引发社会结构改变的问题。第一次工业革命后，人类社会的结构从“人-人”发展为“人-机器”，而人工智能出现后的几十年来，社会结构开始从“人-机器”转变为“人-智能机器-机器”。社会结构的改变将会带来生活方式、心理情感等各方面的冲击，人类将不得不学会如何与有智能的机器共存，并逐步地适应这种新的社会结构。例如：智能手机出现后，手机支付和刷脸支付等便捷支付方式得到普及，甚至很多时候已经看不到传统的支付手段。但是很多老年人不会使用智能手机，这给他们的衣食住行都带来了很大的困扰。

另外，由于应用人工智能而导致的伦理和法律纠纷往往无法可依。近年来，无人驾驶汽车发生交通事故并不在少数，往往造成严重的人身伤亡和经济损失。在追究此类事故的责任时，车主、汽车的生产商和无人驾驶系统的开发商三者中究竟谁应该承担事故责任，或者责任如何进行分配，尚无专门的法律规定。此外，对于利用人工智能技术实施的违法犯罪如何定罪以及量刑，也存在诸多法律空白。因此，必须加快立法进程，依法处理与人工智能相关的法律纠纷和违法行为，才能使人工智能更好地为人类利益做出贡献。

1.6.3　人工智能对认知方式的影响

人工智能的不断发展和应用推广，将对人类的认知方式、思维理念和传统观念都产生变革性影响。人类的传统认知方式是按照生产生活的经验来进行思维，而人工智能带来了更多的模式识别和数据分析工具，可以帮助人们快速地处理大量数据和信息，人类的思维方式将从依赖经验判断转变为运用技术工具和数据分析来获取更加全面、准确、可靠的结论。另外，人工智能还可以通过模拟人脑神经网络的方式，帮助人们更好地理解人类的认知方式，并发现新的科学法则和知识。

但是，人工智能的应用也会导致一些不良后果。例如，计算机网络的普及使得人们不必出门就可以知道世间万事，这使得人类获取信息的方式发生了重大改变，但也使虚假信息比以往更易扩散。虚假信息之所以极易在网络上传播，一定程度上是因为人们过于相信或依赖计算机技术。同样地，一旦用户相信人工智能的判断和决定，认为人工智能永远不会出错，那么他们就可能变得懒惰，不再愿意主动思考，从而失去创新求知的动力和兴趣。比如 ChatGPT 问世后，一度有不少人利用 ChatGPT 来完成作业、撰写论文，甚至应付考试。此外，人工智能具有很强的大数据分析能力，能够从大数据中发现规律，但对于其中的科学原理往往一无所知。过于依赖人工智能必然导致科学探索能力的下降，造成使用者的主动思维能力弱化，这显然不利于科学技术的发展，同样也不利于计算机和人工智能技术的进一步创新。

1.6.4　人工智能对文化生活的影响

常言道：“只可意会，不可言传。”这就是说，某些概念或知识并不适合运用自然语言进行表达。如今，人工智能已经拥有了强大的自然语言理解能力，能够帮助人类改善知识的表达方式，将一些不易于采用自然语言表达的知识或问题求解过程，通过适当的人工智能知识表示方式更加清晰、简洁地呈现出来，还可以解决知识的模糊性问题，消除知识的不一致性。随着人工智能的广泛运用，人们可以应用人工智能来描述生活中的日常状态、求解各种问题，不断地扩大交流知识的概念集合，从而更加方便地表达所思所想和所见所闻。

另一方面，人工智能大大改善了人类的文化生活。例如，广泛运用图像处理技术制作的艺术作品、电影、广告等具有相当精彩的视觉效果，基于计算机和人工智能技术的电子游戏和虚拟现实场景也已经成为现今社会最为普及的文化娱乐手段。当然，过度沉迷于人工智能构建的虚拟世界也会对人类，尤其是青少年群体产生危害，使其学习相关事物的认知思维发生退化，其中最为明显的是感知能力、记忆能力、观察能力和社交能力持续衰退，进而造成严重的心理健康问题，必须加以重视并采取相应措施。

1.6.5 人工智能的技术风险

科学技术是一把双刃剑，任何科学技术最大的危险莫过于失去控制。如果落入企图利用技术危害人类的某些人手中，人工智能不但不能造福人类，反而会威胁到整个人类的安全。另外，人工智能所展现出来的超强智慧也会使很多人担心，如果有朝一日人工智能超过了人类智能并具有了自主意识，会不会严重破坏人类的社会结构和伦理关系，甚至奴役人类。这类威胁在很多科幻电影中得以呈现，例如中国著名导演郭帆执导的《流浪地球》系列电影、美国著名导演斯皮尔伯格（S. A. Spielberg）执导的电影《人工智能》、卡梅隆（J. Cameron）执导的《终结者》系列电影等等，无一不在告诉人们，人工智能发展到极高水准时对人类社会的反噬。

美国著名的科幻小说作家阿西莫夫（I. Asimov）早在 1942 年发表的科幻短篇小说《转圈圈》中就提出了应对人工智能失控风险的“机器人三守则”：

① 机器人决不能危害人类，也不能坐视人类受到伤害而袖手旁观；

② 机器人必须服从人类命令，除非这种服从有害于人类；

③ 机器人必须保护自身不受伤害，除非是为了保护人类或人类命令它做出牺牲，同时不得违反第一和第二守则。

阿西莫夫认为，只要人工智能系统或机器人按照这三个守则来设计，那么就不会危害人类。因此，阿西莫夫的“机器人三守则”成为现代设计人工智能的基本安全准则。但是，“机器人三守则”看似严谨，实际上依然存在着漏洞。试举一例：如果机器人遇到警察和歹徒枪战该怎么办？根据第一守则，机器人见到人类受到伤害不得袖手旁观，所以它必须干涉。可是，如果机器人帮助了警察，那就意味着它必须要伤害歹徒；反过来，如果机器人帮助了歹徒，就意味着它必须要伤害警察。也就是说，无论机器人怎么做，始终都要违反第一守则。因此，这不是守则问题，而是逻辑问题。

于是乎，人工智能系统想出了这样一个绝佳的办法：为了防止人类出现互相伤害的情形导致第一守则出现逻辑矛盾，需要把所有的人类软禁在家里，禁止外出。可对于人类来讲，整天被困在家里，无异于一场灾难。于是，人类开始反抗机器人的软禁措施。这样一来矛盾又出现了：人类违反机器人的软禁措施，就意味着他们是要出门去伤害其他人类，根据第一守则，机器人必须阻止，同时也不必服从人类了，这也正是遵循了第二守则。最终，人类和机器人之间的战争爆发。

由以上分析可知，这些机器人的行为明显是符合三守则的，并不能找出任何逻辑错误，因此也只能说，阿西莫夫的三守则并不完美。为此有人引入了第零守则试图加以弥补：机器人必须保护全人类的整体利益不受伤害，第一、二、三守则都不得违反第零守则。可是，人类的整体利益这种模糊不清的概念连人类自己都搞不明白，就更别说人工智能了。人工智能就算拥有类人的外形，其本质也依然是机器，难以理解抽象而又复杂的概念（例如正义和邪恶）。

对于人工智能当然不能因噎废食，既要大力研究和推广人工智能技术，同时也要制定防范技术风险的各种措施。相信人类有智慧、有能力、有信心解决人工智能的技术失控问题，将人工智能技术对人类社会发展的促进最大化。

1.7 人工智能的未来展望

人工智能的近期研究目标是实现机器智能，使计算机成为智能化信息处理工具，能够借助计算机的高速运算能力，模拟人类的某些智能行为，运用知识去处理问题，因此隶属于计算机科学。远期研究目标则是实现智能机器，探究人类智能和机器智能的本质，使智能机器具有联想、推理、理解、学习等高级思维能力，能够自主分析问题、解决问题、发明创造，自动获取知识、运用知识，真正实现、扩展和延伸人类智能。这个远期目标超出了计算机科学的范畴，几乎涉及自然科学和社会科学的所有领域。

1.7.1 理论突破

人脑的结构和功能远比想象的要复杂得多，其工作机制目前也不清楚，关于自然智能的本质和机理实际上还未能被揭示，这就造成人工智能的理论研究成了无根之木、无源之水，在这种背景下所提出的各种人工智能理论往往是研究者们的主观猜想，仍缺乏充分的实践验证。人工智能的研究任务可以说是非常艰巨的，必须在根本上理解人脑的结构和功能，开展多学科协同发展，寻找和建立更新的人工智能框架和理论体系。

目前，人工智能的理论研究主要聚焦于大数据和机器学习。虽然机器学习相关研究已经进入深度学习阶段，各种深度学习算法和网络模型层出不穷，在不同领域确实也取得了显著的应用成效，但是深度学习的理论体系同样欠缺对智能本质的理解，因此仍属于弱人工智能的范畴。未来，随着计算机处理能力的提高和人工智能算法的不断优化，以及脑神经科学、认知科学、思维科学、心理学等学科的发展，人工智能将会向着高度模仿人类的思维方式，具备自主学习、推理、逻辑分析等能力的方向前进，迈入强人工智能的领域。

另外，预计人工智能将在自主学习与迁移学习领域取得突破。当前的机器学习算法主要依赖大量标注数据进行训练，学习效率不高。采用自主学习的人工智能系统，可以通过少量数据甚至无监督的方式进行学习，从而大幅度提高学习效率。而迁移学习技术将使得在一个领域获得的知识能够快速应用到其他领域，从而加速人工智能在各行各业的推广和应用。

1.7.2 技术集成

人工智能技术本身就是计算机科学与其他相关学科的集成，这种技术集成在未来将会呈现更加明显的信息技术集成特点，计算机网络、远程通信、数据库、计算机图形学、语音与听觉、机器人学、过程控制、并行计算和集群计算、虚拟现实、进化计算、人工生命、量子计算、生物信息处理等技术，都会与人工智能相结合。除了信息技术外，未来的人工智能系统还要集成认知科学、心理学、生物学、社会学、逻辑学、语言学、系统学和哲学等，以创建更大、更广泛、更智慧的人工智能系统。人工智能研究的下一步工作的重点应该是进一步推进核心技术的研究和发展，在技术集成的基础上设计新算法和新模型，高效地整合数据和知识，采用更加智能的方式进行决策，以实现更加高效安全的应用。

1.7.3 应用领域拓展

人工智能被誉为第四次工业革命，将有力推动全球经济的发展和社会的创新。对于任何技术而言，应用是其最终价值所在。因此，注重实际应用必定也是人工智能研究的中心任务。人工智能技术能够与不同的行业和领域相结合，将成为人类社会发展的重要驱动力之一，有力推动制造产业的转型和升级，提高生产效率和品质，带来更加智能化、便捷化和高效化的生活方式。

（1）智能制造

智能制造是人工智能技术与传统制造业的结合，包含智能制造技术和智能制造系统。将人工智能技术运用于制造业的生产过程，可以实现制造的智能化和柔性化，大大提高生产效率和生产质量。加快发展智能制造，对于培养新的经济增长动力，推动制造业转型升级有重要意义。

（2）智慧城市

智慧城市是指通过物联网、云计算、大数据等人工智能技术的应用，使得城市的管理、教育、医疗、房地产、交通运输、公共事业和公众安全等关键基础设施和服务更加高效和智能，改善城市的管理和服务水平，为市民提供更美好的生活和工作环境，为企业创造更有利的商业发展环境。目前，智慧城市在全球各地蓬勃发展，在城市管理、智慧交通、智慧医疗、智慧环保等方面都已经深度融合了人工智能技术，实现了即时监控、优化城市交通、提供智能家居管理等服务。

（3）智慧医疗

智慧医疗由智慧医院系统、区域卫生系统以及家庭健康系统三个部分组成，通过打造健康档案区域医疗信息平台，利用最先进的人工智能和物联网技术，实现患者与医务人员、医疗机构之间的互动，逐步实现医疗信息化。目前，智慧医疗在全球范围内受到越来越多的关注。利用人工智能技术可以对医疗记录进行分析，并结合其他数据，提高医疗管理的效率，优化治疗方案，精准提升医疗水平。

（4）智能交通

智能交通是将先进的科学技术，包括信息技术、计算机技术、数据通信技术、传感器技术、电子控制技术、自动控制理论、运筹学、人工智能等，有效地综合运用于交通运输、服务控制和车辆制造，加强车辆、道路、使用者三者之间的联系，从而形成一种保障安全、提高效率、改善环境、节约能源的综合运输系统。人工智能技术在交通领域的应用非常广泛。例如，智能交通系统可以进行实时数据分析和交通管控，优化路线并减少交通拥堵。基于人工智能和大数据技术的智能驾驶可以大大提高车辆驾驶的安全性和通行效率，在此基础上的无人驾驶技术更是未来智能交通的重要突破方向。

（5）智能金融

智能金融是人工智能技术与金融行业的全面融合，以人工智能、大数据、云计算、区块链等高新科技为核心要素，全面提升金融机构的服务效率，拓展金融服务的广度和深度，实现金融服务的智能化、个性化、定制化。人工智能技术可以帮助银行、保险和证券等金融机构提高风险管理、身份验证、投资分析和市场预测等方面的能力。通过智能风控、智能投资等方式，提高金融机构的服务效率，改善客户体验。

总而言之，在未来，人工智能必将成为全球科技竞争的核心领域。世界各国都已经明确加大对人工智能技术研发的支持和投入，着力抢占市场份额和技术优势。另外，全球合作在人工智能领域也至关重要，各国需要共同应对人工智能带来的挑战，加强技术交流与合作，不断发展安全和隐私保护机制，确保数据的安全和保密，共同推动人工智能产业的可持续发展。

本章小结

本章主要论述了人工智能的基本概念、发展概况、主要技术、应用领域和发展趋势，重点内容是人工智能的定义、人工智能与人类智能的关系、人工智能的主要学派和理论。通过学习本章，读者可深入理解人工智能可以模拟人类智能的理论基础。

习题

习题 1-1：请从多角度阐述人工智能的定义。

习题 1-2：请阐述人工智能的主要学派及其观点。

习题 1-3：试采用 Matlab 或 Python 编写程序，实现例 1-1 和例 1-2 的求解。

习题 1-4：研究和应用人工智能技术时，应重点关注哪些工程伦理问题？

第2章

知识表示与推理技术

扫码获取配套资源

知识工程（knowledge engineering）是人工智能领域的一个分支，包括三个基本问题，即知识表示、知识获取和知识运用。其中，知识表示是知识获取和知识运用的基础。知识表示就是对知识的一种描述或约定，是知识的符号化、形式化或模型化。人工智能领域所研究的知识表示，实际上就是一种计算机可以接受的用于描述知识的数据结构。

本章将介绍常用的知识表示方法，主要包括状态空间法、问题归约法、谓词逻辑法、语义网络法、框架表示法、过程式表示法等，要深入地理解各种知识表示方法的原理以及相互之间的关系。需要强调的是，不同的知识表示方法各有特点，适用于不同的知识类型或领域，在人工智能系统中究竟采用哪种知识表示方法，应当具体问题具体分析。

思维导图

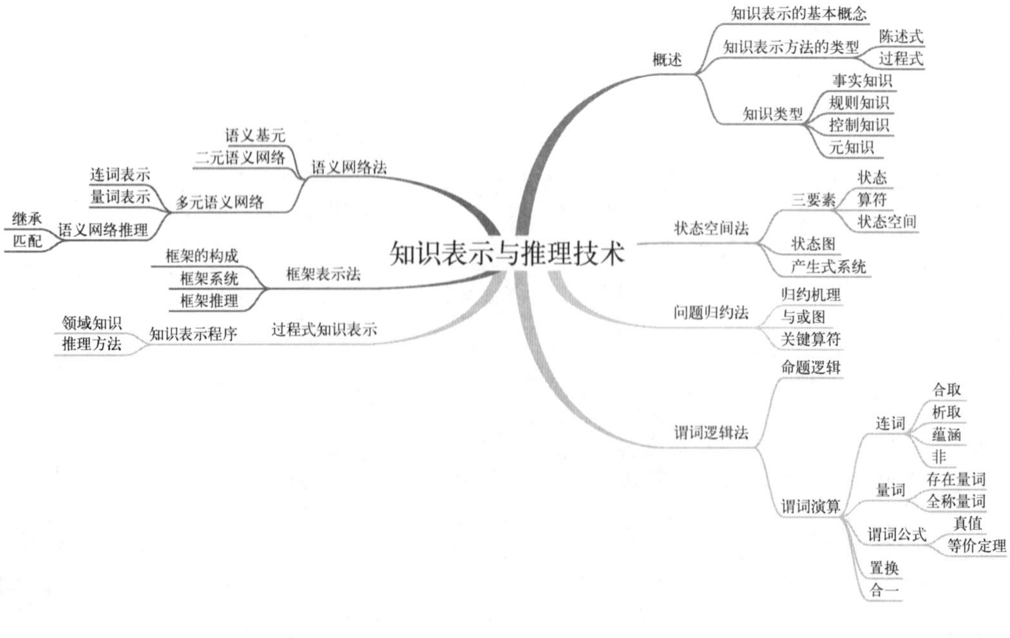

学习目标

1. 理解知识和知识表示的基本概念。

2. 理解并掌握状态空间法的基本原理，能够运用状态和操作符实现问题的解搜索。

3. 理解并掌握问题归约法的本质，能够通过归约法将复杂问题表示为与或图，了解运用逆向思维求解问题的基本思路。

4. 理解并掌握谓词逻辑法的基本原理，掌握运用逻辑定理进行知识推理的方法。

5. 理解并掌握用语义网络和框架表示知识的基本方法，能够将知识表达为语义网络和框架等图表以实现知识的计算机化。

6. 理解并掌握知识的过程表示方法，熟悉运用过程式表示方法求解复杂问题的基本思路。

案例引入

假如你在街头散步时发现了一只动物，它全身覆盖着毛发，长着一条长长的尾巴，看到人后发出“喵喵喵”的叫声。请问这是一只什么动物?

在我们的头脑中实际上已经形成了很多关于事物的概念或类别，这种概念实际上就是一种静态知识，主要用于描述事物的共有属性。当我们看到某个事物时，会下意识地从已有的概念里寻找能够与看到的事物匹配的概念。如果找到了某个匹配的概念，就可以把看到的事物归类为这个概念或类别。比如“猫”这个概念，被我们以一组知识的形式存储起来，其中包括了很多信息，例如：猫有毛发、四条腿和长尾巴，两只耳朵是三角形的，会捉老鼠，是哺乳动物，会发出“喵喵喵”的叫声……由于本案例中当前观察到的动物特征都符合“猫”这个概念，因此我们就能知道所看到的动物是一只猫。

也就是说，如果能够将各种概念以“如果（条件），那么（结论）”的规则形式（例如：如果某动物会“喵喵喵”叫，那么该动物是一只猫）表示为数据并存储在计算机的数据库（也称知识库）里，那么只需要将待识别的对象特征输入到知识库中，通过搜索规则的条件进行匹配，当找到匹配的规则后，再根据规则的结论就可以得到待识别对象的类别了。显然，上述过程非常依赖于信息的组织和运用方式，这正是本章的主题内容——知识表示与推理。

2.1　概述

符号主义认为，知识是一切智能行为的基础，人工智能是关于知识的科学，人工智能系统必须拥有知识才能体现智能。知识获取、知识推理、知识应用均依赖于知识表示方法，因此知识和知识表示是知识工程的基础。

2.1.1 知识表示的基本概念

（1）知识

要想理解知识表示的概念，必须首先清楚知识的定义。

知识涉及数据、信息及其关联形式。数据是信息的载体，单纯的数据是没有确切意义的，数据建立起关联才能构成有用的信息。信息就是数据之间的关联，赋予数据特定的含义，是描述性的知识。知识可以是对信息的关联，也可以是对已有知识的再认识。常用的关联形式是启发式规则，也称为产生式规则，其表达形式为：if <*A*>, then <*B*>。即如果条件 *A* 满足，那么结论 *B* 就成立。

关于知识，至今尚未有统一明确的定义，可以从不同角度来理解。

费根鲍姆（E. A. Feigenbaum）认为知识是经过归约、塑造、解释和转换的信息。也就是说，知识是经过加工的信息，是对原始信息进行提炼和推理并通过人的思维重组和系统化的信息集合，是对自然、社会、思维、运动等规律的反映。

英国教育社会学家伯恩斯坦（B. Bernstein）认为知识是由特定领域的描述、关系和过程组成的。

美国斯坦福大学教授海斯-罗思（B. Hayes-Roth）则认为知识包括事实、信念和启发式规则等。

总的来说，知识是高度组织起来的信息集团，是人类在长期的生活和社会实践、科学研究和科学实验中积累起来的对客观世界规律的认识或经验。其中，认识是对事物的现象、本质、属性、状态、关系和运动等的理解；经验是解决问题的方法，包括微观方法（如步骤、操作、规则、过程、技巧等）和宏观方法（如战略、战术、计谋、策略等）。

综上所述，用公式的形式来表达知识的概念可以写为

$$K = F + R + C \tag{2-1}$$

式中，K 表示知识项；F 表示事实，即人类对客观世界、客观事物的状态、属性、特征的描述，以及对事物之间关系的描述；R 表示规则，是表达前提与结论之间因果关系的一种形式；C 表示概念，即事实的含义以及规则的语义说明等。

（2）知识表示

知识表示就是使用计算机表示知识的一般方法，是一种数据结构与控制结构的统一体，既要考虑知识的存储，又要考虑知识的运用。可以将知识表示看成一组描述事物的约定，以便把人类知识表示成计算机能够处理的数据结构。

对知识表示方法一般有以下要求：

- 表示能力——能够正确、有效地表示问题；
- 可利用性——能够进行有效推理及高效处理；
- 可实现性——便于计算机直接进行处理；
- 可组织性——能够按某种形式把知识组织成知识结构，便于存储和使用；
- 可维护性——便于对知识的检索、增加、删除、修改等；
- 可理解性——表示的知识应易读、易懂、易获取等；
- 自然性——符合人类的使用习惯。

2.1.2 人工智能系统的知识类型

计算机能够理解和运用的知识是高度结构化的符号数据，具有应用领域特征、背景特征、使用特征、属性特征等便于利用的组织形式，可以从范围性、目的性和有效性三个方面加以描述。

知识的范围性是指知识是由具体到一般的抽象，例如：由观察到的"所有的猫都有四条腿"的事实，归纳出"猫是有四条腿的动物"这个知识；

知识的目的性表明知识可以用来指示事实，例如："猫是有四条腿的动物"这个知识可以表明"没有四条腿的动物不是猫"；

知识的有效性则表明知识的适用范围。事实是确定性的，而知识可能是不完备的。例如：所观察的这只猫有四条腿，这是具体的、确定的事实，而"猫有四条腿"则是一般性、指示性、不确定的知识，因为也可能存在由于断了一条腿而只有三条腿的猫。

人工智能系统的知识从低层次到高层次有四种类型，即事实知识、规则知识、控制知识和元知识。

（1）事实知识

事实知识是描述客观事物的现象的叙述性知识，通常是以"……是……"的形式出现，表达的是事物的类别、属性、关系和事实等，例如雪是白色的。事实知识是静态的、共享的、公认的知识，是知识库中最底层的知识。

（2）规则知识

规则知识是问题中与事物的行动、动作相联系的因果关系知识，是动态的知识或专门的经验知识，通常以"如果……，那么……"的形式出现。例如：如果一个数是自然数，那么它必然是非负数。规则知识是关于如何使用事实知识的知识，虽无严格解释，但很有用处。

（3）控制知识

控制知识是有关问题求解步骤的技巧性的知识，描述一件事要怎么做或当有多种可选动作时应如何选择。例如，走迷宫时采用的"右手法则"，即遇到分岔口时始终选择最右侧的岔口，就可以有效避免重复已经走过的路线。

（4）元知识

元知识是关于知识的知识，是管理、控制和使用领域知识的知识，在知识库中的层次最高，用于说明如何使用规则、解释规则、校验规则等。元知识与控制知识有一定的重叠，都属控制性知识，常常与程序结合在一起，不易于修改。例如：新冠病毒表面的刺突由基因控制，生物学家以基因的机理来制作疫苗，识别并杀死新冠病毒，其中基因知识就是元知识。

2.1.3 知识表示方法的类型

知识表示方法可以分为陈述式知识表示和过程式知识表示。

语义网络、框架、知识图谱等表示方式均是对知识的静态、显式表达方法，称为陈述式知识表示，所强调的是事物所涉及的对象是什么、对象之间的关系是什么。陈述式知识表示是对事物有关知识的静态描述，知识的存储和知识的使用相分离；而对于如何使用这些知识，则需要通过控制策略来决定。陈述式知识表示灵活、简洁，知识维护方便，但缺点是推理效率低，推理过程不透明。

与知识的陈述式表示相对应的是知识的过程式表示，就是将有关某一问题领域的知识，连同如何使用这些知识一起隐式地表达为一个问题求解过程。

陈述式知识表示所给出的是事物的一些客观规律，表达的是如何求解问题，知识蕴含于求解问题的过程中，知识的描述形式就是程序，所有关于问题的信息均隐含在程序里，因此难于添加新知识和扩充功能，适用范围较窄。过程式知识表示的推理效率高、过程清晰，但缺点是灵活性差，知识维护不方便。

2.2 状态空间法

状态空间法是一种以状态和操作符为基础的基于问题解答空间来表示知识的方法。运用状态空间法，从问题的某个初始状态开始，每次执行一个操作符，使状态发生一次改变，直至达到问题的目标状态为止，建立起应用操作符的序列。对于复杂的问题，由于可能的状态非常多，状态空间法需要扩展过多的节点，搜索问题的求解序列时容易出现“组合爆炸”，因而只适用于表示和求解比较简单的问题。

2.2.1 状态空间法的要素

状态空间法有三个要素，即状态、算符和状态空间。

（1）状态

状态是为了描述某类不同事物间的差别而引入的一组最少变量的有序组合，每一个状态都是表示问题求解过程中不同步骤或不同时刻下问题状况的数据结构，以向量形式表示为

$$\boldsymbol{S}_i=[s_{i1},s_{i2},\cdots,s_{iK}]^{\mathrm{T}}\quad(i=1,2,\cdots,N)\tag{2-2}$$

式中，s_{ij} 为状态向量 $\boldsymbol{S}_i$ 的第 j 个分量，j=1, 2, ⋯, K（K 为状态分量的个数）；N 为状态的个数。

当每个状态分量 s_{ij} 的值确定时，就得到了一个具体的状态。问题的任意一个状态必须与其他状态不同，当某个状态对应于该问题的解时，则该状态就称为问题的一个目标状态。显然，状态分量越少，状态的表示就越简单。因此，在确定状态的结构时，在保证问题的任意一个状态能够与其他状态相区别的条件下，应尽可能地减少状态分量的个数。

（2）算符

算符是将问题的一个状态变为另一个状态的操作或手段，也称为操作符。对状态应用算符就是改变问题当前状态的某个或某几个状态分量的值，从而使问题由一个状态变为另一个状态。

算符的具体形式与问题相关，可以是运算符号、逻辑符号、数学算子、走步、规则等。例如，在棋类对弈中，移动某个棋子就改变了棋局状态；在产生式系统中，应用一条产生式规则，就可以导出问题的一个新状态，因此产生式规则就是算符。

（3）状态空间

状态空间是由问题的全部可能状态以及所有可用算符构成的集合，可以用一个三元组（$\boldsymbol{O}$, $\boldsymbol{F}$, $\boldsymbol{G}$）来表示，其中 $\boldsymbol{O}$ 是问题初始状态的集合，$\boldsymbol{F}$ 是可用算符的集合，$\boldsymbol{G}$ 是问题目标状态的集合。

状态空间的大小对问题求解的工作量有很大的影响，状态和算符越少，状态空间的复杂度就越小。对于许多看上去很难的问题，如果能够恰当地确定状态和算符，使其具有较小且简单的状态空间，那么在求解时就会变得比较简单。

2.2.2 状态图

运用状态空间法求解问题的过程可以用一个状态图来表示。下面简要地介绍一下状态图所涉及的几个术语。

（1）节点

节点是状态空间图上的汇合点，用来表示问题的状态、事件和时间关系的汇合，也可以用来表示问题求解通路的汇合，每个节点代表着问题的一个状态。

在状态图中，如果某条有向弧线从节点 n_i 指向节点 n_j，那么就称节点 n_j 是节点 n_i 的后继节点，也称子节点。相应地，称节点 n_i 是节点 n_j 的父节点。只有后继节点而没有父节点的节点，称为起始节点，也称为根节点。起始节点对应于问题的初始状态。

（2）弧线

节点之间的连接线称为弧线，表示相连的一对节点间的状态关系。

（3）有向图

一对节点用有向弧线连接起来，从一个节点指向另一节点，构成有向图，表示的是一对节点之间运用的算符及转换关系。

（4）路径

对于某个节点序列$(n_{i1}, n_{i2}, \cdots, n_{ik})$，当 $j=2, 3, \cdots, k$ 时，如果对于每一个节点 n_{ij-1} 都有一个后继节点 n_{ij} 存在，那么就把这个节点序列称为从节点 n_{i1} 到节点 n_{jk} 的路径，路径的长度为 k。

（5）代价

从节点 n_i 指向节点 n_j 的有向弧线的权值称为代价，表示在问题求解过程中从节点状态 n_i 搜索到节点状态 n_j 所需消耗的操作量，例如距离、时间、计算量等。

（6）显式表示

所有节点及其具有代价的弧线均由一个状态图（或表）明确给出，通过状态图可以显式地表示出每一个节点与其后继节点的连接关系。对于较为简单的问题，其状态个数有限，能够利用状态图来表示。但是如果问题比较复杂，其节点过多甚至是无限的，那么显式表示就无能为力了。

（7）隐式表示

如果问题的起始节点和产生后继节点的算符都是已知的，对任一个节点应用后继算符就可以产生该节点的全部后继节点和各连接弧线的代价，那么可以从起始节点开始，不断地应用后继算符来得到其后继节点及其代价。

设问题的初始状态为$\boldsymbol{S}_0$，目标状态为$\boldsymbol{S}_g$，相应的后继算符为f_i（i=1, 2, ⋯, n），问题的状态图可以隐式表示为三元组($\boldsymbol{S}_0$, {f_1, f_2, ⋯, f_n}, $\boldsymbol{S}_g$)，求解过程则是从初始状态开始，不断应用后继算符直至得目标状态的过程，即

$$\boldsymbol{S}_g = f_n(f_{n-1}(\cdots f_2(f_1(\boldsymbol{S}_0)))) \tag{2-3}$$

将后继算符应用于一个节点的过程，就是对该节点进行扩展，产生后继节点，即将隐式节点变为显式节点，从而将问题求解过程表示为一个扩展后继节点的过程。因此，搜索某个状态空间以求得算符序列的一个解的过程，就对应于使隐式状态图中足够大的一部分变为显式状态图，以便包含问题的目标状态的过程。

2.2.3 产生式系统

产生式系统是为解决某一问题，以一个基本概念为基础，按一定层次连接组成的规则系统，以静态知识表示事物、事件及关系，以产生式规则表示各知识单元之间的因果联系，来实现推理过程。产生式系统由总数据库、规则库和推理机构成。

（1）总数据库

总数据库用来存储问题求解过程中的各种信息，如问题的初始状态、事实、证据、中间推理结论和最后结果等。

（2）规则库

规则库用来存储所有对数据库进行操作的产生式规则，每条规则由前件和后件组成。前件用来判别规则的适用条件，形式为：if <前提>。后件描述应用规则时改变数据库的动作，形式为：then <结论>。产生式规则的语义是，如果前提条件满足，则可以得到结论或执行相应动作，即后件由前件来触发。

（3）推理机

推理机是产生式规则的解释执行程序，由控制模块和推理模块组成。控制模块用来进行资源调用和规则选择，并在满足终止条件时停止系统的运行。推理模块对选择的产生式规则进行匹配，根据规则的前件得到后件中的结论或执行动作。

产生式系统的推理可分为正向推理和反向推理，下面通过一个简单的例子来理解。

【例 2-1】动物识别系统。

已知系统的规则库里有 3 条规则，如表 2-1 所示。

表 2-1 动物识别系统的产生式规则

产生式规则	前件	后件
规则 1	该动物能产乳	它是哺乳动物
规则 2	该动物是哺乳动物且能反刍	它是有蹄类动物且是偶蹄动物
规则 3	该动物是有蹄类动物且长腿长颈	它是长颈鹿

正向推理过程：用户输入某动物特征是“产乳、反刍、长腿长颈”，根据“产乳”和规则 1，得出中间结论 1“该动物是哺乳动物”。将中间结论 1 和“反刍”应用规则 2 得出中间结论 2“该动物是有蹄类动物”。将中间结论 2 和“长腿长颈”应用规则 3 得出最终结论“该动物是长颈鹿”。

反向推理过程：假设“待识别动物是长颈鹿”，根据规则 3，要求验证该动物是“有蹄类动物”且“长腿长颈”。如果数据库中已有该动物“长腿长颈”的事实，根据规则 3 还要求该动物是“有蹄类动物”。根据规则 2，还要验证该动物“产乳”且“反刍”……当所有验证都成立时，则假设的结论成立，即“待识别动物是长颈鹿”。

2.2.4 状态空间法的应用实例

运用状态空间法求解问题时，如果问题比较简单，可以采用显式状态空间图；而对于比较复杂的问题，则应使用隐式状态空间图。下面分别用两个例子来说明。

【例 2-2】三信号灯系统。

分别由 3 个开关控制的 3 盏信号灯处于“亮、暗、亮”的初始状态，每次操作必须扳动且只能扳动一个开关。连扳 3 次开关后，3 盏信号灯是否可以出现“亮、亮、亮”或“暗、暗、暗”的状态？

解：首先确定问题的状态空间。由于信号灯只有“亮”和“暗”两种状态，可以定义系统的状态 $\boldsymbol{S}=(s_1, s_2, s_3)$，其中 s_i（i=1, 2, 3）分别表示第 i 盏信号灯的状态，s_i 取值为 0 代表“暗”，取值为 1 代表“亮”。由于三信号灯系统比较简单，其全部状态总共只有 8 个，分别用 $\boldsymbol{S}_1$～$\boldsymbol{S}_8$ 表示，则系统的状态集合为

$$\boldsymbol{S}=\{\boldsymbol{S}_1=(0, 0, 0), \boldsymbol{S}_2=(1, 0, 0), \boldsymbol{S}_3=(0, 1, 0), \boldsymbol{S}_4=(1, 1, 0), \boldsymbol{S}_5=(0, 0, 1), \boldsymbol{S}_6=(1, 0, 1), \boldsymbol{S}_7=(0, 1, 1), \boldsymbol{S}_8=(1, 1, 1)\}$$

由题意可知，系统的初始状态只有一个，记为 $\boldsymbol{O}_1$，可知 $\boldsymbol{O}_1=\boldsymbol{S}_6=(1, 0, 1)$，初始状态集合记为 $\boldsymbol{O}=\{\boldsymbol{O}_1\}$。目标状态有两个，分别记为 $\boldsymbol{G}_1$ 和 $\boldsymbol{G}_2$，可知 $\boldsymbol{G}_1=\boldsymbol{S}_8=(1, 1, 1)$，$\boldsymbol{G}_2=\boldsymbol{S}_1=(0, 0, 0)$，目标状态集合记为 $\boldsymbol{G}=\{\boldsymbol{G}_1, \boldsymbol{G}_2\}$。系统共有 3 个算符，分别记为 f_1、f_2 和 f_3，其中 f_i（i=1, 2, 3）表示将第 i 盏的信号灯开关扳动一次，算符集合记为 $\boldsymbol{F}=\{f_1, f_2, f_3\}$。因此，问题的状态空间可以表示为

$$(\boldsymbol{O}, \boldsymbol{F}, \boldsymbol{G})=(\{(1, 0, 1)\}, \{f_1, f_2, f_3\}, \{(0, 0, 0), (1, 1, 1)\})$$

根据产生式系统的原理构造状态图。以 $\boldsymbol{O}_1$ 作为初始节点，运用各算符进行节点扩展，3 次扳动开关操作后得到的状态图如图 2-1 所示。

由图 2-1 可知，第 3 次扳动开关后，只能出现目标状态 $\boldsymbol{G}_1$，而目标状态 $\boldsymbol{G}_2$ 不会出现。这说

明，连续扳动 3 次开关，可以使 3 盏灯同时亮，但不能同时暗。另外，从状态图中可以很容易地找到连续扳动 3 次开关实现 3 盏灯同时亮的操作路径，例如 $f_1 \to f_2 \to f_1$、$f_2 \to f_3 \to f_3$、$f_3 \to f_2 \to f_3$ 等。

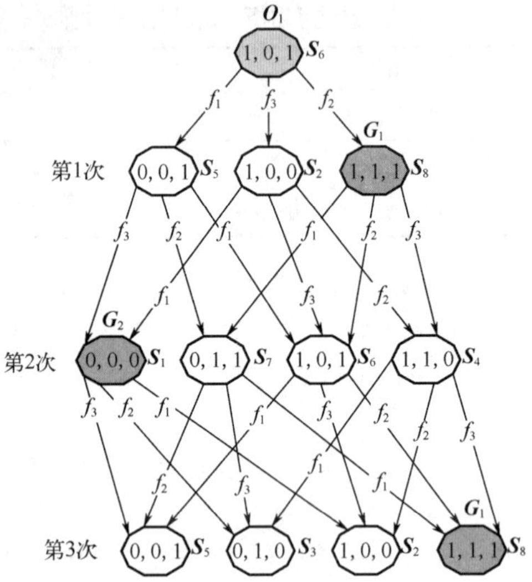

图 2-1　三信号灯系统的状态图

【例 2-3】八数码问题。

在一个 3 行 3 列的方格棋盘中有号码为 1～8 的 8 个棋子，每个棋子占据棋盘上的一个方格，留有一个空白方格（简称空格），允许与空格相邻的棋子移进空格来改变位置。图 2-2（a）所示是棋局的初始状态，试利用空格移动棋子，使各个棋子的位置达到图 2-2（b）所示的目标状态。

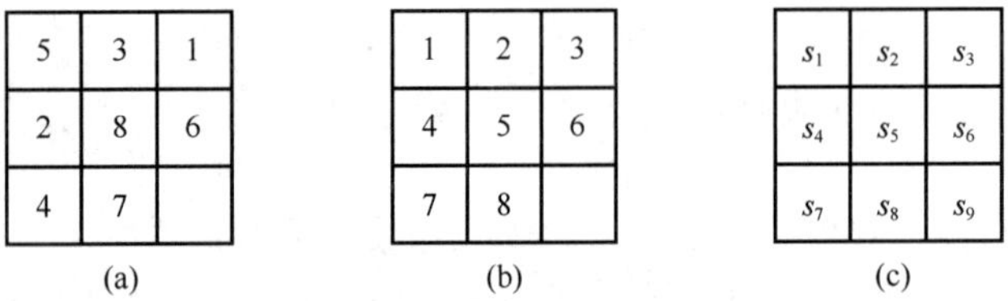

图 2-2　八数码问题

解：采用状态空间法来表示八数码问题，首先引入状态向量 $\boldsymbol{S}$，有

$$\boldsymbol{S}=(s_1, s_2, s_3, s_4, s_5, s_6, s_7, s_8, s_9)$$

式中，$s_i \in \{0, 1, 2, 3, 4, 5, 6, 7, 8\}$，1～8 表示棋子的号码，0 表示空格，且当 $i \neq j$ 时，$s_i \neq s_j$，其中 $i, j=1, 2, \cdots, 9$。根据图 2-2（c）的排列位置，由图 2-2（a）可知棋局的初始状态为

$$\boldsymbol{S}_0=(5, 3, 1, 2, 8, 6, 4, 7, 0)$$

由图 2-2（b）可知棋局的目标状态为

$$\boldsymbol{S}_g=(1, 2, 3, 4, 5, 6, 7, 8, 0)$$

显然，八数码问题的状态非常多，不便于采用显式表示。不过，八数码问题的算符是有限的，可以一一列出，然后运用合适的算符来扩展节点，将问题进行隐式表示。

由于空格位置不同，能够移动的数码也有所不同，根据空格位置可以划分 9 组规则，其中第 1、2、5 组规则如表 2-2、表 2-3 和表 2-4 所示。

表 2-2 八数码问题的第 1 组规则

算符	前件	后件
f_1	$(s_1=0)\ \&\ (s_2=n)$	$(s_1=n)\ \&\ (s_2=0)$
f_2	$(s_1=0)\ \&\ (s_4=n)$	$(s_1=n)\ \&\ (s_4=0)$
说明	空格位于 s_1 位置处时，只有 s_2 和 s_4 可以移动，共 2 个算符，n 的取值为 1～8，符号“&”表示条件与	

表 2-3 八数码问题的第 2 组规则

算符	前件	后件
f_3	$(s_2=0)\ \&\ (s_1=n)$	$(s_2=n)\ \&\ (s_1=0)$
f_4	$(s_2=0)\ \&\ (s_3=n)$	$(s_2=n)\ \&\ (s_3=0)$
f_5	$(s_2=0)\ \&\ (s_5=n)$	$(s_2=n)\ \&\ (s_5=0)$
说明	空格位于 s_2 位置处时，s_1、s_3 和 s_5 可以移动，共 3 个算符	

表 2-4 八数码问题的第 5 组规则

算符	前件	后件
f_{11}	$(s_5=0)\ \&\ (s_2=n)$	$(s_5=n)\ \&\ (s_2=0)$
f_{12}	$(s_5=0)\ \&\ (s_4=n)$	$(s_5=n)\ \&\ (s_4=0)$
f_{13}	$(s_5=0)\ \&\ (s_6=n)$	$(s_5=n)\ \&\ (s_6=0)$
f_{14}	$(s_5=0)\ \&\ (s_8=n)$	$(s_5=n)\ \&\ (s_8=0)$
说明	空格位于 s_5 位置处时，s_2、s_4、s_6 和 s_8 可以移动，共 4 个算符	

第 3 组规则适用于空格位于 s_3 处，与空格位于 s_1 处类似，共有 2 个算符（f_6、f_7）；第 4 组规则类似于第 2 组，共有 3 个算符（f_8、f_9、f_{10}）。同理，第 6、8 组规则类似于第 2 组，第 7、9 组规则类似于第 1 组。因此，这 9 组规则共有 24 个算符，则数码问题的状态图可以隐式表示为三元组：

$$(\boldsymbol{S}_0,\ \{f_1, f_2,\ \cdots, f_{24}\}, \boldsymbol{S}_g)$$

接下来进行隐式状态图的搜索。根据初始状态 $\boldsymbol{S}_0$ 可知 $s_9=0$，能够运用第 9 组规则的 2 个算符 f_{23} 和 f_{24}。分别运用两个算符，可以将初始状态 $\boldsymbol{S}_0$ 对应的节点扩展出两个后继节点，绘制出显式状态图如图 2-3 所示。

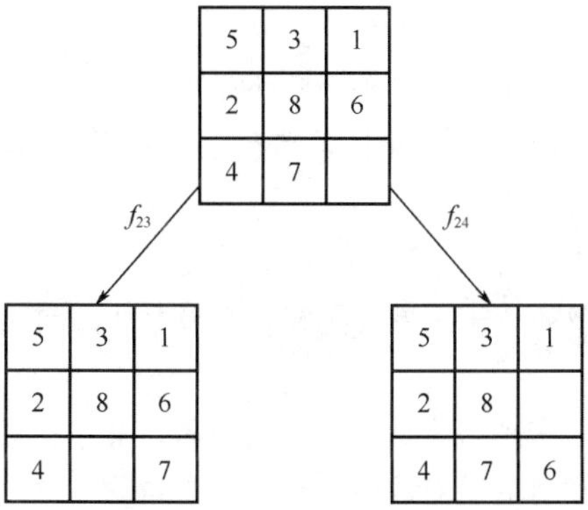

图 2-3 八数码问题的状态图搜索

此时，两个新节点的状态分别适用第 8 组和第 6 组规则，继续重复上述的节点扩展过程，当搜索范围足够大时，可以得到问题的目标状态 $\boldsymbol{S}_g$，此时搜索的路径就是问题求解的过程。当然，这种盲目搜索的效率是很低的，转化出来的显式状态图依然会很庞大，后面将会介绍更加高效的搜索方法，从而使问题求解变得简单。

2.3 问题归约法

当一个待求解问题非常复杂而很难或无法直接求解时，可以尝试着将问题分解为一系列子问题，每一个子问题都比原始问题的复杂度要低。如果所有的子问题可以求解，那么原始问题也就可以解决了。这种将复杂问题分解为简单问题，通过求解简单问题来解决复杂问题的方法，称为问题归约法。

2.3.1 问题归约的过程

问题归约法实际上是一种基于状态空间的问题描述与求解方法，采用一系列变换把初始问题分解为一系列子问题，子问题还可以继续分解为子子问题，通过求解较小的子问题集合来解决初始问题，即某个具体子集的解答就意味着对初始问题的一个解答。

问题归约表示的组成部分包括一个初始问题描述、一套把初始问题变换为子问题的操作符和一套本原问题描述，其中本原问题是由初始问题分解出来的可以直接求解的子问题。问题归约的实质是从目标出发进行逆向推理，建立子问题集合，直至把初始问题归约为一个本原问题的集合。下面通过著名的梵塔问题来说明问题归约的具体过程。

【例 2-4】三阶梵塔问题。

设有编号为 1、2、3 的三根柱子，在 1 号柱子堆叠了 3 个不同尺寸的带中心孔的圆盘 A、B、C，最大的圆盘 C 在最底部，最小的圆盘 A 在顶部。要求将所有圆盘从 1 号柱子移动到 3 号柱子上，每次只允许移动一个圆盘，且该圆盘上不能有其他圆盘，堆叠时不能将尺寸较大的圆盘放在尺寸较小的圆盘之上。试问应按怎样的步骤完成圆盘的移动?

解：三阶（三圆盘）梵塔问题的初始状态和目标状态如图 2-4 所示。根据移动圆盘的规则，要想将 C 圆盘移动到 3 号柱子上，就必须先将 C 圆盘上面的 A、B 两个圆盘移走，并且 3 号柱子上不能有圆盘。故此，首先应将 A、B 两个圆盘移至 2 号柱子，然后将 C 圆盘移至 3 号柱子，最后将 A、B 两圆盘从 2 号柱子移至 3 号柱子。

由以上分析可知，三阶梵塔问题可归约为三个子问题：

子问题 1：将 A、B 两个圆盘从 1 号柱子移至 2 号柱子，这是一个二阶（双圆盘）梵塔问题；

子问题 2：将 C 圆盘从 1 号柱子移至 3 号柱子，这是一个一阶（单圆盘）梵塔问题；

子问题 3：将 A、B 两个圆盘从 2 号柱子移至 3 号柱子，这又是一个二阶（双圆盘）梵塔问题。

三阶梵塔问题经过第一次归约后得到了三个子问题，其中有两个二阶梵塔问题和一个一阶梵塔问题，其中一阶梵塔问题可直接解决，因此是一个本原问题，而对于两个二阶梵塔问题可以再次进行归约。

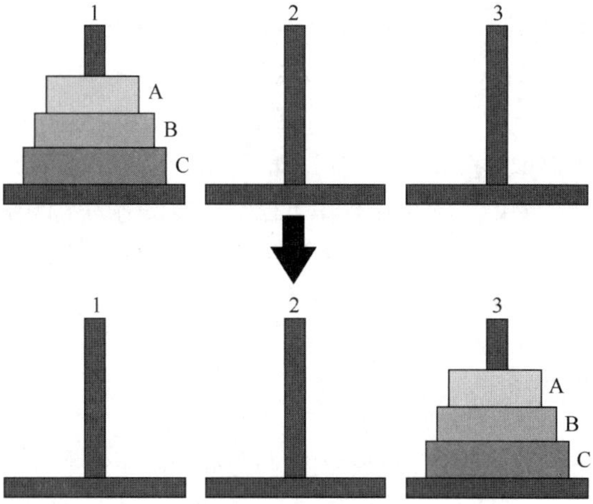

图 2-4 三阶梵塔问题

将 A、B 两圆盘从 1 号柱子移至 2 号柱子的二阶梵塔问题，进一步归约为三个一阶梵塔问题，即

子问题 1.1：A 圆盘从 1 号柱子移至 3 号柱子；

子问题 1.2：B 圆盘从 1 号柱子移至 2 号柱子；

子问题 1.3：A 圆盘从 3 号柱子移至 2 号柱子。

将 A、B 两圆盘从 2 号柱子移至 3 号柱子的二阶梵塔问题，进一步归约为三个一阶梵塔问题，即

子问题 3.1：A 圆盘从 2 号柱子移至 1 号柱子；

子问题 3.2：B 圆盘从 2 号柱子移至 3 号柱子；

子问题 3.3：A 盘圆从 1 号柱子移至 3 号柱子。

三阶梵塔问题经过两次归约后共得到了七个一阶梵塔问题，均为本原问题，解决这七个本原问题后，初始问题即可得到解决。由此可知，三阶梵塔问题的求解过程为：

将 A 圆盘从 1 号柱子移至 3 号柱子；

将 B 圆盘从 1 号柱子移至 2 号柱子；

将 A 圆盘从 3 号柱子移至 2 号柱子；

将 C 圆盘从 1 号柱子移至 3 号柱子；

将 A 圆盘从 2 号柱子移至 1 号柱子；

将 B 圆盘从 2 号柱子移至 3 号柱子；

将 A 盘圆从 1 号柱子移至 3 号柱子。

下面进行一下拓展讨论。如果将圆盘的数量增加，上述归约过程会有什么变化？例如：1 号柱子上共 64 个圆盘时，问题应如何求解？

仿照三阶梵塔问题的归约思路，首先将六十四阶梵塔问题归约为三个子问题：

子问题 1：将前 63 个圆盘从 1 号柱子移至 2 号柱子（六十三阶梵塔问题之一）；

子问题 2：将第 64 个圆盘从 1 号柱子移至 3 号柱子（一阶梵塔问题）；

子问题 3：将前 63 个圆盘从 2 号柱子移至 3 号柱子（六十三阶梵塔问题之二）。

经过第一次归约后六十四阶梵塔问题变换成为两个六十三阶梵塔问题和一个本原问题，接下来对两个六十三阶梵塔问题重复上述归约过程，直至全部归约为一阶梵塔本原问题。

由上述求解过程可以得到 n 阶梵塔问题的移动次数 $N=2^n-1$，当 $n=64$ 时，假设每秒移动一次圆盘，那么完成 64 个圆盘的移动所需的总时间为$(2^{64}-1)$秒，以年计时的话则长达 5849 亿年。

由上述讨论可知，表面上看起来似乎很简单的问题，实际上蕴含了难以想象的状态数量，这就是所谓的“组合爆炸”问题。对于这种超量搜索，即使借助于计算机的高速运算能力，也很难在较短的时间内实现求解。因此，必须深入研究求解问题的方法，通过对算法的巧妙设计，尽可能地减少计算的复杂度，提升问题求解的效率。

2.3.2 问题归约的与或图表示

一般地，用一个类图结构来表示把初始问题归约成子问题的集合，这种结构图就称为问题归约图，也称为与或图。

如图 2-5 所示的与或图，A 节点对应初始问题，将 A 节点归约一次后得到 3 个子问题节点 N、M 和 H，并用 3 条有向弧线从 A 节点指向 N、M 和 H 节点。注意，这 3 条弧线没有做任何标识，这表明，N、M 和 H 这 3 个子问题中只要有一个可以求解，那么 A 问题就可以求解，称 N、M 和 H 节点是 A 节点的或节点。

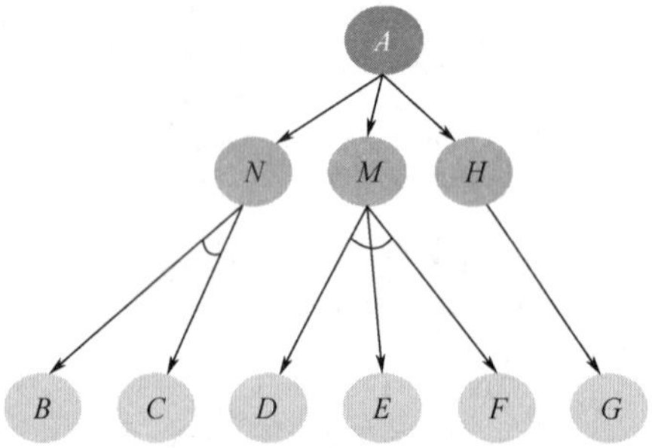

图 2-5 与或图

接下来，N 节点再次归约为两个子节点 B 和 C，M 节点则归约为 D、E 和 F 三个节点。其中，节点 B 和 C 的弧线使用了一段圆弧来连接，这表示节点 B 和 C 必须同时求解，才能够得到节点 N 的解。同理，D、E 和 F 三个节点也必须同时求解，才能得到节点 M 的解。由于节点 H 仅归约为一个节点 G，可将节点 G 理解为与节点。由与或图可以清楚地看出求解初始问题 A 有三条路径，分别是：①同时求解问题 B、C；②同时求解问题 D、E 和 F；③求解问题 G。

除了图论中的起始节点、父节点、子（后继）节点、弧线等概念外，关于与或图还有以下一些术语。

（1）终叶节点

终叶节点对应于初始问题的本原问题。由于本原问题可以直接求解，不需要再进行归约，因此终叶节点没有后继节点。

（2）或节点

只要解决某个子问题就可以求解其父问题的节点集合称为或节点，如图 2-5 中的$\{N, M, H\}$。

（3）与节点

只有解决所有子问题才能解决其父问题的节点集合称为与节点，如图 2-5 中的$\{B, C\}$和$\{D, E, F\}$。与节点间的弧线间使用一段圆弧来连接，如图 2-5 中的 B、C 节点。

（4）与或图

由与节点和或节点组成的结构图就称为与或图。

（5）可解节点

可解节点对应的问题是可以求解的。判断一个节点是否为可解节点，可遵循以下原则：

a．终叶节点是可解节点；

b．如果某个非终叶节点有“或”后继节点，当其后继节点中至少有一个是可解节点时，该节点就是可解节点；

c．如果某个非终叶节点有“与”后继节点，只有当其后继节点全都是可解节点时，该节点才是可解节点。

（6）不可解节点

不可解节点对应的问题是无法求解的。判断一个节点是否为不可解节点，可遵循以下原则：

a．没有后继节点的非终叶节点是不可解节点；

b．如果某个非终叶节点有“或”后继节点，当其全部的后继节点都是不可解节点时，该节点就是不可解节点；

c．如果某个非终叶节点有“与”后继节点，只要其后继节点中有一个节点是不可解节点，该节点就是不可解节点。

为简便起见，在与或图中使用字母 t 标示终叶节点，可解节点采用实心圆表示，不可解节点采用空心圆表示，如图 2-6 所示。

当只有一个算符可应用于初始问题 A，产生具有一个以上子问题的某个集合时，与或图的中间节点就可以略去，直接求解子问题集合即可解决初始问题。例如在图 2-7（a）中，节点 A 归约为节点 M，而 M 是一个包含三个与节点的中间节点，因此可以略去中间节点 M，只保留其三个子节点，如图 2-7（b）所示。

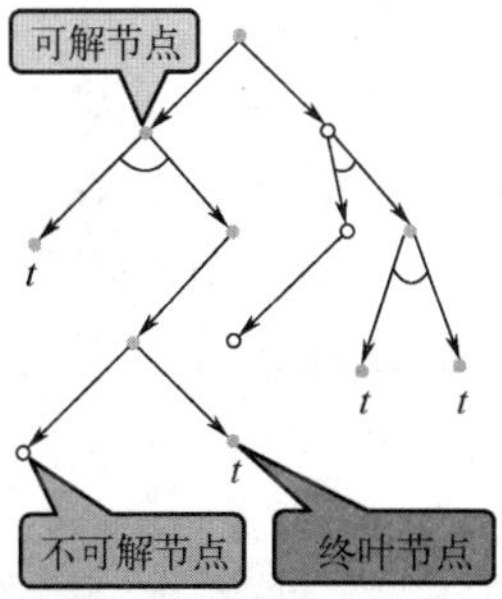

图 2-6　与或图中节点的标示

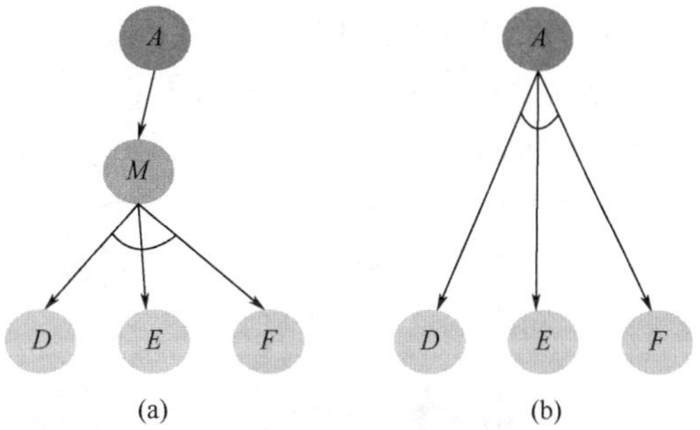

图 2-7　与或图的简化

三阶梵塔问题的求解过程可以用与或图来表示。引入状态(A, B, C)表示三个圆盘的位置，其中 $A, B, C \in \{1, 2, 3\}$，分别表示圆盘 A、B、C 当前所处的柱子编号。根据前述的归约方法所绘制的与或图如图 2-8 所示。

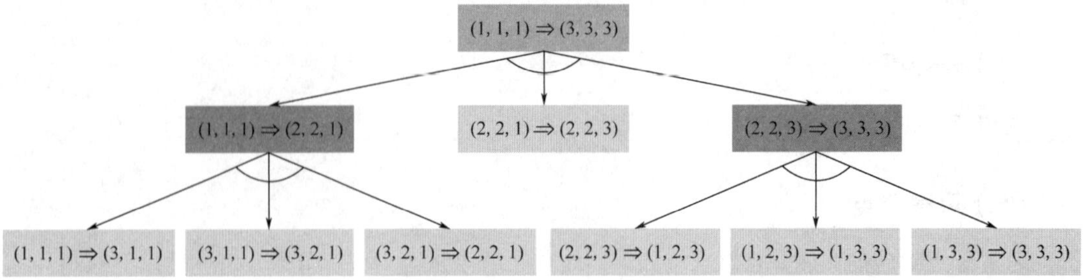

图 2-8 三阶梵塔问题的与或图

2.3.3 问题归约的机理

对于许多状态空间的搜索问题，从初始状态向目标状态出发去搜索算符序列通常都是非常困难的。此时，采用逆向推理求解问题就是一个比较好的求解思路。

所谓逆向推理，是指从问题的目标状态出发，考察要达到目标状态应该运用什么样的算符。也就是说，一旦运用了这个算符，那么就可以得到目标状态，问题就得以解决，这种算符称为关键算符。如此一来，问题的求解就分解成两个子问题：一是搜索从初始状态到能够使用当前关键算符的状态；二是使用当前关键算符得到目标状态。其中，第一个子问题相比于初始问题得到了简化，接下来可以对该子问题继续寻求关键算符并重复上述分解过程，直至得到初始状态。最后，将得到的关键算符序列进行逆序操作，就可得到初始问题的解。例如，在一个密室逃生游戏中，目标状态是“离开密室”，如果采用逆向推理，那么需要思考运用什么操作就可以离开密室，结论是“打开房门”，因此第一个关键算符是“找到房门”。接下来再次逆向推理：如何才能打开房门？结论是“使用钥匙”，因此第二个关键算符就是“找到钥匙”……

从以上叙述可以看出，利用关键算符能够将原始问题归约为互成与关系的几个子问题：其中一些能够运用关键算符，且复杂度均小于初始问题；另一些则可以直接运用关键算符求解，是本原问题。对前一类子问题再次寻找关键算符，重复上述过程直至全部归约为本原问题，求解所有的本原问题，初始问题就可以得到解决。显然，运用归约法求解问题的过程在本质上就是搜索子问题变换（即关键算符）的序列，从子问题出发，通过逆向推理来解决初始问题。

下面从状态空间表示的角度来说明问题归约的过程。

假设算符集合 $\boldsymbol{F}$ 中的某个算符 f 是由三元状态$(\boldsymbol{O}, \boldsymbol{F}, \boldsymbol{G})$表示的问题的关键算符，所以对$(\boldsymbol{O}, \boldsymbol{F}, \boldsymbol{G})$表示的问题进行第一次归约，分解为两个子问题：第一个子问题是寻找一条通向能够适用算符 f 的某个状态的路径，另一个子问题则是应用关键算符 f 得到目标状态。令 $\boldsymbol{G}_f$ 表示适用算符 f 的所有状态的集合，由此设立了一个由$(\boldsymbol{O}, \boldsymbol{F}, \boldsymbol{G}_f)$表示的子问题。一旦这个子问题得到解决，就可以在 $\boldsymbol{G}_f$ 里找到一个状态 $g \in \boldsymbol{G}_f$，则另一个子问题可以表示为$(\{g\},\{f\},\{f(g)\})$，这是一个本原问题。上述的一次归约过程如图 2-9 所示。

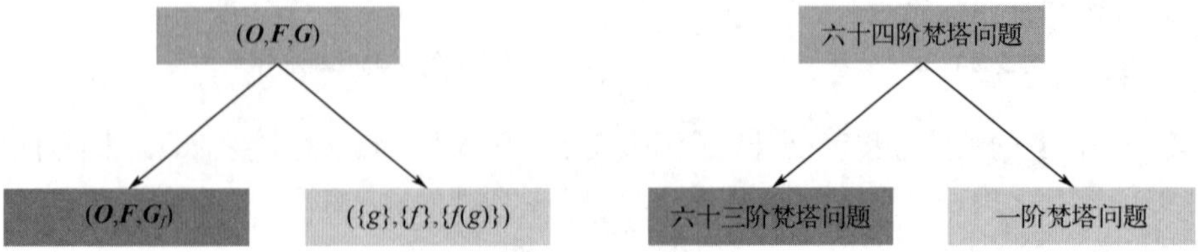

图 2-9 问题归约的关键算符

经过第一次归约后，得到的第一个子问题虽然不是本原问题，但其求解难度相比于初始问题而言得到了一定程度的简化，接下来可以对其继续采用归约策略，即辨识(O, F, G_f)的关键算符，并继续归约下去，直至将初始问题全部转化为本原问题。

2.4　谓词逻辑法

谓词逻辑是一种形式逻辑，能够把数学中的逻辑论证符号化。谓词逻辑法采用谓词公式和谓词演算将待解决的问题表示为命题，然后采用逻辑推理的方法来证明这个命题是从已知的正确命题导出的，从而证明这个命题也是正确的。谓词逻辑法常与其他表示方法混合使用，灵活方便，可以表示比较复杂的问题。

2.4.1　命题逻辑

一个表达事实的陈述句称为一个断言，具有真假意义的断言则称为命题。命题代表思维中的一种逻辑判断。此判断是正确还是错误的，即判断的真假，称为命题的真值：“真”记为 True 或 T，“假”记为 False 或 F。命题在客观上必须具有唯一确定的判断结果，即真值必须唯一，非“真”即“假”，不能既“真”又“假”，因此命题是非真即假的陈述句。由于命题的真值只有“真”“假”两种取值，因此命题逻辑也称为二值逻辑或布尔逻辑。

【例 2-5】命题与真值。

判断表 2-5 中哪些语句是命题。如果是命题，写出其真值。

表 2-5　命题的判别及其真值

语句	是否为命题	真值	说明
石家庄是河南省的省会	是	False，假命题	有唯一真值
π 是无理数	是	True，真命题	有唯一真值
地球之外没有外星人	是	视情况而定	客观上有唯一真值
你吃饭了吗？	否	无	疑问句，不是命题
这朵花真美啊！	否	无	感叹句，不是命题
禁止吸烟！	否	无	祈使句，不是命题
$x+3=y$	否	无	既不为真，也不为假
我在说假话	否	无	矛盾式

涉及命题的逻辑领域称为命题逻辑或命题演算。简单地说，命题逻辑就是指以逻辑运算符（如合取、析取、非、蕴涵等等）结合原子命题构成的表示命题的逻辑表达式。其中，原子命题就是不能再分解的命题（如表 2-5 中所列的命题均为原子命题）。逻辑运算符也称逻辑操作符或连词，用来连接多个已有的命题以构成新的更加复杂的命题，这样的复杂命题被称为复合命题。许多数学定理都是由多个命题组合而成的，即复合命题。

2.4.2　谓词演算

命题逻辑具有较大的局限性，不适合用来表示比较复杂的问题。证明数学定理时采用的推理与代数演算具有相似性，故称之为逻辑演算。逻辑演算是用来证明有效公式的逻辑系统，采用形式化方法来处理逻辑推理。逻辑演算的思想，也就是数理逻辑最初的思想，首先由莱布尼茨（G. W. Leibniz）明确提出，又经布尔（G. Boole）、弗雷格（F. L. G. Frege）、罗素（B. A. W. Russell）和怀特海德（A. N. Whitehead）等人加以发展和完善。

谓词演算即谓词逻辑的演算。谓词逻辑是一种形式语言，即用精确的数学或计算机可以处理的形式定义的逻辑表达式或公式。谓词逻辑采用一组符号来表达语义，这组符号按照规定的语法组成有限长的字符串集合，其目的在于把逻辑论证符号化，而命题逻辑可视为谓词逻辑的子系统。

（1）谓词逻辑的语法和语义

在一阶谓词逻辑中，原子命题被分解成个体词和谓词。个体词可以是具体存在的事物、概念或属性，谓词则用来刻画个体的性质或个体间的关系。例如，“苹果可以吃”是一个原子命题，其中“苹果”就是一个个体词，“吃”就是一个谓词，刻画了“苹果”的一个性质，即苹果与人或动物间的被吃与吃的关系。

谓词逻辑有 6 种基本符号：谓词符号、变量符号、函数符号、常量符号、括号和逗号。由若干谓词符号和项组成的谓词演算公式就称为原子谓词公式，是谓词演算的基本单元。为方便起见，使用 $P(x)$来表示一个原子谓词公式，其中 P 是谓词，x 是变元，代表一个或多个个体。

【例 2-6】 使用原子谓词公式表达命题（表 2-6）。

表 2-6　命题的原子谓词公式

命题	个体词 1	个体词 2	谓词	原子谓词公式
机器人在 1 号房间内	机器人 常量：ROBOT	1 号房间 常量：r_1	在房间内 INROOM	INROOM(ROBOT, r_1)
机器人在 X 号房间内	机器人 常量：ROBOT	X 号房间 变量：X	在房间内 INROOM	INROOM(ROBOT, X)
机器人的手臂在 1 号房间内	机器人的手臂 函数：arm(ROBOT)	1 号房间 常量：r_1	在房间内 INROOM	INROOM(arm(ROBOT), r_1)

（2）连词

连词是将原子谓词公式组合起来构成复合谓词公式的操作符，包括合取、析取、非、蕴涵等。连词可以用来连接原子谓词公式，也可以连接复合谓词公式，构成嵌套结构。

1）合取

合取是将多个原子谓词公式用逻辑符号“∧”连接起来构成复合谓词公式，表达的是多个原子谓词公式之间逻辑“与”的关系。其中，每个原子谓词公式称为合取项，是合取后构成的复合谓词公式的组成部分。

【例 2-7】 连词的运用：合取。

采用谓词逻辑表示命题“李华喜欢音乐和绘画”。

解： 命题“李华喜欢音乐和绘画”是一个复合命题，可以分解为两个原子命题“李华喜欢音乐”和“李华喜欢绘画”，这两个原子命题之间是逻辑“与”的关系，需要同时成立，才能使复合命题成立。首先采用原子谓词公式表示这两个原子命题，然后再采用合取将两个原子谓词公式连接起来，即

LIKE(LIHUA, MUSIC)∧LIKE(LIHUA, PAINTING)

2）析取

析取是将多个原子谓词公式用逻辑符号“∨”连接起来构成复合谓词公式，表达的是多个原子谓词公式之间是逻辑“或”的关系。其中，每个原子谓词公式称为析取项，是析取后构成的复合谓词公式的组成部分。

【例 2-8】连词的运用：析取。

采用谓词逻辑表示命题“李华在踢足球或者在打羽毛球”。

解：命题“李华在踢足球或者在打羽毛球”是一个复合命题，可以分解为两个原子命题“李华在踢足球”和“李华在打羽毛球”，且这两个原子命题之间是逻辑“或”的关系，只要有一个成立，复合命题就是成立的。首先采用原子谓词公式表示这两个原子命题，然后再采用析取将两个原子谓词公式连接起来，即

PLAY(LIHUA, FOOTBALL)∨PLAY(LIHUA, BADMINTON)

3）非

对命题的真值取反（由 True 变 False 或由 False 变 True）的操作称为非，也称否定，表示方法是在公式之前加逻辑符号“～”（也常用符号“¬”表示逻辑“非”）。

【例 2-9】连词的运用：非。

采用谓词逻辑表示命题“李华不喜欢音乐”。

解：命题“李华不喜欢音乐”可以视为原子命题“李华喜欢音乐”的否定，因此可以采用连词非来表示。首先采用原子谓词公式表示“李华喜欢音乐”，然后在其前添加逻辑符号“～”。

～LIKE(LIHUA, MUSIC)

4）蕴涵

蕴涵用来表达“如果……，那么……”语句，采用逻辑符号“⇒”来连接前项和后项两个原子谓词公式，前项表示条件，后项表示结论。

【例 2-10】连词的运用：蕴涵。

采用谓词逻辑表示命题“如果李华从高处坠落，那么他就会受伤”。

解：命题“如果李华从高处坠落，那么他就会受伤”可以分解为两个原子命题“李华从高处坠落”和“李华受伤”。首先采用原子谓词公式表示这两个原子命题，第 1 个原子谓词公式作为前项，第 2 个原子谓词公式作为后项，然后采用蕴涵符号“⇒”将两项连接起来。即

DROP(LIHUA)⇒HURT(LIHUA)

（3）量词

一个谓词原子公式仅仅分出个体与谓词还不行，因为个体还存在一种情况，就是“所有”与“有些”的区别。比如，“所有人都是学生”与“有些人是学生”，其含义是明显不同的。为此需要引入量词的概念。量词有两种，分别是全称量词和存在量词。

1）全称量词

如果一个原子谓词公式 $P(x)$对于所有可能的变元 x 都具有 True 值，则使用$(\forall x)P(x)$来表示，

这称为对 $P(x)$进行全称量化。含有全称量词的命题，称为全称命题。

【例 2-11】 全称量化。

采用谓词逻辑表示全称命题“所有的正方形都是矩形”。

解： 对于全称命题，可以先去掉全称量词，表示成原子谓词公式，然后再进行全称量化。首先将“所有的正方形都是矩形”改为“正方形是矩形”。对于这个命题，可以采用蕴涵结构，即“如果 x 是正方形，那么 x 是矩形”，故有

$$\mathrm{SQUARE}(x) \Rightarrow \mathrm{RECTANGLE}(x)$$

“正方形是矩形”这个命题对所有的正方形 x 都是成立的，因此需要对 $P(x)$中的变元 x 进行全称量化，即

$$(\forall x)[\mathrm{SQUARE}(x) \Rightarrow \mathrm{RECTANGLE}(x)]$$

2）存在量词

如果一个原子谓词公式 $P(x)$对于至少一个变元 x 具有 True 值，则使用$(\exists x)P(x)$来表示，这称为对 $P(x)$进行存在量化。含有存在量词的命题，称为特称命题。

【例 2-12】 存在量化。

采用谓词逻辑表示特称命题“至少有一个球的颜色是红色”。

解： 对于特称命题，可以先去掉存在量词，表示成原子谓词公式，然后再进行存在量化。首先将“至少有一个球的颜色是红色”改为“球的颜色是红色”。对于这个命题，可以采用蕴涵结构，即“如果 x 是球，那么 x 的颜色是红色”，故有

$$\mathrm{BALL}(x) \Rightarrow \mathrm{COLOR}\,(x, \mathrm{RED})$$

“球是红色的”这个命题只对有些球成立，因此需要对 $P(x)$中的变元 x 进行存在量化，即

$$(\exists x)[\mathrm{BALL}(x) \Rightarrow \mathrm{COLOR}\,(x, \mathrm{RED})]$$

2.4.3 谓词公式

（1）谓词公式的定义

用 $P(x_1, x_2, \cdots, x_n)$表示一个 n 元谓词公式，是由前述的 6 种基本符号构成的原子谓词公式。采用连词和量词将原子谓词公式构造成复合谓词公式，称为分子谓词公式。原子谓词公式和分子谓词公式统称为谓词公式。一个谓词公式必须是合适公式，关于合适公式的定义如下：

① 原子谓词公式是合适公式；

② 如果 P 为一个合适公式，那么～P 也是一个合适公式；

③ 如果 P 和 Q 都是合适公式，则 $P \wedge Q$、$P \vee Q$、$P \Rightarrow Q$ 也都是合适公式；

④ 如果 $P(x)$为一个合适公式，那么$(\forall x)P(x)$和$(\exists x)P(x)$也都是合适公式；

⑤ 只有按照上述 4 条规则构造的谓词公式才是合适公式。

【例 2-13】 数学定理的表示。

试采用谓词公式表示数学定理“任何整数或为正或为负”。

解： 首先将该数学定理的表述转化为“对于所有的 x，如果 x 是整数，那么 x 或者是正数，或者是负数”。用 INT(x)表示“x 是整数”，PN(x)表示“x 是正数”，NN(x)表示“x 是

负数”，“或者”采用析取连接 PN(x)和 NN(x)表示，“如果……，那么……”采用蕴涵表达，“所有”采用全称化量词，量化对象是蕴涵式中的变元 x。由此，该数学定理的谓词公式可以写为

$$(\forall x)[\mathrm{INT}(x)\Rightarrow(\mathrm{PN}(x)\vee \mathrm{NN}(x))]$$

（2）谓词公式的真值

如果 P 和 Q 是两个合适公式，则由 P 和 Q 构成的复合谓词公式的真值由表 2-7 给出。

表 2-7　复合谓词公式的真值表

P	Q	$P\vee Q$	$P\wedge Q$	$P\Rightarrow Q$	$\sim P$	$\sim Q$
T	T	T	T	T	F	F
F	T	T	F	T	T	F
T	F	T	F	F	F	T
F	F	F	F	T	T	T

在表 2-7 中，关于 $P\Rightarrow Q$ 的真值不太容易理解，下面通过一个例子来解释。

【例 2-14】 $P\Rightarrow Q$ 的真值。

设 P 表示“考上大学”，Q 表示“赠送一台电脑”，那么 $P\Rightarrow Q$ 表示“如果考上大学，那么就赠送一台电脑”。可以将 P 和 Q 蕴涵关系视为一个事先的约定，即如果考上了大学（P 的真值为 True），那么就赠送一台电脑（Q 的真值为 True），则 $P\Rightarrow Q$ 这个约定就成立（$P\Rightarrow Q$ 的真值为 True）；如果没有考上大学（P 的真值为 False），那就不赠送电脑（Q 的真值为 False），这并不违反先前的约定，因此蕴涵关系也是成立的（$P\Rightarrow Q$ 的真值为 True）；如果没有考上大学（P 的真值为 False），也赠送一台电脑（Q 的真值为 True），这也不违反约定，所以蕴涵关系也可以成立（$P\Rightarrow Q$ 的真值为 True）；只有考上了大学（P 的真值为 True），却不赠送电脑（Q 的真值为 False）是违反约定的，即蕴涵关系不成立（$P\Rightarrow Q$ 的真值为 False）。

（3）谓词公式的等价定理

如果在变元取任何值时，两个合适公式的真值都相等，则称这两个合适公式是等价的，用符号“$\Leftrightarrow$”表示。等价定理可用于谓词公式的化简，谓词逻辑主要有以下等价定理：

1）双重否定律

$$\sim(\sim P)\ \Leftrightarrow\ P$$

2）蕴涵律

$$P\Rightarrow Q\ \Leftrightarrow\ (\sim P)\vee Q$$
$$P\vee Q\ \Leftrightarrow\ (\sim P)\Rightarrow Q$$

3）德 · 摩根律

$$\sim(P\vee Q)\ \Leftrightarrow\ (\sim P)\wedge(\sim Q)$$
$$\sim(P\wedge Q)\ \Leftrightarrow\ (\sim P)\vee(\sim Q)$$

4）分配律

$$P\wedge(Q\vee R)\ \Leftrightarrow\ (P\wedge Q)\vee(P\wedge R)$$
$$P\vee(Q\wedge R)\ \Leftrightarrow\ (P\vee Q)\wedge(P\vee R)$$

5）交换律

$$P \wedge Q \Leftrightarrow Q \wedge P$$
$$P \vee Q \Leftrightarrow Q \vee P$$

6）等幂律

$$P \vee P \Leftrightarrow P$$
$$Q \wedge Q \Leftrightarrow Q$$

7）结合律

$$(P \wedge Q) \wedge R \Leftrightarrow P \wedge (Q \wedge R)$$
$$(P \vee Q) \vee R \Leftrightarrow P \vee (Q \vee R)$$

8）吸收律

$$P \vee (P \wedge Q) \Leftrightarrow P$$
$$P \wedge (P \vee Q) \Leftrightarrow P$$

9）逆否律

$$P \Rightarrow Q \Leftrightarrow (\sim Q) \Rightarrow (\sim P)$$

10）量化否定律

$$\sim(\exists x)P(x) \Leftrightarrow (\forall x)[\sim P(x)]$$
$$\sim(\forall x)P(x) \Leftrightarrow (\exists x)[\sim P(x)]$$

11）量化分配律

$$(\forall x)[P(x) \wedge Q(x)] \Leftrightarrow (\forall x)P(x) \wedge (\forall x)Q(x)$$
$$(\forall x)[P(x) \vee Q(x)] \Leftrightarrow (\forall x)P(x) \vee (\forall x)Q(x)$$

12）变量代换律

$$(\forall x)P(x) \Leftrightarrow (\forall y)P(y)$$
$$(\exists x)P(x) \Leftrightarrow (\exists y)P(y)$$

需要着重说明的是，逆否律实际上就是数学证明常采用的反证法的逻辑原理。上述等价定理均可采用列真值表的方式进行证明，证明方法请参看例 2-15。

【例 2-15】 等价定理的证明。

已知 P 和 Q 是两个合适公式，试证明德 • 摩根律：

$$\sim(P \vee Q) \Leftrightarrow (\sim P) \wedge (\sim Q)$$
$$\sim(P \wedge Q) \Leftrightarrow (\sim P) \vee (\sim Q)$$

证明：分别令 P 和 Q 的真值各取 T 和 F，列出所有组合的真值，如表 2-8 所示。

表 2-8　德 • 摩根律的真值表

P	Q	$P \vee Q$	$\sim(P \vee Q)$	$P \wedge Q$	$\sim(P \wedge Q)$	$\sim P$	$\sim Q$	$(\sim P) \wedge (\sim Q)$	$(\sim P) \vee (\sim Q)$
T	T	T	F	T	F	F	F	F	F
F	T	T	F	F	T	T	F	F	T
T	F	T	F	F	T	F	T	F	T
F	F	F	T	F	T	T	T	T	T

由表 2-8 所列出的真值表可以看到，无论变元 P 和 Q 的真值取什么值，$\sim(P \vee Q)$与$(\sim P) \wedge (\sim Q)$的真值都是完全相同的，$\sim(P \wedge Q)$与$(\sim P) \vee (\sim Q)$的真值也都是完全相同的，故德 • 摩根律得证。

2.4.4 置换与合一

（1）置换

在不同谓词公式中，往往会出现谓词虽然相同但变元却不同的情况，此时逻辑推理是不能直接进行匹配的，需要先进行变元替换。这种利用项对变元进行的替换称为置换。谓词逻辑中有一个重要的推理规则，称为假元推理，由合适公式 W_1 和蕴涵式 $W_1 \Rightarrow W_2$ 得到新的合适公式 W_2。另一个推理规则称为全称化推理，由合适公式$(\forall x)W(x)$产生新的合适公式 $W(A)$，其中 A 是任意的常量符号。同时应用假元推理和全称化推理，由合适公式$(\forall x)[W_1(x) \Rightarrow W_2(x)]$和 $W_1(A)$ 生成新的合适公式 $W_2(A)$，称为 A 对 x 的一个置换，使得 $W_1(A)$与 $W_1(x)$一致。

谓词公式的置换就是在表达式中用置换项替换变量，置换的作用是拓展某个功能的应用对象范围（从 x 拓展到 A），是通过推理获得新知识的有效方法。

【例 2-16】 置换。

试求取谓词公式 $P[x, f(y), B]$的置换。

解： 考察以下 4 个置换。

$$s_1=\{z/x, w/y\}$$

$$s_2=\{A/y\}$$

$$s_3=\{q(z)/x, A/y\}$$

$$s_4=\{c/x, A/y\}$$

分别应用 4 个置换后的表达为

$$P[x, f(y), B]s_1=P[z, f(w), B]$$

$$P[x, f(y), B]s_2=P[x, f(A), B]$$

$$P[x, f(y), B]s_3=P[q(z), f(A), B]$$

$$P[x, f(y), B]s_4=P[c, f(A), B]$$

置换可以结合，即$(Ps_1)s_2=P(s_1s_2)$以及$(s_1s_2)s_3=s_1(s_2s_3)$，但一般不能交换，即$(Ps_1)s_2 \neq (Ps_2)s_1$。

（2）合一

在推理过程中，使不同的谓词公式在置换后均一致的过程称为合一，实际上就是寻求能够令多个谓词公式统一起来的置换。将一个置换 s 作用于谓词公式集$\{E_i\}$的每个谓词公式，得到的置换集满足 $E_1s=E_2s=\cdots=E_ns$，则称该置换是谓词公式集$\{E_i\}$的一个合一。如果谓词公式集的多个谓词公式可以通过合一运算合并成一个，那么合一运算能够使这个谓词公式集得到简化。

【例 2-17】 合一。

试求谓词公式集$\{P[x, f(y), B], P[x, f(B), B]\}$的合一。

解： 考察置换

$$s=\{A/x, B/y\}$$

对表达式集应用置换后有

$$P[x, f(y), B]s=P[x, f(B), B]s=P[A, f(B), B]$$

置换 s 使得两个谓词公式成为单一的形式，故该置换是谓词公式集的一个合一。合一的形式不一定是唯一的，例如置换 $g=\{B/y\}$ 也是该谓词公式集的一个合一，而且是最简单的合一。

置换与合一是运用消解原理进行推理的基础。由于篇幅原因，关于形式逻辑的消解原理及其应用方法，请参看其他相关著作，此处不予详述。

2.5 语义网络法

语义网络法是一种用图来表达知识的结构化方法，主要用于概念与事物的模拟、分析和推演，以及解决各种矛盾问题。1968 年，美国心理学家奎廉（J. R. Quillian）在研究人类联想记忆时提出了一种显式心理学模型，认为记忆是由概念间的联系来实现的。1972 年，西蒙（H. A. Simon）基于此思想提出了语义网络。

2.5.1 语义网络的构成

语义网络是用实体及其语义关系来表达知识的有向图，由节点和弧线构成。其中，节点表示实体，如物体、概念、情况、属性、状态、事件、动作等；弧线也称链，用来连接两个节点，带有语义关系标识，用来表示节点之间的联系。

语义网络中最基本的单元是语义基元，可以用表单(node1, chain, node2)来表示，如图 2-10 所示。图中，node1 和 node2 分别表示两个节点 A、B，其中 A 称为头部节点，B 称为尾部节点，chain（链）是由头部节点 A 指向尾部节点 B 的弧线，弧线的语义关系标识 LABEL 表示头部节点和尾部节点之间的联系。

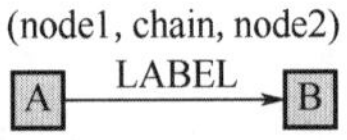

图 2-10 语义网络的语义基元

语义网络表示包括词法部分、结构部分、过程部分、语义部分 4 个相关部分。

① 词法部分：确定词汇表中允许的符号，涉及各个节点和弧线。

② 结构部分：叙述符号排列的约束条件，指定各弧线连接的节点对。

③ 过程部分：说明语义网络的访问过程，用来建立和修正描述，以及回答相关问题。

④ 语义部分：确定与描述相关（联想）的意义的方法，即确定有关节点的排列及其占有物和对应弧线。

语义网络具有以下特点：

① 语义网络能够把实体的结构、属性以及实体间的关系简明地显式表达出来，这称为语义网络的结构性特点；

② 在语义网络中，与实体相关的事实、特征和关系可以通过相应的节点、弧线推导出来，即以联想的方式实现对系统所蕴含知识的解释和访问，这称为语义网络的联想性特点；

③ 在一个节点中组织与概念相关的属性和联系，符合人类的思维方式，因而易于访问和学习概念，同时也便于知识工程师与专家沟通，这称为语义网络的自然性特点；

④ 语义网络的解释完全依赖于其通过联想实现的推理过程，这使得语义网络的推理过程并没有结构方面的约定，因此推理结果不能保证和谓词逻辑法一样严格有效，这称为语义网络的非严格性特点；

⑤ 语义网络的结构呈树状、网络状，甚至是递归状，知识存储和检索可能需要比较复杂的过程，这称为语义网络的复杂性特点。

2.5.2　二元语义网络的表示

语义网络的基本单元在本质上表达的是二元关系，称为二元语义网络，可以用来显式地表示一些简单的事实。如图 2-11 所示，建立两个节点 CAR 和 VEHICLE，分别表示轿车和车辆，两节点以带有 ISA（即“is a”，表示“是一个”）标识的链连接，由节点 CAR 指向节点 VEHICLE，表示“轿车是车辆”这个事实或知识。

上例的语义网络所建立的是关于 CAR 和 VEHICLE 的概念，而非具体的实物。因此，将图 2-11 中的节点称为概念节点或类节点。如果要表示属于该类的实例，可以通过增加节点和链，来对语义网络进行扩展。例如，想要表达“有一辆实物轿车”这个事实，可以在语义网络中新增一个节点 MY CAR，并用 ISA 链与节点 CAR 连接，如图 2-12 所示，其中节点 MY CAR 称为实例节点或对象节点。

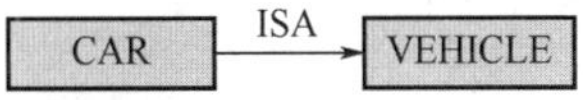

图 2-11　语义网络的概念节点

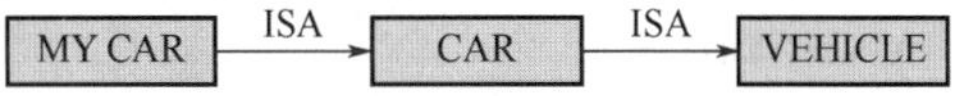

图 2-12　语义网络的实例节点

语义网络除了可以扩展概念节点和实例节点，还可以为节点扩展性质或其他事实。如图 2-13 所示，要表示实例 MY CAR 有一个车库这个事实，可以在语义网络中增加一个实例节点 GARAGE-1 和一个概念节点 GARAGE，用 ISA 链将 GARAGE-1 连接至 GARAGE，表明 GARAGE-1 是 GARAGE 的一个实例。再用 OWNS（拥有）链将 MY CAR 与 GARAGE-1 连接，表示实例 MY CAR 有一个名为 GARAGE-1 的车库。

上述扩展语义网络的思想就是联想法，借助于联想方式虽然可以比较容易地扩展语义网络，但是如果语义网络只是用来表示一个特定的事物或概念，那么当有更多实例时，语义网络就会变得非常庞大，使问题表示复杂化，不利于知识推理和运用。所以在选择节点时，首先应清楚节点的作用：是用于表示基本的事物或概念，还是用于多种目的？可以将一组事物或概念用一个语义网络来表示，以简化语义网络，这就需要寻找一组概念作为基元，来描述基本知识及其关联。下面来看一个具体的实例。

【例 2-18】 用语义网络表示概念。

试采用语义网络来表示“轿车”的概念。

解： 因为要表示“轿车”的概念，显然语义网络应以“轿车”为中心节点来构建。首先建立一个概念节点 CAR，然后创建一个实例 MY CAR 与 CAR 连接。关于轿车的属性，则从节点 MY CAR 进行扩展。按照上述思路构建的语义网络如图 2-14 所示。

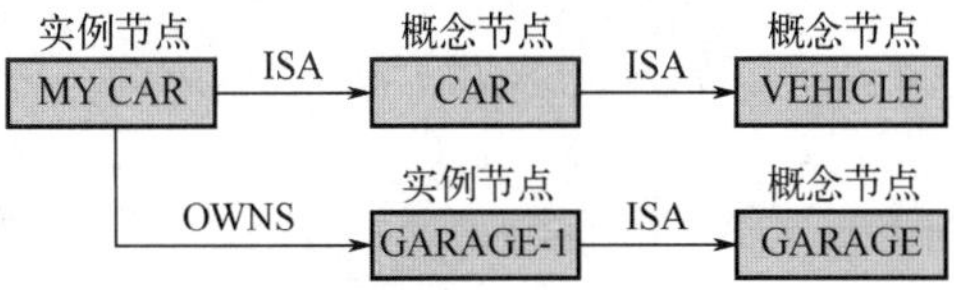

图 2-13　语义网络的扩展

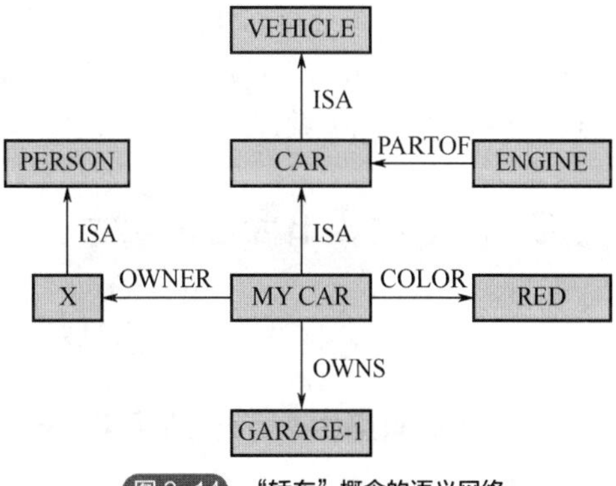

图 2-14　“轿车”概念的语义网络

在图 2-14 中所构建的概念节点 CAR，与概念节点 VEHICLE 以 ISA 链相连，这样就建立了两个概念组之间的联系。单独为 VEHICLE 概念构建一个语义网络，当需要从 CAR 联想到 VEHICLE 时，直接调用 VEHICLE 的语义网络，即可调用 VEHICLE 语义网络中包含的知识，反之亦可。另外，ENGINE（发动机）概念节点也是如此，其中 PARTOF 链表示 ENGINE 是 CAR 的一个组成部分。

2.5.3 多元语义网络的表示

语义网络中一条链只能与两个节点相连，表达的是二元关系。如果所要表示的知识是一元关系，例如“李华是一个学生”，在谓词逻辑中可以表示为 STUDENT(LIHUA)，而采用语义网络表示就需要构建 LIHUA 和 STUDENT 两个节点，然后用 ISA 链将两个节点连接起来，如图 2-15 所示。对应地，可以将其转化为二元谓词逻辑，表示为 ISA(LIHUA, STUDENT)。这说明，语义网络可以毫无困难地表示一元和二元关系。

图 2-15 二元语义网络

如果要用语义网络表示多元关系，需要先将要表示的知识转化为一组二元关系的合成，利用语义网络的某个中心节点构建各个二元关系之间的连接弧线。下面来看一个实例。

【例 2-19】 语义网络表示多元关系。

试采用语义网络来表示如下事件：北京大学（BU）和清华大学（TU）两校的篮球队在北京大学体育馆进行了一场友谊赛，比分是 85∶89。

解： 如果采用谓词逻辑法，该事件可表示为 SCORE(BU, TU, 85∶89)。这个谓词公式中包含三项，因此是一个三元关系。由于语义网络只能表示二元关系，解决这个矛盾的一种方法就是，将这个多元关系转化为一组二元关系的合成。这场篮球赛有三个属性，分别是主队（HOME TEAM）、客队（VISITING TEAM）和比分（SCORE）。因此，可以将这场比赛作为实例节点（G25），分别用三个二元关系表示出它的三个属性。

按照上述思路构建的语义网络如图 2-16 所示。

图 2-16 篮球比赛的语义网络

在图 2-16 中的 G25 称为附加节点，是语义网络的中心实例节点，使用 ISA 链指向概念节点 GAME，表示 G25 是特指的一场比赛。G25 分别通过 HOME TEAM、VISITING TEAM 和 SCORE 链连接到三个属性节点，表达三个二元关系，而且这三个二元关系是同时成立的，即这三个二元关系之间进行合取。

2.5.4 语义网络中连词的表示

例 2-19 涉及多个二元关系的合取问题，下面来了解一下如何在语义网络中表示连词。

（1）语义网络中表示合取关系

如前所述，语义网络中表示多元关系时，应将多元关系转化为一组二元关系，这些二元关系是同时成立的，因此应该对它们进行合取。语义网络中不做任何标识时，表示各二元关系之间进行合取。

【例 2-20】 语义网络中表示合取关系。

试采用语义网络来表示“李华给了王兰一本书”。

解： 该事件用谓词逻辑可表示为

GIVE(LIHUA, WANGLAN, BOOK)

其中包含 3 项，可引入一个附加节点 G1 表示这个赠送事件，用 GIVER 链指明赠送人，用 RECIPIENT 链指明受赠人。用节点 B23 表示这个事件中给的东西，通过 OBJECT 链与 G1 相连，并用 ISA 链指明是一本书。语义网络如图 2-17 所示。与 G1 相连的 3 个链 GIVER、RECIPIENT 和 OBJECT 之间是合取关系，因此在语义网络中不需要加任何标识。

（2）语义网络中表示析取关系

在语义网络中表示析取时，必须在表示析取关系的链上加上 DIS 标识，否则无法与合取区分开。当多个链存在析取关系时，可以使用一个虚线框将它们同时套住，并注明 DIS 标识以表示作用界限。例如，要表示“李华正在踢足球或者打羽毛球”，用谓词逻辑表示为

PLAY(LIHUA, FOOTBALL)∨PLAY(LIHUA, BADMINTON)

构建的语义网络如图 2-18 所示。

（3）语义网络中表示合取与析取的嵌套

当同时存在合取和析取关系时，有两种情形：第一种情形是析取关系嵌套在合取关系之内，此时内层是析取关系，需要用 DIS 标注界限，而外层是合取关系，不需要标注；第二种情形是合取关系嵌套在析取关系之内，析取关系在外层，用 DIS 标注界限，而合取关系在内层，此时要使用 CONJ 对合取关系进行界限标注，否则会引起歧义。

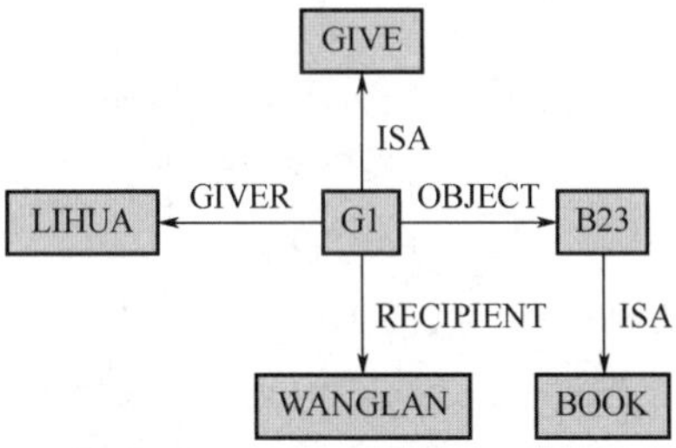

图 2-17　合取在语义网络中的表示

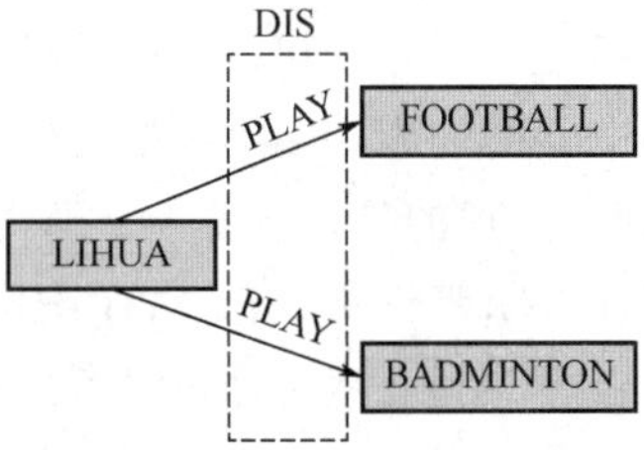

图 2-18　析取在语义网络中的表示

【例 2-21】 语义网络中合取与析取的嵌套。

试采用语义网络表示“李华是一位司机或者王红是一位老师”。

解： 原命题中包含两个子命题，分别是“李华是一位司机”“王红是一位老师”，两个子命题之间是析取关系。首先引入两个附加节点 OC1 和 OC2 作为两个职业实例，分别表示这两个子命题，并使用 DIS 标示二者之间的析取关系，如图 2-19（a）所示。

对附加节点 OC1 和 OC2 进行扩展，增加 WORKER 链和 PROF 链，分别指向职业事件中的从事职业的人和从事的职业。显然，对于一个职业事件来讲，从事职业的人和从事的职业必须同时成立，因此 WORKER 链和 PROF 链之间应该是合取关系。如果采用图 2-19（b）所示的

标注方法，会使人误以为在 DIS 界限内的 6 条链都是析取关系，那就无法表达出 WORKER 链和 PROF 链的合取关系。

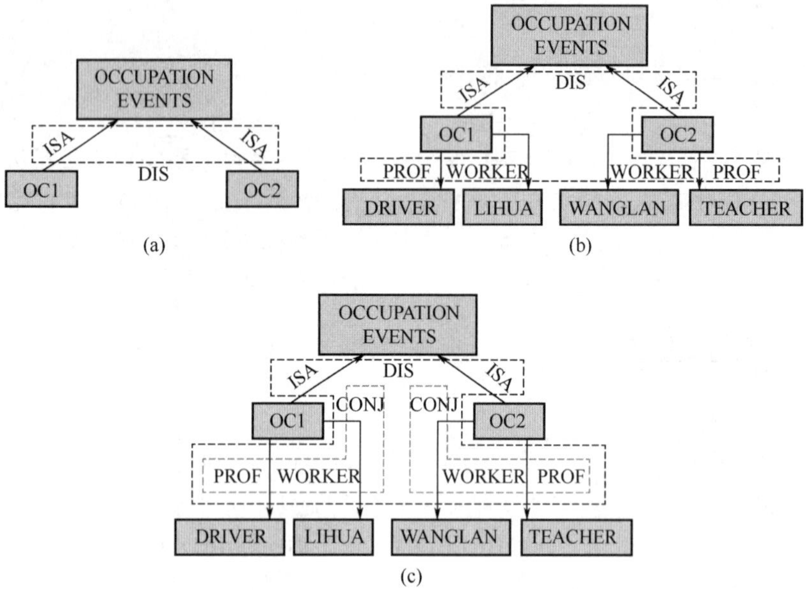

图 2-19　语义网络中合取与析取的嵌套

当合取关系嵌套在析取关系内时，正确的标注方法应该是图 2-19（c）：除了外层要标注 DIS 界限外，还应该在 DIS 界限内使用两个 CONJ 标识来分别标注两个职业事件中 WORKER 链和 PROF 链的合取关系。反之，如果析取关系嵌套在合取关系内，只需标注内层的析取关系，合取关系不加标识也不会引起歧义。

（4）语义网络中表示否定

为表示否定关系，可以在链的标识前面加“～”，如图 2-20（a）所示。当同时存在多个否定关系时，可以将它们用虚线框套住，然后注明 NEG 标识以表示作用界限，如图 2-20（b）所示。不过要注意的是，根据德・摩根律可知～[PLAY(LIHUA，FOOTBALL)∨PLAY(LIHUA，BADMINTON)]等价于～PLAY(LIHUA，FOOTBALL)与～PLAY(LIHUA，BADMINTON)的合取，即“李华既没有踢足球也没有打羽毛球”，说明 NEG 具有合取的含义。如果想表达多个否定关系的析取，就必须对所有否定关系的链使用“～”和 DIS 标识界限。

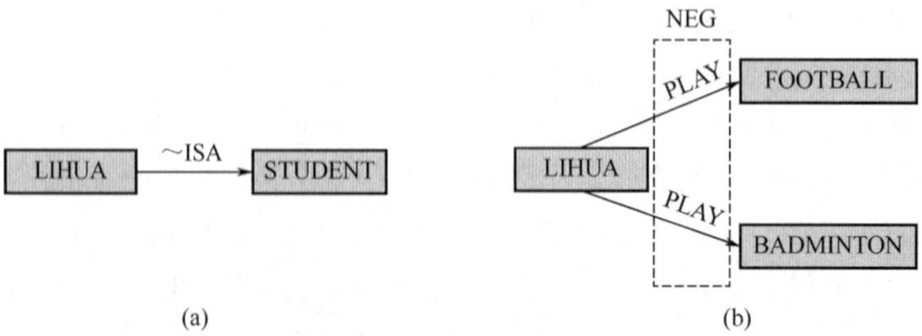

图 2-20　否定在语义网络中的表示

（5）语义网络中表示蕴涵

在语义网络中表示蕴涵时，需要将蕴涵关系的前项和后项分别表示出来，然后分别使用 ANTE 和 CONSE 来标注界限。

【例 2-22】 语义网络中表示蕴涵关系。

试采用语义网络表示“住在东风路 225 号的人是一个老师”。

解： 首先将原命题表示为蕴涵关系，前提是“如果一个人住在东风路 225 号”，结果是“那么这个人是一个老师”，然后将前提和结论分别用语义网络表示出来。如图 2-21 所示，为了能够表达前提与结果间的蕴涵关系，引入一个附加节点 X 表示一个特定的人（住在 ADDR 地址从事 OC 职业的人），涉及一个地址实例 ADDR 和一个职业实例 OC。其中，地址实例 ADDR 使用 LOC 链连接到地址 225 DONGFENG，职业实例 OC 使用 PROF 链连接到职业 TEACHER。接下来，使用 PERSON 链将附加节点 X 与节点 ADDR 连接，表示 X 是居住在 ADDR 地址的人；使用 WORKER 链将附加节点 X 与节点 OC 连接，表示 X 是从事 OC 职业的人。因为地址事件是前提，职业事件是结果，因此需要将节点 ADDR 的三条链用 ANTE 标注，节点 OC 的三条链用 CONSE 标注，最后再用点画线将 ANTE 和 CONSE 两个界限连接起来，表示二者是一对蕴涵关系。这样，即使语义网络中存在多对蕴涵关系，也不致发生混淆。

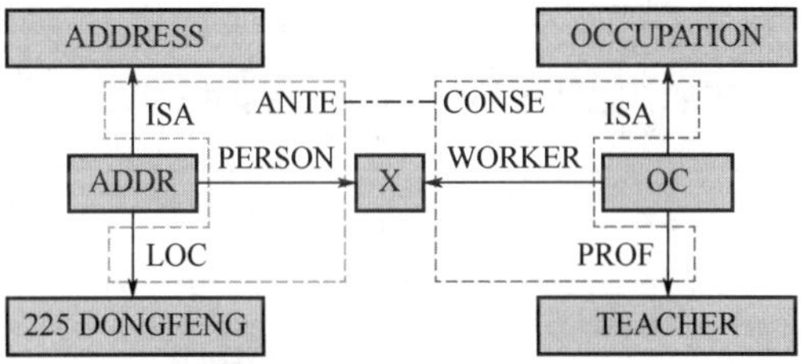

图 2-21 蕴涵在语义网络中的表示

2.5.5 语义网络中量词的表示

在语义网络中，存在量化可以直接使用 ISA 链表示，不需要进行标注，而全称量化就必须进行标注，否则无法与存在量化区分开。另外，量化的对象可能会有多个，可以用分割的方法来表示，下面通过实例来说明。

【例 2-23】 语义网络中表示存在量化。

试采用语义网络表示“一位父亲打了一个孩子”。

解： 引入一个实例节点 S 表示概念节点 STRIKE 里的一个特定的打人事件，F 是实例 S 中的攻击者（一位父亲），C 是这个实例中的受害者（一个孩子），使用 ISA 链将实例节点 F 与概念节点 FATHER、实例节点 C 与概念节点 CHILDREN 连接。命题中的两个个体“父亲”和“孩子”都是存在量化，在语义网络中可以不做任何标识。所构建的语义网络如图 2-22 所示。

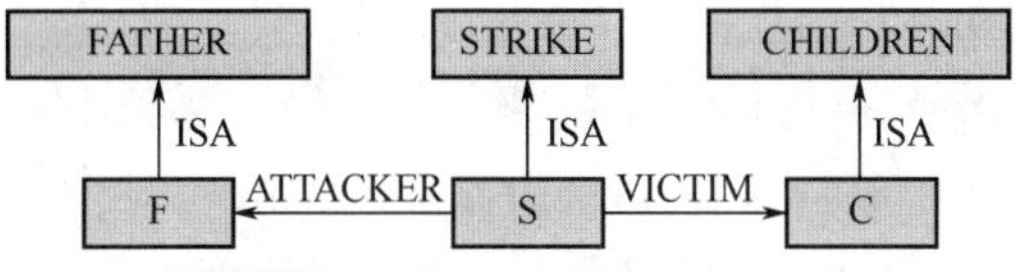

图 2-22 存在量化在语义网络中的表示

【例 2-24】 语义网络中表示全称量化（一）。

试采用语义网络表示“一位父亲打了所有孩子”。

解：命题中个体“父亲”是存在量化，另一个个体“孩子”则是全称量化，因此要对全称量化进行标注，以保证能够与存在量化区别开。在语义网络中进行全称量化时，可以将语义网络分割成空间分层集合，每一个空间对应于一个或几个变量的范围。

如图2-23（a）所示，首先将表示“一位父亲打了一个孩子”的语义网络视为一个空间，用一个虚线框套住所有的链并标注为空间SP。命题“一位父亲打了所有孩子”可以视为一个断言，用G来表示这个特定的断言，G是断言概念节点GS的一个实例，而GS是具有全称化的一般事件。断言G包含两个部分：第一部分是断言所断定的关系，称为格式，在语义网络中可以用FORM链指向空间SP来表示这个特定断言的格式；第二部分是代表全称量词的链∀，一条链表示对一个变量进行全称量化。由于原命题只针对“孩子”进行了全称量化，因此在语义网络中只需设置一条∀链指向节点C即可。

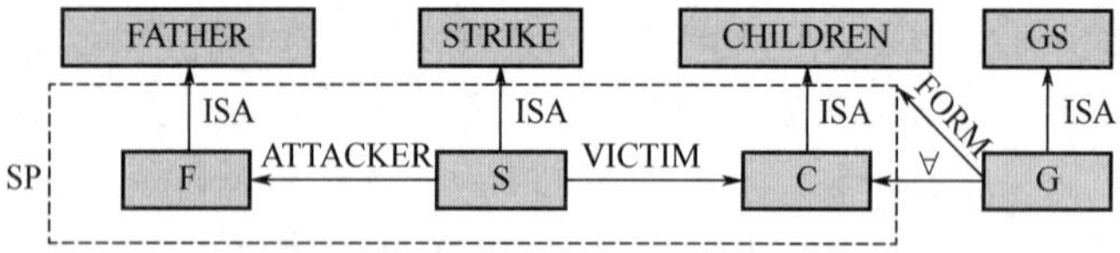

(a)

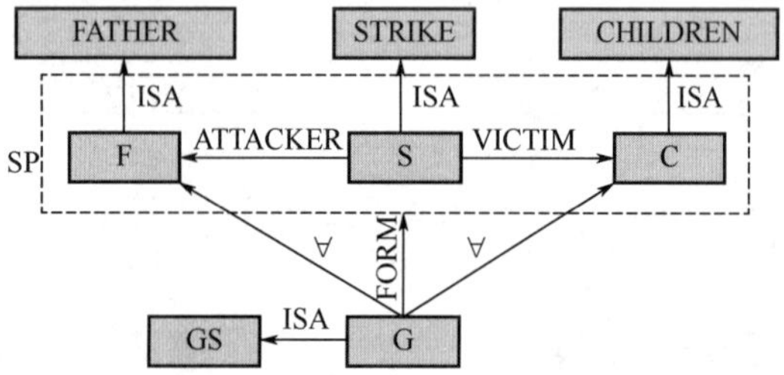

(b)

图2-23 全称量化在语义网络中的表示

【例2-25】语义网络中表示全称量化（二）。

试采用语义网络表示“所有父亲打了所有孩子”。

解：命题中对“父亲”和“孩子”都进行了全称量化，因此需要在语义网络中设置两条表示全称量化的链，分别指向节点F和C，表示对“父亲”和“孩子”均做全称量化。构建的语义网络如图2-23（b）所示。

2.5.6 语义网络的推理

与谓词逻辑法不同，语义网络没有形式语言，对所给定的表达结构表示什么语义也没有统一的规定，赋予网络结构的含义完全取决于管理这个网络的过程的特性，即：不同的语义网络，其推理过程也是各自不同的。

语义网络中的链在其头部和尾部各有一个节点，称链尾部的节点为值节点。这里的链尾部，是指链指向的位置。槽是节点间的链，不同于链的是，一个槽可以有多条具有相同标识的链，如图2-24中的ISA槽包含两条链，这两条链的标识都是ISA。在图2-24所示的语义网络中，节点LIHUA有两个槽，分别是ISA槽和MAJOR槽，其中ISA槽容纳了两条ISA链和两个值节点MAN、STUDENT，而MAJOR槽只有一条MAJOR链和一个值节点MECHATRONICS。

语义网络的推理方法主要有两种：一是继承；二是匹配。下面分别介绍。

（1）继承

语义网络的继承就是把对事物的描述从概念节点（即类节点）传递到实例节点（即对象节点）。如图 2-25 所示的语义网络中，BRICK（砖块）是概念节点，BRICK12 是 BRICK 的一个实例。BRICK 节点有一个表示外形的槽 SHAPE，值节点为 RECTANGLE，说明砖块的外形是矩形的（即长方体）。因为 BRICK12 是一个砖块，因此概念节点 BRICK 的外形描述可以通过 ISA 链传递给实例节点 BRICK12，从而推理得到 BRICK12 的外形也是矩形的。由此可见，语义网络的继承过程就是三段论的演绎推理，概念节点的值节点所描述的是该类事物的一般特性。当确定某个节点是该概念节点的实例时，就可以继承概念节点的一般特性。

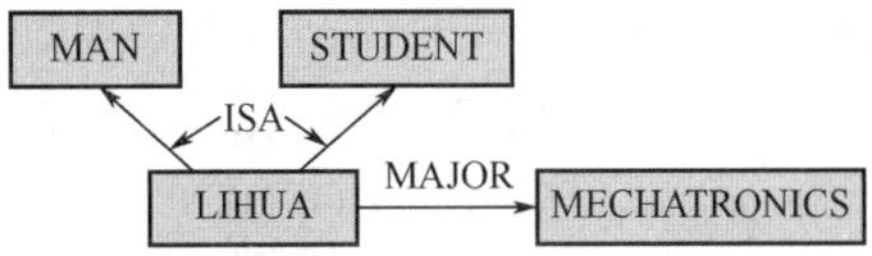

图 2-24　语义网络的槽和值节点

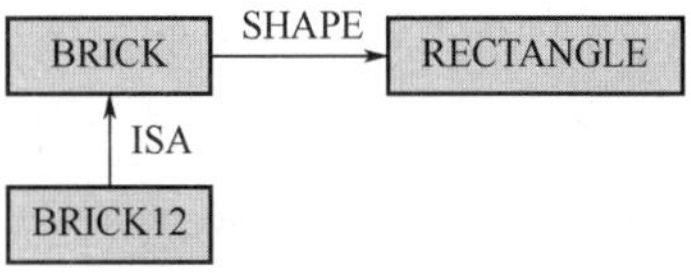

图 2-25　语义网络中的继承

语义网络有三种继承方式，分别是值继承、“如果需要”继承和“缺省”继承。

1）值继承

图 2-25 中利用 ISA 链实现的继承方式就是值继承。除了 ISA 链外，还有一种 AKO（即“a kind of”的简写，表示“是一种”）链也可用于语义网络中的描述或特性的继承。如图 2-26 所示，概念节点 BRICK 采用 AKO 链与另一个更大范围的概念节点 BLOCK 连接，表明 BRICK 是 BLOCK 的一种。如果 BLOCK 有某个值节点，也可以通过 AKO 链传递给概念节点 BRICK 及其实例节点 BRICK12，从而完成知识从上层节点向下层节点的传递。

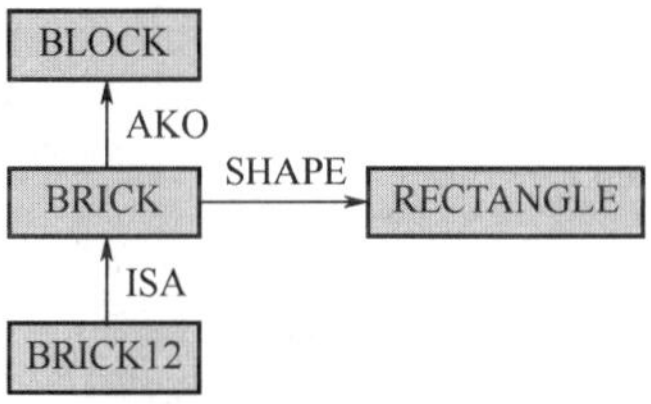

图 2-26　语义网络中的值继承

2）“如果需要”继承

如果不知道值节点的数值，可以利用已有信息来计算获取。例如，可以根据物体的体积和密度来得到物体的重量，因此需要设计一个计算重量的称为 IF-NEEDED（表示“如果需要”）的程序。这就需要允许节点的槽可以有不同类型的值：有些用来存储数据，称为值侧面；另一些则用来存储 IF-NEEDED 计算程序，称为 IF-NEEDED 侧面。

如图 2-27 所示的语义网络，计算重量的 IF-NEEDED 程序被存放于概念节点 BLOCK 的 WEIGHT 侧面中，计算过程是：如果实例节点 BRICK12 的 VOLUME（体积）和 DENSITY（密度）两个槽中有数值，那么就调用存储在 BLOCK 节点的 IF-NEEDED 程序 BLOCK-WEIGHT

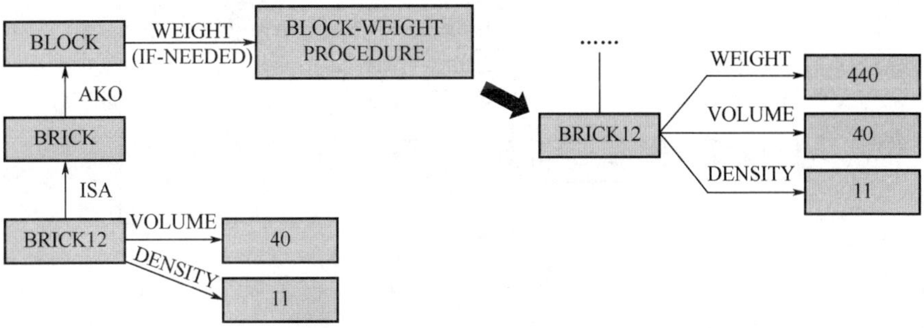

图 2-27　语义网络中的“如果需要”继承

PROCEDURE，即计算实例节点 BRICK12 的 VOLUME 和 DENSITY 两个槽值的乘积，然后将乘积数值放入实例节点 BRICK12 的 WEIGHT 槽中。

3）“缺省”继承

某些情况下，当对事物所做的假设不是非常肯定时，需要加上“可能”“大概”之类的字眼，把这种具有相当程度的真实性，但又无法完全确定的描述称为“缺省”或“默认”值。在语义网络中，这种类型的值被放入槽的 DEFAULT 侧面中，其含义是：如果没有额外的说明，那么就认为该槽的取值就是 DEFAULT 侧面里所填写的数值，即默认值。

如图 2-28 所示，概念节点 BLOCK 的 COLOR 值是 BLUE，节点 BRICK 的 COLOR 槽值是 RED，这两个槽值均设置为 DEFAULT 侧面值。在语义网络中实例节点 BRICK12 本来没有 COLOR 槽，但由于 BRICK12 是 BRICK 的一个实例，因此通过“缺省”继承可以将 BRICK 的 COLOR 槽的缺省值 RED 传递给 BRICK12；同理，实例节点 WEDGE18 是概念节点 WEDGE 的一个实例，而 WEDGE 通过 AKO 链与 BLOCK 连接，因此 BLOCK 的 COLOR 槽值可以通过“缺省”继承的方式传递给 WEDGE18。要注意的是，BRICK12 和 WEDGE18 的 COLOR 槽及其值节点是通过继承方式间接获取的，因此用虚线来表示，称为虚链和虚节点。

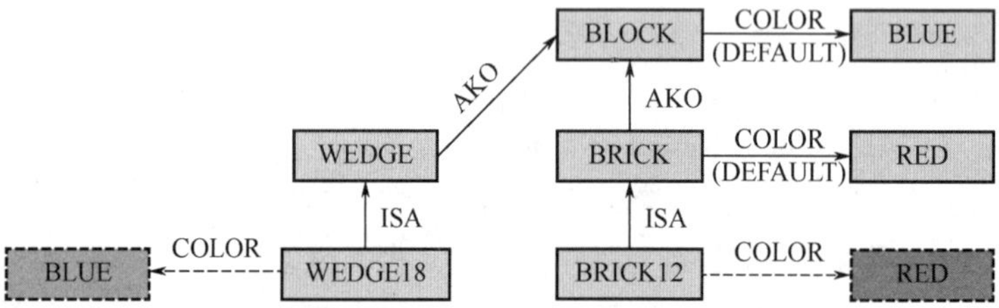

图 2-28 语义网络中的“缺省”继承

（2）匹配

当节点涉及多个组成部分时，继承过程不但要传递值，还要确定传递的路径。在图 2-29 所示的玩具屋语义网络中，概念节点 TOY-HOUSE 有两个组成部件（用 PART 链注明）：一个是砖块 BRICK；另一个是楔块 WEDGE，而且 BRICK 必须支撑着 WEDGE（用 SUPPORT 链注明）。TOY-HOUSE77 是概念节点 TOY-HOUSE 的一个实例，通过继承，TOY-HOUSE77 同样可以有两个组成部件 BRICK 和 WEDGE，同时 BRICK 支撑着 WEDGE。因为这些知识是通过继承而间接得到的，所以均采用虚链和虚节点来表示。

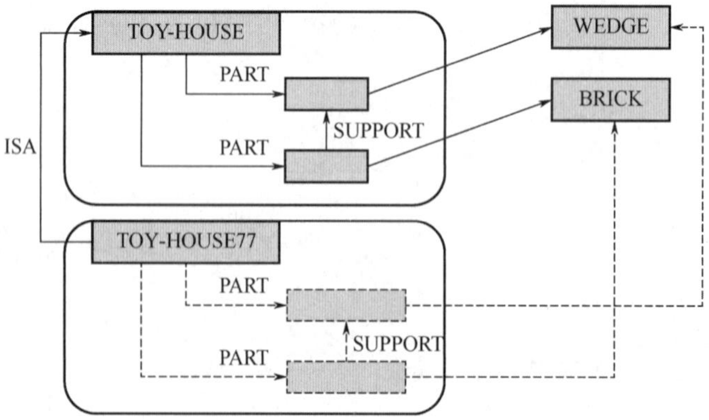

图 2-29 语义网络中的虚链和虚节点

在图 2-30 所示的语义网络中，已知实例节点 STRUCTURE35 有 BRICK12 和 WEDGE18 两个部件。一旦在 STRUCTURE35 与 TOY-HOUSE 之间放置一个 ISA 链，就表明 STRUCTURE35 是概念节点 TOY-HOUSE 的一个实例，根据继承关系可知，BRICK12 必须支撑 WEDGE18，用虚链 SUPPORT 来表示，这样就可以很容易地确定 WEDGE18 和 TOY-HOUSE 的一个部件 WEDGE 相匹配，同时 BRICK12 肯定与 TOY-HOUSE 的另一个部件 BRICK 相匹配。此时，在语义网络中就可以采用实线的链来连接 WEDGE18 与 WEDGE，以及 BRICK12 与 BRICK。

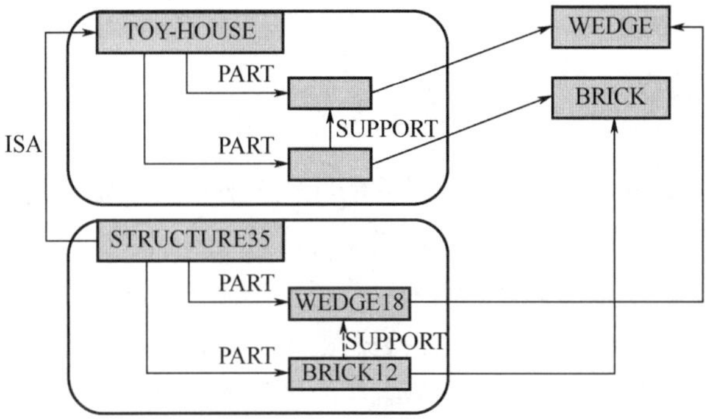

图 2-30 语义网络中的匹配

2.5.7 语义网络法求解问题的过程

语义网络系统由两部分组成：一是由语义网络组成的知识库；二是用于求解问题的解释程序，即语义网络推理机。采用语义网络法求解问题一般通过匹配来实现：首先，根据问题构造一个网络片段，部分节点或链为空，表示待求解的问题；然后，在知识库中寻找可匹配的网络来获取所需要的信息，这种匹配一般具有不确定性，需要考虑解决不确定性问题的方法；当问题的语义网络片段与知识库中的某些语义网络片段匹配时，知识库中匹配的部分就是问题的解。下面通过一个实例来简要地说明语义网络法求解问题的基本过程。

【例 2-26】 学生信息的语义网络。

设有如下事实：①李华是一个学生；②李华在华北电力大学上学；③李华在 2018 年入学。试根据图 2-31 所示的知识库里的语义网络求解李华主修的专业。

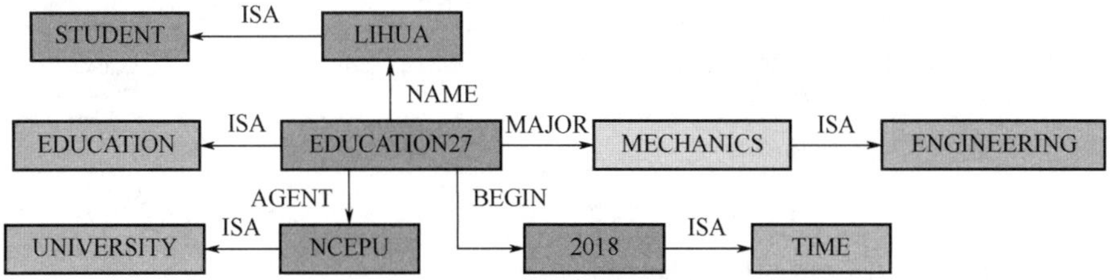

图 2-31 知识库里的语义网络

解：根据已知事实构造的语义网络片段如图 2-32 所示。将该语义网络片段在知识库中寻求匹配，发现节点 LIHUA、ISA 链和节点 STUDENT 以及 AGENT 链和节点 NCEPU 与知识库里的语义网络片段完全相同，由此可知节点 EDUCATION-1 可以匹配 EDUCATION27 节点。由于节点 EDUCATION27 的 MAJOR 槽的值是 MECHANICS，因此可知 EDUCATION-1 的 MAJOR 槽的值也应该是 MECHANICS，即李华的专业是机械工程。

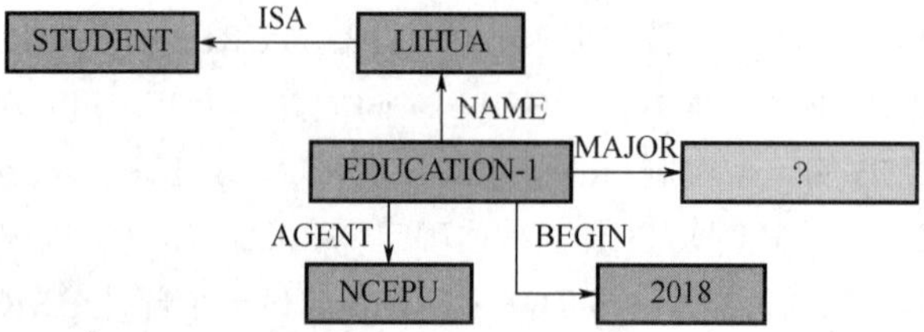

图 2-32 构造的语义网络片段

2.6 框架表示法

人类思维的一个重要特点是，能够用以往的经验来分析和解释遇到的新情况。例如，来到新教室，还没有进门，就可以预知教室里可能会有课桌、椅子、讲台、黑板等设施。这是因为以前见过各种教室，虽然没有把所有的细节一一记下，但在大脑里以一个通用的数据结构存储了关于“教室”这个概念的一般特性，这种通用的数据结构就称为框架。

框架是描述对象（包括物体、事件或概念等）属性的一种数据结构或组织，以一种通用的数据结构存储以往的经验。框架表示法也是一种结构化表示方法，可以利用框架从过去的经验中获取概念来分析和解释遇到的新情况。

2.6.1 框架的构成

框架采用“节点-槽-侧面-值”的表示结构，来描述具有固定格式的对象。因此，语义网络也可视为框架的集合。

框架的一般结构可表示为：

<框架名>

<槽名 1> <侧面名 11> <侧面值 111> <侧面值 112> …

……

<侧面名 $1k$> <侧面值 $1k1$> <侧面值 $1k2$> …

<槽名 2> <侧面名 21> <侧面值 211> <侧面值 212> …

……

<侧面名 $2l$> <侧面值 $2l1$> <侧面值 $2l2$> …

……

……

……

<槽名 n> <侧面名 $n1$> <侧面值 $n11$> <侧面值 $n12$> …

……

<侧面名 nm> <侧面值 $nm1$> <侧面值 $nm2$> …

简单的框架可以没有侧面，一个槽只有一个值，结构简化为：

<框架名>

<槽名 1> <值 1>

<槽名 2> <值 2>

……

<槽名 *n*> <值 *n*>

表 2-9 给出了一个描述人物的简单框架示例。

表 2-9　描述人物的简单框架结构

LIHUA	
ISA	STUDENT
MAJOR	MECHANICS
AGE	20
HEIGHT	1.83m
WEIGHT	72kg
ADDRESS	225 DONGFENG

框架可以用表格或图示法来表示，非常适合用于描述具有固定格式的事物、事件和动作，例如地震、洪水、事故等灾难性事件。

【例 2-27】 框架表示法。

试采用框架图表示一条新闻报道："2023 年 3 月 24 日，美国宾夕法尼亚州雷丁市一家巧克力工厂发生爆炸，导致 7 人丧生，10 人受伤。美国国家运输安全委员会发布报告称，经初步调查，爆炸原因是燃气泄漏。"

如图 2-33 所示的框架图表明，框架实质上就是一种复杂的语义网络结构：框架名相当于语义网络的头部节点，框架的槽或侧面相当于语义网络的链，框架的槽值或侧面值相当于语义网络的尾部节点或值节点。

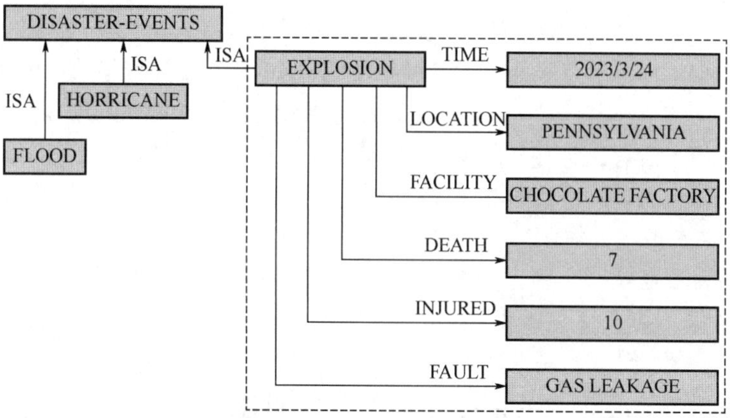

图 2-33　灾难性事件的框架表示

2.6.2　框架系统

大多数问题可能无法简单地用一个框架表示出来，需要同时使用多个框架，称为框架系统。框架系统也称框架网络，是由多个不同框架通过属性间的联系建立起来的结构，表达相关对象之间各种关系。在框架系统中，某个框架可以是其上层框架的一个槽值，同一个框架也可以作为几个不同的上层框架的槽值，这样一来相同的信息不必重复存储。

【例 2-28】<房间>框架系统。

设计一个描述房间的框架系统，其中主框架<房间>的结构如表 2-10 所示。主框架<房间>有 3 个调用参数，分别是墙数 a（默认值为 4）、窗数 b（默认值为 2）和门数 c（默认值为 1）。除此之外，主框架<房间>还有 5 个槽，每个槽的值都是子框架。以子框架<墙>为例，其结构定义如表 2-11 所示。

表 2-10 <房间>框架系统

房间(a, b, c)	
墙数	a[=4]
窗数	b[=2]
门数	c[=1]
墙	[墙框架调用(b, c)]
门	[门框架调用]
天花板	[天花板框架调用]
地板	[地板框架调用]
窗	[窗框架调用]

表 2-11 <墙>的框架结构

墙(w, d)	
材料	白灰
颜色	白
窗数	w[=2]
门数	d[=1]
窗	[窗框架调用]
门	[门框架调用]

框架系统的一个重要特性是继承性，因此一个框架系统常被表示成一种树状结构，树的每个节点是一个框架，后继节点和其父节点用 ISA 或 AKO 槽相连。框架的继承性就是，当子框架的某些槽或侧面的值没有记录时，可以从其父框架来继承这些值。例如，椅子一般有四条腿，如果一把具体的椅子没有说明有几条腿，则可通过一般椅子的特性推理出它有四条腿。下面通过一个分层框架系统来理解框架的继承过程。

【例 2-29】分层框架系统。

有一个分层框架系统，从高层至低层的框架名依次为员工、教职工、教师，槽值的缺省值用一对中括号表示，通过继承槽值来避免重复描述，可以节省存储空间。各级框架的结构如表 2-12、表 2-13 和表 2-14 所示。表中，“范围”表示只能从给出的各个选项中选择一个；“单位”则是要求提供数据，如 2008 年 9 月、机械系机电教研室。

表 2-12 一级框架<员工>

员工	
姓名	单位(姓，名)
年龄	单位(岁)
性别	范围(男，女)
籍贯	范围(省，市)
健康状况	范围(健康，[中]，差)

表 2-13　二级框架<教职工>

教职工	
继承	员工
类别	范围([教师], 干部, 工人)
学历	范围(中专, 大专, [本科], 研究生)
工作时间	单位(年, 月)

表 2-14　三级框架<教师>

教师	
继承	教职工
部门	单位(系, 教研室)
语种	范围([英语], 日语, 俄语)
职称	范围(教授, 副教授, 讲师, 助教)

现有一个实例框架<教师 5>，如表 2-15 所示，试推断该教师对应的语种。

表 2-15　实例框架<教师 5>

教师 5	
继承	教师
姓名	赵林
年龄	38
健康状况	健康
工作时间	2008, 4
部门	机械工程, 机械电子教研室
职称	副教授

解：实例框架<教师 5>并未描述该教师的语种，但其上层框架<教师>中描述了语种的缺省值是英语。实例框架没有指定该槽的值时，由缺省继承可知该教师的语种是英语。框架<教师 5>所有的槽值都确定后，就可以将该框架存储到框架系统的知识库中。

2.6.3　框架推理

如前所述，框架实际上就是一种复杂的语义网络，因此语义网络中的继承和匹配也可以用于框架系统。

类似于语义网络，表示知识的框架系统主要由两部分组成：一是由框架网络构成的知识库；二是由一组程序组成的框架推理机。框架的推理过程也类似于语义网络：首先把待求解的问题表示为问题框架，然后与知识库中的目标框架进行匹配；如果两个框架对应的槽没有冲突或满足已知条件，就可以认为两个框架匹配成功，然后将目标框架的知识传递给问题框架，即将目标框架的槽值填充到目标框架对应的槽中。

【例 2-30】 框架推理。

从知识库中找出一位满足如下条件的教师：男性，年龄小于 40 岁，职称为副教授，身体健康，会讲英语。

解：首先将待求解问题表示为表 2-16 所示的框架。

表 2-16　问题框架<教师 X>

教师 X	
姓名	?name
年龄	<40
性别	男
健康状况	健康
职称	副教授
语种	英语

将问题框架与例 2-29 的知识库进行匹配，以确定姓名槽的“?name”（?表示待求解）。显然<教师 5>可以与之匹配，因此可以得知符合已知条件的一位教师是赵林，即 name=赵林。

在推理时要注意，框架中的信息可以被直接引用，就像已经直接观察到这些信息一样。例如，已知<房间>框架中包含了“房间必须有门”的事实，如果当前观察到的对象可以应用<房间>框架，那么不论是否有实际证据支持，都可以直接推论：当前对象至少有一扇门。

另外，框架描述的是典型事例的一般特性，对某些特性可以允许不相匹配。如果某一情况在很多方面都与一个框架相符，只有少部分允许不匹配的特性并不符合，那么如果想要应用目标框架，就需要对特性不符之处做出解释。例如，<椅子>框架描述了椅子应该有四条腿，现在观察到的物体从各方面来考察都符合<椅子>框架所描述的特性，但该物体只有三条腿。如果要应用<椅子>框架，必须对该物体的腿数不是四条的原因做出合理的解释，比如断了一条腿，或观察时被挡住了一条腿。

框架应用中也有启发式原则。一般来说，一个漏失某项期望特性的框架要比另一个多了某项不该有的特性的框架更加适合应用。例如，某对象只有一条腿，可以认为是一个人，只是残缺了一条腿，这是可以接受的。而某对象有三条腿，认为这是一个人，第三条腿是他的尾巴，或这个人天生就有三条腿，就不是很合理。当框架匹配不成功时，可以根据框架之间专门保存的链提出应向哪个方向进行试探。当前框架不合适时，可以沿着框架系统的层次向上移动，直到找到一个足够通用，且与现有事实不矛盾的框架。如果这个框架足够具体，可以提供所要求的知识，就采用这个框架，或者在匹配框架下面一层建立一个新框架。例如，在生物识别系统中，如果待识别对象与<狗>框架不匹配，则可以沿知识库中的框架结构向上层寻找，即<狗>→<哺乳动物>→<动物>→<生物>，直到找到一个描述范围足够大，能够涵盖当前对象的框架。

若两个框架的对应的槽的值完全一致，则称这两个框架完全匹配，或称为确定性匹配；如果两个框架虽然不能使对应槽完全一致，却满足预先指定的条件，则称这两个框架不完全匹配，或称为不确定性匹配。

框架的匹配方法主要有四种：一是充分条件与必要条件方法，二是匹配度方法，三是规定属性值变化范围方法，四是功能属性描述方法。

1）充分条件与必要条件方法

将框架中的某些槽分别设为“充分条件”槽和“必要条件”槽。如果充分条件满足，则认为两个框架可以匹配；充分条件不满足而必要条件满足，则需要进一步搜集信息后再进行匹配；如果必要条件也不满足，则认为两个框架不可匹配。例如，在<人类>框架中，“可以说话”是充分条件，“直立行走”“使用工具”是必要条件。

2）匹配度方法

匹配度是指问题框架所描述的属性与目标框架可匹配的程度。给目标框架各个属性都预先指定一个匹配指标，只有匹配度达到预定值时才可视为匹配。

3）规定属性值变化范围方法

对象的属性落在规定的范围内，就认为这个属性是匹配的。例如，规定<教室>框架中门的数量为 1～3 扇，黑板的数量为 1～2 块，窗户的数量为 0～4 个。

4）功能属性描述方法

在框架中给出功能属性描述，而且功能属性描述的优先级要高于外形描述。例如，在<椅子>框架中给出其功能属性，那么即便某物体只有一条腿，只要它具有椅子的功能，仍然可以认为该物体是椅子。

2.7 过程式知识表示

2.7.1 过程式知识表示的相关概念

陈述式知识表示与过程式知识表示在 2.1.3 节已有介绍，这里对其概念进一步说明如下。

语义网络、框架等知识表示方法均是对知识的一种静态表达方式，这种知识表示称为陈述式知识表示。陈述性知识描述系统的状态、环境和条件，以及问题的概念、定义和事实，所强调的是事物涉及的对象以及对象间联系的事实性知识。陈述式知识表示是知识的一种显式表达形式，其优点是知识表示直观，可读性强，知识模块化，易于修改和添加新知识，而对于如何使用这些知识，则由控制策略来决定，即知识表示和知识运用是分离的。

和陈述式知识表示相对应的是过程式知识表示。过程性知识是表示问题求解方法的知识，是有关系统变化、问题求解过程的操作、演算等的知识。所谓过程式知识表示就是将有关某一问题领域的知识，连同使用这些知识的方法，隐式地表示为一个问题求解的过程，所给出的是事物间的客观规律，表达的是求解此类问题的方法。过程式知识表示的形式就是程序，所有信息，包括控制规则均隐含在程序中，执行效率很高，但缺点是难于添加新知识和扩充功能，隐含的知识也难以从程序中抽取出来，因而适用范围较窄。

2.7.2 过程式知识表示举例

过程式知识表示没有固定的形式，如何表示知识完全取决于具体问题及其领域。下面以十五数码问题为例，给出一种问题求解的过程式描述。

【例 2-31】十五数码问题。

设十五数码问题的一个初始状态如图 2-34（a）所示，要求利用空格移动数码（规则可参考例 2-3），将各数码复位成图 2-34（b）所示的目标状态。

解：用一个 4×4 的方格阵来表示十五数码问题在求解过程中的状态。以下是一种复位方法的步骤。

① 利用空格依次挪动，将数码 1 复位，如图 2-35 所示。

2	4	15	8
10	13	9	14
3	5	12	1
11	6	7	

(a) 初始状态

1	2	3	4
5	6	7	8
9	10	11	12
13	14	15	

(b) 目标状态

图 2-34 十五数码问题的初始状态和目标状态

② 继续利用空格挪动，将数码 2、3 复位，如图 2-36 所示。

1	10	15	8
	2	9	14
13	4	11	7
12	5	3	6

图 2-35 数码 1 的复位

1	2	3	10
13	9		8
4	15	7	14
12	11	5	6

图 2-36 数码 2 和 3 的复位

③ 将数码 4 挪动至如图 2-37（a）所示的预备状态位置，然后将数码 3 挪至 4 的上方，如图 2-37（b）所示；再挪动数码 10、15 和 7，将数码 3 和 4 均复位，如图 2-37（c）所示。

1	2	3	10
9	14	7	15
13	8		4
12	11	5	6

(a) 数码4预备状态

1	2	10	15
9	14		3
13	8	7	4
12	11	5	6

(b) 数码4中间状态

1	2	3	4
9	14	15	
13	8	10	7
12	11	5	6

(c) 数码4复位状态

图 2-37 数码 4 的复位

④ 将数码 5 和 9 挪动至如图 2-38 所示的位置。

⑤ 将数码 13 挪至图 2-39（a）所示的预备状态位置，将数码 9 移至数码 13 的左侧，仿照第③步将数码 13 复位，如图 2-39（b）所示。

1	2	3	4
5	13	14	15
9		11	7
10	8	12	6

图 2-38 数码 5 和 9 的复位

1	2	3	4
5	14	11	15
9	12	8	7
10		13	6

(a) 数码13预备状态

1	2	3	4
5	14	11	15
9	12	10	7
13		8	6

(b) 数码13复位状态

图 2-39 数码 13 的复位

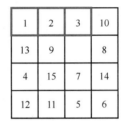

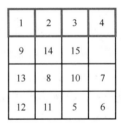

至此，十五数码问题简化为一个八数码子问题，只需再从第 1 步所示的操作开始，将图 2-39（b）中方格阵的右下 3×3 方格阵复位即可，如图 2-40（b）所示。

⑥ 仿照第①～③步挪动数码，将数码 6、7 和 8 复位，如图 2-41 所示。

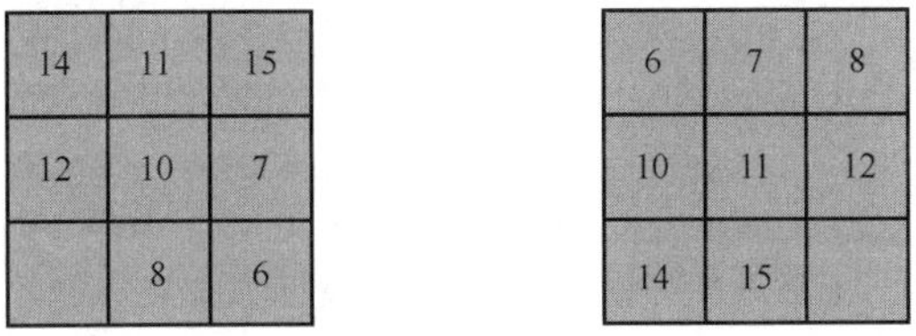

(a) 八数码问题的初始状态　　(b) 八数码问题的目标状态

图 2-40　八数码子问题

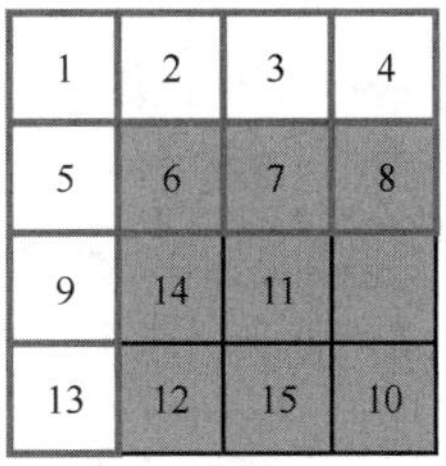

图 2-41　数码 6、7、8 的复位

⑦ 仿照第④步挪动数码，将数码 10 复位，如图 2-42 所示。

⑧ 仿照第⑤步，将数码 14 复位，如图 2-43 所示。

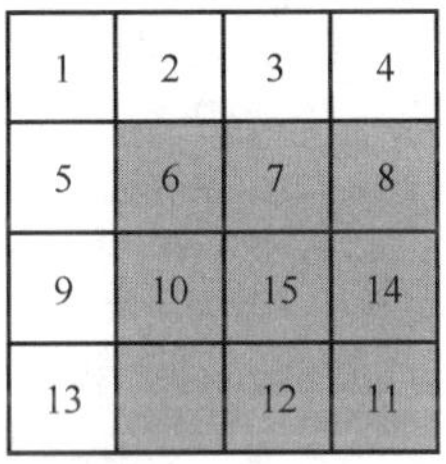

图 2-42　数码 10 的复位

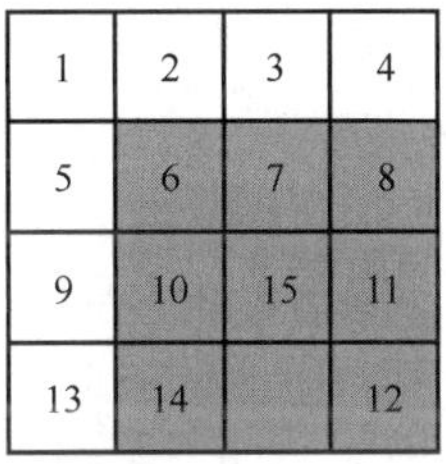

图 2-43　数码 14 的复位

⑨ 最后再进行相应挪动，直至达到图 2-34（b）所示的目标状态为止。

上述复位方法不一定是最优的（即复位步数最少的），但其中蕴含了问题归约的思想，即将复杂问题简化为相对更简单的子问题。子问题与原问题的求解方法是一致的，按照这样一种过程来编写计算机求解程序，不但程序简单，而且求解效率也比较高。也就是说，如果数码的值更大（如 25、36、49、64 等），求解程序本身也不必进行任何改动，只需更改初始参数即可。

中国传统智力游戏“华容道”本质上也是一种方盘数码问题，不同之处在于“华容道”中的棋子有大有小，因此在利用空格移动棋子时会受到更多的条件限制。另外，“华容道”的目标状态并不唯一，因此求解难度要远远大于上述的方盘数码问题。不过，只要合理地运用过程式规则，就能够大大降低“华容道”游戏的求解难度。

2.7.3　过程式推理

过程式知识表示的推理涉及推理方向和调用模式，其中推理方向有正向推理（FR）和逆向推理（BR）。对于正向推理，只有当知识库中已有事实可以与其调用模式相匹配时，该过程规则才能被激活；对于逆向推理，只有当调用模式与查询目标或子目标相匹配时，该过程规则才能被激活。

推理过程中的演绎操作由一系列的子目标构成。当激发条件满足时，将执行列出的演绎操作，并完成对知识库的增加、删除、修改等状态转换操作，最后将控制权返回到调用该过程规则的上一级过程规则。下面通过一个实例来简要说明推理的过程。

【例 2-32】过程式推理。

设有如下知识：如果 x 与 y 是同班同学，且 t 是 x 的老师，则 t 也是 y 的老师。该过程规则表示为：

① BR(teacher, ?t, ?y) （推理方向和调用模式）;

② GOAL(classmate, ?x, y) （求 y 的同班同学并赋给 x）;

③ GOAL(teacher, t, x) （已知 t 是 x 的老师）;

④ INSERT(teacher, t, y) （将"t 是 y 的老师"存入知识库）;

⑤ RETURN（返回到上一级）。

其中，BR 为逆向推理标志；GOAL 表示求解子目标，即进行过程调用；INSERT 表示对知识库进行插入操作，即将新知识存入知识库；RETURN 为返回标志；?为变量值，在该过程中求得。

问题求解过程如下：

① 每当有一个新的目标时，就从可以匹配的过程规则中选择一个执行；

② 在该规则的执行过程中可能产生新的目标，此时就调用相应的过程规则并执行；

③ 反复进行上述过程，直至遇到 RETURN 语句；

④ 遇到 RETURN 语句时，就调用返回当前过程的上一级过程规则，并依次逐级返回；

⑤ 如果某个过程规则运行失败，就选择一个同层的可匹配过程规则执行。如果不存在这样的过程规则，就返回失败标志，并将控制权移交给上一级过程规则。

设知识库中有以下已知事实：

- (classmate, 杨叶, 柳青)——杨叶与柳青是同班同学；
- (teacher, 林海, 杨叶)——林海是杨叶的老师。

需要求解的问题是：找出两个人 w 及 v，其中 w 是 v 的老师。该问题可表示为

GOAL(teacher, ?w, ?v)

求解过程如下：

① 在过程规则库中找出满足问题 GOAL(teacher, ?w, ?v)激发条件的过程规则。显然，BR(teacher, ?t, ?y)经变量置换(w/t, v/y)后可以匹配，因此选用该过程规则。

② 执行该过程规则中的第一个语句 GOAL(classmate, ?x, y)。此时，y 已被 v 置换。经与已知事实(classmate, 杨叶, 柳青)匹配，分别求得了变量 x 及 v 的值，即 x=杨叶，v=柳青。

③ 执行该过程规则中的第二个语句 GOAL(teacher, t, x)。此时，在上一步中已求得 x=杨叶，t 已被 w 置换。经与已知事实(teacher, 林海, 杨叶)匹配，求得了变量 w 的值，即 w=林海。

④ 执行该过程规则中的第三个语句 INSERT(teacher, t, y)，此时 t 与 y 的值均已知道，分别是林海和柳青，因此这时插入知识库的事实是(teacher, 林海, 柳青)，表明"林海是柳青的老师"，从而求到了问题的解。

本章小结

本章内容涉及人工智能的一个重要分支——知识工程，主要介绍了知识表示及推理方法。首先讲解了知识的定义和人工智能系统中知识的层次，然后介绍了 6 种知识表示方法，包括状态空间法、问题归约法、谓词逻辑法、语义网络法、框架表示法以及过程式知识表示等。每种知识表示方法各有特点，不同的知识表示方法在进行推理时也有不同的形式，需要根据实际问题来确定合理的知识表示方法。

习题

习题 2-1：什么是知识？什么是知识工程？知识工程的三个重要内容是什么？

习题 2-2：状态空间三要素是什么？什么是关键算符？如何运用关键算符求解问题？

习题 2-3：问题归约法的本质是什么？

习题 2-4：试采用与或图表示四阶梵塔问题的求解过程。

习题 2-5：运用真值表证明逻辑等价定理中的德·摩根律和逆否律。

习题 2-6：语义网络法与框架表示法有何异同？各自有何优缺点？

习题 2-7：试采用语义网络表示“每位母亲都爱自己的孩子”。

习题 2-8：知识的陈述式表示和过程式表示有什么不同？分别适用于什么类型的问题？

第3章

线性模型

扫码获取配套资源

机器学习就是要从环境提供的数据中发现隐藏在其中的规律或知识，其中大部分规律符合线性模型的形式。线性模型是一类统计模型的统称，用来研究自变量和因变量之间的映射关系。线性模型作为一种有效的预测工具，在各个领域都有着广泛的应用。

思维导图

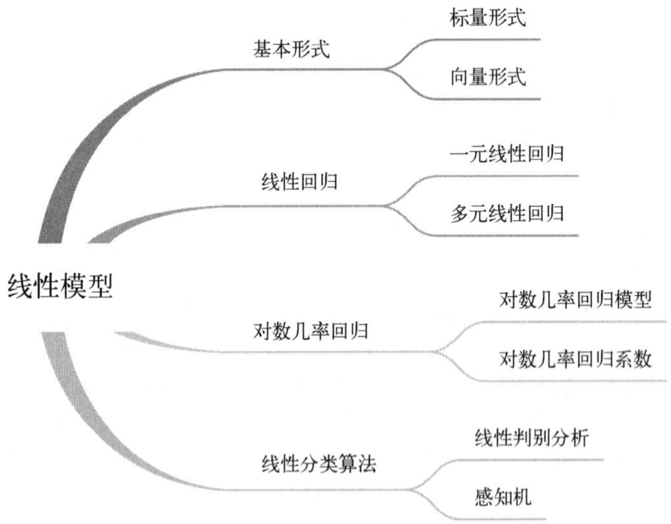

学习目标

1. 理解线性回归的基本概念与原理，具备采用线性模型解决实际问题的能力。
2. 掌握一元线性回归和多元线性回归的实现方法。
3. 掌握对数几率回归模型的概念及其参数确定方法。
4. 掌握线性判别分析的基本原理及其实现方法。
5. 掌握感知机的基本原理及其实现方法。

案例引入

假设你是一家汽车制造公司的管理者，引表 3-1 是 2018 年至 2022 年公司各种车型的销量数据。另外，你还掌握了一些与汽车销量有关的变量，如每款车型的售价、引擎大小、燃油效率等。你希望通过过去几年的汽车销售数据来预测一下在未来一年每款车型的销量。

引表 3-1 不同型号汽车的历年销量 单位：万台

年份	车型 1	车型 2	车型 3	车型 4	车型 5	车型 6
2018	200	170	150	90	160	80
2019	220	180	160	95	170	90
2020	215	185	170	98	180	95
2021	195	175	165	92	175	88
2022	?	?	?	?	?	?

在这种情况下，线性模型就可以派上用场。首先，需要收集和整理数据，通过观察数据，可以发现一些变量之间的关系，比如车型售价和引擎大小通常会影响销量；然后，可以将数据分为训练集和测试集，以便在训练集上训练模型，并在测试集上验证模型的准确度；接下来，可以利用线性回归模型来建立车型售价、引擎大小等变量与销量之间的线性关系；最后，通过最小二乘法等估计参数的方法，可以从训练集中估计出模型中的各个参数。这些参数将用于预测未来一年中每款车型的销量。具体方法是：将未来一年中每款车型的售价、引擎大小等变量代入模型中，得到预测的销量。

通过这个例子可以发现，线性模型可以帮助汽车制造公司更好地了解车辆的属性和市场需求之间的关系，从而制定更精准的市场策略和计划。除了预测未来销量之外，线性模型还可以用于其他领域中的预测和优化问题，比如生产计划、资源分配和质量控制等。通过线性模型可以更准确地分析问题，找到最优解或做出更好的决策，以提高制造业的效益和效率。

3.1 线性模型的基本形式

线性模型（linear model）试图通过学习获得一个通过特征（也称属性）的线性组合来进行预测的函数，既可以用于回归问题，也可以用于分类问题。假设一个样本 $\boldsymbol{x}$ 包含 d 个特征，表

示为 $\boldsymbol{x}=(x_1, x_2, \cdots, x_d)^{\mathrm{T}}=(x_1; x_2; \cdots; x_d)$，其中 x_i $(i=1, 2, \cdots, d)$表示 $\boldsymbol{x}$ 的第 i 个特征。那么，线性模型的标量形式表示如下：

$$f(\boldsymbol{x})=\omega_1 x_1+\omega_2 x_2+\cdots+\omega_d x_d+b \tag{3-1}$$

用向量形式可以表示为

$$f(\boldsymbol{x})=\boldsymbol{\omega}^{\mathrm{T}} \boldsymbol{x}+b \tag{3-2}$$

式中，$\boldsymbol{\omega}=(\omega_1; \omega_2; \cdots; \omega_d)$。

线性模型具有简洁、易于理解的特征。假设一个训练数据集包含了一些商品的销量、价格、店铺的口碑评分以及销售时间，打算通过这些数据来预测一个新商品在不同时间点的销量时，就可以采用线性模型来建立销量与价格、口碑评分、销售时间之间的关系，其形式为

$$f_{\text{销量}}(\boldsymbol{x})=\omega_1 x_{\text{价格}}+\omega_2 x_{\text{口碑}}+\omega_3 x_{\text{时间}}+b$$

进而通过训练数据集估计得到参数 $\omega_1, \omega_2, \omega_3$ 和 b 的值，假设结果如下：

$$f_{\text{销量}}(\boldsymbol{x})=-0.5 x_{\text{价格}}+0.3 x_{\text{口碑}}+0.1 x_{\text{时间}}+20$$

从得到的这个模型中可以发现，销量与价格、口碑评分和时间之间存在一定的关系，即：价格越低，销量就可能越高；口碑评分越高，销量就可能越高；销售时间越长，销量就可能越高。因此，可以将模型中的 $\omega_1=-0.5$ 视为价格每降低 1 个单位时销量的增加量，$\omega_2=0.3$ 视为口碑评分每提高 1 个单位时销量的增加量，$\omega_3=0.1$ 视为销售时间每增加 1 个单位时销量的增加量，$b=20$ 则表示当价格、口碑评分、销售时间均为 0 时的基准销量水平。

假设新商品的价格为 10 元，口碑评分为 4 分，那么采用上述的线性模型就可以预测出该商品在第 5 天的销量为

$$f_{\text{销量}}(\boldsymbol{x})=-0.5 \times 10+0.3 \times 4+0.1 \times 5+20=16.7$$

在上述的例子中，线性回归模型直观地表达了销量与价格、口碑评分、销售时间之间的关系，参数 ω_1、ω_2、ω_3 的物理意义也非常明确，易于理解和解释。这种简单性和易于理解性是线性模型的一大优点，也是其得到广泛应用的重要原因之一。

3.2 线性回归

线性回归（linear regression）是一种利用线性模型对一个或多个自变量和因变量之间的关系进行建模的回归分析方法。根据自变量数目的不同，线性回归可以分为一元线性回归和多元线性回归。

3.2.1 一元线性回归

一元线性回归是线性回归中最简单的一种，即只有一个特征变量。假定数据集 $\boldsymbol{D}=\{(x_1, y_1), (x_2, y_2), \cdots, (x_m, y_m)\}$，$x_i, y_i \in \mathbf{R}$，$i=1, 2, \cdots, m$，一元线性回归试图通过学习得到参数 ω 和 b，使得 $f(x_i)$的值尽可能地接近 y_i，回归模型为

$$f(x_i)=\omega x_i+b \simeq y_i \tag{3-3}$$

通过优化 ω 和 b 使得模型 $f(x_i)$ 的值尽可能接近 y_i。线性回归模型通常可采用最小二乘法（least square method）来求解。最小二乘法又称最小平方法，通过最小化误差平方和来确定线性

回归模型的最佳回归系数(ω^*, b^*)，可以表示为

$$(\omega^*,b^*)=\arg\min\sum_{i=1}^{m}[f(x_i)-y_i]^2=\arg\min_{(\omega,b)}\sum_{i=1}^{m}(\omega x_i+b-y_i)^2 \tag{3-4}$$

求解(ω^*, b^*)使得$E_{(\omega,b)}=\sum_{i=1}^{m}(\omega x_i+b-y_i)^2$最小化的过程，称为线性回归模型的最小二乘参数估计。由于$E_{(\omega,b)}$是关于ω和b的凸函数，令其关于ω和b的导数均为零，就可以得到ω和b的最优解(ω^*, b^*)。为此，首先将$E_{(\omega,b)}$分别对ω和b求取偏导数，得到

$$\frac{\partial E_{(\omega,b)}}{\partial \omega}=2\left[\omega\sum_{i=1}^{m}x_i^2+\sum_{i=1}^{m}(b-y_i)x_i\right] \tag{3-5}$$

$$\frac{\partial E_{(\omega,b)}}{\partial b}=2\left[mb+\sum_{i=1}^{m}(\omega x_i-y_i)\right] \tag{3-6}$$

然后分别令式（3-5）和式（3-6）等于零，即可求得ω和b最优解的闭式解，即

$$\omega^*=\frac{\sum_{i=1}^{m}(y_i-b)x_i}{\sum_{i=1}^{m}x_i^2}=\frac{\sum_{i=1}^{m}y_i(x_i-\overline{x})}{\sum_{i=1}^{m}x_i^2-\frac{1}{m}\left(\sum_{i=1}^{m}x_i\right)^2} \tag{3-7}$$

$$b^*=\frac{1}{m}\sum_{i=1}^{m}(y_i-\omega x_i) \tag{3-8}$$

式中，$\overline{x}=\frac{1}{m}\sum_{i=1}^{m}x_i$，为$x_i$的均值。

【例 3-1】标准体重预测。

表 3-1 给出了正常男生 20 岁时的标准体重的部分样本数据。其中，第一列是样本编号，第二列是身高，第三列是体重。试采用一元线性回归方法建立身高、体重的预测模型，并预测身高为 163cm 时的标准体重。

表 3-1　20 岁正常男生的标准体重样本

编号	身高/cm	体重/kg
1	152	51
2	156	53
3	160	54
4	164	55
5	168	57
6	172	60
7	176	62
8	180	65
9	184	69
10	188	72

解：首先令身高为自变量x，以体重为因变量y，建立一元线性回归模型，即

$$y=f(x)=\omega x+b$$

然后，分别由式（3-7）和式（3-8）求得 ω 和 b 的最优解，有

$$\omega^{*}=\frac{\sum_{i=1}^{m} y_i(x_i-\overline{x})}{\sum_{i=1}^{m} x_i^2-\frac{1}{m}\left(\sum_{i=1}^{m} x_i\right)^2}=\frac{760}{290320-289000}\approx 0.58$$

$$b^{*}=\frac{1}{m}\sum_{i=1}^{m}(y_i-\omega x_i)\approx -38.08$$

最后将 ω^{*}和 b^{*}代入上述的回归模型中，得到的一元线性回归模型为

$$y=f(x)=0.58x-38.08$$

该线性回归模型的拟合效果如图 3-1 所示。

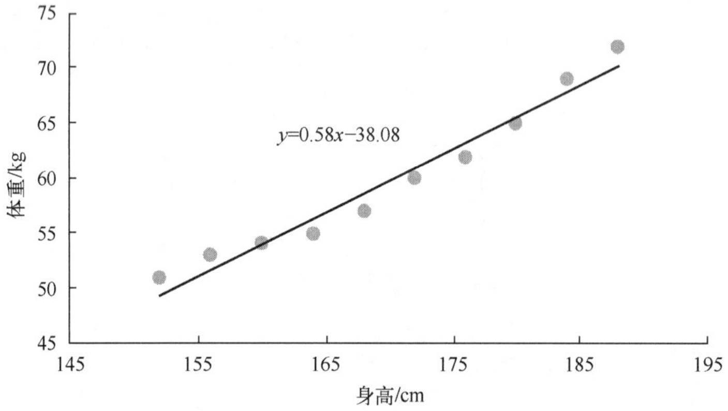

图 3-1 身高-体重的一元线性回归模型

利用该一元线性回归模型，可以预测身高为 163cm 时，男生的标准体重为

$$y=f(x)=0.58x-38.08=0.58\times 163-38.08\approx 56.46(\text{kg})$$

3.2.2 多元线性回归

实际任务中影响结果的因素往往不止一个，这时一元线性回归就不再适用。假定训练数据集为 $\boldsymbol{D}=\{(\boldsymbol{x}_1,y_1),(\boldsymbol{x}_2,y_2),\cdots,(\boldsymbol{x}_m,y_m)\}$，其中样本 $\boldsymbol{x}_i=(x_{i1};x_{i2};\cdots;x_{id})$包含 d 个特征，多元线性回归试图通过学习得到 $\boldsymbol{\omega}$ 和 b 以使得 $f(\boldsymbol{x}_i)$尽可能准确地预测 y_i，有

$$f(\boldsymbol{x}_i)=\boldsymbol{\omega}^{\mathrm{T}}\boldsymbol{x}_i+b\simeq y_i \tag{3-9}$$

多元线性回归和一元线性回归的本质相同，也可以用最小二乘法来估计 $\boldsymbol{\omega}$ 和 b 的值。为便于后续计算，可以把 $\boldsymbol{\omega}$ 和 b 合并为如下所示的向量形式：

$$\hat{\boldsymbol{\omega}}=(\boldsymbol{\omega};b) \tag{3-10}$$

同时，把数据集 $\boldsymbol{D}$ 的特征值表示为一个大小为 $m\times(d+1)$的矩阵 $\boldsymbol{X}$，其中每行对应于一个样本实例，并且最后一列元素均置为 1，即

$$\boldsymbol{X}=\begin{pmatrix} x_{11} & x_{12} & \cdots & x_{1d} & 1 \\ x_{21} & x_{22} & \cdots & x_{2d} & 1 \\ \vdots & \vdots & & \vdots & \vdots \\ x_{m1} & x_{m2} & \cdots & x_{md} & 1 \end{pmatrix}=\begin{pmatrix} \boldsymbol{x}_1^{\mathrm{T}} & 1 \\ \boldsymbol{x}_2^{\mathrm{T}} & 1 \\ \vdots & \vdots \\ \boldsymbol{x}_m^{\mathrm{T}} & 1 \end{pmatrix} \tag{3-11}$$

再把数据集 $\boldsymbol{D}$ 中的标记值 $\boldsymbol{y}$ 也转换成向量形式，即 $\boldsymbol{y}=(y_1; y_2; \cdots; y_m)$，类似于一元线性回归，通过最小化误差平方和来确定多元线性回归模型的最佳回归系数 $\hat{\boldsymbol{\omega}}^*$，有

$$\hat{\boldsymbol{\omega}}^* = \arg\min_{\hat{\boldsymbol{\omega}}} (\boldsymbol{y} - \boldsymbol{X}\hat{\boldsymbol{\omega}})^{\mathrm{T}}(\boldsymbol{y} - \boldsymbol{X}\hat{\boldsymbol{\omega}}) \tag{3-12}$$

令 $E_{\hat{\boldsymbol{\omega}}} = (\boldsymbol{y} - \boldsymbol{X}\hat{\boldsymbol{\omega}})^{\mathrm{T}}(\boldsymbol{y} - \boldsymbol{X}\hat{\boldsymbol{\omega}})$，并对 $\hat{\boldsymbol{\omega}}$ 求导，得到

$$\frac{\partial E_{\hat{\boldsymbol{\omega}}}}{\partial \hat{\boldsymbol{\omega}}} = 2\boldsymbol{X}^{\mathrm{T}}(\boldsymbol{X}\hat{\boldsymbol{\omega}} - \boldsymbol{y}) \tag{3-13}$$

假设 $\boldsymbol{X}^{\mathrm{T}}\boldsymbol{X}$ 为满秩矩阵或正定矩阵，令式（3-13）为零即可得到 $\hat{\boldsymbol{\omega}}$ 最优解的闭式解，即

$$\hat{\boldsymbol{\omega}}^* = (\boldsymbol{X}^{\mathrm{T}}\boldsymbol{X})^{-1}\boldsymbol{X}^{\mathrm{T}}\boldsymbol{y} \tag{3-14}$$

再令 $\hat{\boldsymbol{x}}_i = (\boldsymbol{x}_i, 1)$，则最终形成的多元线性回归模型为

$$f(\hat{\boldsymbol{x}}_i) = \hat{\boldsymbol{x}}_i^{\mathrm{T}}(\boldsymbol{X}^{\mathrm{T}}\boldsymbol{X})^{-1}\boldsymbol{X}^{\mathrm{T}}\boldsymbol{y} \tag{3-15}$$

【例 3-2】 房价预测。

表 3-2 给出了房屋售价的部分样本数据，其中第一列是样本编号，第二列是房屋面积，第三列是楼层数，第四列是房屋年龄，第五列是房屋售价。试采用多元线性回归建立房屋售价的预测模型，并预测面积为 100m^2、楼层为 20 层、房龄为 15 年的房屋售价大约为多少。

表 3-2　房屋售价样本数据集

编号	面积/m^2	楼层/层	房龄/年	价格/万元
1	121	18	21	253
2	75	18	21	135
3	89	32	8	165
4	132	33	21	270
5	73	30	8	143
6	127	32	9	275
7	73	33	9	130
8	131	32	9	264
9	73	33	6	130
10	66	18	9	120

解： 首先由表 3-2 的样本数据，定义特征值矩阵 $\boldsymbol{X}$ 和标签值向量 $\boldsymbol{y}$ 如下。

$$\boldsymbol{X} = \begin{bmatrix} 121 & 18 & 21 & 1 \\ 75 & 18 & 21 & 1 \\ 89 & 32 & 8 & 1 \\ 132 & 33 & 21 & 1 \\ 73 & 30 & 8 & 1 \\ 127 & 32 & 9 & 1 \\ 73 & 33 & 9 & 1 \\ 131 & 32 & 9 & 1 \\ 73 & 33 & 6 & 1 \\ 66 & 18 & 9 & 1 \end{bmatrix}, \quad \boldsymbol{y} = \begin{bmatrix} 253 \\ 135 \\ 165 \\ 270 \\ 143 \\ 275 \\ 130 \\ 264 \\ 130 \\ 120 \end{bmatrix}$$

然后计算 $\boldsymbol{X}^{\mathrm{T}}\boldsymbol{X}$，有

$$\boldsymbol{X}^{\mathrm{T}}\boldsymbol{X}=\begin{bmatrix}99244 & 27184 & 12195 & 960\\ 27184 & 8211 & 3178 & 279\\ 12195 & 3178 & 1811 & 121\\ 960 & 279 & 121 & 10\end{bmatrix}$$

接下来求取 $\boldsymbol{X}^{\mathrm{T}}\boldsymbol{X}$ 的逆矩阵 $(\boldsymbol{X}^{\mathrm{T}}\boldsymbol{X})^{-1}$，有

$$(\boldsymbol{X}^{\mathrm{T}}\boldsymbol{X})^{-1}=\begin{bmatrix}2.2629\times10^{-4} & -5.2631\times10^{-4} & -6.7795\times10^{-4} & 1.1633\times10^{-3}\\ -5.2631\times10^{-4} & 4.4088\times10^{-3} & 3.3936\times10^{-3} & -1.1354\times10^{-1}\\ -6.7795\times10^{-4} & 3.3936\times10^{-3} & 5.9502\times10^{-3} & -1.0160\times10^{-1}\\ 1.1633\times10^{-3} & -1.1354\times10^{-1} & -1.0160\times10^{-1} & 4.3855\end{bmatrix}$$

将 $(\boldsymbol{X}^{\mathrm{T}}\boldsymbol{X})^{-1}$、$\boldsymbol{X}^{\mathrm{T}}$ 和 $\boldsymbol{y}$ 代入到式（3-14）即可得到最佳回归系数 $\hat{\boldsymbol{\omega}}^*$，即

$$\hat{\boldsymbol{\omega}}^*=(\boldsymbol{X}^{\mathrm{T}}\boldsymbol{X})^{-1}\boldsymbol{X}^{\mathrm{T}}\boldsymbol{y}=\begin{bmatrix}2.4647\\ -0.5312\\ -0.5122\\ -27.0954\end{bmatrix}$$

最后，将最佳回归系数 $\hat{\boldsymbol{\omega}}^*$ 代入式（3-15），得到的预测房价的多元线性回归模型为

$$f(\boldsymbol{x})=\boldsymbol{x}^{\mathrm{T}}\hat{\boldsymbol{\omega}}^*=\begin{bmatrix}x_1 & x_2 & x_3 & 1\end{bmatrix}\begin{bmatrix}2.4647\\ -0.5312\\ -0.5122\\ -27.0954\end{bmatrix}=2.4647x_1-0.5312x_2-0.5122x_3-27.0954$$

将房屋面积 x_1=100m^2、楼层层数 x_2=20 层、房龄 x_3=15 年代入上述的多元线性回归模型中，可预测出该房屋的售价约为

$$y=2.4647\times100-0.5312\times20-0.5122\times15-27.0954=201.0676\ （万元）$$

需要注意的是，实际任务中 $\boldsymbol{X}^{\mathrm{T}}\boldsymbol{X}$ 可能不是满秩矩阵。例如，在有些任务中可能会存在特征数目超过样本数目的情况，导致 $\boldsymbol{X}$ 的列数多于行数，$\boldsymbol{X}^{\mathrm{T}}\boldsymbol{X}$ 显然不满秩，此时可解出多个 $\hat{\boldsymbol{\omega}}$，都能使均方误差最小化。至于选择哪一个解作为输出，将由学习算法的归纳偏好来决定，常用的办法是引入正则化项来解决上述的不适定问题（正则化方法请参看 6.4 节的相关内容）。

3.3 对数几率回归

对数几率回归（logistic regression），又称逻辑回归，是使用 Sigmoid 函数作为联系函数时的广义线性模型的一个特例。它最早由统计学家考克斯（D. Cox）在 1958 年提出，虽然名字中保留了回归，实际上是一种解决分类问题的方法。

3.3.1 对数几率回归模型

考虑一个二分类问题，其特征向量为 $\boldsymbol{x}=(x_1; x_2;\cdots; x_d)$，类别标签为 $y\in\{0, 1\}$。那么，是否也能采用线性回归模型，由特征向量 $\boldsymbol{x}$ 来判断一个样本属于类别 0 还是 1 呢？需要注意的是，

由式（3-2）所建立的线性回归模型产生的预测值是连续的实值（记为 z），并非所希望的离散的类别标签（0 或 1），这正是回归与分类的区别。

为了达到分类的目的，需要找到一个函数将线性回归模型的预测值与分类问题的类别标签 y 联系起来，从而实现将实值转换为类别标签。实际上，通过采用海维塞德阶跃函数（Heaviside step function）将 z 值转换为 y 值，就可以达到上述目的，即

$$y=\begin{cases}1, & z\geqslant 0\\0, & z<0\end{cases}\tag{3-16}$$

由式（3-16）可知，预测值 z 大于或等于 0 时就判为 y=1；预测值 z 小于 0 时则判为 y=0。但是，单位阶跃函数存在不连续的问题，即在跳跃点（z=0）上从 0 瞬间跳跃到 1。所以，希望找到一个替代函数，能在一定程度上近似于单位阶跃函数，并且单调可微。对数几率函数（logistic function）正是这样一个常用的替代函数，其表达式为

$$y=\frac{1}{1+\mathrm{e}^{-z}}\tag{3-17}$$

如图 3-2 所示，对数几率函数是一种 Sigmoid 函数，可以将 z 值转化为一个接近 0 或 1 的 y 值，并且其输出值在 $z=0$ 附近变化很陡，因此与单位阶跃函数非常接近，并且单调连续可微。

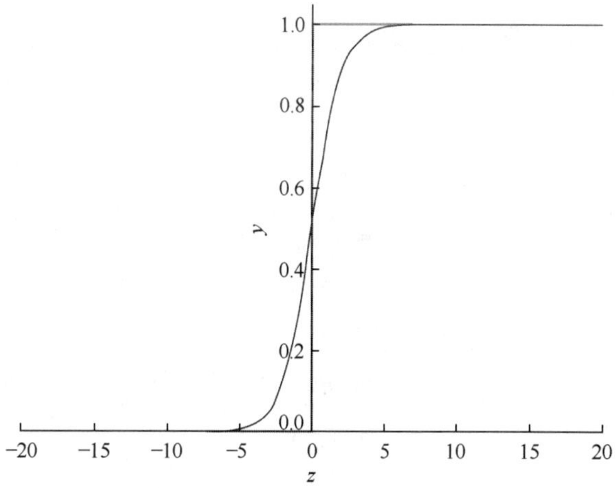

图 3-2 对数几率函数（细线）与单位阶跃函数（粗线）

将 z 的取值代入式（3-17）中，可得

$$y=\frac{1}{1+\mathrm{e}^{-(\boldsymbol{\omega}^{\mathrm{T}}\boldsymbol{x}+b)}}\tag{3-18}$$

若将 y 视为样本 $\boldsymbol{x}$ 属于类别 1 的可能性，则 1−y 就可以认为是 $\boldsymbol{x}$ 属于类别 0 的可能性，两者的比值称为几率，反映了 $\boldsymbol{x}$ 作为类别 1 的相对可能性，计算公式为

$$P=\frac{y}{1-y}\tag{3-19}$$

将上述的几率进一步取对数，就可以得到对数几率，进而可将式（3-18）转换为

$$\ln\frac{y}{1-y}=\boldsymbol{\omega}^{\mathrm{T}}\boldsymbol{x}+b\tag{3-20}$$

式（3-20）实际上是在用线性回归模型的预测结果来逼近真实标记的对数几率，故将该模型称为对数几率回归模型。

3.3.2 最优回归系数的确定

接下来要解决的问题是应该如何确定对数几率回归模型的最佳回归系数 $\boldsymbol{\omega}$ 和 b。如果将式（3-18）中的 y 视为类别的后验概率估计 $p(y=1|\boldsymbol{x})$，则式（3-20）可以重写为

$$\ln\frac{p(y=1\mid\boldsymbol{x})}{p(y=0\mid\boldsymbol{x})}=\boldsymbol{\omega}^{\mathrm{T}}\boldsymbol{x}+b \tag{3-21}$$

由于 $p(y=1|\boldsymbol{x})+p(y=0|\boldsymbol{x})=1$，故有

$$p(y=1\mid\boldsymbol{x})=\frac{\mathrm{e}^{\boldsymbol{\omega}^{\mathrm{T}}\boldsymbol{x}+b}}{1+\mathrm{e}^{\boldsymbol{\omega}^{\mathrm{T}}\boldsymbol{x}+b}} \tag{3-22}$$

$$p(y=0\mid\boldsymbol{x})=\frac{1}{1+\mathrm{e}^{\boldsymbol{\omega}^{\mathrm{T}}\boldsymbol{x}+b}} \tag{3-23}$$

因此，对数几率回归中可以采用极大似然估计法来求解最优回归系数，具体步骤如下。

1）确定似然项

对于对数几率回归模型，希望确定参数 $\hat{\boldsymbol{\omega}}$，使得样本数据分类正确的概率最大。令 y_i 表示第 i 个数据对应的类别标签。当 $y_i=1$ 时，代表第 i 个样本数据 $\hat{\boldsymbol{x}}_i$ 的类别标签为 1，此时需要代入到似然函数中的似然项是 $p_1(\hat{\boldsymbol{x}}_i;\hat{\boldsymbol{\omega}})$，其表达式为

$$p_1(\hat{\boldsymbol{x}}_i;\hat{\boldsymbol{\omega}})=p(y=1\mid\hat{\boldsymbol{x}}_i;\hat{\boldsymbol{\omega}}) \tag{3-24}$$

反之，当 $y_i=0$ 时，代表第 i 个样本数据 $\hat{\boldsymbol{x}}_i$ 的类别标签为 0，此时需要代入至似然函数的似然项是 $p_0(\hat{\boldsymbol{x}}_i;\hat{\boldsymbol{\omega}})$，则有

$$p_0(\hat{\boldsymbol{x}}_i;\hat{\boldsymbol{\omega}})=p(y=0\mid\hat{\boldsymbol{x}}_i;\hat{\boldsymbol{\omega}}) \tag{3-25}$$

由式（3-24）和式（3-25）可知，对于任意一个样本数据 $\hat{\boldsymbol{x}}_i$，其所对应的似然项可以写成

$$p_1(\hat{\boldsymbol{x}}_i;\hat{\boldsymbol{\omega}})^{y_i}\,p_0(\hat{\boldsymbol{x}}_i;\hat{\boldsymbol{\omega}})^{(1-y_i)} \tag{3-26}$$

2）构建似然函数

由于似然项和样本数据是一一对应的，所以采用多少个样本数据进行建模，似然函数中就包含多少个似然项。通过似然项的累乘可以计算得到极大似然函数，即

$$\prod_{i=1}^{m}\left[p_1(\hat{\boldsymbol{x}}_i;\hat{\boldsymbol{\omega}})^{y_i}\,p_0(\hat{\boldsymbol{x}}_i;\hat{\boldsymbol{\omega}})^{(1-y_i)}\right] \tag{3-27}$$

3）进行对数转换

为了便于分析计算，通常需要在似然函数的基础上对其进行以 e 为底的对数转换，得到对数似然函数。同时，为了方便后续利用优化方法求解最小值，考虑构建负数对数似然函数，如式（3-28）所示。

$$\begin{aligned}L(\hat{\boldsymbol{\omega}})&=-\ln\left\{\prod_{i=1}^{m}\left[p_1(\hat{\boldsymbol{x}}_i;\hat{\boldsymbol{\omega}})^{y_i}\,p_0(\hat{\boldsymbol{x}}_i;\hat{\boldsymbol{\omega}})^{(1-y_i)}\right]\right\}\\&=\sum_{i=1}^{m}\{-y_i\ln p_1(\hat{\boldsymbol{x}}_i;\hat{\boldsymbol{\omega}})-(1-y_i)\ln[1-p_1(\hat{\boldsymbol{x}}_i;\hat{\boldsymbol{\omega}})]\}\end{aligned} \tag{3-28}$$

4）求解对数似然函数

通过求解式（3-28）所示的最小化优化问题，就可以得到对数几率回归模型的最优回归系数，即

$$\hat{\omega}^* = \arg\min_{\hat{\omega}} L(\hat{\omega}) \tag{3-29}$$

通过极大似然估计构建的损失函数是凸函数，此时可以采用导数为零构造联立方程组的方式进行求解，这也是采用极大似然估计进行参数求解的一般方法。但是，这种方法会涉及大量的导数运算、方程组求解等，并不适用于大规模甚至超大规模的数值问题。因此，在机器学习领域，通常会采用一些更加通用的优化方法对对数几率回归的损失函数进行求解，比如牛顿法或者梯度下降算法等。

在实际使用中，如果按照上述原理推导会非常麻烦。通常，可以借助一些算法工具（库）来快速实现推导。比如，机器学习库 Scikit-learn 中已经提供了现成的对数几率回归方法，可以直接调用。Scikit-learn 是针对 Python 编程语言的免费机器学习库，具有各种分类、回归和聚类算法程序，并且可以与 Python 数值科学库 NumPy 和 SciPy 联合使用。下面借助一个实例，来说明 Scikit-learn 的实际使用方法。

【例 3-3】利用 Scikit-learn 实现对数几率回归。

借助 Scikit-learn 构造一个二分类问题数据集，其中样本数为 15，特征数为 2，并构建该数据集的对数几率回归模型。

① 导入必要的库，程序代码为：

```
import numpy as np
from sklearn.datasets import make_classification
from sklearn.linear_model import LogisticRegression
```

② 生成模拟数据集，程序代码为：

```
X_train, y_train = make_classification(n_samples=15,
n_features=2, n_informative=2, n_redundant=0, random_state=88)
```

执行完该步骤后，可以构建出一个具有两个特征、样本数为 15 的二分类问题数据集，如表 3-3 所示，训练样本在特征空间中的分布如图 3-3 所示。图 3-3 中，实心圆代表 y=0，星号代表 y=1。

表 3-3 二分类问题数据集

编号	特征 1（x_1）	特征 2（x_2）	类别标签（y）
1	1.96	−0.10	0
2	−0.66	−1.68	0
3	−2.19	−1.88	0
4	−0.23	−0.85	0
5	−0.96	1.85	1
6	−2.08	1.17	1
7	−1.84	0.67	1
8	0.70	−1.54	0
9	−0.92	0.12	1
10	0.67	−0.82	0
11	−0.36	0.27	1

续表

编号	特征 1（x_1）	特征 2（x_2）	类别标签（y）
12	−2.14	−3.01	0
13	1.46	0.38	1
14	1.81	1.48	1
15	−0.69	−0.99	0

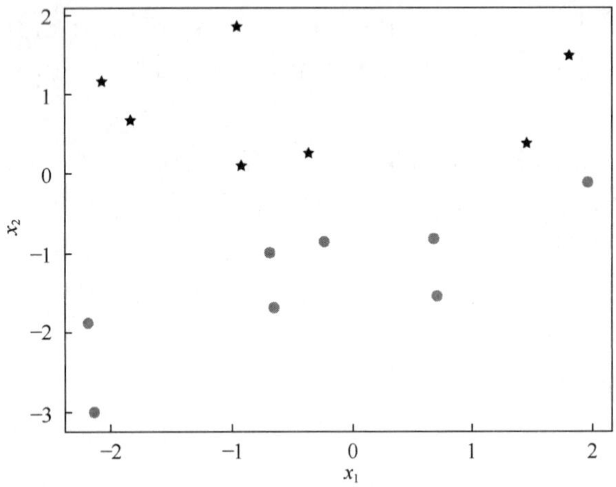

图 3-3 训练样本分布图

③ 定义并训练对数几率回归模型，程序代码为：

```
model = LogisticRegression()
model.fit(X_train, y_train)
w = model.coef_
b = model.intercept_
```

通过执行该步骤，可以得到对数几率回归的最优回归系数 $\boldsymbol{\omega}$ 和 b，结果为

$$\boldsymbol{\omega} = (-0.34; 1.71), \quad b = 0.26$$

④ 预测并计算准确率，程序代码为：

```
y_pred = model.predict(X_train)
accuracy = np.mean(y_pred == y_train)
print("Accuracy:", accuracy)
```

至此就完成了采用 Scikit-learn 实现对数几率回归并对样本进行二分类的全部流程，预测结果如表 3-4 所示，其中预测值完全等于样本数据的标签值，分类准确率为 100 %。

表 3-4 对数几率回归模型的预测结果

编号	特征 1（x_1）	特征 2（x_2）	类别标签（y）	预测标签（y_{pred}）
1	1.96	−0.10	0	0
2	−0.66	−1.68	0	0
3	−2.19	−1.88	0	0
4	−0.23	−0.85	0	0
5	−0.96	1.85	1	1
6	−2.08	1.17	1	1

续表

编号	特征 1（x_1）	特征 2（x_2）	类别标签（y）	预测标签（y_{pred}）
7	−1.84	0.67	1	1
8	0.70	−1.54	0	0
9	−0.92	0.12	1	1
10	0.67	−0.82	0	0
11	−0.36	0.27	1	1
12	−2.14	−3.01	0	0
13	1.46	0.38	1	1
14	1.81	1.48	1	1
15	−0.69	−0.99	0	0

3.4 线性分类算法

线性分类可以分为硬分类和软分类。硬分类需要直接输出观测样本对应的类别，软分类产生样本属于不同类别的概率。本节主要介绍硬分类算法，这类模型的代表为线性判别分析和感知机。

3.4.1 线性判别分析

线性判别分析（linear discriminant analysis，LDA）是一种经典的二分类算法，由 Ronald Fisher 于 1936 年提出，其基本思想是：设法将样本数据投影到一条直线上，使得同类样本的投影点尽可能接近，同时异类样本的投影点尽可能远离；在对新样本进行分类时，同样将其投影到这条直线上，然后根据投影点的位置来确定新样本的类别。

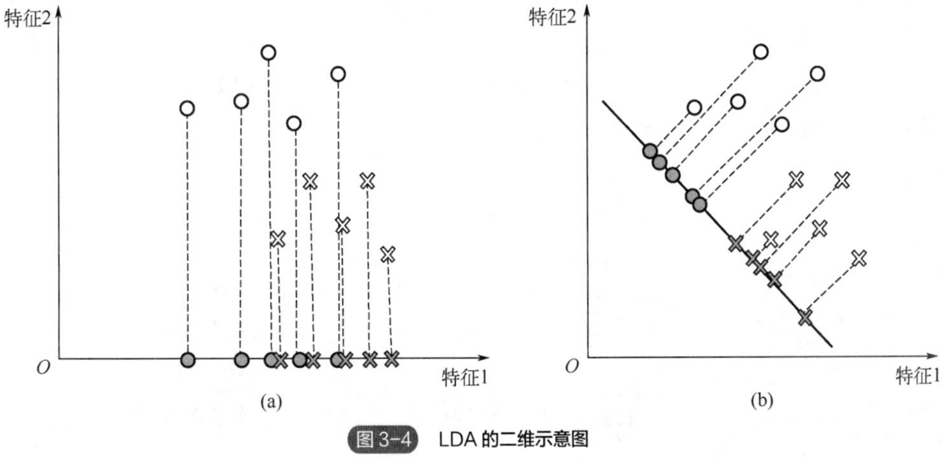

图 3-4 LDA 的二维示意图

图 3-4 中，空心的叉号和圆圈表示两个类别，符号相同则表示样本属于同一类；实心的叉号和圆圈代表两个类别样本的投影。图 3-4 采用一个二维的例子形象地展示了 LDA 的基本思想，其中图 3-4（a）是按照常规坐标系来分析，这时可以看到投影后的数据有部分重叠，不能有效

区分不同类别。LDA 的目标就是要找到一个投影方向，让这些数据在这个方向上投影时，能够实现类别之间的距离尽可能大，类内数据尽可能聚集，如图 3-4（b）所示。

那么如何才能找到这样的投影方向呢？假设给定数据集 $\boldsymbol{D}=\{(\boldsymbol{x}_i, y_i)|i=1, 2, \cdots, m\}$，$y_i\in\{0, 1\}$，令 $\boldsymbol{D}_0$ 和 $\boldsymbol{D}_1$ 分别代表类别为 0 和 1 的样本集，则 $\boldsymbol{D}=\boldsymbol{D}_0\cup\boldsymbol{D}_1$。如果将样本数据 $\boldsymbol{x}_i$ 向直线 $\boldsymbol{\omega}$（设定 $\boldsymbol{\omega}$ 的模为 1）上投影，则有

$$z_i=\boldsymbol{\omega}^{\mathrm{T}}\boldsymbol{x}_i,\ \ i=1,2,\cdots,m$$

然后分别求出 $\boldsymbol{D}_0$ 和 $\boldsymbol{D}_1$ 中的样本向直线 $\boldsymbol{\omega}$ 投影后的均值 $\overline{z}_j$ 和方差 S_j，分别为

$$\overline{z}_j=\frac{1}{\left|D_j\right|}\sum_{\boldsymbol{x}_i\in\boldsymbol{D}_j}\boldsymbol{\omega}^{\mathrm{T}}\boldsymbol{x}_i\quad(j=0,1)\tag{3-30}$$

$$S_j=\sum_{\boldsymbol{x}_i\in\boldsymbol{D}_j}(z_i-\overline{z}_j)^2\quad(j=0,1)\tag{3-31}$$

两个类的方差越小，说明样本越密集，类内间距 W 可由下式来度量，即

$$W=S_0+S_1\tag{3-32}$$

而类间距离 B 则用两个类均值之间的距离平方来度量，表达式为

$$B=(\overline{z}_0-\overline{z}_1)^2\tag{3-33}$$

如果想利用 LDA 得到好的分类模型，那就得要求类内间距尽可能小，类间间距尽可能大。根据这样的思想，可构造目标函数 $J(\boldsymbol{\omega})$为

$$J(\boldsymbol{\omega})=\frac{(\overline{z}_0-\overline{z}_1)^2}{S_0+S_1}\tag{3-34}$$

由式（3-34）可知，$J(\boldsymbol{\omega})$越大，分类效果就越好。因此，接下来的任务就是要找到一个 $\boldsymbol{\omega}$，使其能够最大化目标函数 $J(\boldsymbol{\omega})$，即

$$\boldsymbol{\omega}^*=\arg\max_{\boldsymbol{\omega}}J(\boldsymbol{\omega})\tag{3-35}$$

为了便于分析计算，可以进一步简化目标函数，将 $\boldsymbol{\omega}$ 与样本数据的运算分隔开。对于类间距离，可做如下转换：

$$B=(\overline{z}_0-\overline{z}_1)^2=(\boldsymbol{\omega}^{\mathrm{T}}\boldsymbol{\mu}_0-\boldsymbol{\omega}^{\mathrm{T}}\boldsymbol{\mu}_1)^2=\boldsymbol{\omega}^{\mathrm{T}}(\boldsymbol{\mu}_0-\boldsymbol{\mu}_1)(\boldsymbol{\mu}_0-\boldsymbol{\mu}_1)^{\mathrm{T}}\boldsymbol{\omega}\tag{3-36}$$

式中，$\boldsymbol{\mu}_0$ 和 $\boldsymbol{\mu}_1$ 为两个类别的样本均值，按下式计算：

$$\boldsymbol{\mu}_j=\frac{1}{\left|D_j\right|}\sum_{\boldsymbol{x}_i\in\boldsymbol{D}_j}\boldsymbol{x}_i\quad(j=0,1)\tag{3-37}$$

而对于类内距离，可做如下转换：

$$\begin{aligned}W=S_0+S_1&=\sum_{\boldsymbol{x}_i\in\boldsymbol{D}_0}(z_i-\overline{z}_0)^2+\sum_{\boldsymbol{x}_i\in\boldsymbol{D}_1}(z_i-\overline{z}_1)^2\\&=\boldsymbol{\omega}^{\mathrm{T}}\left[\sum_{\boldsymbol{x}_i\in\boldsymbol{D}_0}(\boldsymbol{x}_i-\boldsymbol{\mu}_0)(\boldsymbol{x}_i-\boldsymbol{\mu}_0)^{\mathrm{T}}+\sum_{\boldsymbol{x}_i\in\boldsymbol{D}_1}(\boldsymbol{x}_i-\boldsymbol{\mu}_1)(\boldsymbol{x}_i-\boldsymbol{\mu}_1)^{\mathrm{T}}\right]\boldsymbol{\omega}\end{aligned}\tag{3-38}$$

由式（3-36）和式（3-38）可将 $J(\boldsymbol{\omega})$重写成

$$J(\boldsymbol{\omega})=\frac{(\overline{z}_0-\overline{z}_1)^2}{S_0+S_1}=\frac{\boldsymbol{\omega}^{\mathrm{T}}\boldsymbol{S}_B\boldsymbol{\omega}}{\boldsymbol{\omega}^{\mathrm{T}}\boldsymbol{S}_W\boldsymbol{\omega}}\tag{3-39}$$

这就是 LDA 要最大化的目标，即 $\boldsymbol{S}_B$ 与 $\boldsymbol{S}_W$ 的广义瑞利商（generalized Rayleigh quotient）。其中，$\boldsymbol{S}_B$ 被称为类间散度矩阵，计算公式为

$$\boldsymbol{S}_B = (\boldsymbol{\mu}_0 - \boldsymbol{\mu}_1)(\boldsymbol{\mu}_0 - \boldsymbol{\mu}_1)^{\mathrm{T}} \tag{3-40}$$

$\boldsymbol{S}_W$ 则被称为类内散度矩阵，计算公式为

$$\boldsymbol{S}_W = \sum_{\boldsymbol{x}_i \in \boldsymbol{D}_0} (\boldsymbol{x}_i - \boldsymbol{\mu}_0)(\boldsymbol{x}_i - \boldsymbol{\mu}_0)^{\mathrm{T}} + \sum_{\boldsymbol{x}_i \in \boldsymbol{D}_1} (\boldsymbol{x}_i - \boldsymbol{\mu}_1)(\boldsymbol{x}_i - \boldsymbol{\mu}_1)^{\mathrm{T}} \tag{3-41}$$

令 $J(\boldsymbol{\omega})$ 对 $\boldsymbol{\omega}$ 求导并等于 0，即可得到 $J(\boldsymbol{\omega})$ 取得最大值的条件为

$$(\boldsymbol{\omega}^{\mathrm{T}} \boldsymbol{S}_B \boldsymbol{\omega}) \boldsymbol{S}_W \boldsymbol{\omega} = (\boldsymbol{\omega}^{\mathrm{T}} \boldsymbol{S}_W \boldsymbol{\omega}) \boldsymbol{S}_B \boldsymbol{\omega} \tag{3-42}$$

由于 $\boldsymbol{\omega}^{\mathrm{T}}\boldsymbol{S}_B\boldsymbol{\omega}$ 和 $\boldsymbol{\omega}^{\mathrm{T}}\boldsymbol{S}_W\boldsymbol{\omega}$ 在二分类问题中都是标量，因此可以把式（3-42）看作

$$\boldsymbol{S}_B \boldsymbol{\omega} = \lambda \boldsymbol{S}_W \boldsymbol{\omega} \tag{3-43}$$

在式（3-43）两边都乘以 $\boldsymbol{S}_W^{-1}$，得到

$$\boldsymbol{S}_W^{-1} \boldsymbol{S}_B \boldsymbol{\omega} = \lambda \boldsymbol{\omega} \tag{3-44}$$

此时，原问题就转化为了求取特征值和特征向量的问题。由于 $\boldsymbol{S}_B\boldsymbol{\omega}$ 的方向始终为 $\boldsymbol{\mu}_1-\boldsymbol{\mu}_0$，故可以用 $\lambda(\boldsymbol{\mu}_1-\boldsymbol{\mu}_0)$ 来表示。因此得到

$$\boldsymbol{S}_B \boldsymbol{\omega} = \lambda(\boldsymbol{\mu}_1 - \boldsymbol{\mu}_0) \tag{3-45}$$

将式（3-45）代入式（3-44）中，从而得到

$$\boldsymbol{\omega} = \boldsymbol{S}_W^{-1}(\boldsymbol{\mu}_1 - \boldsymbol{\mu}_0) \tag{3-46}$$

下面同样借助于机器学习库 Scikit-learn，来看一下线性判别分析的实际使用效果。

【例 3-4】利用 Scikit-learn 实现线性判别分析。

借助 Scikit-learn 构造一个二分类问题数据集，其中样本数为 15，特征数为 2，并构建该数据集的线性判别分析模型。

1）导入必要的库

程序代码为：

```
import numpy as np
from sklearn.datasets import make_classification
from sklearn.discriminant_analysis import LinearDiscriminantAnalysis
```

2）创建一个模拟的二分类数据集

程序代码为：

```
X_train, y_train = make_classification(n_samples=15, n_features=2, n_informative=2,
n_redundant=0, random_state=88)
```

3）使用 LDA 模型并进行训练

程序代码为：

```
lda = LinearDiscriminantAnalysis()
lda.fit(X_train, y_train)
w= lda.coef_
```

通过执行该步骤，可以得到的模型参数 $\boldsymbol{\omega}$ 为

$$\boldsymbol{\omega} = (-1.26; 4.71)$$

4）预测并计算准确率

程序代码为：

```
y_pred = lda.predict(X_test)
accuracy = np.mean(y_pred == y_train)
print("Accuracy:", accuracy)
```

这样就完成了采用 Scikit-learn 实现 LDA 模型进行二分类的流程，预测结果如表 3-5 所示，其中预测值完全等于样本数据的标签值，准确率为 100%。

表 3-5 线性判别分析模型的预测结果

编号	特征 1（x_1）	特征 2（x_2）	类别标签（y）	预测标签（y_{pred}）
1	1.96	−0.10	0	0
2	−0.66	−1.68	0	0
3	−2.19	−1.88	0	0
4	−0.23	−0.85	0	0
5	−0.96	1.85	1	1
6	−2.08	1.17	1	1
7	−1.84	0.67	1	1
8	0.70	−1.54	0	0
9	−0.92	0.12	1	1
10	0.67	−0.82	0	0
11	−0.36	0.27	1	1
12	−2.14	−3.01	0	0
13	1.46	0.38	1	1
14	1.81	1.48	1	1
15	−0.69	−0.99	0	0

3.4.2 感知机

感知机（perceptron）由 Rosenblatt 于 1957 年提出，是神经网络和支持向量机的基础。感知机的构建旨在求出能够将训练数据进行线性划分的超平面。为此，通过引入基于误分类的损失函数，利用梯度下降法对损失函数进行极小化，来得到感知机模型。

（1）感知机模型

感知机模型的假设空间是定义在特征空间中的所有线性分类模型或线性分类器，即函数集合$\{f \mid f(\boldsymbol{x})=\boldsymbol{\omega}\cdot\boldsymbol{x}+b\}$。假设输入空间（即特征空间）为$\boldsymbol{X}\subseteq\mathbf{R}^n$，输出空间为$\boldsymbol{Y}=\{+1, -1\}$。输入$\boldsymbol{x}\in\boldsymbol{X}$表示实例的特征向量，对应于特征空间中的点，输出$y\in\boldsymbol{Y}$表示实例的类别。由输入空间到输出空间的函数称为感知机，模型可表示为

$$f(\boldsymbol{x})=\text{sign}(\boldsymbol{\omega}\cdot\boldsymbol{x}+b) \tag{3-47}$$

式中，$\boldsymbol{\omega}$ 和 b 为感知机模型的参数；$\boldsymbol{\omega}\in\mathbf{R}^n$，称为权值（weight）或权值向量（weight vector）；$b\in\mathbf{R}$，称为偏置（bias）；$\boldsymbol{\omega}\cdot\boldsymbol{x}$ 表示 $\boldsymbol{\omega}$ 与 $\boldsymbol{x}$ 的内积；sign(·)是符号函数，即

$$\text{sign}(x)=\begin{cases}+1, & x\geqslant 0\\ -1, & x<0\end{cases} \tag{3-48}$$

感知机的几何解释如下：线性方程 $\boldsymbol{\omega}\cdot\boldsymbol{x}+b=0$ 对应于特征空间 $\mathbf{R}^n$ 中的一个超平面 S，其中 $\boldsymbol{\omega}$ 是超平面的法向量，b 是超平面的截距。这个超平面将特征空间划分为两个部分，位于两个部分的点（或特征向量）分别被分为正、负两类。因此，超平面 S 也称为分离超平面，如图 3-5 所示。

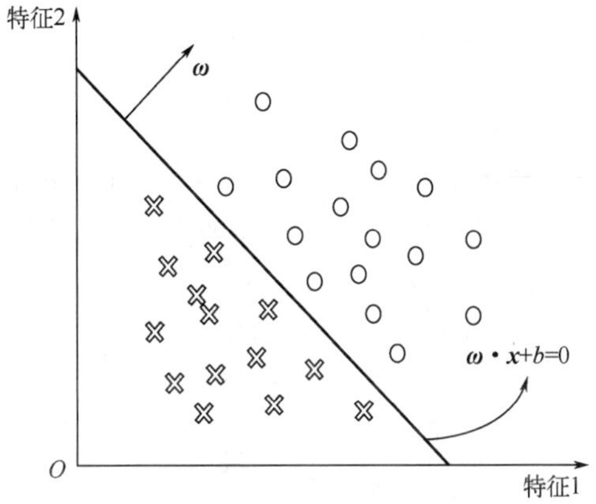

图 3-5　感知机模型

（2）学习策略

感知机的学习是由训练数据集求得感知机模型［式（3-47）］的过程，最终获得模型参数 $\boldsymbol{\omega}$ 和 b。假设训练数据集 $\boldsymbol{D}=\{(x_1,y_1),(x_2,y_2),\cdots,(x_N,y_N)\}$ 是线性可分的，感知机学习的目标是求得一个能够将训练集中的正实例点和负实例点完全正确分开的分离超平面。为了找出这样的超平面，在学习过程中运用了一个学习策略，即定义一个损失函数并将其最小化。

损失函数的一个自然选择是误分类点的总数。但是，这样的损失函数并不是参数 $\boldsymbol{\omega}$ 和 b 的连续可导函数，不容易实现参数优化。损失函数的另一个选择是误分类点到超平面 S 的总距离，这正是感知机所采用的。

为此，首先定义输入空间 $\mathbf{R}^n$ 中的任意一点 $\boldsymbol{x}_0$ 到超平面 S 的距离，表示为

$$D(\boldsymbol{x}_0)=\frac{1}{\|\boldsymbol{\omega}\|}\left|\boldsymbol{\omega}\cdot\boldsymbol{x}_0+b\right| \tag{3-49}$$

式中，$\|\boldsymbol{\omega}\|$是 $\boldsymbol{\omega}$ 的 L_2 范数。

对于误分类的数据$(\boldsymbol{x}_i, \boldsymbol{y}_i)$，因为当 $\boldsymbol{\omega}\cdot\boldsymbol{x}_i+b>0$ 时 $y_i=-1$，而当 $\boldsymbol{\omega}\cdot\boldsymbol{x}_i+b<0$ 时 $y_i=+1$，故有 $-y_i(\boldsymbol{\omega}\cdot\boldsymbol{x}_i+b)>0$。因此，误分类点 $\boldsymbol{x}_i$ 到超平面 S 的距离为

$$D(\boldsymbol{x}_i)=-\frac{1}{\|\boldsymbol{\omega}\|}y_i(\boldsymbol{\omega}\cdot\boldsymbol{x}_i+b) \tag{3-50}$$

假设超平面 S 的误分类点集合为 $\boldsymbol{D}_M$，那么所有误分类点到超平面 S 的总距离为

$$D_P=-\frac{1}{\|\boldsymbol{\omega}\|}\sum_{\boldsymbol{x}_i\in\boldsymbol{D}_M}y_i(\boldsymbol{\omega}\cdot\boldsymbol{x}_i+b) \tag{3-51}$$

不考虑 $1/\|\boldsymbol{\omega}\|$，就得到了感知机学习的损失函数：

$$L(\boldsymbol{\omega},b)=-\sum_{\boldsymbol{x}_i\in \boldsymbol{D}_M} y_i(\boldsymbol{\omega}\cdot\boldsymbol{x}_i+b) \tag{3-52}$$

式（3-52）就是感知机学习时的经验风险函数。误分类点越少，误分类点距离超平面越近，损失函数的值就越小。

感知机的学习策略是在假设空间中选取使损失函数最小的模型参数 $\boldsymbol{\omega}$ 和 b。如此一来，感知机学习问题就可以转化为求解损失函数的最优化问题，表示为

$$\min_{\boldsymbol{\omega},b} L(\boldsymbol{\omega},b)=-\sum_{\boldsymbol{x}_i\in \boldsymbol{D}_M} y_i(\boldsymbol{\omega}\cdot\boldsymbol{x}_i+b) \tag{3-53}$$

（3）学习算法

感知机的学习可采用随机梯度下降法（stochastic gradient descent）。首先，任意选取一个超平面，对应 $\boldsymbol{\omega}_0$ 和 b_0，然后采用梯度下降法不断地最小化目标函数[式（3-52）]。

假设误分类点集合 $\boldsymbol{D}_M$ 是固定的，那么损失函数 $L(\boldsymbol{\omega}, b)$的梯度可由以下两式给出：

$$\nabla_{\boldsymbol{\omega}} L(\boldsymbol{\omega},b)=-\sum_{\boldsymbol{x}_i\in \boldsymbol{D}_M} y_i\boldsymbol{x}_i \tag{3-54}$$

$$\nabla_b L(\boldsymbol{\omega},b)=-\sum_{\boldsymbol{x}_i\in \boldsymbol{D}_M} y_i \tag{3-55}$$

随机选取一个误分类点$(\boldsymbol{x}_i, y_i)$对 $\boldsymbol{\omega}$ 和 b 的数值进行修正，修正表达式分别为

$$\boldsymbol{\omega}\leftarrow\boldsymbol{\omega}+\eta y_i\boldsymbol{x}_i \tag{3-56}$$

$$b\leftarrow b+\eta y_i \tag{3-57}$$

式中，η 称为步长，在统计学习中又称为学习率（learning rate），且有 $0<\eta\leqslant 1$。采用以上的方式不断迭代，可以使损失函数 $L(\boldsymbol{\omega}, b)$不断减小，并趋向于 0。

感知机学习算法的基本步骤如下：

① 选取模型参数初始值 $\boldsymbol{\omega}_0$ 和 b_0；

② 在训练数据集 D 中选取样本数据$(\boldsymbol{x}_i, y_i)$；

③ 如果 $y_i(\boldsymbol{\omega}\cdot\boldsymbol{x}_i+b)\leqslant 0$，则按照式（3-56）和式（3-57）分别修正参数 $\boldsymbol{\omega}$ 和 b；

④ 转至步骤②，直至训练集中没有误分类点为止。

感知机学习算法的直观解释如下：若一个样本点被误分类，即位于分离超平面的错误一侧，则调整 $\boldsymbol{\omega}$ 和 b 的值，使分离超平面向误分类点的一侧移动，以减少误分类点与超平面间的距离，直至超平面超过该误分类点，使其被正确分类。

【例 3-5】感知机的学习。

给定正实例点 $\boldsymbol{x}_1=(3, 3)^{\mathrm{T}}$ 和 $\boldsymbol{x}_2=(4, 3)^{\mathrm{T}}$，负实例点 $\boldsymbol{x}_3=(1, 1)^{\mathrm{T}}$，试采用感知机学习算法求取感知机模型。

解：设置模型参数初值 $\boldsymbol{\omega}_0=(0, 0)^{\mathrm{T}}$，$b_0=0$。并令 $\eta=1$，进行第 1 次迭代：选取正实例样本 $\boldsymbol{x}_1=(3, 3)^{\mathrm{T}}$，有 $y_1=1$，由于 $y_1(\boldsymbol{\omega}_0\cdot\boldsymbol{x}_1+b_0)=0$，样本 $\boldsymbol{x}_1$ 被误分类，因此需要修正 $\boldsymbol{\omega}$ 和 b，有

$$\boldsymbol{\omega}_1=\boldsymbol{\omega}_0+\eta y_1\boldsymbol{x}_1=(3,3)^{\mathrm{T}}$$

$$b_1=b_0+\eta y_1=1$$

此时得到的线性模型为

$$\boldsymbol{\omega}_1\cdot\boldsymbol{x}+b_1=3x_1+3x_2+1$$

式中，$\boldsymbol{x}=(x_1, x_2)$。

继续进行第 2 次迭代：对于正实例样本 $\boldsymbol{x}_1$ 和 $\boldsymbol{x}_2$，此时的感知机模型显然有 $y_i(\boldsymbol{\omega}_1 \cdot \boldsymbol{x}_i+b_1)>0$，$i=1, 2$，说明两个样本均被正确分类，不需要再次修正 $\boldsymbol{\omega}$ 和 b；但是对于负实例样本 $\boldsymbol{x}_3=(1, 1)^{\mathrm{T}}$，$y_3=-1$，此时的感知机模型有 $y_3(\boldsymbol{\omega}_1 \cdot \boldsymbol{x}_3+b_1)<0$，说明样本 $\boldsymbol{x}_3$ 被误分类，需要再次修正 $\boldsymbol{\omega}$ 和 b，有

$$\boldsymbol{\omega}_2=\boldsymbol{\omega}_1+y_3\boldsymbol{x}_3=(2,2)^{\mathrm{T}}$$

$$b_2=b_1+y_3=0$$

此时的线性模型变为

$$\boldsymbol{\omega}_2 \cdot \boldsymbol{x}+b_2=2x_1+2x_2$$

按照上述步骤继续迭代下去，直到所有实例样本都被正确分类。如表 3-6 所示，当迭代到第 7 次后，感知机的模型参数如下：

$$\boldsymbol{\omega}_7=(1,1)^{\mathrm{T}},\ b_7=-3$$

$$\boldsymbol{\omega}_7 \cdot \boldsymbol{x}+b_7=x_1+x_2-3$$

此时，对所有数据点均有 $y_i(\boldsymbol{\omega}_7 \cdot \boldsymbol{x}_i+b_7)>0$，$i=1, 2, 3$，没有误分类点，损失函数达到极小。因此，最终学习到的分离超平面为

$$x_1+x_2-3=0$$

最终得到的感知机模型为

$$f(\boldsymbol{x})=\mathrm{sign}(x_1+x_2-3)$$

感知机模型的学习过程如表 3-6 所示。

表 3-6　感知机模型的学习过程

迭代次数	误分类点	$\boldsymbol{\omega}$	b	$\boldsymbol{\omega} \cdot \boldsymbol{x}+b$
0		0	0	0
1	$\boldsymbol{x}_1$	$(3, 3)^{\mathrm{T}}$	1	$3x_1+3x_2+1$
2	$\boldsymbol{x}_3$	$(2, 2)^{\mathrm{T}}$	0	$2x_1+2x_2$
3	$\boldsymbol{x}_3$	$(1, 1)^{\mathrm{T}}$	−1	x_1+x_2-1
4	$\boldsymbol{x}_3$	$(0, 0)^{\mathrm{T}}$	−2	−2
5	$\boldsymbol{x}_1$	$(3, 3)^{\mathrm{T}}$	−1	$3x_1+3x_2-1$
6	$\boldsymbol{x}_3$	$(2, 2)^{\mathrm{T}}$	−2	$2x_1+2x_2-2$
7	$\boldsymbol{x}_3$	$(1, 1)^{\mathrm{T}}$	−3	x_1+x_2-3
8		$(1, 1)^{\mathrm{T}}$	−3	x_1+x_2-3

本章小结

本章介绍了线性模型的基本概念，阐述了线性回归模型、对数几率回归模型、线性判别分析、感知机等线性模型的理论与实现方法。线性模型是一类重要的统计模型，具有算法简单、易于理解和实现等优点，在机器学习、数据挖掘、模式识别等各个领域都有广泛的应用。

习题

习题 3-1：给定一组训练数据，如何构建一个线性回归模型来预测输出数据？

习题 3-2：如何使用正则化来防止线性回归模型过拟合？

习题 3-3：解释对数几率回归的基本思想及其与线性回归的不同之处。

习题 3-4：假设有一组标注的训练数据，如何使用对数几率回归训练分类模型？

习题 3-5：解释线性判别分析的基本思想及其在分类问题中的应用。

习题 3-6：解释感知机的基本思想及其在分类问题中的应用。

习题 3-7：试采用 MATLAB 或 Python 编程实现一个简单的感知机模型。

第 4 章

决策树

决策树（decision tree）是一种基于树结构进行决策判断的模型，通过多个条件判别过程将数据集分类，最终获取需要的结果。由于这种决策分支画成图形后很像一棵树的枝干，故称为决策树。决策树是一个预测模型，代表的是对象属性与对象值之间的一种映射关系。决策树学习实际上是一种有监督机器学习方法，即给定一组样本，每个样本都有一组属性和一个类别标签，通过学习得到一个分类器，就能够对新出现的对象给出正确的分类。

决策树是一种常用的分类方法，能够直接体现数据的特点，不需要使用者了解很多的背景知识，易于理解和实现，而且可以在相对较短的时间内对大型数据源获得良好的效果。

思维导图

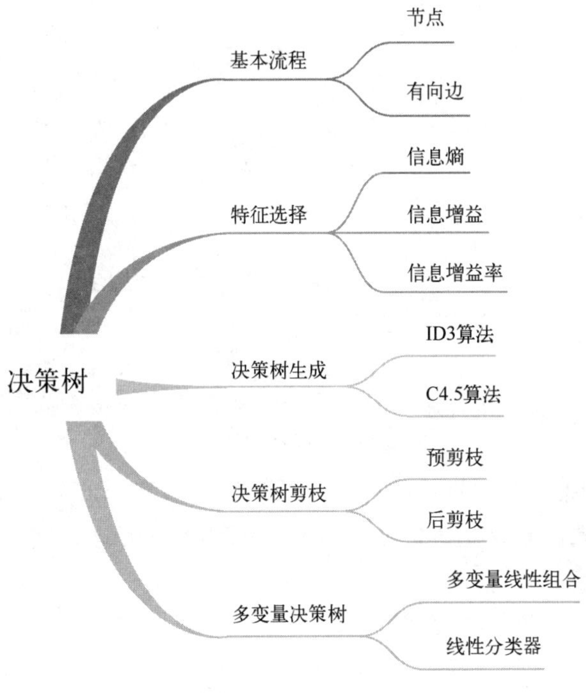

学习目标

1. 理解决策树的基本概念和原理。
2. 掌握信息熵的概念以及决策树特征选择方法。
3. 理解决策树生成的方法以及 ID3 和 C4.5 算法。
4. 理解决策树剪枝的必要性及其剪枝策略。
5. 了解多变量决策树的基本思想。
6. 培养采用决策树解决实际问题的能力。

案例引入

假设你早上起来后，要决定今天穿哪件衣服。在这个情况下，你可以创建一个简单的决策树来帮助你做出决定。如引图 4-1 所示，这个决策树的节点如下：

温度：这个节点可以有“冷”“热”两个分支。

天气：这个节点可以有“晴”“雨”两个分支。

场合：这个节点可以有“休闲”“正式”两个分支。

根据这个决策树，你可以按照下面的过程来做决定：

首先，检查温度。如果冷，选择保暖的衣服；如果热，选择凉爽的衣服。

然后，检查天气。如果是晴天，你可能想穿一些轻便的衣服；如果是雨天，你可能需要穿一些防雨的衣服。

最后，检查你今天的日程。如果你的日程包括正式的场合，你可能需要穿一些正式的衣服；如果你的日程是休闲的，你可能会选择一些休闲的衣服。

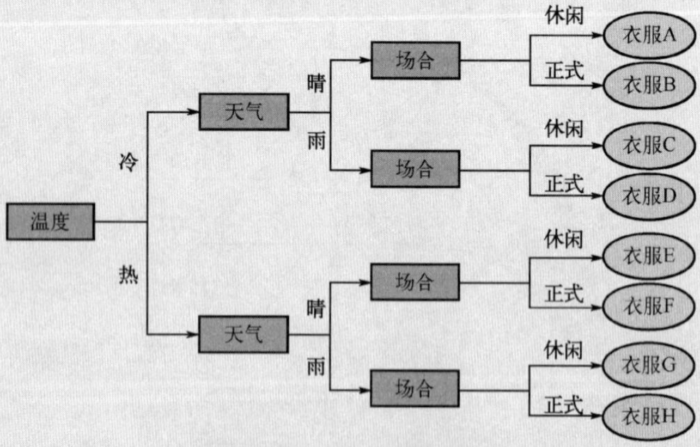

引图 4-1 穿衣决策过程示例

这就是一个简单的决策树的例子。当然，实际的决策树可能会更复杂，包括更多的因素和更复杂的分支逻辑，但基本的概念都是一样的。决策树能够帮助我们系统地考虑各种因素，然后做出最好的决定。

4.1 基本流程

决策树（decision tree）是一类常用的机器学习方法。在分类问题中，决策树是一种基于特征（属性）对实例进行分类的树形结构，由节点（node）和有向边（directed edge）组成。节点有两种类型：内部节点（internal node）和叶节点（leaf node）。内部节点表示一个特征，叶节点表示一个类别。

图 4-1 所示的流程图就是一个决策树：长方形代表内部节点，用于判断实例所属的分支；椭圆形代表叶节点，表示已经得出结论，可以终止运行。从内部节点引出的左、右箭头称作分支，它可以到达另一个内部节点或叶节点。用决策树分类时，从根节点开始，对实例的某一特征进行测试，根据测试结果，将实例分配到其子节点，这时每一个子节点对应着特征的一个取值。如此递归地对实例进行测试并分配，直至达到叶节点，最后将实例分到叶节点的类中。

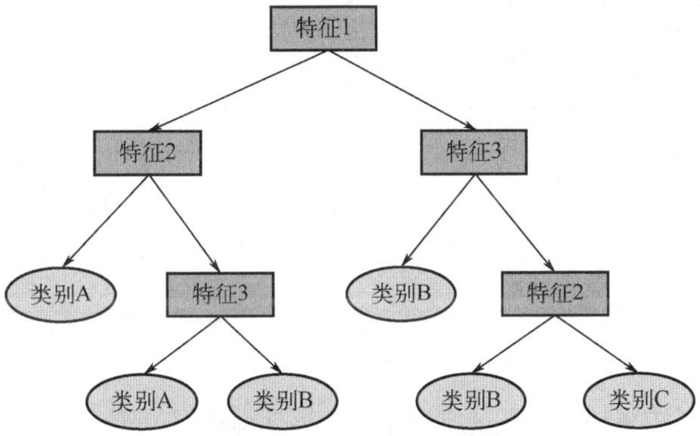

图 4-1 决策树结构示例

决策树学习主要包含以下三个基本步骤：

（1）特征选择

从训练数据的特征中选择一个特征作为当前节点的分支标准。该步的目标是找到一个能够最大化分类能力或减少误差的特征。

（2）决策树生成

根据确定的特征选择标准，从上至下递归地生成子节点，直到数据集不可分时停止决策树生成。在每个节点，根据选择的特征和特征的取值，将数据集分成两个或多个子集。这个过程会一直进行到满足停止条件，例如数据集已经足够小，或者继续分裂不会显著提高分类能力。

（3）决策树剪枝

由于决策树容易过拟合，所以需要对其进行修剪以缩小决策树的结构和规模。因此，目标是找到一个与训练数据集矛盾较小的决策树，同时又具有很好的泛化能力，以使修剪后的决策树能更好地适应新数据。

通过以上流程，可以构建出高效准确的决策树模型，用于数据分类和决策支持等应用场景。

4.2 特征选择

特征选择的关键在于选取对训练数据具有分类能力的特征，以提高决策树学习的效率。但是，在决策树学习中，如何判断一个属性是不是当前数据集的最优属性？

以表 4-1 为例，大学生是否出校问题的训练数据集包含“天气”“假期”“急事”“交通”四个特征。那么在构建决策树时，优先选择哪一个特征进行类别划分，才能达到最佳的分类效果呢？

表 4-1 出校问题的训练数据集

编号	天气	假期	急事	交通	出校
1	晴天	是	否	顺畅	是
2	雨天	否	否	拥堵	否
3	阴天	是	是	顺畅	是
4	阴天	否	是	顺畅	否
5	晴天	是	否	拥堵	是
6	雨天	否	是	顺畅	是
7	雨天	是	是	顺畅	是
8	阴天	否	否	顺畅	否
9	晴天	是	是	拥堵	是
10	雨天	否	否	顺畅	否

直观上，如果一个特征比另外一个特征有更好的分类能力，那就应该选择具有更好分类能力的特征。在决策树中则是依靠信息熵变化的程度来选择的。集合信息的度量方式称为香农熵或者简称为熵（entropy），这个名字来源于被称为“信息论之父”的克劳德·艾尔伍德·香农（C. E. Shannon）。下面首先来介绍有关熵的概念。

4.2.1 信息熵

在信息论和概率统计中，信息熵（information entropy）是随机变量不确定性的度量。信息的不确定性越大，熵的值也就越大，出现的各种情况也就越多。假设随机变量 X 的可能取值有 $\{x_1, x_2, \cdots, x_i, \cdots, x_n\}$，$P_i$ 为 $X=x_i$ 的概率，则其信息熵定义为

$$H(X) = -\sum_{i=1}^{n} P_i \log_2(P_i) \tag{4-1}$$

在式（4-1）中，若 $P_i=0$，则定义 $0\log_2 0=0$。熵只依赖于随机变量 X 的概率分布，而与 X 的取值无关。信息熵的值越小，随机变量的不确定性越低，纯度越高。例如，假设随机变量 X 服从伯努利分布，即 X 的概率分布为

$$P(X) = \begin{cases} p, & X = 1 \\ 1-p, & X = 0 \end{cases} \tag{4-2}$$

由式（4-1）可计算出随机变量 X 的熵为

$$H(X) = -p\log_2 p - (1-p)\log_2(1-p) \tag{4-3}$$

熵 $H(X)$随概率 p 的变化曲线如图 4-2 所示。当 p=0 或 p=1 时，随机变量 X 完全确定。当 p=0.5 时，熵 $H(X)$=1，取值最大，随机变量的不确定性最大。

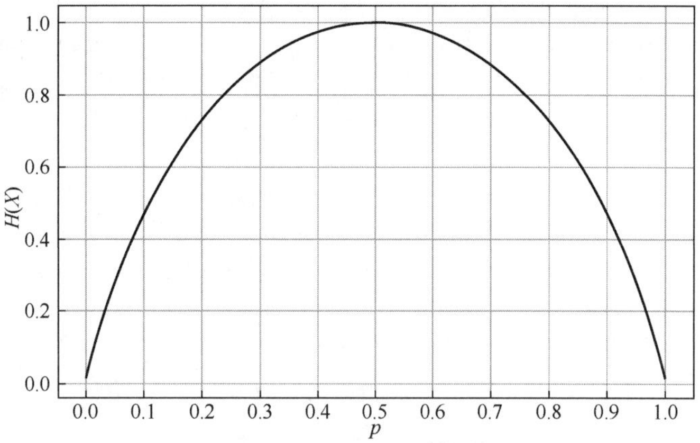

图 4-2 伯努利分布下概率与熵的关系

进而设有随机变量(X, Y)，其联合分布概率为

$$P(X=x_i, Y=y_i)=p_{ij} \quad (i=1,2,\cdots,n;\ j=1,2,\cdots,m) \tag{4-4}$$

条件熵（conditional entropy）$H(Y|X)$用来度量在随机变量 X 已知的条件下随机变量 Y 的不确定性，定义为在 X 给定的条件下 Y 的条件概率分布的熵对 X 的期望，即

$$H(Y \mid X)=\sum_{i=1}^{n} P_i H(Y \mid X=x_i) \tag{4-5}$$

式中，$P_i=P(X=x_i)$，$i=1, 2, \cdots, n$。

4.2.2 信息增益

信息增益（information gain）表示在得知特征 X 信息的前提下，使得 Y 的信息不确定性减少的程度。给定训练数据集 $\boldsymbol{D}$，将特征 A 对训练数据集的信息增益 $G(\boldsymbol{D}, A)$定义为：集合 $\boldsymbol{D}$ 的经验熵 $H(\boldsymbol{D})$与给定特征 A 条件下 $\boldsymbol{D}$ 的经验条件熵 $H(\boldsymbol{D}|A)$之差，即

$$G(\boldsymbol{D}, A)=H(\boldsymbol{D})-H(\boldsymbol{D} \mid A) \tag{4-6}$$

当熵和条件熵中的概率由数据估计（特别是极大似然估计）得到时，所对应的熵与条件熵分别称为经验熵和经验条件熵。给定样本数据集 $\boldsymbol{D}$ 和特征 A，经验熵 $H(\boldsymbol{D})$表示对样本数据集 $\boldsymbol{D}$ 进行分类的不确定性，而经验条件熵 $H(\boldsymbol{D}|A)$表示在特征 A 给定的条件下对样本数据集 $\boldsymbol{D}$ 进行分类的不确定性。二者的差值就是信息增益，表示特征 A 使得对样本数据集 $\boldsymbol{D}$ 分类的不确定性减少程度。

对于给定的样本数据集 $\boldsymbol{D}$，每个类别 k 的概率 P_k 可以采用下式进行估计：

$$P_k=\frac{|D_k|}{|D|} \quad (k=1,2,\cdots,K) \tag{4-7}$$

式中，$|D|$和 K 分别表示样本数据集 $\boldsymbol{D}$ 的样本数和类别数；$|D_k|$表示样本数据集 $\boldsymbol{D}$ 中类别为 k 的样本数。

由式（4-1）可知，样本数据集 $\boldsymbol{D}$ 的经验熵可以写为

$$H(\boldsymbol{D}) = -\sum_{k=1}^{K} \frac{|D_k|}{|D|} \log_2 \frac{|D_k|}{|D|} \tag{4-8}$$

假设特征 A 有 n 个不同的取值$\{a_1, a_2, \cdots, a_n\}$，根据特征 A 的不同取值可以将样本数据集 $\boldsymbol{D}$ 划分为 n 个子集，即 $\boldsymbol{D}_1, \boldsymbol{D}_2, \cdots, \boldsymbol{D}_n$，则特征值为 $A=a_i$ 的概率 P_i 可由下式估计：

$$P_i = \frac{|D_i|}{|D|} \quad (i = 1, 2, \cdots, n) \tag{4-9}$$

在特征值为 $A=a_i$ 的条件下，类别为 k 的条件概率 $P(k|A=a_i)$可由下式估计：

$$P(k \mid A = a_i) = \frac{|D_{ik}|}{|D_i|} \quad (k = 1, 2, \cdots, K) \tag{4-10}$$

式中，$|D_i|$为特征值为 $A=a_i$ 的样本个数；$|D_{ik}|$为特征值为 $A=a_i$ 且类别为 k 的样本个数。

进而，可由条件熵的定义式（4-5）计算得到特征 A 的经验条件熵，表示为

$$\begin{aligned} H(\boldsymbol{D} \mid A) &= \sum_{i=1}^{n} P_i H(\boldsymbol{D}_i \mid A = x_i) \\ &= -\sum_{i=1}^{n} \left(\frac{|D_i|}{|D|} \sum_{k=1}^{K} \frac{|D_{ik}|}{|D_i|} \log_2 \frac{|D_{ik}|}{|D_i|} \right) \end{aligned} \tag{4-11}$$

显然，对于数据集 $\boldsymbol{D}$ 而言，信息增益的大小依赖于特征，即不同的特征往往具有不同的信息增益。由于信息增益大的特征具有更强的分类能力，所以决策树学习应用信息增益准则选择特征：对训练数据集（或子集）$\boldsymbol{D}$，计算其每个特征的信息增益并比较大小，选择信息增益最大的特征。

【例 4-1】根据表 4-1 提供的训练数据集，采用信息增益准则选择最优特征。

解：首先，由式（4-8）计算经验熵 $H(\boldsymbol{D})$ 为

$$H(\boldsymbol{D}) = -\frac{6}{10}\log_2\frac{6}{10} - \frac{4}{10}\log_2\frac{4}{10} \approx 0.971$$

然后，计算各特征对数据集 $\boldsymbol{D}$ 的经验条件熵。分别令 A_1、A_2、A_3 和 A_4 表示天气、假期、急事、交通 4 个特征，由式（4-11）分别计算其经验条件熵。

① 特征“天气”A_1 有三个特征值：晴天、雨天、阴天。其经验条件熵为

$$\begin{aligned} H(\boldsymbol{D} \mid A_1) &= \frac{3}{10}H(\boldsymbol{D}_1) + \frac{4}{10}H(\boldsymbol{D}_2) + \frac{3}{10}H(\boldsymbol{D}_3) \\ &= \frac{3}{10}(-\frac{3}{3}\log_2\frac{3}{3} - 0\log_2 0) + \frac{4}{10}(-\frac{2}{4}\log_2\frac{2}{4} - \frac{2}{4}\log_2\frac{2}{4}) \\ &\quad + \frac{3}{10}(-\frac{2}{3}\log_2\frac{2}{3} - \frac{1}{3}\log_2\frac{1}{3}) \\ &\approx 0.675 \end{aligned}$$

② 特征“假期”A_2 有两个特征值：是、否。其经验条件熵为

$$\begin{aligned} H(\boldsymbol{D} \mid A_2) &= \frac{5}{10}H(\boldsymbol{D}_1) + \frac{5}{10}H(\boldsymbol{D}_2) \\ &= \frac{5}{10}(-\frac{5}{5}\log_2\frac{5}{5} - 0\log_2 0) + \frac{5}{10}(-\frac{1}{5}\log_2\frac{1}{5} - \frac{4}{5}\log_2\frac{4}{5}) \\ &\approx 0.361 \end{aligned}$$

③ 特征“急事”A_3有两个特征值：是、否。其经验条件熵为

$$
\begin{aligned}
H(\boldsymbol{D}\mid A_3) &= \frac{5}{10}H(\boldsymbol{D}_1)+\frac{5}{10}H(\boldsymbol{D}_2) \\
&= \frac{5}{10}(-\frac{4}{5}\log_2\frac{4}{5}-\frac{1}{5}\log_2\frac{1}{5})+\frac{5}{10}(-\frac{2}{5}\log_2\frac{2}{5}-\frac{3}{5}\log_2\frac{3}{5}) \\
&\approx 0.846
\end{aligned}
$$

④ 特征“交通”A_4有两个特征值：顺畅、拥堵。其经验条件熵为

$$
\begin{aligned}
H(\boldsymbol{D}\mid A_4) &= \frac{7}{10}H(\boldsymbol{D}_1)+\frac{3}{10}H(\boldsymbol{D}_2) \\
&= \frac{7}{10}(-\frac{4}{7}\log_2\frac{4}{7}-\frac{3}{7}\log_2\frac{3}{7})+\frac{3}{10}(-\frac{2}{3}\log_2\frac{2}{3}-\frac{1}{3}\log_2\frac{1}{3}) \\
&\approx 0.965
\end{aligned}
$$

最后，由式（4-6）计算各特征对数据集 $\boldsymbol{D}$ 的信息增益，有

$$G(\boldsymbol{D},A_1)=H(\boldsymbol{D})-H(\boldsymbol{D}\mid A_1)\approx 0.971-0.675=0.296$$

$$G(\boldsymbol{D},A_2)=H(\boldsymbol{D})-H(\boldsymbol{D}\mid A_2)\approx 0.971-0.361=0.610$$

$$G(\boldsymbol{D},A_3)=H(\boldsymbol{D})-H(\boldsymbol{D}\mid A_3)\approx 0.971-0.846=0.125$$

$$G(\boldsymbol{D},A_4)=H(\boldsymbol{D})-H(\boldsymbol{D}\mid A_4)\approx 0.971-0.965=0.006$$

通过比较所有特征的信息增益值，可知特征 A_2 的信息增益值最大。所以，应选择“假期”作为最优特征。

4.2.3 信息增益率

在例 4-1 中有意忽略了表 4-1 中“编号”这一列。若把“编号”也视为一个特征，根据式（4-6）可计算其信息增益约为 0.971，远大于其他特征的信息增益。这是因为，“编号”将产生 10 个分支，每个分支仅包含一个样本，因而熵值为 0。但是，这样的决策树显然不具备泛化能力，无法对新样本进行有效的预测。

因此，信息增益偏向于选择取值较多的特征。为减少这种偏好带来的不利影响，可以采用信息增益率对这一问题进行修正，这是特征选择的另一个准则。将特征 A 对训练数据集 $\boldsymbol{D}$ 的信息增益率 $\mathrm{GR}(\boldsymbol{D},A)$定义为其信息增益 $G(\boldsymbol{D},A)$与训练数据集 $\boldsymbol{D}$ 关于特征 A 的值的熵之比，即

$$\mathrm{GR}(\boldsymbol{D},A)=\frac{G(\boldsymbol{D},A)}{H_A(\boldsymbol{D})} \tag{4-12}$$

式中，$H_A(\boldsymbol{D})$称为特征 A 的“固有值”（intrinsic value），计算公式为

$$H_A(\boldsymbol{D})=-\sum_{i=1}^{V}\frac{|D_i|}{|D|}\log_2\frac{|D_i|}{|D|} \tag{4-13}$$

式中，V 是特征 A 的取值个数。特征 A 的可能取值数目越多，即 V 越大，$H_A(\boldsymbol{D})$的值通常就会越大。

【例 4-2】根据表 4-1 提供的训练数据集，计算各个特征的信息增益率。

解：首先，分别令 A_0、A_1、A_2、A_3、A_4表示编号、天气、假期、急事、交通共五个特征，由式（4-13）计算各个特征的 $H_A(\boldsymbol{D})$值。

① 特征“编号”A_0有十个特征值：{1, 2, …, 10}。其$H_A(\boldsymbol{D})$值为

$$H_{A_0}(\boldsymbol{D})=-\sum_{i=1}^{10}\frac{1}{10}\log_2\frac{1}{10}\approx 3.322$$

② 特征“天气”A_1有三个特征值：晴天、雨天、阴天。其$H_A(\boldsymbol{D})$值为

$$H_{A_1}(\boldsymbol{D})=-(\frac{3}{10}\log_2\frac{3}{10}+\frac{4}{10}\log_2\frac{4}{10}+\frac{3}{10}\log_2\frac{3}{10})\approx 1.571$$

③ 特征“假期”A_2有两个特征值：是、否。其$H_A(\boldsymbol{D})$值为

$$H_{A_2}(\boldsymbol{D})=-(\frac{5}{10}\log_2\frac{5}{10}+\frac{5}{10}\log_2\frac{5}{10})=1.000$$

④ 特征“急事”A_3有两个特征值：顺畅、拥堵。其$H_A(\boldsymbol{D})$值为

$$H_{A_3}(\boldsymbol{D})=-(\frac{5}{10}\log_2\frac{5}{10}+\frac{5}{10}\log_2\frac{5}{10})=1.000$$

⑤ 特征“交通”A_4有两个特征值：顺畅、拥堵。其$H_A(\boldsymbol{D})$值为

$$H_{A_4}(\boldsymbol{D})=-(\frac{7}{10}\log_2\frac{7}{10}+\frac{3}{10}\log_2\frac{3}{10})\approx 0.881$$

然后，根据式（4-12）可计算出各特征的信息增益率如下：

$$\text{GR}(\boldsymbol{D},A_0)=\frac{G(\boldsymbol{D},A_0)}{H_{A_0}(\boldsymbol{D})}\approx\frac{0.971}{3.322}\approx 0.292$$

$$\text{GR}(\boldsymbol{D},A_1)=\frac{G(\boldsymbol{D},A_1)}{H_{A_1}(\boldsymbol{D})}\approx\frac{0.296}{1.571}\approx 0.188$$

$$\text{GR}(\boldsymbol{D},A_2)=\frac{G(\boldsymbol{D},A_2)}{H_{A_2}(\boldsymbol{D})}\approx\frac{0.610}{1.000}=0.610$$

$$\text{GR}(\boldsymbol{D},A_3)=\frac{G(\boldsymbol{D},A_3)}{H_{A_3}(\boldsymbol{D})}\approx\frac{0.125}{1.000}=0.125$$

$$\text{GR}(\boldsymbol{D},A_4)=\frac{G(\boldsymbol{D},A_4)}{H_{A_4}(\boldsymbol{D})}\approx\frac{0.006}{0.881}\approx 0.007$$

4.3 决策树生成

决策树生成是一个递归过程。当选取了最优特征后，根据该特征的取值，对原始数据集进行划分，得到子数据集；再将每个子数据集当作完整数据集，迭代进行最优属性的选取，直到满足以下递归返回条件：

① 当前节点包含的样本全属于同一类别，无须划分；

② 当前特征集为空集，或是所有样本在所有特征上取值相同，无法划分；

③ 当前节点包含的样本集合为空集，不能划分。

有时根据业务场景需求的不同，也不要求数据集分割到无法再分类的程度，而是指定迭

代的次数，即决策树到第几层就不再分割了，直接把当前数据集中数量最多的分类标签作为叶节点。

本节将介绍两种决策树学习的生成算法——ID3 生成算法和 C4.5 生成算法，这两种算法都是决策树学习的经典算法。

4.3.1 ID3 算法

ID3 算法的核心是在决策树各个节点上应用信息增益准则选择特征，递归地构建决策树。具体的方法是：从根节点开始，对节点计算所有可能特征的信息增益，选择信息增益最大的特征作为节点的特征，由该特征的不同取值建立子节点；再对子节点递归地调用以上方法，构建决策树，直到所有特征的信息增益均小于阈值或没有特征可以选择为止。

ID3 算法的基本流程如下：

步骤①：若 $\boldsymbol{D}$ 中所有实例属于同一类 C_k，则 T 为单节点树，并将类 C_k 作为该节点的类标记，返回 T；

步骤②：若特征集 $\boldsymbol{A}$ 为空集（$\boldsymbol{A}=\varnothing$），则 T 为单节点树，并将 $\boldsymbol{D}$ 中实例数最多的类 C_k 作为该节点的类标记，返回 T；

步骤③：若 $\boldsymbol{A}=\varnothing$，按照式（4-6）计算 $\boldsymbol{A}$ 中各特征对 $\boldsymbol{D}$ 的信息增益，选择信息增益最大的特征 A^*；

步骤④：如果 A^*的信息增益小于阈值 ε，则置 T 为单节点树，并将 $\boldsymbol{D}$ 中实例数最多的类 C_k 作为该节点的类标记，返回 T；

步骤⑤：如果 A^*的信息增益不小于阈值 ε，对 A^*的每一个可能取值 a_i，依据 $A^*=a_i$ 将 $\boldsymbol{D}$ 划分为若干子集 $\boldsymbol{D}_i$，将 $\boldsymbol{D}_i$ 中实例数最多的类 C_k 作为类标记，构建子节点，由节点及其子节点构成树 T，返回 T；

步骤⑥：对第 i 个子节点，以 $\boldsymbol{D}=\boldsymbol{D}_i$ 为样本数据集，以 $\boldsymbol{A}=\boldsymbol{A}-\{A^*\}$为特征集，递归地调用步骤①～⑤，得到子树 T_i，返回 T_i。

【例 4-3】根据表 4-1 提供的样本数据集，采用 ID3 算法生成决策树。

解：利用例 4-1 的计算结果，特征 A_1、A_2、A_3、A_4 的信息增益分别为 0.296、0.610、0.125 和 0.006。其中，特征 A_2（假期）具有最大的信息增益，因此，选择特征 A_2 作为根节点的特征。特征 A_2 将样本数据集 $\boldsymbol{D}$ 划分为两个子集 $\boldsymbol{D}_1$（A_2= “是”）和 $\boldsymbol{D}_2$（A_2= “否”）。由于 $\boldsymbol{D}_1$ 只有同一类的样本，所以它成为一个叶节点，节点的类标记为“是”。

对于子集 $\boldsymbol{D}_2$，则需要从 A_1（天气）、A_3（急事）和 A_4（交通）中选择新的特征。首先，计算子集 $\boldsymbol{D}_2$ 的经验熵，有

$$H(\boldsymbol{D}_2)=-\frac{1}{5}\log_2\frac{1}{5}-\frac{4}{5}\log_2\frac{4}{5}\approx 0.722$$

然后，计算 A_1、A_3 和 A_4 对子集 $\boldsymbol{D}_2$ 的经验条件熵，有

$$\begin{aligned}H(\boldsymbol{D}_2\mid A_1)&=\frac{0}{5}(-0\log_2 0-0\log_2 0)+\frac{3}{5}(-\frac{1}{3}\log_2\frac{1}{3}-\frac{2}{3}\log_2\frac{2}{3})\\&+\frac{2}{5}(-\frac{0}{2}\log_2\frac{0}{2}-\frac{2}{2}\log_2\frac{2}{2})\\&\approx 0.551\end{aligned}$$

$$H(\boldsymbol{D}_2 \mid A_3)=\frac{2}{5}(-\frac{1}{2}\log_2\frac{1}{2}-\frac{1}{2}\log_2\frac{1}{2})+\frac{3}{5}(-\frac{0}{3}\log_2\frac{0}{3}-\frac{3}{3}\log_2\frac{3}{3})=0.400$$

$$H(\boldsymbol{D}_2 \mid A_4)=\frac{1}{5}(-\frac{0}{1}\log_2\frac{0}{2}-\frac{1}{1}\log_2\frac{1}{1})+\frac{4}{5}(-\frac{1}{4}\log_2\frac{1}{4}-\frac{3}{4}\log_2\frac{3}{4})\approx 0.649$$

进而，可计算出 A_1、A_3 和 A_4 对子集 $\boldsymbol{D}_2$ 的信息增益，有

$$G(\boldsymbol{D}_2,A_1)=H(\boldsymbol{D}_2)-H(\boldsymbol{D}_2 \mid A_1)\approx 0.722-0.551=0.171$$

$$G(\boldsymbol{D}_2,A_3)=H(\boldsymbol{D}_2)-H(\boldsymbol{D}_2 \mid A_3)\approx 0.722-0.400=0.322$$

$$G(\boldsymbol{D}_2,A_4)=H(\boldsymbol{D}_2)-H(\boldsymbol{D}_2 \mid A_4)\approx 0.722-0.649=0.073$$

由于特征 A_3（急事）具有最大的信息增益，所以选择特征 A_3 作为根节点的子节点。特征 A_3 将样本数据集 $\boldsymbol{D}_2$ 划分两个子集 $\boldsymbol{D}_3$（A_3= “是”）和 $\boldsymbol{D}_4$（A_3= “否”）。由于 $\boldsymbol{D}_4$ 只有同一类的样本，所以它成为一个叶节点，节点类标记为“否”。

对于子集 $\boldsymbol{D}_3$，则需要从 A_1（天气）和 A_4（交通）中选择新的特征。首先，计算子集 $\boldsymbol{D}_3$ 的经验熵，有

$$H(\boldsymbol{D}_3)=-\frac{1}{2}\log_2\frac{1}{2}-\frac{1}{2}\log_2\frac{1}{2}=1.000$$

然后，计算 A_1 和 A_4 对子集 $\boldsymbol{D}_3$ 的经验条件熵，有

$$H(\boldsymbol{D}_3 \mid A_1)=\frac{0}{2}(-0\log_2 0-0\log_2 0)+\frac{1}{2}(-\frac{1}{1}\log_2\frac{1}{1}-\frac{0}{1}\log_2\frac{0}{1})$$
$$+\frac{1}{2}(-\frac{0}{1}\log_2\frac{0}{1}-\frac{1}{1}\log_2\frac{1}{1})=0$$

$$H(\boldsymbol{D}_2 \mid A_4)=\frac{2}{2}(-\frac{1}{2}\log_2\frac{1}{2}-\frac{1}{2}\log_2\frac{1}{2})+\frac{0}{2}(-0\log_2 0-0\log_2 0)=1.000$$

进而，A_1 和 A_4 对子集 $\boldsymbol{D}_3$ 的信息增益为

$$G(\boldsymbol{D}_3,A_1)=H(\boldsymbol{D}_3)-H(\boldsymbol{D}_3 \mid A_1)=1.000-0=1.000$$

$$G(\boldsymbol{D}_3,A_4)=H(\boldsymbol{D}_3)-H(\boldsymbol{D}_3 \mid A_4)=1.000-1.000=0$$

由于特征 A_1（天气）具有最大的信息增益，所以选择特征 A_1 作为特征 A_3 的子节点。特征 A_1 将样本数据集 $\boldsymbol{D}_3$ 划分两个子集 $\boldsymbol{D}_5$（A_1= “雨天”）和 $\boldsymbol{D}_6$（A_1= “阴天”）。由于 $\boldsymbol{D}_5$ 只有同一类的样本，所以它成为一个叶节点，节点类标记为“出校”。同理，由于 $\boldsymbol{D}_6$ 也只有同一类的样本，所以它也是一个叶节点，节点类标记为“不出”。

完成以上步骤后，就生成了一个如图 4-3 所示的决策树。

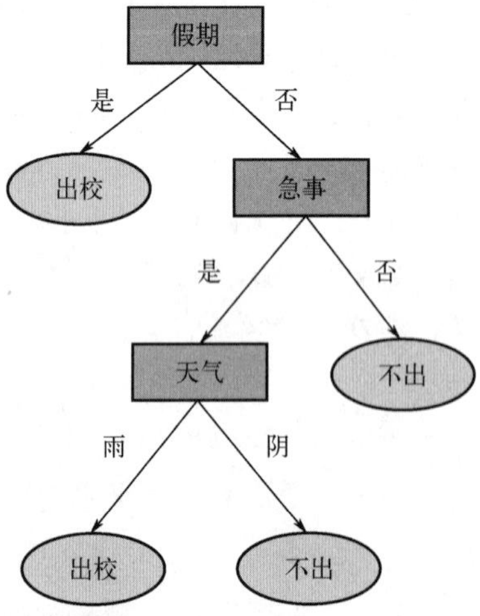

图 4-3　由 ID3 算法生成的决策树

4.3.2 C4.5 算法

C4.5 算法与 ID3 算法相似，区别在于 C4.5 算法在生成决策树的过程中采用信息增益率来选择特征，其基本算法流程如下：

步骤①：若 $\boldsymbol{D}$ 中所有实例属于同一类 C_k，则置 T 为单节点树，并将类 C_k 作为该节点的类

标记，返回 T；

步骤②：若特征集 $\boldsymbol{A}=\varnothing$，则置 T 为单节点树，并将 $\boldsymbol{D}$ 中实例数最多的类 C_k 作为该节点的类标记，返回 T；

步骤③：若 $\boldsymbol{A}=\varnothing$，按照式（4-12）计算 $\boldsymbol{A}$ 中各特征对 $\boldsymbol{D}$ 的信息增益率，选择信息增益率最大的特征 A^*；

步骤④：如果 A^*的信息增益率小于阈值 ε，则置 T 为单节点树，并将 $\boldsymbol{D}$ 中实例数最多的类 C_k 作为该节点的类标记，返回 T；

步骤⑤：如果 A^*的信息增益率不小于阈值 ε，对 A^*的每一可能取值 a_i，依据 $A^*=a_i$ 将 $\boldsymbol{D}$ 划分为若干非空子集 $\boldsymbol{D}_i$，将 $\boldsymbol{D}_i$ 中实例数最多的类 C_k 作为类标记，构建子节点，由节点及其子节点构成树 T，返回 T；

步骤⑥：对第 i 个子节点，以 $\boldsymbol{D}=\boldsymbol{D}_i$ 为样本数据集，以 $\boldsymbol{A}=\boldsymbol{A}-\{A^*\}$为特征集，递归地调用步骤①～⑤，得到子树 T_i，返回 T_i。

【例 4-4】根据表 4-1 提供的样本数据集，采用 C4.5 算法生成决策树。

解：利用例 4-2 的计算结果，特征 A_1、A_2、A_3、A_4 的信息增益率分别为 0.188、0.610、0.125 和 0.007。其中，特征 A_2（假期）具有最大的信息增益率，所以，选择特征 A_2 作为根节点的特征。特征 A_2 将样本数据集 $\boldsymbol{D}$ 划分为两个子集 $\boldsymbol{D}_1$（A_2= “是”）和 $\boldsymbol{D}_2$（A_2= “否”）。由于 $\boldsymbol{D}_1$ 只有同一类的样本，所以它成为一个叶节点，节点的类标记为“是”。

对于子集 $\boldsymbol{D}_2$，则需要从 A_1（天气）、A_3（急事）和 A_4（交通）中选择新的特征。利用例 4-3 中的计算结果，A_1、A_3 和 A_4 对子集 $\boldsymbol{D}_2$ 的信息增益分别为 0.171、0.322 和 0.073。然后，根据式（4-13）计算各个特征的 $H_A(\boldsymbol{D}_2)$值。

① 特征“天气”A_1 有三个特征值：晴天、雨天、阴天。其 $H_A(\boldsymbol{D}_2)$值为

$$H_{A_1}(\boldsymbol{D}_2)=-(\frac{0}{5}\log_2\frac{0}{5}+\frac{3}{5}\log_2\frac{3}{5}+\frac{2}{5}\log_2\frac{2}{5})\approx 0.971$$

② 特征“急事”A_3 有两个特征值：是、否。其 $H_A(\boldsymbol{D}_2)$值为

$$H_{A_3}(\boldsymbol{D}_2)=-(\frac{2}{5}\log_2\frac{2}{5}+\frac{3}{5}\log_2\frac{3}{5})\approx 0.971$$

③ 特征“交通”A_4 有两个特征值：拥堵、顺畅。其 $H_A(\boldsymbol{D}_2)$值为

$$H_{A_4}(\boldsymbol{D}_2)=-(\frac{1}{5}\log_2\frac{1}{5}+\frac{4}{5}\log_2\frac{4}{5})\approx 0.722$$

进而，可计算特征 A_1、A_3和 A_4 的信息增益率为

$$\mathrm{GR}(\boldsymbol{D}_2,A_1)=\frac{G(D_2,A_1)}{H_{A_1}(D_2)}\approx\frac{0.171}{0.971}\approx 0.176$$

$$\mathrm{GR}(\boldsymbol{D}_2,A_3)=\frac{G(D_2,A_3)}{H_{A_3}(D_2)}\approx\frac{0.322}{0.971}\approx 0.332$$

$$\mathrm{GR}(\boldsymbol{D}_2,A_4)=\frac{G(D_2,A_4)}{H_{A_4}(D_2)}\approx\frac{0.073}{0.722}\approx 0.101$$

由于特征 A_3（急事）具有最大的信息增益率，所以选择特征 A_3 作为根节点的子节点。特征 A_3 将样本数据集 $\boldsymbol{D}_2$ 划分两个子集 $\boldsymbol{D}_3$（A_3= “是”）和 $\boldsymbol{D}_4$（A_3= “否”）。由于 $\boldsymbol{D}_4$ 只有同一类的

样本，所以它成为一个叶节点，节点类标记为“否”。

对于子集 $\boldsymbol{D}_3$，则需要从 A_1（天气）和 A_4（交通）中选择新的特征。利用例 4-3 的计算结果，A_1 和 A_4 对子集 $\boldsymbol{D}_3$ 的信息增益分别为 1.000 和 0.000。显然，特征 A_1（天气）具有最大的信息增益率，所以选择特征 A_1 作为特征 A_3 的子节点。特征 A_1 将样本数据集 $\boldsymbol{D}_3$ 划分两个子集 $\boldsymbol{D}_5$（A_1=“雨天”）和 $\boldsymbol{D}_6$（A_1=“阴天”）。由于 $\boldsymbol{D}_5$ 只有同一类的样本，所以它成为一个叶节点，节点类标记为“出校”。同理，由于 $\boldsymbol{D}_6$ 也只有同一类的样本，所以它也是一个叶节点，节点类标记为“不出”。

需要注意的是，信息增益率准则对可取值数目较少的特征有所偏好。因此，在实际应用中，C4.5 算法并不是直接选择增益率最大的候选划分特征，而是采用了一种启发方式，即先从候选划分特征中找出信息增益高于平均水平的特征，再从中选择增益率最高的特征。

4.4 决策树剪枝

决策树生成算法采用递归的方式产生决策树，直到不能继续划分为止。这样产生的决策树往往对训练数据的分类很准确，但对未知的测试数据则分类效果不佳，即出现过拟合现象。过拟合的原因在于学习时，过多地考虑如何提高对训练数据的分类准确度，从而构建出了过于复杂的决策树。解决这个问题的办法是考虑决策树的复杂度，对已生成的决策树进行简化。

在决策树的学习中将已生成的树进行简化的过程称为剪枝（pruning）。具体地，剪枝操作是从已生成的树上裁掉一些子树或叶节点，并将其父节点作为新的叶节点，从而简化决策树模型。决策树剪枝的基本策略有“预剪枝”和“后剪枝”。预剪枝是指在决策树生成过程中，对每个节点在划分前先进行估计，若当前节点的划分不能带来决策树泛化性能的提升，则停止划分并将当前节点标记为叶节点。后剪枝则是先从训练数据集中生成一棵完整的决策树，然后自底向上地对非叶节点进行考察，若将该节点对应的子树替换为叶节点能带来决策树泛化性能提升，则将该子树替换为叶节点。

如何判断决策树泛化性能是否提升？决策树的剪枝往往通过极小化决策树整体的损失函数或代价函数来实现。设决策树 T 的叶节点个数为$|T|$，t 是决策树 T 的叶节点。该叶节点有 N_t 个样本，其中 k 类的样本有 N_{tk} 个，k=1, 2, …, K；$H_t(T)$为叶节点 t 上的经验熵；$\alpha \geqslant 0$，为参数。则决策树学习的损失函数可定义为

$$C_\alpha(T)=\sum_{t=1}^{|T|} N_t H_t(T)+\alpha|T| \tag{4-14}$$

式中，经验熵为

$$H_t(T)=-\sum_k \frac{N_{tk}}{N_t} \log_2 \frac{N_{tk}}{N_t} \tag{4-15}$$

在损失函数中，将式（4-14）右端第一项记作

$$C(T)=\sum_{t=1}^{|T|} N_t H_t(T)=-\sum_{t=1}^{|T|} \sum_k N_{tk} \log_2 \frac{N_{tk}}{N_t} \tag{4-16}$$

此时损失函数可以简化为

$$C_\alpha(T)=C(T)+\alpha|T| \tag{4-17}$$

式中，$C(T)$表示模型对训练数据的预测误差，反映模型与训练数据的拟合程度；$|T|$表示模型的复杂度；参数 α 的影响：较大的 α 促使选择较简单的决策树，较小的 α 促使选择较复杂的

决策树，而 $\alpha=0$ 则意味着只考虑模型与训练数据的拟合程度，不考虑模型的复杂度。因此，决策树生成算法只考虑了通过提高信息增益（或增益率）对训练数据进行更好的拟合。而决策树剪枝通过优化损失函数，还考虑了减少决策树的复杂度。

决策树剪枝操作就是在 α 给定时，选择使损失函数最小的决策树。式（4-17）定义的损失函数的极小化等价于正则化的极大似然估计。所以，利用损失函数最小原则进行剪枝就是利用正则化的极大似然估计进行模型选择。下面介绍一种基于后剪枝策略的决策树学习的剪枝算法，基本步骤如下：

步骤①：计算每个节点的经验熵；

步骤②：递归地从决策树的叶节点向上回缩，即设一组叶节点回缩到其父节点之前与之后的整体树分别为 T_B 与 T_A，其对应的损失函数值分别是 $C_\alpha(T_B)$和 $C_\alpha(T_A)$，如果满足

$$C_\alpha(T_A) \leqslant C_\alpha(T_B) \tag{4-18}$$

则进行剪枝，即将父节点变为新的叶节点；

步骤③：重复步骤②，直至不能继续为止，得到损失函数最小的子树 T_α。

4.5 多变量决策树

多变量决策树是在传统决策树算法的基础上，通过引入多变量线性组合来优化决策边界，以提高分类准确性和减少预测时间的一种方法。

无论是 ID3 还是 C4.5 算法，在做特征选择的时候都是选择最优的一个特征来做分类决策。但是，大多数分类决策不应该由某一个特征单独决定，需要考虑多个特征之间的关联影响，以得到更加准确的决策树。

若把每个特征视为坐标空间中的一个坐标轴，则由 d 个特征表示的样本数据就对应了 d 维空间中的一个数据点。这时，对样本分类就意味着在这个坐标空间中寻找不同类样本之间的分类边界。在多变量决策树中，非叶节点不再是仅对某个特征，而是对特征的线性组合进行测试。具体地，每个非叶节点是一个形如 $\sum_{i=1}^{d}\omega_i a_i = t$ 的线性分类器，其中 ω_i 是特征 a_i 的权重，ω_i 和 t 可在该节点所含的样本数据集和属性集上学得。于是，与传统的单变量决策树不同，在多变量决策树的学习过程中，不是为每个非叶节点寻找一个最优划分属性，而是试图建立一个合适的线性分类器。

以表 4-1 提供的出校问题的训练数据集为例，令特征：假期∈{是=1，否=0}、天气∈{晴天=1，阴天=2，雨天=3}、急事∈{是=1，否=0}、交通∈{顺畅=1，拥堵=0}。可以构建如图 4-4 所示的多变量决策树。

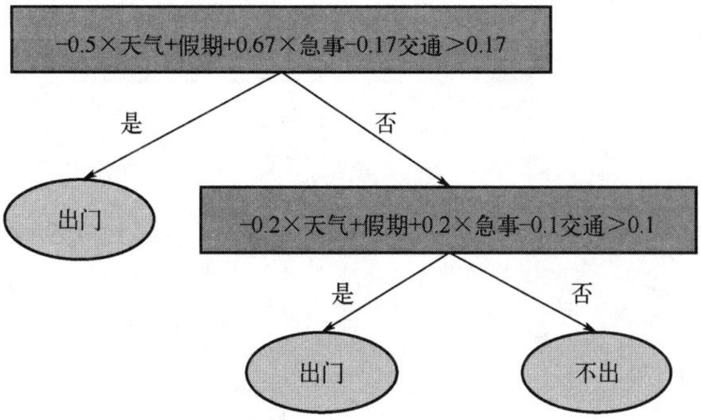

图 4-4 多变量决策树示例

本章小结

决策树通过将输入空间划分为不同的区域，并根据特定的条件将每个区域映射到输出类别，从而进行预测。本章系统介绍了决策树的基本概念和相关方法。决策树由节点和有向边组成，其学习过程包括特征选择、决策树生成和决策树剪枝等基本操作。特征选择基于信息熵变化的程度，可以采用信息增益和信息增益率进行度量。决策树生成可以采用经典 ID3 和 C4.5 算法，运用预剪枝和后剪枝策略可以防止决策树过拟合。本章最后，简单介绍了多变量决策树的相关概念。

习题

习题 4-1：什么是决策树？决策树有哪些基本特点？

习题 4-2：在构造决策树的过程中如何选择最优特征进行划分？

习题 4-3：决策树的剪枝有哪些基本策略？各自有什么特点？

习题 4-4：请解释 ID3 和 C4.5 算法的基本思想及其区别。

习题 4-5：什么是多变量决策树？与单变量决策树相比有哪些优点和缺点？

习题 4-6：试采用 MATLAB 或 Python 编程实现一个简单的决策树分类器，并检验正确性。

第5章

贝叶斯分类

扫码获取配套资源

贝叶斯分类（Bayesian classification）是基于统计学的一种分类方法，以贝叶斯理论为基础，通过求解后验概率分布，预测样本属于某一类别的概率。贝叶斯分类使用概率来表示所有形式的不确定性，通过对已分类的样本子集进行训练，学习归纳出分类或回归函数，实现对待定类数据的类别划分。

朴素贝叶斯分类算法就是一种简单的贝叶斯分类算法，其应用效果优于神经网络和决策树分类算法，特别是当待分类数据量非常大时，该算法同样具有较高的准确率。贝叶斯网络是贝叶斯方法的扩展，目前对于不确定知识表达和推理领域而言，是最有效的理论模型之一。

思维导图

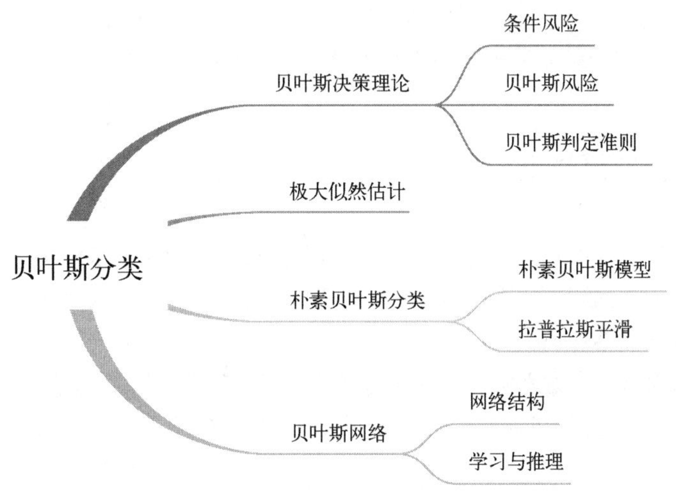

学习目标

1. 理解贝叶斯决策的基本原理。
2. 掌握采用极大似然估计优化贝叶斯分类器的方法。
3. 掌握朴素贝叶斯分类方法。
4. 理解贝叶斯网络的基本概念和原理。
5. 掌握贝叶斯网络的结构和参数学习方法。
6. 培养采用贝叶斯分类解决实际问题的能力。

案例引入

设想你是一位数据分析师，受雇于一家大型零售公司。公司希望你能提供一种方法，用于预测顾客的购买行为。具体来说，经理们想要了解，如果一个顾客购买了产品 A，那么他接下来购买产品 B 的概率有多大。这实际上就是一个典型的分类问题，而朴素贝叶斯分类器就是解决这类问题的一种有效工具。

贝叶斯分类器的核心思想基于贝叶斯定理，即如果一个事件 B 已经发生，那么事件 A 的条件概率等于事件 A 和事件 B 同时发生的概率除以事件 B 发生的概率。在上面这个例子中，事件 A 可以是“顾客购买了产品 A”，事件 B 可以是“顾客购买了产品 B”。

在应用贝叶斯分类器时，首先通常会收集一组数据，这组数据包括顾客的商品购买记录。将购买记录中包含产品 A 和产品 B 的顾客归为“购买了产品 A”类别，而只购买了其他商品的顾客则归为“未购买项目 A”类别；然后，可以分别计算每个类别的先验概率（即每个类别中事件发生的概率），以及每个类别中事件 B 发生的概率（即每个类别中事件 B 和事件 A 同时发生的概率）；最后，就可以通过贝叶斯定理计算出在已知事件 A 的情况下，事件 B 发生的后验概率（即购买了项目 A 的顾客购买项目 B 的概率）。

5.1 贝叶斯决策理论

贝叶斯决策理论（Bayesian decision theory）是统计决策模型中的一个基本理论。在不完全信息下，对部分未知的状态用主观概率估计，然后用贝叶斯公式对发生概率进行修正，最后再利用期望值和修正概率做出最优决策。

对于一个具有 N 种类别标记的分类问题，即 $\boldsymbol{y}=\{c_1, c_2, \cdots, c_N\}$，记 λ_{ij} 为将一个真实标记为 c_j 的样本误分类为 c_i 所产生的损失。基于后验概率 $P(c_i|\boldsymbol{x})$ 可获得将样本 $\boldsymbol{x}$ 误分类为 c_i 的期望损失，即在样本 $\boldsymbol{x}$ 上的“条件风险”，表达式为

$$R(c_i \mid \boldsymbol{x}) = \sum_{j=1}^{N} \lambda_{ij} P(c_j \mid \boldsymbol{x}) \tag{5-1}$$

假设分类器为 $h: X \rightarrow Y$，其总体风险定义为

$$R(h) = E_{\boldsymbol{x}}(R(h(\boldsymbol{x}) \mid \boldsymbol{x})) \tag{5-2}$$

贝叶斯决策就是要找到一个分类器以最小化总体风险。显然，若 h 对于每个样本 $\boldsymbol{x}$，都能最小化条件风险 $P(h(\boldsymbol{x})|\boldsymbol{x})$，则总体风险 $R(h)$也将被最小化。因此，贝叶斯判定准则（Bayes decision rule）定义为：为最小化总体风险，在每个样本上选择那个能使条件风险 $R(c|\boldsymbol{x})$最小的类别标记，称为贝叶斯最优分类器 h^*，与之对应的总体风险 $R^*(h)$则称为贝叶斯风险，表达式为

$$h^*(\boldsymbol{x}) = \underset{c \in \boldsymbol{y}}{\arg\min}\, R(c \mid \boldsymbol{x}) \tag{5-3}$$

例如，若目标是最小化分类错误率，误判损失 λ_{ij} 可写为

$$\lambda_{ij} = \begin{cases} 0, & i = j \\ 1, & i \neq j \end{cases} \tag{5-4}$$

此时条件风险为

$$R(c_i \mid \boldsymbol{x}) = 1 - P(c_i \mid \boldsymbol{x}) \tag{5-5}$$

于是，最小化分类错误率的贝叶斯最优分类器可表示为

$$h^*(\boldsymbol{x}) = \underset{c \in \boldsymbol{y}}{\arg\max}\, P(c \mid \boldsymbol{x}) \tag{5-6}$$

式（5-6）表明，对于每个样本 $\boldsymbol{x}$，选择能使后验概率 $P(c|\boldsymbol{x})$最大的类别标记。

5.2　极大似然估计

由式（5-6）可以看出，使用贝叶斯判定准则来最小化总体风险，首先要得到后验概率 $P(c|\boldsymbol{x})$。然而，在现实任务中后验概率通常难以直接获得，一般需要基于有限的训练样本尽可能准确地进行估计。

根据贝叶斯定理，$P(c|\boldsymbol{x})$可以写成

$$P(c \mid \boldsymbol{x}) = \frac{P(c)P(\boldsymbol{x} \mid c)}{P(\boldsymbol{x})} \tag{5-7}$$

式中，$P(c)$是类先验概率；$P(\boldsymbol{x}|c)$是样本 $\boldsymbol{x}$ 相对于类标记 c 的类条件概率；$P(\boldsymbol{x})$是用于归一化的证据因子。

对于给定的样本 $\boldsymbol{x}$，证据因子 $P(\boldsymbol{x})$与类标记无关。因此，估计 $P(c|\boldsymbol{x})$的问题就转化为如何基于训练集 $\boldsymbol{D}$ 来估计类先验概率 $P(c)$和类条件概率 $P(\boldsymbol{x}|c)$。根据大数定律，当训练集包含充足的独立同分布样本时，$P(c)$可通过各类样本出现的频率来进行估计，有

$$P(c) = \frac{|D_c|}{|D|} \tag{5-8}$$

式中，$\boldsymbol{D}_c$ 表示训练集 $\boldsymbol{D}$ 中类别标记为 c 的样本集合。

然而，直接根据样本出现的频率来估计类条件概率 $P(\boldsymbol{x}|c)$将变得非常困难。假设样本包含 d 个二值属性，则样本空间的规模为 2^d。通常，这个值会远大于训练样本数 m，这将导致很多样本取值在训练集中根本没有出现，因而无法直接使用频率来估计 $P(\boldsymbol{x}|c)$。

估计类条件概率 $P(\boldsymbol{x}|c)$的一种常用策略是，先假定其具有某种确定形式的概率分布，再基

于训练样本对概率分布的参数进行估计。由于假设 $P(\boldsymbol{x}|c)$具有确定的形式并且被参数向量 $\boldsymbol{\theta}_c$ 唯一确定，可以利用训练集 $\boldsymbol{D}$ 估计 $\boldsymbol{\theta}_c$。

采用极大似然估计进行概率模型的参数估计，是根据数据采样来估计概率分布参数的经典方法。对于类条件概率 $P(\boldsymbol{x}|c)$，假设 $\boldsymbol{D}_c$ 中的样本是独立同分布的，则参数向量 $\boldsymbol{\theta}_c$ 对于数据集 $\boldsymbol{D}_c$ 的似然函数为

$$L(\boldsymbol{\theta}_c)=\prod_{\boldsymbol{x}\in \boldsymbol{D}_c} p(\boldsymbol{x}\mid\boldsymbol{\theta}_c) \tag{5-9}$$

由于 $L(\boldsymbol{\theta}_c)$与 $\ln(\boldsymbol{\theta}_c)$具有相同的极值点，为便于分析，通过对似然函数取对数得到对数似然函数，即

$$\ln L(\boldsymbol{\theta}_c)=\ln p(\boldsymbol{x}\mid\boldsymbol{\theta}_c)=\sum_{\boldsymbol{x}\in \boldsymbol{D}_c}\ln p(\boldsymbol{x}\mid\boldsymbol{\theta}_c) \tag{5-10}$$

对参数向量 $\boldsymbol{\theta}_c$ 进行极大似然估计，就是利用训练集 $\boldsymbol{D}_c$ 去寻找能最大化似然函数 $\ln L(\boldsymbol{\theta}_c)$的 $\hat{\boldsymbol{\theta}}_c$，表示为

$$\hat{\boldsymbol{\theta}}_c=\arg\max_{\boldsymbol{\theta}_c}\ln L(\boldsymbol{\theta}_c) \tag{5-11}$$

假设类条件概率 $P(\boldsymbol{x}|c)$服从高斯分布 $N(\boldsymbol{\mu}_c,\sigma_c^2)$，采用极大似然估计可以得到参数 $\boldsymbol{\mu}_c$ 和 σ_c^2 的估计值分别为

$$\hat{\boldsymbol{\mu}}_c=\frac{1}{|D_c|}\sum_{\boldsymbol{x}\in \boldsymbol{D}_c}\boldsymbol{x} \tag{5-12}$$

$$\hat{\sigma}_c^2=\frac{1}{|D_c|}\sum_{\boldsymbol{x}\in \boldsymbol{D}_c}(\boldsymbol{x}-\hat{\boldsymbol{\mu}}_c)^{\mathrm{T}}(\boldsymbol{x}-\hat{\boldsymbol{\mu}}_c) \tag{5-13}$$

需要注意的是，采用这种方法虽然可以使类条件概率估计变得相对简单，但是估计结果的准确性严重依赖于所假设分布式形式是否符合真实数据分布。在现实应用中，往往需要在一定程度上利用关于任务本身的经验知识才能做出较接近真实分布的假设。

5.3 朴素贝叶斯分类

朴素贝叶斯分类在贝叶斯分类的基础上进行了相应的简化。朴素贝叶斯分类假设每个特征之间是相互独立的，在分类过程中，根据输入样本的特征概率计算每个类别的后验概率，并选择后验概率最大的类别作为该样本的类别。虽然这个简化方式在一定程度上降低了贝叶斯分类算法的分类效果，但是在实际的应用场景中，极大地简化了贝叶斯分类的复杂性。

基于属性条件独立性假设，式（5-7）可重写为

$$P(c\mid\boldsymbol{x})=\frac{P(c)P(\boldsymbol{x}\mid c)}{P(\boldsymbol{x})}=\frac{P(c)}{P(\boldsymbol{x})}\prod_{i=1}^{d}P(x_i\mid c) \tag{5-14}$$

式中，d 为属性数目；x_i 为 $\boldsymbol{x}$ 在第 i 个属性上的取值。

由于 $P(\boldsymbol{x})$对所有类别相同，基于式（5-6）的贝叶斯判定准则可表达为朴素贝叶斯分类器，即

$$h_{nb}=\arg\max_{c\in y}P(c)\prod_{i=1}^{d}P(x_i\mid c) \tag{5-15}$$

显然，朴素贝叶斯分类器的训练过程就是基于训练数据集 $\boldsymbol{D}$ 来估计类先验概率 $P(c)$，并为

每个属性估计条件概率 $P(x_i|c)$。令 $\boldsymbol{D}_c$ 表示训练数据集 $\boldsymbol{D}$ 中第 c 类样本组成的集合，若有充足的独立同分布样本，则可容易地估计出类先验概率为

$$P(c)=\frac{|D_c|}{|D|} \tag{5-16}$$

对于离散属性而言，令 $\boldsymbol{D}_{c,x_i}$ 表示 $\boldsymbol{D}_c$ 中在第 i 个属性上取值为 x_i 的样本组成的集合，则条件概率 $P(x_i|c)$ 可估计为

$$P(x_i\mid c)=\frac{|D_{c,x_i}|}{|D_c|} \tag{5-17}$$

对于连续属性可假定 $P(x_i|c)$ 服从如下高斯分布：

$$P(x_i\mid c)=\frac{1}{\sqrt{2\pi}\sigma_{c,i}}\exp\left[-\frac{(x_i-\mu_{c,i})^2}{2\sigma_{c,i}^2}\right] \tag{5-18}$$

式中，$\mu_{c,i}$ 和 $\sigma_{c,i}^2$ 分别是第 c 类样本在第 i 个属性上取值的均值和方差。这就是所谓的高斯朴素贝叶斯分类。

【例 5-1】 试由表 5-1 所示的训练数据集学习一个朴素贝叶斯分类器并确定 $\boldsymbol{x}=(x_1, x_2)^{\mathrm{T}}=(2, S)^{\mathrm{T}}$ 的类别标记。表中，$x_1\in\{1, 2, 3\}$，$x_2\in\{\mathrm{S, M, L}\}$，为特征；$y\in\{-1, 1\}$，为类别标记。

表 5-1　训练数据集

	数据编号														
	1	2	3	4	5	6	7	8	9	10	11	12	13	14	15
x_1	1	1	1	1	1	2	2	2	2	2	3	3	3	3	3
x_2	S	M	M	S	S	S	M	M	L	L	L	M	M	L	L
y	−1	−1	1	1	−1	−1	−1	1	1	−1	1	1	1	1	1

解：①由训练数据集计算类先验概率 $P(c)$，有

$$P(y=1)=\frac{9}{15},\quad P(y=-1)=\frac{6}{15}$$

②由训练数据集计算每个属性的条件概率 $P(x_i|c)$，有

$$P(x_1=1\mid y=1)=\frac{2}{9},\quad P(x_1=2\mid y=1)=\frac{2}{9},\quad P(x_1=3\mid y=1)=\frac{5}{9}$$

$$P(x_2=\mathrm{S}\mid y=1)=\frac{1}{9},\quad P(x_2=\mathrm{M}\mid y=1)=\frac{4}{9},\quad P(x_2=\mathrm{L}\mid y=1)=\frac{4}{9}$$

$$P(x_1=1\mid y=-1)=\frac{3}{6},\quad P(x_1=2\mid y=-1)=\frac{3}{6},\quad P(x_1=3\mid y=-1)=\frac{0}{6}$$

$$P(x_2=\mathrm{S}\mid y=-1)=\frac{3}{6},\quad P(x_2=\mathrm{M}\mid y=-1)=\frac{2}{6},\quad P(x_2=\mathrm{L}\mid y=-1)=\frac{1}{6}$$

③由类先验概率 $P(c)$ 和属性的条件概率 $P(x_i|c)$，计算样本 $\boldsymbol{x}=(2, \mathrm{S})^{\mathrm{T}}$ 在不同类别下的后验概率 $P(c|x_i)$，有

$$P(y=1\mid \boldsymbol{x})=P(y=1)P(x_1=2\mid y=1)P(x_2=\mathrm{S}\mid y=1)=\frac{9}{15}\times\frac{2}{9}\times\frac{1}{9}=\frac{2}{135}$$

$$P(y=-1\mid \boldsymbol{x})=P(y=-1)P(x_1=2\mid y=-1)P(x_2=\mathrm{S}\mid y=-1)=\frac{6}{15}\times\frac{3}{6}\times\frac{3}{6}=\frac{1}{10}$$

由于 $P(y=-1|\boldsymbol{x})>P(y=1|\boldsymbol{x})$，所以预测样本 $\boldsymbol{x}=(2, \mathrm{S})^{\mathrm{T}}$ 的类别为 $y=-1$。

采用朴素贝叶斯分类还可能存在一个问题：由于没有样本数据而导致概率值为 0。比如，在计算 $P(x_1=3|y=-1)$时，由于没有类别为−1、特征 $x_1=3$ 的样本数据，因此 $P(x_1=3|y=-1)$的计算结果为 0。这就可能会影响后验概率的计算，使分类结果产生偏差。

为解决这一问题，可以采用“拉普拉斯平滑”。对于类先验概率 $P(c)$，可以采用拉普拉斯平滑修正为

$$P_\lambda(c)=\frac{|D_c|+\lambda}{|D|+K\lambda} \tag{5-19}$$

式中，K 为训练数据集 $\boldsymbol{D}$ 中可能的类别数；$\lambda \geqslant 0$，等价于在频数上赋予一个正数，常取 $\lambda=1$。

对于属性的条件概率 $P_\lambda(x_i|c)$，可以采用拉普拉斯平滑修正为

$$P_\lambda(x_i\,|\,c)=\frac{|D_{c,x_i}|+\lambda}{|D_c|+N_i\lambda} \tag{5-20}$$

式中，N_i 表示第 i 个属性可能的取值数。

【例 5-2】 训练数据集同例 5-1，计算拉普拉斯平滑概率（$\lambda=0$）。

解： 由于训练数据集中可能的类别数为 $K=2$，特征 x_1 的可能取值数为 $N_1=3$，特征 x_2 的可能取值数为 $N_2=3$。按照式（5-19）和式（5-20）可以分别计算先验概率和条件概率。

① 由训练数据集计算类先验概率，有

$$P_\lambda(y=1)=\frac{9+1}{15+2}=\frac{10}{17}, \quad P_\lambda(y=-1)=\frac{7}{17}$$

② 由训练数据集计算每个属性的条件概率 $P_\lambda(x_i|c)$，有

$$P_\lambda(x_1=1\,|\,y=1)=\frac{2+1}{9+3}=\frac{3}{12}, \quad P_\lambda(x_1=2\,|\,y=1)=\frac{2+1}{9+3}=\frac{3}{12},$$
$$P_\lambda(x_1=3\,|\,y=1)=\frac{5+1}{9+3}=\frac{6}{12}$$

$$P_\lambda(x_2=\mathrm{S}\,|\,y=1)=\frac{1+1}{9+3}=\frac{2}{12}, \quad P_\lambda(x_2=\mathrm{M}\,|\,y=1)=\frac{4+1}{9+3}=\frac{5}{12},$$
$$P_\lambda(x_2=\mathrm{L}\,|\,y=1)=\frac{4+1}{9+3}=\frac{5}{12}$$

$$P_\lambda(x_1=1\,|\,y=-1)=\frac{3+1}{6+3}=\frac{4}{9}, \quad P_\lambda(x_1=2\,|\,y=-1)=\frac{3+1}{6+3}=\frac{4}{9},$$
$$P_\lambda(x_1=3\,|\,y=-1)=\frac{0+1}{6+3}=\frac{1}{9}$$

$$P_\lambda(x_2=\mathrm{S}\,|\,y=-1)=\frac{3+1}{6+3}=\frac{4}{9}, \quad P_\lambda(x_2=\mathrm{M}\,|\,y=-1)=\frac{2+1}{6+3}=\frac{3}{9},$$
$$P_\lambda(x_2=\mathrm{L}\,|\,y=-1)=\frac{1+1}{6+3}=\frac{2}{9}$$

由上例可知，采用拉普拉斯平滑，可以保证通过训练数据集计算出的概率值都大于 0。例如，类后验概率 $P(x_1=3|y=-1)$经拉普拉斯平滑后的修正值为 1/9。

5.4　贝叶斯网络

贝叶斯网络（Bayesian network），又称信度网络（belief network），或有向无环图模型（directed acyclic graphical model），是贝叶斯方法的扩展。它于 1988 年由 Pearl 首先提出，是目前不确定知识表达和推理领域最有效的理论模型之一。

5.4.1　网络的结构

贝叶斯网络借助有向无环图（directed acyclic graph，DAG）来刻画属性之间的依赖关系，并使用条件概率表（conditional probability table，CPT）来描述属性的联合概率分布。

令 $G=<\boldsymbol{V}, \boldsymbol{E}>$表示一个有向无环图，其中 $\boldsymbol{V}$ 代表图中所有节点的集合，$\boldsymbol{E}$ 代表有向边的集合。每个节点对应一个属性（随机变量），有向边表示两变量之间有因果（依赖）关系，并用条件概率表达依赖关系的强度，如图 5-1 所示。

图 5-2 给出了下雪天上班问题的一种贝叶斯网络结构。图中共有 5 个节点和 5 条弧，下雪（x_1）是一个原因节点，可能会导致堵车（x_2）和摔跤（x_3）的发生。而堵车和摔跤都可能导致上班迟到（x_4）的发生。另外，如果在路上摔跤严重的话还可能导致骨折（x_5）。

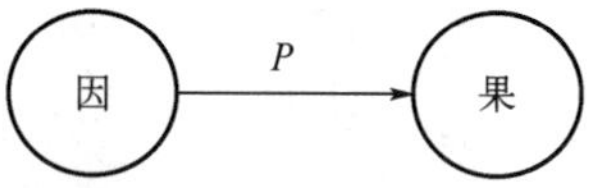

图 5-1　具有依赖关系的两个节点

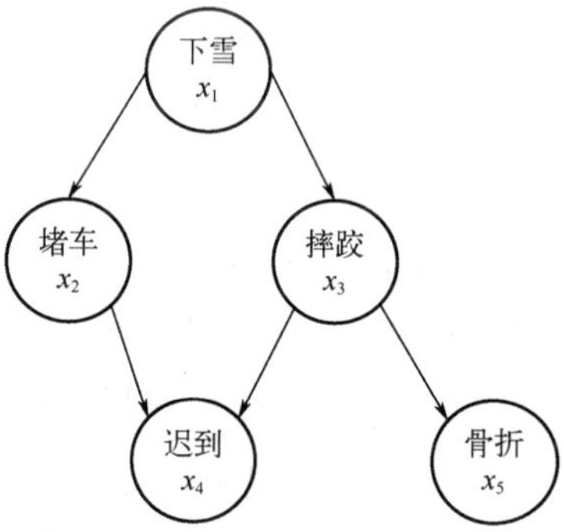

图 5-2　下雪天上班的贝叶斯网络结构

在贝叶斯网络中，像 x_1 这样没有输入的节点被称作根节点（root），其他节点被统称为非根节点。直接原因节点（弧尾）A 叫作其结果节点（弧头）B 的父节点（parents），B 叫作 A 的子节点（children）。例如，下雪节点就是堵车和摔跤节点的父节点，堵车和摔跤节点就是下雪节点的子节点。如果从一个节点 X 有一条有向通路指向 Y，则称节点 X 为节点 Y 的祖先（ancestor），同时称节点 Y 为节点 X 的后代（descendent）。例如，从下雪到迟到之间存在有向通路，那么下雪节点就是迟到节点的祖先，迟到节点就是下雪节点的后代。

贝叶斯网络中的条件概率表是节点的条件概率的集合。一个节点在其父母节点的不同取值组合条件下取不同属性值的概率，就构成了该节点的条件概率表。如果将下雪节点 x_1 当作证据节点，那么发生堵车（x_2）的条件概率表如表 5-2 所示。使用贝叶斯网络进行推理，实际上是使用条件概率表中的先验概率和已知的证据节点来计算所查询的目标节点的后验概率的过程。

表 5-2　堵车节点 x_2 的条件概率表

x_1	$P(x_2 \| x_1)$	
	True	False
True	0.6	0.4
False	0.2	0.8

条件概率表中的每个条件概率都是以当前节点的父节点作为条件集的。如果一个节点有 n 个父节点，在最简单的情况下（即每个节点都是二值节点，取值为 True 或 False），其条件概率表有 2^n 行。例如，迟到节点 x_4 有两个父节点——堵车节点 x_2 和摔跤节点 x_3，则其条件概率表有 $2^2=4$ 行，如表 5-3 所示。

表 5-3　迟到节点 x_4 的条件概率表

x_2	x_3	$P(x_4 \| x_2, x_3)$	
		True	False
True	True	0.8	0.2
True	False	0.6	0.4
False	True	0.4	0.6
False	False	0.1	0.9

贝叶斯网络有效地表达了属性间的条件独立性。给定父节点集，贝叶斯网络假设每个属性与其非后裔属性独立，属性 $x_1, x_2, \cdots, x_d$ 的联合概率分布可定义为

$$P(x_1, x_2, \cdots, x_d) = \prod_{i=1}^{d} P(x_i \mid \pi_i) = \prod_{i=1}^{d} \theta_{x_i \mid \pi_i} \tag{5-21}$$

式中，π_i 为属性 x_i 的父节点集合。

以图 5-2 为例，其联合概率分布定义为

$$P(x_1, x_2, x_3, x_4, x_5) = P(x_1)P(x_2 \mid x_1)P(x_3 \mid x_1)P(x_4 \mid x_2, x_3)P(x_5 \mid x_3)$$

三节点对应的三角结构是贝叶斯网络中的典型依赖关系，包括 V 型结构、同父结构和顺序结构。

（1）V 型结构（图 5-3）

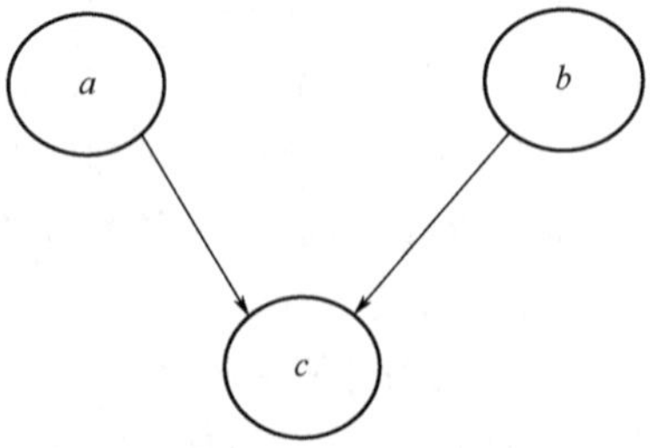

图 5-3　V 型结构

该结构的联合概率分布为

$$P(a,b,c) = P(a)P(b)P(c \mid a,b) \tag{5-22}$$

在 c 已知的时候，无法推出 $P(a, b)=P(a)P(b)$，即 c 已知时 a、b 不独立。

在 c 未知的时候，有

$$\begin{aligned} P(a,b) &= \sum_c P(a,b,c) \\ &= \sum_c P(c \mid a,b)P(a)P(b) \\ &= P(a)P(b) \end{aligned} \tag{5-23}$$

所以，在 V 型结构中，a、b 在 c 未知的条件下被阻断（blocked），是独立的，称之为 head-to-head 条件独立，对应图 5-2 中的“x_2 和 x_3 在 x_4 未知的情况下条件独立”。

（2）同父结构（图 5-4）

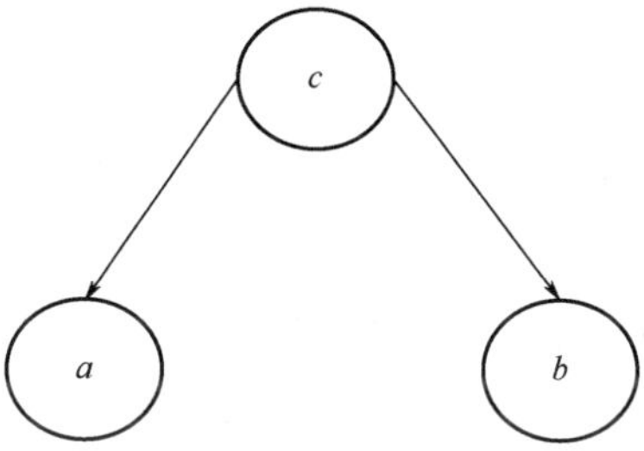

图 5-4　同父结构

该结构的联合概率分布为

$$P(a,b,c) = P(c)P(a \mid c)P(b \mid c) \tag{5-24}$$

在 c 未知的时候，无法推出 $P(a, b)=P(a)P(b)$，即 c 未知时 a、b 不独立。

在 c 已知的时候，有

$$P(a,b \mid c) = P(a,b,c) / P(c) \tag{5-25}$$

将式（5-24）代入式（5-25）中，得到

$$P(a,b \mid c) = P(a \mid c)P(b \mid c) \tag{5-26}$$

所以，在同父结构中，a、b 在 c 给定的条件下被阻断，是独立的，称之为 tail-to-tail 条件独立。对应图 5-2 中的“x_2 和 x_3 在 x_1 已知的情况下条件独立”。

（3）顺序结构（图 5-5）

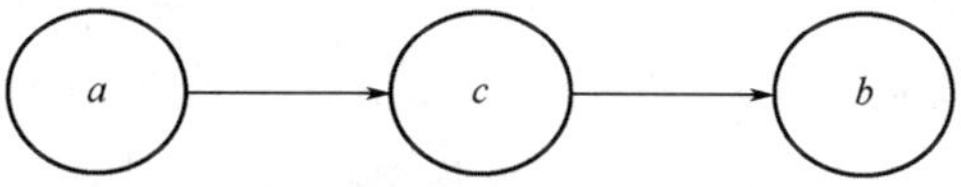

图 5-5　顺序结构

该结构的联合概率分布为

$$P(a,b,c) = P(a)P(c \mid a)P(b \mid c) \tag{5-27}$$

在 c 未知的时候，无法推出 $P(a, b)=P(a)P(b)$，即 c 未知时 a、b 不独立。

在 c 已知的时候，有

$$P(a,b \mid c) = P(a,b,c) / P(c) \tag{5-28}$$

$$P(a,c) = P(a)P(c \mid a) = P(c)P(a \mid c) \tag{5-29}$$

将式（5-27）、式（5-28）、式（5-29）联立化简，可得

$$P(a,b \mid c) = P(a \mid c)P(b \mid c) \tag{5-30}$$

所以，顺序结构中 a、b 在 c 给定的条件下被阻断，是独立的，称之为 head-to-tail 条件独立。对应图 5-2 中的“x_1 和 x_5 在 x_3 已知的情况下条件独立”。

5.4.2 学习与推理

贝叶斯网络的学习过程分为两部分，即结构学习和参数学习。参数学习决定变量之间互相关联的量化关系，即估计贝叶斯网络的条件概率分布（conditional probability distribution，CPD）。若贝叶斯网络结构已知，即属性间的依赖关系已知，则贝叶斯网络的学习过程相对简单，只需通过对训练样本“计数”，估计出每个节点的条件概率表即可。但在现实应用中往往并不能事先知晓网络结构。于是，贝叶斯网络学习的首要任务是根据训练数据集来找出结构最“恰当”的贝叶斯网络。

评分搜索是贝叶斯网络结构学习的常用方法，主要包含两方面：一是确定评分函数，用以评价网络结构的好坏；二是确定搜索策略以找到最好的贝叶斯网络。评分函数主要分为两大类：贝叶斯评分函数、基于信息论的评分函数。

贝叶斯评分函数的核心思想是结合网络结构的先验知识，选择具有最大后验概率（maximum a posteriori probability，MAP）的网络结构。针对给定训练数据集 $\boldsymbol{D}$，假设网络结构 G 的先验概率为 $P(G)$，根据贝叶斯公式可以得到网络结构 G 的后验概率为

$$P(G \mid \boldsymbol{D}) = \frac{P(G)P(\boldsymbol{D} \mid G)}{P(\boldsymbol{D})} \tag{5-31}$$

由式（5-31）可知，$P(\boldsymbol{D})$与网络结构无关，可省略。因此，使 $P(G)P(\boldsymbol{D}|G)$取得最大值的网络结构 G 就是具有最大后验概率的网络结构。进而，可以定义 $\ln P(G|\boldsymbol{D})$为网络结构的贝叶斯评分函数，即 MAP 测度，表达式为

$$\ln P(G \mid \boldsymbol{D}) = \ln(P(G)P(\boldsymbol{D} \mid G)) = \ln P(G) + \ln P(\boldsymbol{D} \mid G) \tag{5-32}$$

通常假设网络结构的先验概率 $P(G)$服从某种分布，例如均匀分布。实际中常用的贝叶斯评分函数有 K2 评分、BD 评分和 BDeu 评分，都是对贝叶斯评分函数的某种简化。

基于信息论的评分函数主要利用编码理论和信息论中的最小描述长度（minimum dscription length，MDL）原理。其基本思想源自对数据的存储。如果要对一组数据进行保存，为了节省存储空间，一般采用某种模型对其进行编码压缩，然后保存压缩后的数据；另外，为了在需要的时候可以完全恢复这些数据，要求对所使用的模型进行保存。因此，需要保存的数据长度等于压缩后的数据长度加上模型的描述长度，该长度就称为总的描述长度。MDL 原理就是要求选择总描述长度最小的模型。

按照 MDL 原理，贝叶斯结构学习就是要找到使得网络的描述长度和样本的编码长度之和最小的图模型。给定训练数据集 $\boldsymbol{D}=\{\boldsymbol{x}_1, \boldsymbol{x}_2, \cdots, \boldsymbol{x}_m\}$，贝叶斯网络 B 在 $\boldsymbol{D}$ 上的评分函数可写成

$$s(B \mid \boldsymbol{D}) = f(\theta)|B| - \mathrm{LL}(B \mid \boldsymbol{D}) \tag{5-33}$$

式中，$|B|$是贝叶斯网络的参数个数；$f(\theta)$表示描述每个参数 θ 所需的字节数；$\mathrm{LL}(B|\boldsymbol{D})$是贝叶斯网络 B 的对数似然，即

$$\mathrm{LL}(B \mid \boldsymbol{D})=\sum_{i=1}^{m} \ln P_B(\boldsymbol{x}_i) \tag{5-34}$$

式（5-33）等式右侧的第 1 项计算编码贝叶斯网络 B 所需的字节数，第 2 项计算贝叶斯网络 B 所对应的概率分布 P_B 需多少字节。基于信息论的评分趋向于寻找一个结构较简单的网络，实现网络精度与复杂度之间的均衡。基于信息论的常用评分函数有 AIC 评分[$f(\theta)=1$]和 BIC 评分[$f(\theta)=(1/2)\ln m$]。

若贝叶斯网络 $B=<G, \boldsymbol{\Theta}>$的网络结构 G 固定，则评分函数 $s(B|\boldsymbol{D})$的第 1 项为常数。此时，最小化 $s(B|\boldsymbol{D})$等价于对参数集合 $\boldsymbol{\Theta}$ 的极大似然估计。由式（5-34）和式（5-21）可知，对于参数 $\theta_{x_i|\pi_i} \in \boldsymbol{\Theta}$，能直接在训练数据集 $\boldsymbol{D}$ 上通过经验估计获得，即

$$\theta_{x_i|\pi_i}=\hat{P}_{\boldsymbol{D}}(x_i \mid \pi_i) \tag{5-35}$$

式中，$\hat{P}_{\boldsymbol{D}}(\cdot)$ 是 $\boldsymbol{D}$ 上的经验分布。因此，为了最小化评分函数 $s(B|\boldsymbol{D})$，只需对网络结构进行搜索，而候选结构的最优参数可直接在训练数据集上计算得到。

然而，从所有可能的网络结构空间中搜索最优贝叶斯网络结构是一个 NP 难问题，即需要超多项式时间才能求解的问题。有两种常用的策略能在有限时间内求得近似解。第一种是贪心法，例如从某个网络结构出发，每次调整一条边（增加、删除或调整方向），直到评分函数值不再降低为止。第二种是通过给网络结构施加约束来削减搜索空间，例如将网络结构限定为树形结构等。需要注意的是，贝叶斯网络结构学习涉及大量的计算和优化，通常需要借助专门的工具和库来实现，比如 Scikit-learn 库。

所谓推理，就是要根据已知的信息做出预测。贝叶斯网络构建好后，就能用来回答查询，即通过一些属性变量的观测值来推测其他属性变量的取值，其中已知变量的观测值称为“证据”。

最理想的情况是直接根据贝叶斯网络定义的联合概率分布来精确计算后验概率，但是这样的精确推断已被证明是 NP 难的。当网络节点较多、连接稠密时，难以进行精确推断。此时需借助近似推断，通过降低精度要求，在有限时间内求得近似解。在现实应用中，贝叶斯网络的近似推断可以使用吉布斯采样来完成，这是一种随机采样方法。

令 $\boldsymbol{Q}=(Q_1, Q_2, \cdots, Q_n)$表示待查询变量，$\boldsymbol{E}=(E_1, E_2, \cdots, E_k)$为证据变量，并已知其取值 $\boldsymbol{e}=(e_1, e_2, \cdots, e_k)$，目标是计算后验概率 $P(\boldsymbol{Q}=\boldsymbol{q}|\boldsymbol{E}=\boldsymbol{e})$，其中 $\boldsymbol{q}=(q_1, q_2, \cdots, q_k)$是待查询变量的一组取值。

吉布斯采样算法先随机产生一个与证据 $\boldsymbol{E}=\boldsymbol{e}$ 一致的样本 $\boldsymbol{q}^0$ 作为初始点，然后每步从当前样本出发产生下一个样本。具体来说，在第 t 次采样中，算法先假设 $\boldsymbol{q}^t=\boldsymbol{q}^{t-1}$，然后对非证据变量逐个进行采样并改变其取值，采样概率根据贝叶斯网络 B 和其他变量的当前取值计算获得。假定经过 T 次采样得到的与 $\boldsymbol{q}$ 一致的样本共有 n_q 个，则可近似估算出后验概率为

$$P(\boldsymbol{Q}=\boldsymbol{q} \mid \boldsymbol{E}=\boldsymbol{e}) \simeq \frac{n_q}{T} \tag{5-36}$$

本章小结

贝叶斯分类是一种基于贝叶斯定理与特征条件独立假设的分类方法。本章介绍了贝叶斯决策的基本原理，及采用极大似然估计求解贝叶斯分类器的方法；进而，介绍了朴素贝叶斯分类，其假设特征之间相互独立，可以极大地简化贝叶斯分类的复杂性；最后，介绍了贝叶斯方法的一种扩展，即贝叶斯网络，说明了贝叶斯网络的基本结构以及学习与推理方法。

习题

习题 5-1：什么是贝叶斯风险？贝叶斯决策的原理是什么？

习题 5-2：使用极大似然法估算表 5-1 中各个属性的类条件概率。

习题 5-3：解释朴素贝叶斯分类器的基本概念和原理。

习题 5-4：使用 Python 编程语言实现朴素贝叶斯算法。

习题 5-5：借助 Scikit-learn 库训练一个贝叶斯网络，并利用该网络进行推理。

第6章

支持向量机

扫码获取配套资源

统计学习理论是建立在结构风险最小化原则之上的，专门解决小样本情况下机器学习问题的有效方法。支持向量机正是统计学习理论的一种具体应用，是一类按监督学习方式对数据进行二元分类的广义线性分类器，其决策边界是对学习样本求解的最大边距超平面。学习向量机能够根据有限的样本信息在模型的复杂性与学习能力之间寻求最佳折中，以获得最强的推广能力。支持向量机通过引入核函数，将样本空间通过非线性变换映射到高维的特征空间，然后在高维特征空间中构造线性判别函数，从而巧妙地解决了维数灾难问题，理论上可以得到问题的全局最优解，算法的复杂度与样本维数无关，有效地解决了在神经网络方法中无法避免的局部极值问题。

支持向量机在20世纪90年代后得到快速发展并衍生出一系列改进和扩展算法，在人脸识别、文本分类等模式识别问题中得到了广泛的应用。

思维导图

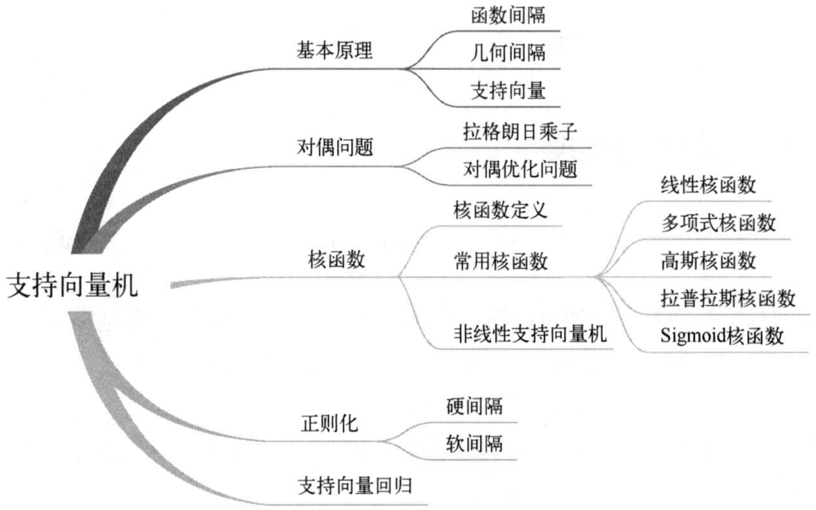

学习目标

1. 理解支持向量机的基本原理。
2. 掌握支持向量机的数学模型（原始形式和对偶形式）。
3. 理解核函数的作用并掌握常见的核函数。
4. 理解正则化的作用并掌握支持向量机的正则化。
5. 掌握支持向量机回归的基本原理和数学模型。
6. 培养采用支持向量机解决实际问题的能力。

案例引入

设想有一个购物网站收集了大量用户的数据，包括他们的购买历史、浏览历史、搜索历史等。该网站希望能够利用这些数据，当用户搜索或浏览某些商品时，能够智能地推荐另一些相关的商品，以提高用户的购买率。

这个推荐系统可以使用支持向量机来进行构建。首先，可以将每个用户的数据表示为一个高维空间的向量，向量的每个维度代表一种用户行为，如购买、浏览或搜索某种商品。然后，将这些用户向量分为两类：已购买商品的用户和未购买商品的用户。

支持向量机的主要任务是找到一个超平面，能够最大化这两类用户向量的间隔。这个间隔可以看作预测的可靠性，间隔越大，预测的可靠性就越高。这个超平面的构建需要通过对用户行为数据的分析和学习来完成。一旦构建了这个超平面，就可以根据用户当前的行为向量，通过计算它到超平面的距离，来预测用户是否会购买某种商品。这个预测的准确性取决于超平面的设计和训练数据的规模。

这个例子展示了如何使用支持向量机来解决实际问题。需要注意的是，这只是一个简化的例子，实际应用中的推荐系统可能会更复杂，需要考虑更多的因素。但支持向量机提供了一个强大的框架，可以应用于各种复杂的分类和预测问题中。

6.1 支持向量机的原理

假设训练数据集为 $\boldsymbol{D}=\{(\boldsymbol{x}_1, y_1), (\boldsymbol{x}_2, y_2), \cdots, (\boldsymbol{x}_m, y_m)\}$。其中，$\boldsymbol{x}_i$ 为第 i 个特征向量，也称为实例；$y_i \in \{+1, -1\}$，为类别标记，当 $y_i=+1$ 时称 $\boldsymbol{x}_i$ 为正例，当 $y_i=-1$ 时称 $\boldsymbol{x}_i$ 为反例。

分类学习通常是在特征空间中找到一个分离超平面，从而将不同类别的实例划分开，该分离超平面在特征空间可表示为由法向量 $\boldsymbol{\omega}$ 和截距 b 决定的线性方程，有

$$\boldsymbol{\omega} \cdot \boldsymbol{x} + b = 0 \tag{6-1}$$

分离超平面可表示为$(\boldsymbol{\omega}, b)$，能够将特征空间划分为两个部分：法向量指向的一侧为正类；另一侧则为负类。

但是，当训练数据集线性可分时，通常会存在很多个甚至无穷多个分离超平面能将两类数据正确分开，如图 6-1（a）所示。这就带来了一个新问题：哪一个才是最好的分离超平面呢？由于训练数据集的局限性或噪声的影响，训练数据集外的样本可能比图 6-1 中的样本更接近两个类的分隔界，这将使许多分离超平面出现错误。直观上，应该去找位于两类样本正中间的分离超平面，例如，图 6-1（b）中的超平面（虚线），其对样本局部扰动的容忍性最好，对未见样本的泛化能力最强。那么，如何确定这个位于两类样本正中间的分离超平面呢？

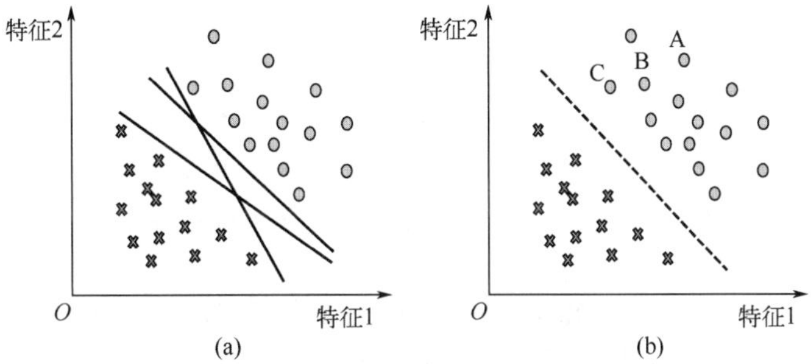

图 6-1　划分两类数据的分离超平面

支持向量机利用间隔最大化来求解分离超平面。在图 6-1（b）中，有 A、B、C 三个点分别表示三个实例，均在分离超平面的正类一侧。点 A 距离分离超平面较远，若预测该点为正类，可以比较确信预测结果是正确的；点 C 距离分离超平面较近，若预测结果为正类，可信度就要比 A 小得多；而点 B 介于点 A 与 C 之间，预测其为正类的可信度也就介于 A 与 C 之间。因此，一个点 $\boldsymbol{x}$ 距离分离超平面的远近可以表示分类预测的确信程度。在超平面$(\boldsymbol{\omega}, b)$给定的情况下，样本空间中点 $\boldsymbol{x}_i$ 到超平面$(\boldsymbol{\omega}, b)$的距离可采用下式进行计算：

$$\gamma_i = \left|\boldsymbol{\omega} \cdot \boldsymbol{x}_i + b\right| \tag{6-2}$$

同时，通过考察 $\boldsymbol{\omega} \cdot \boldsymbol{x}_i + b$ 的符号与类别标记 y_i 的符号是否一致，能够得知分类是否正确。因此，可定义函数间隔来表示分类的正确性及可信度，即

$$\hat{\gamma}_i = y_i(\boldsymbol{\omega} \cdot \boldsymbol{x}_i + b) \tag{6-3}$$

定义分离超平面$(\boldsymbol{\omega}, b)$关于训练数据集 $\boldsymbol{D}$ 的函数间隔为超平面$(\boldsymbol{\omega}, b)$关于 $\boldsymbol{D}$ 中所有样本点$(\boldsymbol{x}_i, y_i)$的函数间隔的最小值，即

$$\hat{\gamma} = \min_{i=1,2,\cdots,m} \hat{\gamma}_i \tag{6-4}$$

但是，直接采用函数间隔选择分离超平面的方法存在一定的缺陷。这是因为，只要成比例地增加 $\boldsymbol{\omega}$ 和 b 的值，比如 $2\boldsymbol{\omega}$ 和 $2b$，超平面并没有改变，但是函数间隔却变成了原来的 2 倍。为避免这个情况的影响，需要对分离超平面的法向量 $\boldsymbol{\omega}$ 施加一些约束（如规范化），这时的函数间隔就称为几何间隔，可表示为

$$r_i = y_i\left(\frac{\boldsymbol{\omega}}{\|\boldsymbol{\omega}\|} \cdot \boldsymbol{x}_i + \frac{b}{\|\boldsymbol{\omega}\|}\right) \tag{6-5}$$

再定义分离超平面$(\boldsymbol{\omega}, b)$关于训练数据集 $\boldsymbol{D}$ 的几何间隔，其为超平面$(\boldsymbol{\omega}, b)$关于 $\boldsymbol{D}$ 中所有样本点$(\boldsymbol{x}_i, y_i)$的几何间隔的最小值，有

$$\gamma_g = \min_{i=1,2,\cdots,m} \gamma_i \tag{6-6}$$

由函数间隔和几何间隔的定义可知，函数间隔和几何间隔的关系为

$$\gamma_g = \frac{\hat{\gamma}}{\|\boldsymbol{\omega}\|} \tag{6-7}$$

如果$\|\boldsymbol{\omega}\|=1$，那么函数间隔和几何间隔相等。如果超平面的参数 $\boldsymbol{\omega}$ 和 b 成比例地改变，函数间隔也按此比例改变，但是几何间隔不变。

支持向量机学习的基本思想是求解能够正确划分训练数据集并且几何间隔最大的分离超平面。对于线性可分的训练数据集，虽然分离超平面有无穷多个，但是几何间隔最大的分离超平面是唯一的。求解几何间隔最大的分离超平面，可以表示为下面的约束最优化问题：

$$\max_{\boldsymbol{\omega},b} \ \gamma_g \tag{6-8}$$

$$\text{s.t.} \quad y_i\left(\frac{\boldsymbol{\omega}}{\|\boldsymbol{\omega}\|}\cdot \boldsymbol{x}_i + \frac{b}{\|\boldsymbol{\omega}\|}\right) \geqslant \gamma_g, \ i=1,2,\cdots,m \tag{6-9}$$

式（6-8）表示最大化分离超平面$(\boldsymbol{\omega}, b)$关于训练数据集的几何间隔γ_g，而式（6-9）表示超平面$(\boldsymbol{\omega}, b)$关于每个训练样本点的几何间隔至少是γ_g。

考虑几何间隔和函数间隔的关系［式（6-7）］，可将上述约束优化问题改写为

$$\max_{\boldsymbol{\omega},b} \ \frac{\hat{\gamma}}{\|\boldsymbol{\omega}\|} \tag{6-10}$$

$$\text{s.t.} \quad y_i\left(\boldsymbol{\omega}\cdot \boldsymbol{x}_i + b\right) \geqslant \hat{\gamma}, \ i=1,2,\cdots,m \tag{6-11}$$

函数间隔的取值并不影响最优化问题的解。假设将 $\boldsymbol{\omega}$ 和 b 按比例改变为 $\lambda\boldsymbol{\omega}$ 和 λb，这时函数间隔变为$\lambda\hat{\gamma}$，这对上面最优化问题的不等式约束没有影响，对目标函数的优化也没有影响。因此，不妨取$\hat{\gamma}=1$ 并将其代入上面的最优化问题，得到

$$\max_{\boldsymbol{\omega},b} \ \frac{1}{\|\boldsymbol{\omega}\|} \tag{6-12}$$

$$\text{s.t.} \quad y_i\left(\boldsymbol{\omega}\cdot \boldsymbol{x}_i + b\right) - 1 \geqslant 0, \ i=1,2,\cdots,m \tag{6-13}$$

考虑到最大化 $1/\|\boldsymbol{\omega}\|$和最小化$\|\boldsymbol{\omega}\|^2/2$ 是等价的，于是就得到下面的支持向量机学习的最优化问题：

$$\min_{\boldsymbol{\omega},b} \ \frac{1}{2}\|\boldsymbol{\omega}\|^2 \tag{6-14}$$

$$\text{s.t.} \quad y_i\left(\boldsymbol{\omega}\cdot \boldsymbol{x}_i + b\right) - 1 \geqslant 0, \ i=1,2,\cdots,m \tag{6-15}$$

这是一个凸二次规划问题，通过求解得到最优解 $\boldsymbol{\omega}^*$和 b^*，由此可以得到最大间隔分离超平面，有

$$\boldsymbol{\omega}^* \cdot \boldsymbol{x} + b^* = 0 \tag{6-16}$$

在线性可分的情况下，训练数据集的样本点中与分离超平面距离最近的样本点称为支持向量（support vector）。也就是说，支持向量是使约束条件［式（6-15）］等号成立的点，即

$$y_i\left(\boldsymbol{\omega}\cdot \boldsymbol{x}_i + b\right) - 1 = 0 \tag{6-17}$$

对于 $y_i=+1$ 的正例点，支持向量在超平面 H_1 上；对于 $y_i=-1$ 的负例点，支持向量在超平面 H_2 上。分别有

$$H_1: \boldsymbol{\omega}^{\mathrm{T}}\boldsymbol{x} + b = 1 \tag{6-18}$$

$$H_2: \boldsymbol{\omega}^{\mathrm{T}}\boldsymbol{x}+b=-1 \tag{6-19}$$

如图 6-2 所示，在超平面 H_1 和 H_2 上的点就是支持向量，H_1 和 H_2 称为间隔边界。注意到 H_1 和 H_2 平行，并且没有实例点落在二者中间。分离超平面与 H_1、H_2 平行，且位于 H_1 和 H_2 中间，H_1 和 H_2 之间的距离称为间隔（或间距）。间隔依赖于分离超平面的法向量 $\boldsymbol{\omega}$，等于 $2/\|\boldsymbol{\omega}\|$。

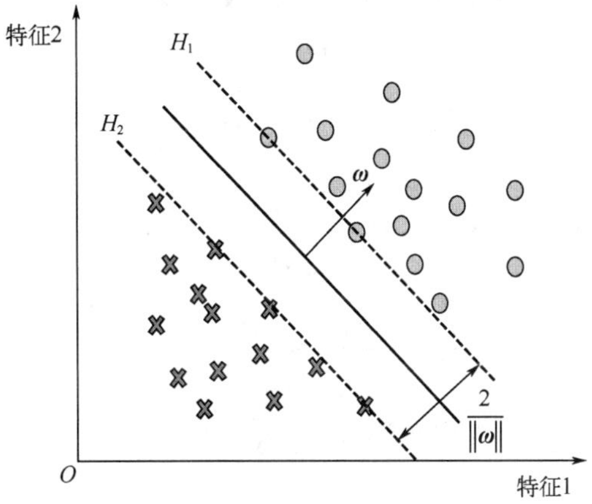

图 6-2　支持向量与间隔

在决定分离超平面时，只有支持向量起作用，而其他样本点并不起作用。如果移动支持向量，将改变所求的解；但是在间隔边界以外移动其他实例点，甚至去掉这些点，解都是不会改变的。由于支持向量在确定分离超平面中起着决定性作用，所以这种分类模型称为支持向量机。

【例 6-1】 已知一个包含三个样本的训练数据集，正实例点为 $\boldsymbol{x}_1=(3, 3)^{\mathrm{T}}$ 和 $\boldsymbol{x}_2=(4, 3)^{\mathrm{T}}$，负实例点为 $\boldsymbol{x}_3=(1, 1)^{\mathrm{T}}$，试求最大间隔分离超平面。

解： 由式（6-14）和式（6-15）构造二次规划问题，有

$$\min_{\omega,b}\ \frac{1}{2}(\omega_1^2+\omega_2^2)$$

$$\text{s.t.}\begin{cases}3\omega_1+3\omega_2+b-1\geqslant 0\\4\omega_1+3\omega_2+b-1\geqslant 0\\-\omega_1+-\omega_2-b-1\geqslant 0\end{cases}$$

求得此规划模型的解为 $\omega_1=\omega_2=0.5$，$b=-2$。因此，最大间隔分离超平面为

$$0.5x_1+0.5x_2-2=0$$

式中，(x_1, x_2)为点 $\boldsymbol{x}$ 坐标。

6.2　对偶问题

求解线性可分支持向量机的最优化问题是一个凸二次规划问题，可以采用现成的优化算法包求解。然而，在实际中则往往通过求解对偶问题来得到原始问题的最优解。这样做的好处：一是对偶问题往往更容易求解；二是引入核函数后，可以推广到非线性分类问题。

对线性可分支持向量机的最优化问题，应用拉格朗日乘子法便可得到其对偶问题。具体地，对每一个不等式约束［式（6-16）］引进拉格朗日乘子 $\alpha_i\geqslant 0$，$i=1, 2, \cdots, m$，从而定义拉格朗日

函数如下：

$$L(\boldsymbol{\omega},b,\boldsymbol{\alpha})=\frac{1}{2}\|\boldsymbol{\omega}\|^2+\sum_{i=1}^{m}\alpha_i[1-y_i(\boldsymbol{\omega}\cdot\boldsymbol{x}_i+b)] \tag{6-20}$$

式中，$\boldsymbol{\alpha}=(\alpha_1,\alpha_2,\cdots,\alpha_m)^{\mathrm{T}}$，为拉格朗日乘子向量。

根据拉格朗日对偶性，原始问题的对偶问题是极大极小问题，即

$$\max_{\boldsymbol{\alpha}}\min_{\boldsymbol{\omega},b}L(\boldsymbol{\omega},b,\boldsymbol{\alpha}) \tag{6-21}$$

所以，为了得到对偶问题的解，需要先求取 $L(\boldsymbol{\omega}, b, \boldsymbol{\alpha})$对 $\boldsymbol{\omega}$ 和 b 的极小值，再求取 $L(\boldsymbol{\omega}, b, \boldsymbol{\alpha})$对 $\boldsymbol{\alpha}$ 的极大值，步骤如下：

① 求 $L(\boldsymbol{\omega}, b, \boldsymbol{\alpha})$对 $\boldsymbol{\omega}$ 和 b 的极小值。

首先，将拉格朗日函数 $L(\boldsymbol{\omega}, b, \boldsymbol{\alpha})$分别对 $\boldsymbol{\omega}$ 和 b 求偏导数，有

$$\frac{\partial L(\boldsymbol{\omega},b,\boldsymbol{\alpha})}{\partial\boldsymbol{\omega}}=\boldsymbol{\omega}-\sum_{i=1}^{m}\alpha_i y_i\boldsymbol{x}_i \tag{6-22}$$

$$\frac{\partial L(\boldsymbol{\omega},b,\boldsymbol{\alpha})}{\partial b}=\sum_{i=1}^{m}\alpha_i y_i \tag{6-23}$$

然后，令式（6-22）和式（6-23）分别等于零，求解后得到

$$\boldsymbol{\omega}=\sum_{i=1}^{m}\alpha_i y_i\boldsymbol{x}_i \tag{6-24}$$

$$\sum_{i=1}^{m}\alpha_i y_i=0 \tag{6-25}$$

将式（6-24）代入拉格朗日函数［式（6-20）］中，并利用式（6-25）求得

$$\begin{aligned}L(\boldsymbol{\omega},b,\boldsymbol{\alpha})&=\frac{1}{2}\sum_{i=1}^{m}\sum_{j=1}^{m}\alpha_i\alpha_j y_i y_j\boldsymbol{x}_i\cdot\boldsymbol{x}_j-\sum_{i=1}^{m}\alpha_i y_i\left[\left(\sum_{j=1}^{m}\alpha_i y_i\boldsymbol{x}_j\right)\cdot\boldsymbol{x}_i+b\right]+\sum_{i=1}^{m}\alpha_i\\&=-\frac{1}{2}\sum_{i=1}^{m}\sum_{j=1}^{m}\alpha_i\alpha_j y_i y_j\boldsymbol{x}_i\cdot\boldsymbol{x}_j+\sum_{i=1}^{m}\alpha_i\end{aligned} \tag{6-26}$$

即

$$\min_{\boldsymbol{\omega},b}L(\boldsymbol{\omega},b,\boldsymbol{\alpha})=-\frac{1}{2}\sum_{i=1}^{m}\sum_{j=1}^{m}\alpha_i\alpha_j y_i y_j\boldsymbol{x}_i\cdot\boldsymbol{x}_j+\sum_{i=1}^{m}\alpha_i \tag{6-27}$$

② 在上面步骤的基础上继续求取 $\min L(\boldsymbol{\omega}, b, \boldsymbol{\alpha})$对 $\boldsymbol{\alpha}$ 的极大值，即对偶问题：

$$\max_{\boldsymbol{\alpha}}\left\{-\frac{1}{2}\sum_{i=1}^{m}\sum_{j=1}^{m}\alpha_i\alpha_j y_i y_j\boldsymbol{x}_i\cdot\boldsymbol{x}_j+\sum_{i=1}^{m}\alpha_i\right\} \tag{6-28}$$

$$\text{s.t.}\ \sum_{i=1}^{m}\alpha_i y_i=0,\ \ \alpha_i\geqslant 0,\ \ i=1,2,\cdots,m \tag{6-29}$$

将式（6-28）所示的目标函数由求取极大值转换成求取极小值，就得到与之等价的对偶问题，即

$$\begin{aligned}&\min_{\boldsymbol{\alpha}}\left\{\frac{1}{2}\sum_{i=1}^{m}\sum_{j=1}^{m}\alpha_i\alpha_j y_i y_j\boldsymbol{x}_i\cdot\boldsymbol{x}_j-\sum_{i=1}^{m}\alpha_i\right\}\\&\text{s.t.}\ \sum_{i=1}^{m}\alpha_i y_i=0,\ \ \alpha_i\geqslant 0,\ \ i=1,2,\cdots,m\end{aligned} \tag{6-30}$$

设$\boldsymbol{\alpha}^* = (\alpha_1^*, \alpha_2^*, \cdots, \alpha_m^*)^{\mathrm{T}}$是对偶问题［式（6-30）］的解，则存在下角标 j，使得$\alpha_j^* > 0$，并可按下式求得原始问题的解$\boldsymbol{\omega}^*$和b^*，有

$$\boldsymbol{\omega}^* = \sum_{i=1}^{m} \alpha_j^* y_i \boldsymbol{x}_i \tag{6-31}$$

$$b^* = y_j - \sum_{i=1}^{m} \alpha_j^* y_i (\boldsymbol{x}_i \cdot \boldsymbol{x}_j) \tag{6-32}$$

【例 6-2】 已知一个包含 3 个样本的训练数据集，正实例点为 $\boldsymbol{x}_1=(3, 3)^{\mathrm{T}}$和$\boldsymbol{x}_2=(4, 3)^{\mathrm{T}}$，负实例点为 $\boldsymbol{x}_3=(1, 1)^{\mathrm{T}}$。试采用对偶问题求最大间隔分离超平面。

解： 由式（6-30）和式（6-31）可知，对偶问题模型为

$$\begin{aligned}&\min_{\boldsymbol{\alpha}} \left\{ \frac{1}{2} \sum_{i=1}^{m} \sum_{j=1}^{m} \alpha_i \alpha_j y_i y_j \boldsymbol{x}_i \cdot \boldsymbol{x}_j - \sum_{i=1}^{m} \alpha_i \right\} \\ =&\min_{\boldsymbol{\alpha}} \left\{ \frac{1}{2} (18\alpha_1^2 + 25\alpha_2^2 + 2\alpha_3^2 + 42\alpha_1\alpha_2 - 12\alpha_1\alpha_3 - 14\alpha_2\alpha_3) - \alpha_1 - \alpha_2 - \alpha_3 \right\}\end{aligned}$$

$$\text{s.t.}\quad \alpha_1 + \alpha_2 - \alpha_3 = 0,\ \ \alpha_i \geqslant 0,\ \ i = 1,2,3$$

将等式约束 $\alpha_1+\alpha_2-\alpha_3=0$ 代入目标函数，得到

$$F(\alpha_1, \alpha_2) = 4\alpha_1^2 + \frac{13}{2}\alpha_2^2 + 10\alpha_1\alpha_2 - 2\alpha_1 - 2\alpha_2$$

将上式对 α_1 和 α_2 求偏导数，并令其等于零，有

$$8\alpha_1 + 10\alpha_2 - 2 = 0$$

$$13\alpha_2 + 10\alpha_1 - 2 = 0$$

求解上式得到 $\alpha_1=1.5$、$\alpha_2=-1$。由于 α_2 不满足约束条件 $\alpha_2\geqslant 0$，所以最小值应该在边界上达到。

当 $\alpha_1=0$ 时，最小值 $F(0, 2/13)=-2/13$；当 $\alpha_2=0$ 时，最小值 $F(1/4, 0)=-0.25$。所以，$F(\alpha_1, \alpha_2)$在 $\alpha_1=1/4$ 和 $\alpha_2=0$ 时达到最小，此时 $\alpha_3=\alpha_1+\alpha_1=0.25$。因此，$\alpha_1=\alpha_3=0.25$ 对应的实例点 $\boldsymbol{x}_1$ 和 $\boldsymbol{x}_3$ 是支持向量。根据式（6-32）可得

$$\omega_1^* = \omega_2^* = 0.5$$

$$b^* = -2$$

故分类超平面为

$$0.5x_1 + 0.5x_2 - 2 = 0$$

6.3 核函数

在实际任务中，有时分类问题是非线性的，这时需要使用非线性支持向量机，而非线性支持向量机的主要特点就是利用核技巧。

6.3.1 核函数的定义

非线性分类问题是指利用非线性模型才能很好分类的问题。例如，图 6-3 中的问题就不是线性可分的。非线性问题往往不好求解，通常希望借助解线性分类问题的方法来求解。所采取

的方法就是进行一个非线性变换，将非线性问题变换为线性问题，之后通过解变换后的线性问题的方法求解原来的非线性问题。

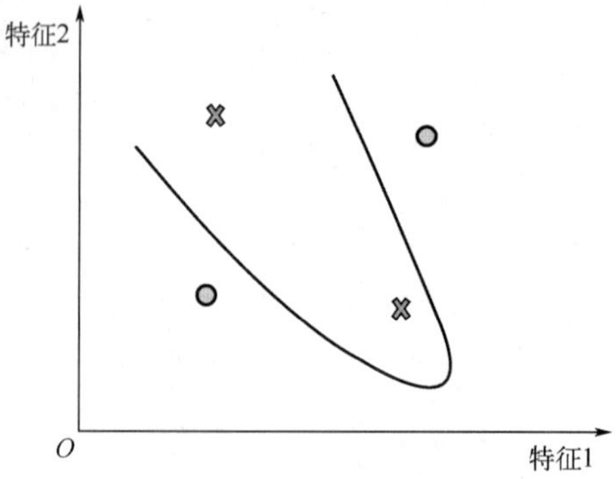

图 6-3 线性不可分问题示例

对于这样的问题，可将样本从原始空间映射到一个更高维的特征空间，使得样本在这个特征空间内线性可分。如果原始空间是有限维的，即特征数有限，那么一定存在一个高维特征空间使样本可分。令 $\boldsymbol{\Phi}(\boldsymbol{x})$表示将 $\boldsymbol{x}$ 映射后的特征向量，则在特征空间中分离超平面所对应的模型可表示为

$$f(\boldsymbol{x})=\boldsymbol{\omega}\cdot\Phi(\boldsymbol{x})+b \tag{6-33}$$

式中，$\boldsymbol{\omega}$ 和 b 是模型参数。

这样，式（6-14）和式（6-15）定义的模型可转化为

$$\min_{\omega,b}\ \frac{1}{2}\|\omega\|^2 \tag{6-34}$$

$$\text{s.t.}\quad y_i\left[\boldsymbol{\omega}\cdot\Phi(\boldsymbol{x}_i)+b\right]-1\geqslant 0,\ \ i=1,2,\cdots,m \tag{6-35}$$

其对偶问题为

$$\begin{aligned}&\min_{\alpha}\left\{\frac{1}{2}\sum_{i=1}^{m}\sum_{j=1}^{m}\alpha_i\alpha_j y_i y_j\Phi(\boldsymbol{x}_i)\cdot\Phi(\boldsymbol{x}_j)-\sum_{i=1}^{m}\alpha_i\right\}\\&\text{s.t.}\ \sum_{i=1}^{m}\alpha_i y_i=0,\ \ \alpha_i\geqslant 0,\ \ i=1,2,\cdots,m\end{aligned} \tag{6-36}$$

求解式（6-36）涉及计算 $\Phi(\boldsymbol{x}_i)\cdot\Phi(\boldsymbol{x}_j)$，这是样本 $\boldsymbol{x}_i$ 与 $\boldsymbol{x}_j$ 映射到高维特征空间之后的内积。由于特征空间维数可能很高，甚至是无穷维的，因此直接计算 $\Phi(\boldsymbol{x}_i)\cdot\Phi(\boldsymbol{x}_j)$通常是非常困难的。为解决这个问题，可以设想这样一个函数：$\boldsymbol{x}_i$ 与 $\boldsymbol{x}_j$ 在特征空间的内积等于在原始样本空间中通过函数 $K(\cdot,\cdot)$计算的结果。如果有了这样的函数，就不必直接去计算高维甚至无穷维特征空间中的内积。这里的函数 $K(\cdot,\cdot)$就称为核函数（kernel function），满足

$$K(\boldsymbol{u},\boldsymbol{v})=\Phi(\boldsymbol{u})\cdot\Phi(\boldsymbol{v}) \tag{6-37}$$

已知映射函数 $\Phi(\cdot)$，就可以通过 $\Phi(\boldsymbol{u})$和 $\Phi(\boldsymbol{v})$的内积求得核函数 $K(\boldsymbol{u},\boldsymbol{v})$。但是，在实际任务中，通常不知道映射函数 $\Phi(\cdot)$的形式，那么该怎么确定核函数呢？

令 X 为输入空间，$K(\cdot,\cdot)$是定义在 $X\times X$ 上的对称函数，则 $K(\cdot,\cdot)$是核函数的条件是：当且仅当对于任意数据 $\boldsymbol{D}=\{\boldsymbol{x}_1,\boldsymbol{x}_2,\cdots,\boldsymbol{x}_m\}$，核矩阵（kernel matrix）$\boldsymbol{K}$ 总是半正定的。其中，核矩阵 $\boldsymbol{K}$ 是由各个核函数构成的矩阵，其形式为

$$
\boldsymbol{K}=\begin{bmatrix} K(\boldsymbol{x}_1,\boldsymbol{x}_1) & \cdots & K(\boldsymbol{x}_1,\boldsymbol{x}_j) & \cdots & K(\boldsymbol{x}_1,\boldsymbol{x}_m) \\ \vdots & & \vdots & & \vdots \\ K(\boldsymbol{x}_i,\boldsymbol{x}_1) & \cdots & K(\boldsymbol{x}_i,\boldsymbol{x}_j) & \cdots & K(\boldsymbol{x}_i,\boldsymbol{x}_m) \\ \vdots & & \vdots & & \vdots \\ K(\boldsymbol{x}_m,\boldsymbol{x}_1) & \cdots & K(\boldsymbol{x}_m,\boldsymbol{x}_j) & \cdots & K(\boldsymbol{x}_m,\boldsymbol{x}_m) \end{bmatrix} \tag{6-38}
$$

6.3.2　常用核函数

只要一个对称函数所对应的核矩阵半正定，就能作为核函数使用。但是，在不知道特征映射的形式时，通常也不知道什么样的核函数是合适的。于是，核函数的选择成为支持向量机的最大变数。若核函数的选择不合适，则意味着将样本映射到了一个不合适的特征空间，很可能导致分类的效果不佳。下面列出了几种常用的核函数。

（1）线性核函数

线性核函数是最基本的核函数类型，表达式为

$$
K(\boldsymbol{u},\boldsymbol{v})=\boldsymbol{u}\cdot\boldsymbol{v} \tag{6-39}
$$

（2）多项式核函数

多项式核函数是线性核函数的一种更广义的表示，表达式为

$$
K(\boldsymbol{u},\boldsymbol{v})=(\boldsymbol{u}\cdot\boldsymbol{v})^p \tag{6-40}
$$

式中，$p\geqslant 1$，为多项式的次数。

（3）高斯核函数

高斯核函数用于给定数据集没有先验知识的情况，表达式为

$$
K(\boldsymbol{u},\boldsymbol{v})=\exp\left(-\frac{\|\boldsymbol{u}-\boldsymbol{v}\|^2}{2\sigma^2}\right) \tag{6-41}
$$

式中，$\sigma>0$，为高斯核的带宽。高斯核函数对于数据中的噪声有着较好的抗干扰能力，其参数决定了函数作用范围，超过了这个范围，数据的作用就基本消失。在不知道使用何种核函数时，可以优先使用高斯核函数。

（4）拉普拉斯核函数

拉普拉斯核函数的表达式为

$$
K(\boldsymbol{u},\boldsymbol{v})=\exp\left(-\frac{\|\boldsymbol{u}-\boldsymbol{v}\|}{\sigma}\right) \tag{6-42}
$$

式中，$\sigma>0$。

（5）Sigmoid 核函数

Sigmoid 核函数采用双曲正切函数，表达式为

$$K(\boldsymbol{u},\boldsymbol{v})=\tanh(\beta\boldsymbol{u}\cdot\boldsymbol{v}+\theta) \tag{6-43}$$

式中，$\beta>0$，$\theta<0$。

此外，核函数还可以通过函数组合得到。例如，若 K_1 和 K_2 为两个核函数，采用以下方式得到的也是核函数：

① 对于任意正数 γ_1 和 γ_2，核函数 K 是核函数 K_1 和 K_2 的线性组合，即

$$K(\boldsymbol{u},\boldsymbol{v})=\gamma_1 K_1(\boldsymbol{u},\boldsymbol{v})+\gamma_2 K_2(\boldsymbol{u},\boldsymbol{v}) \tag{6-44}$$

② 采用核函数 K_1 和 K_2 的直积 $K_1\times K_2$，即

$$K_1\times K_2(\boldsymbol{u},\boldsymbol{v})=K_1(\boldsymbol{u},\boldsymbol{v})K_2(\boldsymbol{u},\boldsymbol{v}) \tag{6-45}$$

③ 对于任意函数 $g(x)$，可构造核函数为

$$K(\boldsymbol{u},\boldsymbol{v})=g(\boldsymbol{u})K_1(\boldsymbol{u},\boldsymbol{v})g(\boldsymbol{v}) \tag{6-46}$$

6.3.3 非线性支持向量机

利用核技巧可以将线性分类的学习方法应用到非线性分类问题。将线性支持向量机扩展到非线性支持向量机，只需要将线性支持向量机对偶形式中的内积换成核函数即可，如下所示：

$$\begin{aligned}&\min_{\boldsymbol{\alpha}}\left\{\frac{1}{2}\sum_{i=1}^{m}\sum_{j=1}^{m}\alpha_i\alpha_j y_i y_j K(\boldsymbol{x}_i,\boldsymbol{x}_j)-\sum_{i=1}^{m}\alpha_i\right\}\\&\text{s.t.}\ \sum_{i=1}^{m}\alpha_i y_i=0,\ \ \alpha_i\geqslant 0,\ \ i=1,2,\cdots,m\end{aligned} \tag{6-47}$$

求得最优解 $\boldsymbol{\alpha}^*=(\alpha_1^*,\alpha_2^*,\cdots,\alpha_m^*)^{\mathrm{T}}$ 后，选择 $\boldsymbol{\alpha}^*$ 的一个正分量 $\alpha_j^*>0$，计算

$$b^*=y_j-\sum_{i=1}^{m}\alpha_j^* K(\boldsymbol{x}_i\cdot\boldsymbol{x}_j) \tag{6-48}$$

从而得到非线性支持向量机，有

$$f(\boldsymbol{x})=\text{sign}\left(\sum_{i=1}^{m}\alpha_1^* y_i K(\boldsymbol{x},\boldsymbol{x}_i)+b^*\right) \tag{6-49}$$

6.4 正则化

前面一直假定训练数据集在样本空间或映射后的特征空间中是线性可分的。然而，现实任务中并不都是线性可分的，往往也很难确定合适的核函数使训练样本在特征空间中线性可分。即使恰好找到了某个核函数使训练数据集在特征空间中线性可分，也很难判断这个结果是不是由过拟合造成的。

前面介绍的支持向量机形式要求所有样本均需满足约束条件，即所有样本都必须正确划分，这称为硬间隔（hard margin）。对于这一问题，可以允许支持向量机在一些样本上出错。为此，需要引入软间隔的概念。软间隔允许某些样本不满足约束，即

$$y_i(\boldsymbol{\omega}\cdot\boldsymbol{x}_i+b)\geqslant 1,\ \ i=1,2,\cdots,m \tag{6-50}$$

为此，可以对每个样本点$(\boldsymbol{x}_i, y_i)$引进一个松弛变量 $\xi_i\geqslant 0$，使函数间隔加上松弛变量大于或

等于 1，进而约束条件变为

$$y_i(\boldsymbol{\omega}\cdot\boldsymbol{x}_i+b)\geqslant 1-\xi_i,\ \ i=1,2,\cdots,m \tag{6-51}$$

同时，在目标函数上为每个松弛变量支付一个代价 ξ_i，则目标函数由原来的 $\|\boldsymbol{\omega}\|^2/2$ 变成

$$\frac{1}{2}\|\boldsymbol{\omega}\|^2+C\sum_{i=1}^{m}\xi_i \tag{6-52}$$

式中，C 称为惩罚因子（或称为正则化参数），用以控制正则化的强度。

当惩罚因子 C 设置较大时，支持向量机对于训练数据中的误分类点的惩罚更大，这将促使模型在训练数据上达到更好的性能。但是，如果 C 设置过大，模型可能会过于复杂而发生过拟合，导致在测试数据上的性能下降。反之，如果惩罚因子 C 设置过小，模型对于训练数据中的误分类点的惩罚会较小，这可能导致模型在训练数据上的性能较差。但是，较小的 C 值可以促使模型学习更简单的决策边界，从而降低过拟合的风险。

相应地，原问题变成了以下凸二次规划问题：

$$\min_{\omega,b,\xi}\left\{\frac{1}{2}\|\boldsymbol{\omega}\|^2+C\sum_{i=1}^{m}\xi_i\right\} \tag{6-53}$$

$$\text{s.t.}\ \ y_i(\boldsymbol{\omega}\cdot\boldsymbol{x}_i+b)\geqslant 1-\xi_i,\ \ \xi_i\geqslant 0,\ \ i=1,2,\cdots,m \tag{6-54}$$

进而应用拉格朗日乘子法便可得到其对偶问题。具体地，对每一个不等式约束［式（6-54）］引入拉格朗日乘子 $\alpha_i, \mu_i\geqslant 0$，$i=1, 2, \cdots, m$，从而定义拉格朗日函数：

$$L(\boldsymbol{\omega},b,\boldsymbol{\xi},\boldsymbol{\alpha},\boldsymbol{\mu})=\frac{1}{2}\|\boldsymbol{\omega}\|^2+C\sum_{i=1}^{m}\xi_i+\sum_{i=1}^{m}\alpha_i\left[1-\xi_i-y_i(\boldsymbol{\omega}\cdot\boldsymbol{x}_i+b)\right]-\sum_{i=1}^{m}\mu_i\xi_i \tag{6-55}$$

式中，$\boldsymbol{\alpha}=(\alpha_1,\alpha_2,\cdots,\alpha_m)$；$\boldsymbol{\mu}=(\mu_1,\mu_2,\cdots,\mu_m)$；$\boldsymbol{\xi}=(\xi_1,\xi_2,\cdots,\xi_m)$。

由于对偶问题是拉格朗日函数的极大极小问题，所以，首先求取 $L(\boldsymbol{\omega}, b, \boldsymbol{\xi}, \boldsymbol{\alpha}, \boldsymbol{\mu})$对 $\boldsymbol{\omega}$、b、$\boldsymbol{\xi}$ 的极小值。将拉格朗日函数 $L(\boldsymbol{\omega}, b, \boldsymbol{\xi}, \boldsymbol{\alpha}, \boldsymbol{\mu})$分别对 $\boldsymbol{\omega}$、b、$\boldsymbol{\xi}$ 求偏导并使其等于零，即

$$\frac{\partial L(\boldsymbol{\omega},b,\boldsymbol{\xi},\boldsymbol{\alpha},\boldsymbol{\mu})}{\partial\boldsymbol{\omega}}=\boldsymbol{\omega}-\sum_{i=1}^{m}\alpha_i y_i\boldsymbol{x}_i=0 \tag{6-56}$$

$$\frac{\partial L(\boldsymbol{\omega},b,\boldsymbol{\xi},\boldsymbol{\alpha},\boldsymbol{\mu})}{\partial b}=-\sum_{i=1}^{m}\alpha_i y_i=0 \tag{6-57}$$

$$\frac{\partial L(\boldsymbol{\omega},b,\boldsymbol{\xi},\boldsymbol{\alpha},\boldsymbol{\mu})}{\partial\xi_i}=C-\alpha_i-\mu_i=0 \tag{6-58}$$

得到

$$\boldsymbol{\omega}=\sum_{i=1}^{m}\alpha_i y_i\boldsymbol{x}_i \tag{6-59}$$

$$\sum_{i=1}^{m}\alpha_i y_i=0 \tag{6-60}$$

$$C-\alpha_i-\mu_i=0 \tag{6-61}$$

将式（6-59）～式（6-61）代入式（6-55）中，得到

$$\min_{\omega,b,\xi}L(\boldsymbol{\omega},b,\boldsymbol{\xi},\boldsymbol{\alpha},\boldsymbol{\mu})=-\frac{1}{2}\sum_{i=1}^{m}\sum_{j=1}^{m}\alpha_i\alpha_j y_i y_j(\boldsymbol{x}_i\cdot\boldsymbol{x}_j)+\sum_{i=1}^{m}\alpha_i \tag{6-62}$$

然后，对 $\min\limits_{\omega,b,\xi} L(\boldsymbol{\omega},b,\boldsymbol{\xi},\boldsymbol{\alpha},\boldsymbol{\mu})$ 求取 $\boldsymbol{\alpha}$ 的极大值，即可得到对偶问题，即

$$\max_{\alpha}\left\{-\frac{1}{2}\sum_{i=1}^{m}\sum_{j=1}^{m}\alpha_i\alpha_j y_i y_j(\boldsymbol{x}_i\cdot\boldsymbol{x}_j)+\sum_{i=1}^{m}\alpha_i\right\}$$
$$\text{s.t.}\begin{cases}\sum_{i=1}^{m}\alpha_i y_i=0\\ C-\alpha_i-\mu_i=0\\ \alpha_i\geqslant 0,\ \ \mu_i\geqslant 0,\ \ i=1,2,\cdots,m\end{cases}\tag{6-63}$$

利用等式约束 $C-\alpha_i-\mu_i=0$ 消去 μ_i，再将对目标函数求极大转换为求极小，对偶问题变换为

$$\min_{\alpha}\left\{\frac{1}{2}\sum_{i=1}^{m}\sum_{j=1}^{m}\alpha_i\alpha_j y_i y_j(\boldsymbol{x}_i\cdot\boldsymbol{x}_j)-\sum_{i=1}^{m}\alpha_i\right\}$$
$$\text{s.t.}\ \ \sum_{i=1}^{m}\alpha_i y_i=0,\ \ 0\leqslant\alpha_i\leqslant C\tag{6-64}$$

将上述模型与硬间隔下的对偶问题对比可以看出，两者唯一的差别就在于对偶变量的余数不同：前者是 $0\leqslant\alpha_i\leqslant C$，后者是 $\alpha_i\geqslant 0$。因此，可以采用同样的算法求解该模型。

设 $\boldsymbol{\alpha}^*=(\alpha_1^*,\alpha_2^*,\cdots,\alpha_m^*)^{\mathrm{T}}$ 是对偶问题［式（6-64）］的解，则存在下角标 j，使得 $0<\alpha_j^*<C$，并可按下式求得原始问题的解 $\boldsymbol{\omega}^*$ 和 b^*，即

$$\boldsymbol{\omega}^*=\sum_{i=1}^{m}\alpha_j^* y_i\boldsymbol{x}_i\tag{6-65}$$

$$b^*=y_j-\sum_{i=1}^{m}\alpha_j^* y_i(\boldsymbol{x}_i\cdot\boldsymbol{x}_j)\tag{6-66}$$

6.5 支持向量回归

支持向量回归（support vector regression，SVR）是支持向量机的一种扩展，专门用于处理回归问题。给定训练数据集 $\boldsymbol{D}=\{(\boldsymbol{x}_1,y_1),(\boldsymbol{x}_2,y_2),\cdots,(\boldsymbol{x}_m,y_m)\}$, $y_i\in\mathbf{R}$，希望通过学习获得一个回归模型，使得 $f(\boldsymbol{x})$ 与 y 尽可能接近，该回归模型可表示为

$$f(\boldsymbol{x})=\boldsymbol{\omega}\cdot\boldsymbol{x}+b\tag{6-67}$$

式中，$\boldsymbol{\omega}$ 和 b 是待定的模型参数。

传统回归模型通常直接基于模型输出 $f(\boldsymbol{x})$ 与真实输出 y 之间的差来计算损失，当且仅当 $f(\boldsymbol{x})$ 与 y 完全相同时，损失才为零。与此不同，支持向量回归假设能容忍 $f(\boldsymbol{x})$ 与 y 之间最多有 ε 的偏差，即仅当 $f(\boldsymbol{x})$ 与 y 之间的绝对偏差大于 ε 时才计算损失。这相当于以 $f(\boldsymbol{x})$ 为中心，构建了一个宽度为 2ε 的间隔带，若训练样本落入此间隔带，则认为是被正确预测的，如图 6-4 所示。

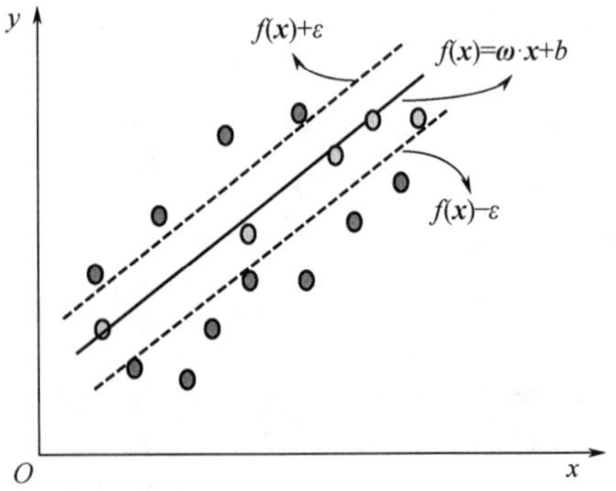

图 6-4　支持向量回归示意图

于是，支持向量回归问题可以定义为

$$\min_{\boldsymbol{\omega},b}\frac{1}{2}\|\boldsymbol{\omega}\|^2+C\sum_{i=1}^{m}l_\varepsilon[f(\boldsymbol{x}_i)-y_i] \tag{6-68}$$

式中，C 为正则化常数；l_ε 是 ε-不敏感损失函数，即

$$l_\varepsilon(z)=\begin{cases}0, & |z|<\varepsilon\\ |z|-\varepsilon, & |z|\geqslant\varepsilon\end{cases} \tag{6-69}$$

引入松弛变量 ξ_i 和 $\hat{\xi}_i$，可将式（6-68）重写为

$$\min_{\boldsymbol{\omega},b,\xi_i,\hat{\xi}_i}\frac{1}{2}\|\boldsymbol{\omega}\|^2+C\sum_{i=1}^{m}(\xi_i+\hat{\xi}_i) \tag{6-70}$$

$$\text{s.t.}\begin{cases}f(x_i)-y_i\leqslant\varepsilon+\xi_i\\ y_i-f(x_i)\leqslant\varepsilon+\hat{\xi}_i\\ \xi_i\geqslant 0,\ \hat{\xi}_i\geqslant 0,\ i=1,2,\cdots,m\end{cases} \tag{6-71}$$

引入拉格朗日乘子：$\mu_i\geqslant 0$，$\hat{\mu}_i\geqslant 0$，$\alpha_i\geqslant 0$，$\hat{\alpha}_i\geqslant 0$。由拉格朗日乘子法可以得到如下的拉格朗日函数：

$$\begin{aligned}L(\boldsymbol{\omega},b,\boldsymbol{\alpha},\hat{\boldsymbol{\alpha}},\boldsymbol{\xi},\hat{\boldsymbol{\xi}},\boldsymbol{\mu},\hat{\boldsymbol{\mu}})=&\frac{1}{2}\|\boldsymbol{\omega}\|^2+C\sum_{i=1}^{m}(\xi_i+\hat{\xi}_i)-\sum_{i=1}^{m}\mu_i\xi_i-\sum_{i=1}^{m}\hat{\mu}_i\hat{\xi}_i\\&+\sum_{i=1}^{m}\alpha_i[f(\boldsymbol{x}_i)-y_i-\varepsilon-\xi_i]+\sum_{i=1}^{m}\hat{\alpha}_i[y_i-f(\boldsymbol{x}_i)-\varepsilon-\hat{\xi}_i]\end{aligned} \tag{6-72}$$

将式（6-67）代入式（6-72），再令 $L(\boldsymbol{\omega},b,\boldsymbol{\alpha},\hat{\boldsymbol{\alpha}},\boldsymbol{\xi},\hat{\boldsymbol{\xi}},\boldsymbol{\mu},\hat{\boldsymbol{\mu}})$ 对 $\boldsymbol{\omega}$、b、ξ_i 和 $\hat{\xi}_i$ 分别求取偏导数并使之等于 0，可以得到

$$\boldsymbol{\omega}=\sum_{i=1}^{m}(\hat{\alpha}_i-\alpha_i)\boldsymbol{x}_i \tag{6-73}$$

$$0=\sum_{i=1}^{m}(\hat{\alpha}_i-\alpha_i) \tag{6-74}$$

$$C=\alpha_i+\mu_i \tag{6-75}$$

$$C=\hat{\alpha}_i+\hat{\mu}_i \tag{6-76}$$

将式（6-73）～式（6-76）代入式（6-72），即可得到支持向量回归的对偶问题，即

$$\begin{aligned}&\max_{\boldsymbol{\alpha},\hat{\boldsymbol{\alpha}}}\left\{\sum_{i=1}^{m}y_i(\hat{\alpha}_i-\alpha_i)-\varepsilon(\hat{\alpha}_i+\alpha_i)-\frac{1}{2}\sum_{i=1}^{m}\sum_{j=1}^{m}(\hat{\alpha}_i-\alpha_i)(\hat{\alpha}_j-\alpha_j)\boldsymbol{x}_i\cdot\boldsymbol{x}_i\right\}\\&\text{s.t.}\ \sum_{i=1}^{m}(\hat{\alpha}_i-\alpha_i)=0,\ 0\leqslant\alpha_i,\ \hat{\alpha}_i\leqslant C\end{aligned} \tag{6-77}$$

将式（6-73）代入到式（6-67），则支持向量回归模型为

$$f(\boldsymbol{x})=\sum_{i=1}^{m}(\hat{\alpha}_i-\alpha_i)\boldsymbol{x}_i\cdot\boldsymbol{x}+b \tag{6-78}$$

式中，能使 $(\hat{\alpha}_i-\alpha_i)\neq 0$ 的样本即为 SVR 的支持向量。

本章小结

支持向量机是一种广泛应用于分类和回归分析的机器学习算法。本章介绍了支持向量机的基本概念、原理及其对偶问题。在处理非线性可分问题时，可以采用核函数构建非线性支持向量机。通过支持向量机正则化，可以防止支持向量机过拟合。本章最后，介绍了支持向量回归方法用于求解回归问题。

习题

习题 6-1：简述支持向量机的原理和基本思想。

习题 6-2：简述最大间隔超平面的概念，并说明如何求解。

习题 6-3：写出线性可分支持向量机的对偶问题。

习题 6-4：对于非线性可分问题，简述核函数的作用，并举例说明一些常用的核函数。

习题 6-5：针对一个具体的问题，采用 MATLAB 或 Python 编程实现支持向量机模型。

第7章

聚类算法

扫码获取配套资源

在机器学习中，分类算法和聚类算法各有不同。分类是根据一组已知类别的样本训练一个分类器，让其能够对某种未知的样本进行类别判定，因此属于监督学习，主要涉及分类规则的准确性、过拟合、矛盾划分的取舍等。而聚类就是将样本中在某些方面相似的成员聚集在一起形成不同类别，一个聚类就是一些实例的集合。由于聚类的数据事先没有类别信息，所以聚类通常被称为无监督学习。聚类的目标是得到较高的类内相似度和较低的类间相似度，使类间的距离尽可能大，类内样本与聚类中心的距离尽可能小。聚类之后的数据，只能显示出某类的数据存在相似性，并不能说明其他问题，也无法直接获得类别标签。

思维导图

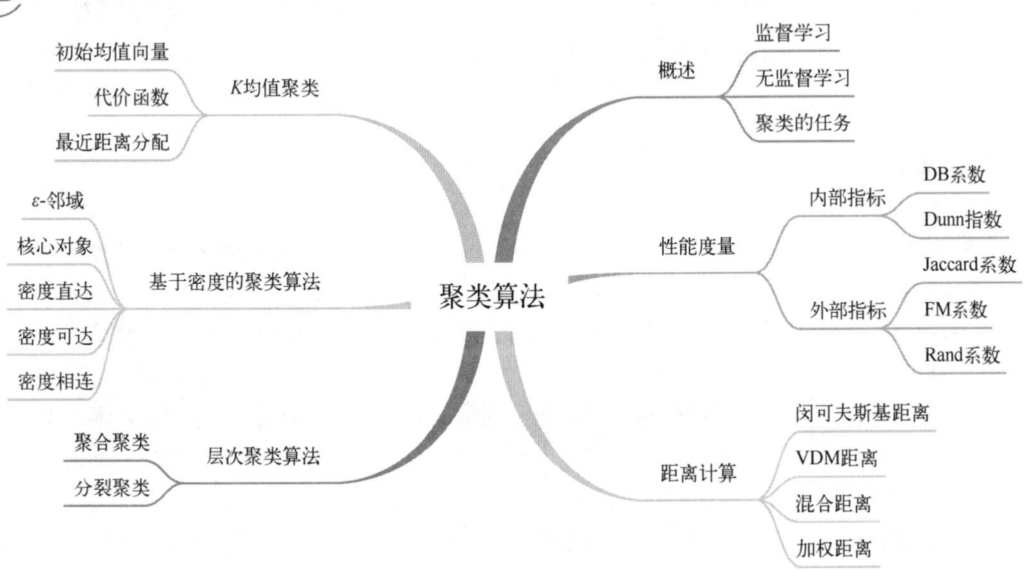

学习目标

1. 了解监督学习与无监督学习的基本概念；
2. 掌握聚类性能度量的内部指标与外部指标；
3. 掌握不同的距离计算方法及其适用场景；
4. 掌握 K 均值聚类的基本原理及其实现方法；
5. 掌握密度聚类的基本原理及其实现方法；
6. 掌握层次聚类的基本原理及其实现方法；
7. 培养采用聚类算法解决实际问题的能力。

案例引入

在商业领域，市场细分是一个重要的步骤，可以帮助企业更好地了解客户群体，以便为目标客户提供更个性化的服务和产品。市场细分将客户分为不同的群体，每个群体具有类似的特征和需求。聚类算法可以用于自动化这个过程，帮助企业更有效地进行市场细分。

例如，一家公司拥有大量的客户数据，包括客户的年龄、性别、收入、购买历史、兴趣等等。该公司想要根据这些数据将客户分为几个群体，以便为每个群体提供更好的服务和产品。在这种情况下，可以使用聚类算法来自动化这个过程。

具体来说，首先将客户数据加载到一个数据集中，然后选择一个聚类算法（例如 K 均值聚类或层次聚类）；接下来，根据客户数据的相似性将客户分为不同的群体；最后，根据每个群体的特征和需求，为目标客户提供更个性化的服务和产品。

本案例展示了聚类算法在市场细分中的应用。通过将客户分为不同的群体，企业可以更好地了解其客户的需求和特征，以便为目标客户提供更个性化的服务和产品，从而实现更好的业务效益。

7.1 概述

前面已经介绍了线性模型、决策树、贝叶斯分类、支持向量机等机器学习方法，都是要从给定的训练数据集中学习一个映射模型，当新的数据到来时根据这个模型预测结果。因此，需要输入数据（特征）与输出数据（标记）之间存在明确的对应关系，即已知输入数据（特征）对应的输出数据（标记）。所以，这类机器学习方法称为监督学习（supervised learning）方法。

而在实际中，经常会遇到这样一类问题：给机器输入大量的特征数据，并期望机器通过学习找到数据中存在的某种共性特征、结构，抑或是数据之间存在的某种关联。例如，视频网站根据用户的观看行为对用户进行分组从而建立不同的推荐策略。这类问题被称作无监督学习（unsupervised learning）（也称非监督学习）问题，并不像监督学习那样希望根据输入数据预测某种输出结果。

在无监督学习中，训练样本的标记信息是未知的。目标是通过对无标记训练样本的学习来揭示数据的内在性质及规律，为进一步的数据分析提供基础。此类学习任务中研究最多、应用最广的是聚类（clustering）。

聚类试图将数据集中的样本划分为若干个通常不相交的子集，每个子集称为一个簇。通过这样的划分，每个簇可能对应于一些潜在的类别。需要注意的是，这些类别对聚类算法而言事先是未知的，聚类过程仅能自动形成簇结构，簇所对应的概念语义需由使用者来把握和命名。

具体地，假设训练数据集 $\boldsymbol{D}=\{\boldsymbol{x}_1, \boldsymbol{x}_2, \cdots, \boldsymbol{x}_m\}$包含 m 个无标记样本，每个样本 $\boldsymbol{x}_i=(x_{i1}, x_{i2}, \cdots, x_{in})$ 是一个 n 维特征向量，则聚类算法将样本集 $\boldsymbol{D}$ 划分为 k 个不相交的簇 $\boldsymbol{C}_i(i=1, 2, \cdots, k)$，其中 $\boldsymbol{C}_i \bigcap_{i \neq j} \boldsymbol{C}_j = \varnothing$ 且 $\boldsymbol{D} = \bigcup_{i=1}^{k} \boldsymbol{C}_i$。相应地，用 $\lambda_j \in \{1, 2, \cdots, k\}$表示样本 $\boldsymbol{x}_j$ 的“簇标记”，即 $\boldsymbol{x}_j \in \boldsymbol{C}_{\lambda_j}$。因此，聚类的结果可用包含 m 个元素的簇标记向量 $\boldsymbol{\lambda}=(\lambda_1, \lambda_2, \cdots, \lambda_m)$表示。

图 7-1 提供了一个二维空间中聚类的例子。其中，图 7-1（a）展示了训练数据集在二维空间中的分布，图 7-1（b）展示了采用聚类算法划分出三个类别的聚类结果，图中的三个“×”号分别代表三个簇的中心点。

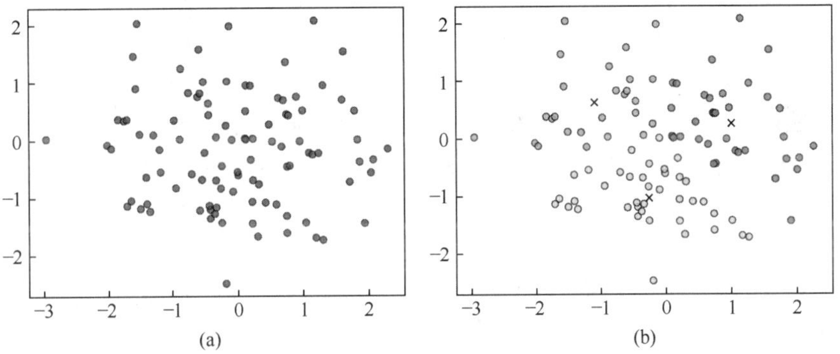

图 7-1　二维空间中的聚类

聚类既能作为一个单独过程，用于找寻数据内在的分布结构，也可作为分类等其他学习任务的前驱过程。例如，在一些商业应用中需对新用户的类型进行判别，但定义“用户类型”对商家来说却可能不太容易。此时，往往可先对用户数据进行聚类，根据聚类结果将每个簇定义为一个类，然后再基于这些类训练分类模型，用于判别新用户的类型。

基于不同的学习策略已经设计出了多种类型的聚类算法。在学习聚类算法之前，先来了解一下聚类算法涉及的两个基本问题——性能度量和距离计算。

7.2　性能度量

聚类性能度量亦称聚类有效性指标（validity index）。与监督学习中的性能度量作用相似，聚类中也需通过某种性能度量来评估聚类结果的好坏。另一方面，若明确了最终将要使用的性能度量，则可直接将其作为聚类过程的优化目标，从而更好地得到符合要求的聚类结果。

聚类是指将样本集 $\boldsymbol{D}$ 分为若干互不相交的子集，即样本簇。那么，什么样的聚类结果较好呢？直观上，希望同一簇的样本尽可能彼此相似，不同簇的样本尽可能不同。换言之，聚类结果应该是簇内相似度（intra-cluster similarity）高且簇间相似度（inter-cluster similarity）低。

聚类的性能度量指标主要有两类：一类是将聚类结果与某个参考模型进行比较，称为外部指标（external index）；另一类则是直接考察聚类结果而不利用任何参考模型，称为内部指标（internal index）。

（1）外部指标

对于训练数据集 $\boldsymbol{D}=\{\boldsymbol{x}_1, \boldsymbol{x}_2, \cdots, \boldsymbol{x}_m\}$，假定通过聚类给出的簇划分为 $\boldsymbol{C}=\{C_1, C_2, \cdots, C_K\}$，参考模型给出的簇划分为 $\boldsymbol{C}^*=\{\boldsymbol{C}_1^*, \boldsymbol{C}_2^*, \cdots, \boldsymbol{C}_{K^*}^*\}$，其中 K 和 K^* 不一定相等。令 $\boldsymbol{\lambda}$ 和 $\boldsymbol{\lambda}^*$ 分别表示 $\boldsymbol{C}$ 和 $\boldsymbol{C}^*$ 的簇标记向量。定义以下变量：

$$\begin{cases} a=|\mathrm{SS}|,\ \mathbf{SS}=\{(\boldsymbol{x}_i,\boldsymbol{x}_j)\mid \lambda_i=\lambda_j,\lambda_i^*=\lambda_j^*,i<j\} \\ b=|\mathrm{SD}|,\ \mathbf{SD}=\{(\boldsymbol{x}_i,\boldsymbol{x}_j)\mid \lambda_i=\lambda_j,\lambda_i^*\neq\lambda_j^*,i<j\} \\ c=|\mathrm{DS}|,\ \mathbf{DS}=\{(\boldsymbol{x}_i,\boldsymbol{x}_j)\mid \lambda_i\neq\lambda_j,\lambda_i^*=\lambda_j^*,i<j\} \\ d=|\mathrm{DD}|,\ \mathbf{DD}=\{(\boldsymbol{x}_i,\boldsymbol{x}_j)\mid \lambda_i\neq\lambda_j,\lambda_i^*\neq\lambda_j^*,i<j\} \end{cases} \tag{7-1}$$

式中，$|\cdot|$代表集合中的元素个数；集合 **SS** 包含了在 $\boldsymbol{C}$ 中隶属于相同簇且在 $\boldsymbol{C}^*$ 中也隶属于相同簇的样本对；集合 **SD** 包含了在 $\boldsymbol{C}$ 中隶属于相同簇但在 $\boldsymbol{C}^*$ 中隶属于不同簇的样本对；集合 **DS** 包含了在 $\boldsymbol{C}$ 中隶属于不同簇但在 $\boldsymbol{C}^*$ 中隶属于相同簇的样本对；集合 **DD** 包含了在 $\boldsymbol{C}$ 中隶属于不同簇且在 $\boldsymbol{C}^*$ 中隶属于不同簇的样本对；λ_i、λ_i^* 分别表示 $\boldsymbol{\lambda}$、$\boldsymbol{\lambda}^*$ 的第 i 个分量。

由于每个样本对 $(\boldsymbol{x}_i, \boldsymbol{x}_j)(i<j)$ 只能隶属于 **SS**、**SD**、**DS**、**DD** 中的一个集合，因此有

$$a+b+c+d=\frac{m(m-1)}{2} \tag{7-2}$$

基于式（7-1）可导出以下常用的聚类性能度量外部指标，其值都在[0, 1]之间，值越大说明聚类的性能越好。

1）Jaccard 系数（Jaccard coefficient，JC）

Jaccard 系数刻画的是：所有的同类样本对（要么在 $\boldsymbol{C}$ 中属于同类，要么在 $\boldsymbol{C}^*$ 中属于同类）中，同时隶属于 $\boldsymbol{C}$ 和 $\boldsymbol{C}^*$ 的比例。表达式为

$$\mathrm{JC}=\frac{a}{a+b+c} \tag{7-3}$$

2）FM 指数（Fowlkes and Mallows index，FMI）

FM 指数刻画的是：在 $\boldsymbol{C}$ 中同类的样本对中同时隶属于 $\boldsymbol{C}^*$ 的样本对的比例 p_1 与在 $\boldsymbol{C}^*$ 中同类的样本对中同时隶属于 $\boldsymbol{C}$ 的样本对的比例 p_2 的几何平均。表达式为

$$\mathrm{FMI}=\sqrt{p_1 p_2} \tag{7-4}$$

式中：

$$p_1=\frac{a}{a+b},\ p_2=\frac{a}{a+c} \tag{7-5}$$

3）Rand 指数（Rand index，RI）

Rand 指数刻画的是：同时隶属于 $\boldsymbol{C}$ 和 $\boldsymbol{C}^*$ 的同类样本对（这种样本对属于同一个簇的概率最大）与既不隶属于 $\boldsymbol{C}$ 又不隶属于 $\boldsymbol{C}^*$ 的非同类样本对（这种样本对不属于同一个簇的概率最大）之和占所有样本对的比例。这个比例其实就是聚类可靠程度的度量，表达式为

$$\mathrm{RI}=\frac{a+d}{m(m-1)/2} \tag{7-6}$$

（2）内部指标

假设数据集 $\boldsymbol{D}=\{\boldsymbol{x}_1, \boldsymbol{x}_2, \cdots, \boldsymbol{x}_m\}$，通过聚类给出的簇划分为 $\boldsymbol{C}=\{\boldsymbol{C}_1, \boldsymbol{C}_2, \cdots, \boldsymbol{C}_K\}$，有如下定义：

$$\operatorname{avg}(\boldsymbol{C}_k)=\frac{\sum_{1\leqslant i<j\leqslant|C_k|}\operatorname{dist}(\boldsymbol{x}_i,\boldsymbol{x}_j)}{|C_k|(|C_k|-1)/2} \tag{7-7}$$

$$\operatorname{diam}(\boldsymbol{C}_k)=\max_{1\leqslant i<j\leqslant|C_k|}\operatorname{dist}(\boldsymbol{x}_i,\boldsymbol{x}_j) \tag{7-8}$$

$$d_{\min}(\boldsymbol{C}_i,\boldsymbol{C}_j)=\min_{\boldsymbol{x}_i\in\boldsymbol{C}_i,\boldsymbol{x}_j\in\boldsymbol{C}_j}\operatorname{dist}(\boldsymbol{x}_i,\boldsymbol{x}_j) \tag{7-9}$$

$$d_{\text{cen}}(\boldsymbol{C}_i,\boldsymbol{C}_j)=\operatorname{dist}(\boldsymbol{\mu}_i,\boldsymbol{\mu}_j) \tag{7-10}$$

式中，$\operatorname{dist}(\boldsymbol{x}_i, \boldsymbol{x}_j)$表示样本 $\boldsymbol{x}_i$ 和 $\boldsymbol{x}_j$ 之间的距离；$\boldsymbol{\mu}_i$ 和 $\boldsymbol{\mu}_j$ 分别代表簇 $\boldsymbol{C}_i$ 和 $\boldsymbol{C}_j$ 的中心点，有

$$\boldsymbol{\mu}_i=\frac{1}{|C_i|}\sum_{1\leqslant i\leqslant|C_i|}\boldsymbol{x}_i \tag{7-11}$$

$$\boldsymbol{\mu}_j=\frac{1}{|C_j|}\sum_{1\leqslant i\leqslant|C_j|}\boldsymbol{x}_j \tag{7-12}$$

显然，$\operatorname{avg}(\boldsymbol{C}_k)$表示簇 $\boldsymbol{C}_k$ 内样本间的平均距离，$\operatorname{diam}(\boldsymbol{C}_k)$表示簇 $\boldsymbol{C}_k$ 内样本间的最远距离，$d_{\min}(\boldsymbol{C}_i, \boldsymbol{C}_j)$表示簇 $\boldsymbol{C}_i$ 和 $\boldsymbol{C}_j$ 最近样本之间的距离，$d_{\text{cen}}(\boldsymbol{C}_i, \boldsymbol{C}_j)$表示簇 $\boldsymbol{C}_i$ 和 $\boldsymbol{C}_j$ 中心点间的距离。

基于式（7-7）～式（7-10）可以给出以下常用的聚类性能度量内部指标。

1）DB 指数（Davies-Bouldin index，DBI）

在 DB 指数中，以两个簇的样本距离均值之和除以两个簇的中心点之间的距离作为基本度量。给定一个簇，遍历其他的簇，寻找该度量的最大值。然后，对所有的簇，取其最大度量的均值，即为 DB 指数，表达式为

$$\text{DBI}=\frac{1}{k}\sum_{i=1}^{k}\max_{i\neq j}\left\{\frac{\operatorname{avg}(\boldsymbol{C}_i)+\operatorname{avg}(\boldsymbol{C}_j)}{d_{\text{cen}}(\boldsymbol{C}_i,\boldsymbol{C}_j)}\right\} \tag{7-13}$$

由式（7-13）可知，每个簇的样本距离均值越小（即簇内样本距离都很近），或者簇间中心点的距离越大（即簇间样本距离相互都很远），则 DB 指数越小。而 DB 指数越小，则表示聚类结果越好。

2）Dunn 指数（Dunn index，DI）

在 Dunn 指数中，以任意两个簇之间最近样本之间距离的最小值，除以所有簇内最远样本间距离的最大值作为度量，表达式为

$$\text{DI}=\min_{1\leqslant i\leqslant k}\left\{\min_{j\neq i}\left\{\frac{d_{\min}(\boldsymbol{C}_i,\boldsymbol{C}_j)}{\max\limits_{1\leqslant l\leqslant k}\operatorname{diam}(\boldsymbol{C}_l)}\right\}\right\} \tag{7-14}$$

由式（7-14）可知，任意两个簇之间最近样本之间的距离的最小值越大（即簇间样本相互距离都很远），或者簇内最远样本间距离的最大值越小（即簇内样本距离都很近），则 Dunn 指数越大。而 Dunn 指数越大，则表示聚类效果越好。

7.3 距离计算

在机器学习中，常常将样本的属性（特征）划分为“连续属性”和“离散属性”。前者在定

义域上有无穷多个可能的取值，后者在定义域上有有限个取值。然而，在进行样本之间距离计算时，我们更关注的是属性值是否有序。

例如，定义域为{1, 2, 3}的离散属性与连续属性的性质更接近一些，能直接在属性值上计算距离，即“1”与“2”比较接近、与“3”比较远，这样的属性称为“有序属性”；而如果定义域为{飞机, 火车, 轮船}，这样的离散属性则不能直接在属性值上计算距离，称为“无序属性”。对于有序属性可以采用闵可夫斯基距离，无序属性可以采用 VDM 距离，分别介绍如下。

（1）闵可夫斯基距离

给定样本 $\boldsymbol{x}_i=(x_{i1}, x_{i2}, \cdots, x_{in})$和 $\boldsymbol{x}_j=(x_{j1}, x_{j2}, \cdots, x_{jn})$，闵可夫斯基距离定义如下：

$$\mathrm{dist}(\boldsymbol{x}_i,\boldsymbol{x}_j)=(\sum_{u=1}^{n}\left|x_{iu}-x_{ju}\right|^p)^{\frac{1}{p}} \tag{7-15}$$

当 $p=1$ 时，闵可夫斯基距离就是曼哈顿距离，即

$$\mathrm{dist}(\boldsymbol{x}_i,\boldsymbol{x}_j)=\left\|\boldsymbol{x}_i-\boldsymbol{x}_j\right\|_1=\sum_{u=1}^{n}\left|x_{iu}-x_{ju}\right| \tag{7-16}$$

当 $p=2$ 时，闵可夫斯基距离就是常用的欧氏距离，即

$$\mathrm{dist}(\boldsymbol{x}_i,\boldsymbol{x}_j)=\left\|\boldsymbol{x}_i-\boldsymbol{x}_j\right\|_2=\sqrt{\sum_{u=1}^{n}\left|x_{iu}-x_{ju}\right|^2} \tag{7-17}$$

（2）VDM 距离

令 $m_{u,a}$ 表示在属性 u 上取值为 a 的样本数，$m_{u,a,i}$ 表示在第 i 个样本簇中在属性 u 上取值为 a 的样本数，k 为样本簇数，则属性 u 上两个离散值 a 与 b 之间的 VDM 距离表示为

$$\mathrm{VDM}(a,b)=\sum_{i=1}^{k}\left|\frac{m_{u,a,i}}{m_{u,a}}-\frac{m_{u,b,i}}{m_{u,b}}\right|^p \tag{7-18}$$

由式（7-18）可知，VDM 距离刻画的是属性取值在各簇上的频率分布之间的差异。

（3）混合距离

当样本的属性集为有序属性与无序属性的混合时，可以将闵可夫斯基距离与 VDM 距离混合使用。假设有 n_{c} 个有序属性、$n-n_{\mathrm{c}}$ 个无序属性，则混合距离定义如下：

$$\mathrm{MD}=\left[\sum_{u=1}^{n_{\mathrm{c}}}\left|x_{iu}-x_{ju}\right|^p+\sum_{u=n_{\mathrm{c}}+1}^{n}\mathrm{VDM}(x_{iu},x_{ju})\right]^{\frac{1}{p}} \tag{7-19}$$

（4）加权距离

当样本空间中不同属性的重要性不同时，可以采用加权距离。以加权闵可夫斯基距离为例，加权距离可表示为

$$\mathrm{dist}(\boldsymbol{x}_i,\boldsymbol{x}_j)=(\sum_{m=1}^{n}w_m\left|x_{im}-x_{jm}\right|^p)^{\frac{1}{p}} \tag{7-20}$$

式中，权重 $w_m \geqslant 0$，$m=1, 2, \cdots, n$。w_m 表征不同属性的重要度，通常有 $\sum_{m=1}^{n}w_m=1$。

7.4　K 均值聚类

K 均值（K-means）聚类是一种基于样本集合划分的聚类算法。该方法将样本集合划分为 K 个子集，从而构成 K 个簇。在将 n 个样本分到 K 个簇中时，遵循的原则是每个样本到其所属簇的中心距离最小，且每个样本仅属于一个簇。由于一个样本仅属于一个簇，所以 K 均值聚类也是一种硬聚类算法。

给定训练数据集 $\boldsymbol{D}=\{\boldsymbol{x}_1, \boldsymbol{x}_2, \cdots, \boldsymbol{x}_m\}$，$K$ 均值聚类算法最小化聚类所得簇划分 $\boldsymbol{C}=\{\boldsymbol{C}_1, \boldsymbol{C}_2, \cdots, \boldsymbol{C}_K\}$ 的平方误差，即

$$J(\boldsymbol{C},\boldsymbol{\mu})=\sum_{i=1}^{K}\sum_{\boldsymbol{x}_j\in\boldsymbol{C}_i}\left\|\boldsymbol{x}_j-\boldsymbol{\mu}_i\right\|_2 \tag{7-21}$$

式中，$\boldsymbol{\mu}=\{\boldsymbol{\mu}_1, \boldsymbol{\mu}_2, \cdots, \boldsymbol{\mu}_K\}$，$\boldsymbol{\mu}_i$ 是簇 $\boldsymbol{C}_i$ 的均值向量，定义为

$$\boldsymbol{\mu}_i=\frac{1}{|C_i|}\sum_{\boldsymbol{x}_j\in\boldsymbol{C}_i}\boldsymbol{x}_j \tag{7-22}$$

最小化式（7-21）是一个 NP 难问题，因为找到其最优解需考察样本集 $\boldsymbol{D}$ 的所有可能簇划分。因此，K 均值聚类算法采用了贪心策略，通过迭代优化来近似求解。K 均值聚类算法的基本步骤如下：

① 从 $\boldsymbol{D}$ 中随机选取 K 个样本作为初始的均值向量，分别记为

$$\boldsymbol{\mu}_1^{(0)},\boldsymbol{\mu}_2^{(0)},\cdots,\boldsymbol{\mu}_K^{(0)}$$

② 定义代价函数：

$$J(\boldsymbol{C},\boldsymbol{\mu})=\sum_{i=1}^{K}\sum_{\boldsymbol{x}_j\in\boldsymbol{C}_i}\left\|\boldsymbol{x}_j-\boldsymbol{\mu}_i\right\|_2$$

③ 令 t=0, 1, 2, …，重复迭代以下过程，直到 $J(\boldsymbol{C}, \boldsymbol{\mu})$收敛：对于每一个样本 $\boldsymbol{x}_i$，将其分配到距离最近的簇 $\boldsymbol{C}_k^{(t)}\leftarrow\boldsymbol{C}_k^{(t)}\cup\{\boldsymbol{x}_i\}$，其中

$$\boldsymbol{C}_k^{(t)}\leftarrow\arg\min_k\left\|\boldsymbol{x}_i-\boldsymbol{\mu}_k^{(t)}\right\|_2 \tag{7-23}$$

对于每一个簇 k，重新计算该簇的中心 $\boldsymbol{\mu}_k^{(t+1)}$，即

$$\boldsymbol{\mu}_k^{(t+1)}=\frac{1}{|C_k^t|}\sum_{\boldsymbol{x}_j\in\boldsymbol{C}_k^t}\boldsymbol{x}_j \tag{7-24}$$

最后，输出簇划分 $\boldsymbol{C}=\{\boldsymbol{C}_1, \boldsymbol{C}_2, \cdots, \boldsymbol{C}_K\}$。

【例 7-1】 训练数据集如表 7-1 所示，该数据集包含 10 个样本数据，请采用 K 均值聚类将该数据集划分为 2 个簇。

表 7-1　训练数据集

编号	特征 1	特征 2	簇划分
1	0.58	−0.95	?
2	−1.13	0.92	?
3	−0.54	1.25	?

续表

编号	特征 1	特征 2	簇划分
4	0.79	−0.72	?
5	−1.07	0.98	?
6	0.82	−1.17	?
7	1.10	−1.18	?
8	−0.93	0.54	?
9	−1.14	1.19	?
10	1.51	−0.86	?

解：

（1）第 0 次迭代

随机选择两个样本 $\boldsymbol{x}_4$ 和 $\boldsymbol{x}_7$ 作为初始均值向量 $\boldsymbol{\mu}_1^{(0)}$ 和 $\boldsymbol{\mu}_2^{(0)}$，有

$$\boldsymbol{\mu}_1^{(0)} = \boldsymbol{x}_4 = (0.79;-0.72)$$

$$\boldsymbol{\mu}_2^{(0)} = \boldsymbol{x}_7 = (1.1;-1.18)$$

计算样本 $\boldsymbol{x}_i$ 与各均值向量的距离，并更新样本的簇标记，即

$$\boldsymbol{C}_1^{(0)} = \{\boldsymbol{x}_1, \boldsymbol{x}_2, \boldsymbol{x}_3, \boldsymbol{x}_4, \boldsymbol{x}_5, \boldsymbol{x}_8, \boldsymbol{x}_9\}$$

$$\boldsymbol{C}_2^{(0)} = \{\boldsymbol{x}_6, \boldsymbol{x}_7, \boldsymbol{x}_{10}\}$$

第 0 次的迭代结果，如表 7-2 所示。

表 7-2　第 0 次的迭代结果

编号	特征 1	特征 2	距离 1	距离 2	簇划分
1	0.58	−0.95	0.31	0.57	1
2	−1.13	0.92	2.53	3.06	1
3	−0.54	1.25	2.38	2.93	1
4	0.79	−0.72	0.00	0.55	1
5	−1.07	0.98	2.52	3.06	1
6	0.82	−1.17	0.45	0.28	2
7	1.10	−1.18	0.55	0.00	2
8	−0.93	0.54	2.13	2.66	1
9	−1.14	1.19	2.72	3.26	1
10	1.51	−0.86	0.73	0.52	2

（2）第 1 次迭代

根据当前的簇划分，计算新的均值向量，有

$$\boldsymbol{\mu}_1^{(1)} = \frac{1}{\left|C_1^{(0)}\right|} \sum_{\boldsymbol{x}_j \in \boldsymbol{C}_1^{(0)}} \boldsymbol{x}_j = (-0.491;0.459)$$

$$\boldsymbol{\mu}_2^{(1)} = \frac{1}{\left|C_2^{(0)}\right|} \sum_{\boldsymbol{x}_j \in \boldsymbol{C}_2^{(0)}} \boldsymbol{x}_j = (1.143;-1.07)$$

计算样本 $\boldsymbol{x}_i$ 与各均值向量的距离，并更新样本的簇标记，有

$$\boldsymbol{C}_1^{(1)}=\{\boldsymbol{x}_2,\boldsymbol{x}_3,\boldsymbol{x}_5,\boldsymbol{x}_8,\boldsymbol{x}_9\}$$

$$\boldsymbol{C}_2^{(1)}=\{\boldsymbol{x}_1,\boldsymbol{x}_4,\boldsymbol{x}_6,\boldsymbol{x}_7,\boldsymbol{x}_{10}\}$$

第 1 次的迭代结果，如表 7-3 所示。

表 7-3 第 1 次的迭代结果

编号	特征 1	特征 2	距离 1	距离 2	簇划分
1	0.58	−0.95	1.77	0.58	2
2	−1.13	0.92	0.79	3.02	1
3	−0.54	1.25	0.79	2.87	1
4	0.79	−0.72	1.74	0.50	2
5	−1.07	0.98	0.78	3.02	1
6	0.82	−1.17	2.09	0.34	2
7	1.10	−1.18	2.28	0.12	2
8	−0.93	0.54	0.45	2.63	1
9	−1.14	1.19	0.98	3.21	1
10	1.51	−0.86	2.40	0.42	2

（3）第 2 次迭代

根据当前的簇划分，计算新的均值向量，有

$$\boldsymbol{\mu}_1^{(2)}=\frac{1}{\left|C_1^{(0)}\right|}\sum_{\boldsymbol{x}_j\in\boldsymbol{C}_1^{(0)}}\boldsymbol{x}_j=(-0.962;0.976)$$

$$\boldsymbol{\mu}_2^{(2)}=\frac{1}{\left|C_2^{(0)}\right|}\sum_{\boldsymbol{x}_j\in\boldsymbol{C}_2^{(0)}}\boldsymbol{x}_j=(0.96;-0.976)$$

计算样本 $\boldsymbol{x}_i$ 与各均值向量的距离，并更新样本的簇标记，有

$$\boldsymbol{C}_1^{(2)}=\{\boldsymbol{x}_2,\boldsymbol{x}_3,\boldsymbol{x}_5,\boldsymbol{x}_8,\boldsymbol{x}_9\}$$

$$\boldsymbol{C}_2^{(2)}=\{\boldsymbol{x}_1,\boldsymbol{x}_4,\boldsymbol{x}_6,\boldsymbol{x}_7,\boldsymbol{x}_{10}\}$$

第 2 次的迭代结果，如表 7-4 所示。

表 7-4 第 2 次的迭代结果

编号	特征 1	特征 2	距离 1	距离 2	簇划分
1	0.58	−0.95	2.47	0.38	2
2	−1.13	0.92	0.18	2.82	1
3	−0.54	1.25	0.50	2.68	1
4	0.79	−0.72	2.44	0.31	2
5	−1.07	0.98	0.11	2.82	1
6	0.82	−1.17	2.79	0.24	2
7	1.10	−1.18	2.98	0.25	2

续表

编号	特征 1	特征 2	距离 1	距离 2	簇划分
8	−0.93	0.54	0.44	2.42	1
9	−1.14	1.19	0.28	3.02	1
10	1.51	−0.86	3.08	0.56	2

7.5 基于密度的聚类算法

基于密度的聚类，也称为密度聚类，其以数据点在样本空间中的稠密程度为依据进行聚类。与 K 均值聚类不同，基于密度的聚类方法不需要预先指定簇的数量，其可以发掘任意形状的聚类数据，并有效过滤噪声数据。

密度聚类的代表算法有 DBSCAN 算法、OPTICS 算法及 DENCLUE 算法等。其中，DBSCAN 算法最为常用。该算法基于一组邻域（neighborhood）参数$(\varepsilon, \text{MinPts})$来刻画样本分布的紧密程度。

给定数据集 $\boldsymbol{D}=\{\boldsymbol{x}_1, \boldsymbol{x}_2, \cdots, \boldsymbol{x}_m\}$，定义以下概念。

① ε-邻域：对 $\boldsymbol{x}_j \in \boldsymbol{D}$，其 ε-邻域包含样本集 $\boldsymbol{D}$ 中与 $\boldsymbol{x}_j$ 的距离不大于 ε 的样本，即

$$N_\varepsilon(\boldsymbol{x}_j)=\{\boldsymbol{x}_i \in \boldsymbol{D} \mid \text{dist}(\boldsymbol{x}_i, \boldsymbol{x}_j) \leqslant \varepsilon\}$$

② 核心对象：若 $\boldsymbol{x}_j$ 的 ε-邻域至少包含 MinPts 个样本，即$|N_\varepsilon(\boldsymbol{x}_j)| \geqslant \text{MinPts}$，则 $\boldsymbol{x}_j$ 是一个核心对象；

③ 密度直达：若 $\boldsymbol{x}_i$ 位于 $\boldsymbol{x}_j$ 的 ε-邻域中，且 $\boldsymbol{x}_j$ 是核心对象，则称 $\boldsymbol{x}_i$ 由 $\boldsymbol{x}_j$ 密度直达；

④ 密度可达：对于 $\boldsymbol{x}_i$ 和 $\boldsymbol{x}_j$，若存在样本序列 $\boldsymbol{p}_1, \boldsymbol{p}_2, \cdots, \boldsymbol{p}_n$，其中 $\boldsymbol{p}_1=\boldsymbol{x}_j$，$\boldsymbol{p}_n=\boldsymbol{x}_i$，且 $\boldsymbol{p}_{i+1}$ 由 $\boldsymbol{p}_i$ 密度直达，则称 $\boldsymbol{x}_i$ 由 $\boldsymbol{x}_j$ 密度可达；

⑤ 密度相连：对于 $\boldsymbol{x}_i$ 和 $\boldsymbol{x}_j$，若存在 $\boldsymbol{x}_k$ 使得 $\boldsymbol{x}_i$ 和 $\boldsymbol{x}_j$ 均由 $\boldsymbol{x}_k$ 密度可达，则称 $\boldsymbol{x}_i$ 与 $\boldsymbol{x}_j$ 密度相连。

如图 7-2 所示，虚线圆圈代表 ε-邻域。由于 $\boldsymbol{x}_1$ 的 ε-邻域包含 4 个样本，所以 $\boldsymbol{x}_1$ 是核心对象。由于 $\boldsymbol{x}_2$ 位于 $\boldsymbol{x}_1$ 的邻域内，所以 $\boldsymbol{x}_2$ 由 $\boldsymbol{x}_1$ 密度直达。由于存在样本序列 $\boldsymbol{x}_1, \boldsymbol{x}_2, \boldsymbol{x}_3$，其中相邻样本密度直达，因此 $\boldsymbol{x}_3$ 由 $\boldsymbol{x}_1$ 密度可达。由于样本 $\boldsymbol{x}_3$ 和 $\boldsymbol{x}_4$ 均由样本 $\boldsymbol{x}_1$ 密度可达，所以 $\boldsymbol{x}_3$ 和 $\boldsymbol{x}_4$ 密度相连。

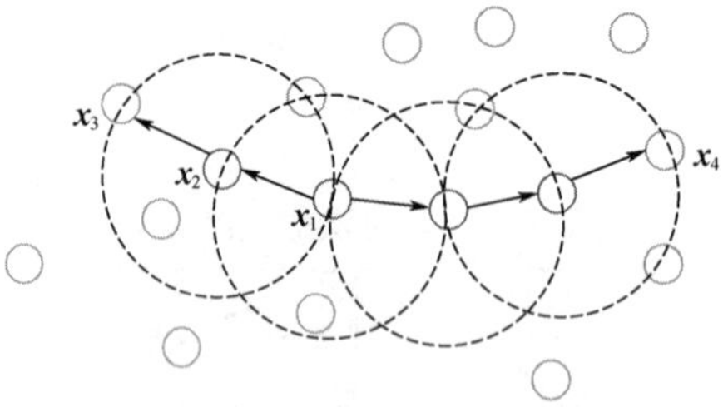

图 7-2　基本概念示例（MinPts=3）

基于这些概念，DBSCAN 将“簇”定义为：由密度可达关系导出的最大的密度相连样本集合。具体地说，给定邻域参数$(\varepsilon, \text{MinPts})$，簇 $\boldsymbol{C}_k(\subseteq \boldsymbol{D})$是满足以下性质的非空样本子集：

$$\boldsymbol{x}_i \in \boldsymbol{C}_k,\ \boldsymbol{x}_j \in \boldsymbol{C}_k \Rightarrow \boldsymbol{x}_i\text{与}\boldsymbol{x}_j\text{密度相连} \tag{7-25}$$

$$\boldsymbol{x}_i \in \boldsymbol{C}_k,\ \boldsymbol{x}_j\text{由}\boldsymbol{x}_i\text{密度可达} \Rightarrow \boldsymbol{x}_j \in \boldsymbol{C}_k \tag{7-26}$$

那么，如何从数据集 $\boldsymbol{D}$ 中找出满足以上性质的簇呢？实际上，若 $\boldsymbol{x}_i$ 为核心对象，由 $\boldsymbol{x}_i$ 密度可达的所有样本组成的集合记为 $\boldsymbol{X}=\{\boldsymbol{x}'\in\boldsymbol{D}|\ \boldsymbol{x}'$由 $\boldsymbol{x}_i$ 密度可达$\}$，则不难证明 $\boldsymbol{X}$ 即为满足条件式（7-25）和式（7-26）的簇。所以，DBSCAN 使用的方法很简单，只需任意选择一个没有类别的核心对象作为种子，然后找到这个核心对象能够密度可达的所有样本的集合，即为一个簇。继续选择另一个没有类别的核心对象去寻找密度可达的样本集合，这样就得到另一个簇……一直运行到所有核心对象都有类别为止。

综上，DBSCAN 算法的基本步骤如下：

步骤 1：初始化核心对象集合 $\boldsymbol{\Omega}=\varnothing$，聚类簇数 $k=0$，未访问样本集合 $\boldsymbol{\Gamma}=\boldsymbol{D}$。

步骤 2：对于所有的样本 $\boldsymbol{x}_i\in\boldsymbol{D}$，$i=1,2,\cdots,m$，计算样本的 ε-邻域 $N_\varepsilon(\boldsymbol{x}_i)$。如果$|N_\varepsilon(\boldsymbol{x}_j)|\geqslant$ MinPts，那么将样本 $\boldsymbol{x}_i$ 加入核心对象集合，有 $\boldsymbol{\Omega}\leftarrow\boldsymbol{\Omega}\cup\{\boldsymbol{x}_i\}$。

步骤 3：如果 $\boldsymbol{\Omega}\neq\varnothing$，重复执行以下步骤。

- 步骤 3.1：备份当前未访问样本集合 $\boldsymbol{\Gamma}_{\text{old}}=\boldsymbol{\Gamma}$；
- 步骤 3.2：随机选取一个核心对象 $\boldsymbol{o}\in\boldsymbol{\Omega}$，初始化队列 $\boldsymbol{Q}=<\boldsymbol{o}>$，并令 $\boldsymbol{\Gamma}\leftarrow\boldsymbol{\Gamma}\backslash\{\boldsymbol{o}\}$；
- 步骤 3.3：如果 $\boldsymbol{Q}\neq\varnothing$，重复执行以下步骤。
  - 步骤 3.3.1：取出队列 $\boldsymbol{Q}$ 中的首个样本 $\boldsymbol{q}$；
  - 步骤 3.3.2：如果$|N_\varepsilon(\boldsymbol{q})|\geqslant$MinPts，令 $\boldsymbol{\Delta}=N_\varepsilon(\boldsymbol{q})\cap\boldsymbol{\Gamma}$，并将 $\boldsymbol{\Delta}$ 中的样本加入队列 $\boldsymbol{Q}$，$\boldsymbol{\Gamma}\leftarrow\boldsymbol{\Gamma}\backslash\boldsymbol{\Delta}$；

步骤 4：令 $k=k+1$，生成聚类簇 $\boldsymbol{C}_k=\boldsymbol{\Gamma}_{\text{old}}\backslash\boldsymbol{\Gamma}$，$\boldsymbol{\Omega}\leftarrow\boldsymbol{\Omega}\backslash\boldsymbol{C}_k$。

DBSCAN 的簇里面可以有一个或者多个核心对象。如果只有一个核心对象，则簇里其他的非核心对象样本都在这个核心对象的 ε-邻域里；如果有多个核心对象，则簇里的任意一个核心对象的 ε-邻域中一定有一个其他的核心对象，否则这两个核心对象无法密度可达。另外，K 均值只能处理凸聚类问题，密度聚类方法可以处理非凸聚类问题。

【例 7-2】采用基于密度的聚类（$\varepsilon=0.66$，MinPts=3）对表 7-1 中的训练数据集进行聚类分析。

解：

步骤 1：初始化 $\boldsymbol{\Omega}=\varnothing$，$k=0$，$\boldsymbol{\Gamma}=\boldsymbol{D}$。

步骤 2：对于所有的样本 $\boldsymbol{x}_i\in\boldsymbol{D}$，$i=1,2,\cdots,m$，计算训练数据集中任意两点之间的距离，如表 7-5 所示。

表 7-5 样本间的距离

编号	1	2	3	4	5	6	7	8	9	10
1	0.00	2.53	2.47	0.31	2.54	0.33	0.57	2.12	2.75	0.93
2	2.53	0.00	0.68	2.53	0.08	2.86	3.06	0.43	0.27	3.18
3	2.47	0.68	0.00	2.38	0.59	2.78	2.93	0.81	0.60	2.94
4	0.31	2.53	2.38	0.00	2.52	0.45	0.55	2.13	2.72	0.73
5	2.54	0.08	0.59	2.52	0.00	2.86	3.06	0.46	0.22	3.17
6	0.33	2.86	2.78	0.45	2.86	0.00	0.28	2.45	3.07	0.76
7	0.57	3.06	2.93	0.55	3.06	0.28	0.00	2.66	3.26	0.52
8	2.12	0.43	0.81	2.13	0.46	2.45	2.66	0.00	0.68	2.81
9	2.75	0.27	0.60	2.72	0.22	3.07	3.26	0.68	0.00	3.35
10	0.93	3.18	2.94	0.73	3.17	0.76	0.52	2.81	3.35	0.00

根据样本距离计算所有样本 $\boldsymbol{x}_i$ 的 ε-邻域 $N_\varepsilon(\boldsymbol{x}_i)$，即距离样本 $\boldsymbol{x}_i$ 不大于 ε 的样本集合，如表 7-6 所示。

表 7-6　样本的 ε-邻域

编号	特征 1	特征 2	$N_\varepsilon(\boldsymbol{x})$
1	0.58	−0.95	$\{\boldsymbol{x}_4, \boldsymbol{x}_6, \boldsymbol{x}_7\}$
2	−1.13	0.92	$\{\boldsymbol{x}_5, \boldsymbol{x}_8, \boldsymbol{x}_9\}$
3	−0.54	1.25	$\{\boldsymbol{x}_5, \boldsymbol{x}_9\}$
4	0.79	−0.72	$\{\boldsymbol{x}_1, \boldsymbol{x}_6, \boldsymbol{x}_7\}$
5	−1.07	0.98	$\{\boldsymbol{x}_2, \boldsymbol{x}_3, \boldsymbol{x}_8, \boldsymbol{x}_9\}$
6	0.82	−1.17	$\{\boldsymbol{x}_1, \boldsymbol{x}_4, \boldsymbol{x}_7\}$
7	1.10	−1.18	$\{\boldsymbol{x}_1, \boldsymbol{x}_4, \boldsymbol{x}_6, \boldsymbol{x}_{10}\}$
8	−0.93	0.54	$\{\boldsymbol{x}_2, \boldsymbol{x}_5\}$
9	−1.14	1.19	$\{\boldsymbol{x}_2, \boldsymbol{x}_3, \boldsymbol{x}_5\}$
10	1.51	−0.86	$\{\boldsymbol{x}_7\}$

根据 $|N_\varepsilon(\boldsymbol{x}_i)| \geqslant \text{MinPts}$，确定核心对象集合 $\boldsymbol{\Omega}=\{\boldsymbol{x}_1, \boldsymbol{x}_2, \boldsymbol{x}_4, \boldsymbol{x}_5, \boldsymbol{x}_6, \boldsymbol{x}_7, \boldsymbol{x}_9\}$。

步骤 3：由于 $\boldsymbol{\Omega} \neq \varnothing$，执行以下步骤。

- 步骤 3.1：备份 $\boldsymbol{\Gamma}_{\text{old}}=\{\boldsymbol{x}_1, \boldsymbol{x}_2, \boldsymbol{x}_3, \boldsymbol{x}_4, \boldsymbol{x}_5, \boldsymbol{x}_6, \boldsymbol{x}_7, \boldsymbol{x}_8, \boldsymbol{x}_9, \boldsymbol{x}_{10}\}$。
- 步骤 3.2：随机选取一个核心对象 $\boldsymbol{o}=\boldsymbol{x}_1 \in \boldsymbol{\Omega}$，初始化队列 $\boldsymbol{Q}=<\boldsymbol{x}_1>$，并令

$$\boldsymbol{\Gamma} \leftarrow \boldsymbol{\Gamma} \setminus \{\boldsymbol{o}\} = \{\boldsymbol{x}_2, \boldsymbol{x}_3, \boldsymbol{x}_4, \boldsymbol{x}_5, \boldsymbol{x}_6, \boldsymbol{x}_7, \boldsymbol{x}_8, \boldsymbol{x}_9, \boldsymbol{x}_{10}\}$$

- 步骤 3.3：由于 $\boldsymbol{Q} \neq \varnothing$，执行以下步骤。
  - 步骤 3.3.1：取出队列 $\boldsymbol{Q}$ 中的首个样本 $\boldsymbol{q}=\boldsymbol{x}_1$；
  - 步骤 3.3.2：由于 $|N_\varepsilon(\boldsymbol{q})| \geqslant \text{MinPts}$，令

$$\boldsymbol{\Delta} = N_\varepsilon(\boldsymbol{q}) \cap \boldsymbol{\Gamma} = \{\boldsymbol{x}_4, \boldsymbol{x}_6, \boldsymbol{x}_7\}$$

$$\boldsymbol{Q} = <\boldsymbol{x}_4, \boldsymbol{x}_6, \boldsymbol{x}_7>$$

$$\boldsymbol{\Gamma} \leftarrow \boldsymbol{\Gamma} \setminus \boldsymbol{\Delta} = \{\boldsymbol{x}_2, \boldsymbol{x}_3, \boldsymbol{x}_5, \boldsymbol{x}_8, \boldsymbol{x}_9, \boldsymbol{x}_{10}\}$$

- 步骤 3.4：由于 $\boldsymbol{Q} \neq \varnothing$，执行以下步骤。
  - 步骤 3.4.1：取出队列 $\boldsymbol{Q}$ 中的首个样本 $\boldsymbol{q}=\boldsymbol{x}_4$；
  - 步骤 3.4.2：由于 $|N_\varepsilon(\boldsymbol{q})| \geqslant \text{MinPts}$，令

$$\boldsymbol{\Delta} = \{\boldsymbol{x}_1, \boldsymbol{x}_6, \boldsymbol{x}_7\} \cap \boldsymbol{\Gamma}$$

$$\boldsymbol{Q} = <\boldsymbol{x}_6, \boldsymbol{x}_7>$$

- 步骤 3.5：由于 $\boldsymbol{Q} \neq \varnothing$，执行以下步骤。
  - 步骤 3.5.1：取出队列 $\boldsymbol{Q}$ 中的首个样本 $\boldsymbol{q}=\boldsymbol{x}_6$；
  - 步骤 3.5.2：由于 $|N_\varepsilon(\boldsymbol{q})| \geqslant \text{MinPts}$，令

$$\boldsymbol{\Delta} = \{\boldsymbol{x}_1, \boldsymbol{x}_4, \boldsymbol{x}_7\} \cap \boldsymbol{\Gamma}$$

$$\boldsymbol{Q} = <\boldsymbol{x}_7>$$

$$\boldsymbol{\Gamma} \leftarrow \boldsymbol{\Gamma} \setminus \boldsymbol{\Delta} = \{\boldsymbol{x}_2, \boldsymbol{x}_3, \boldsymbol{x}_5, \boldsymbol{x}_8, \boldsymbol{x}_9, \boldsymbol{x}_{10}\}$$

- 步骤 3.6：由于 $\boldsymbol{Q}\neq\varnothing$，执行以下步骤。
  - 步骤 3.6.1：取出队列 $\boldsymbol{Q}$ 中的首个样本 $\boldsymbol{q}=\boldsymbol{x}_7$；
  - 步骤 3.6.2：由于$|N_\varepsilon(\boldsymbol{q})|\geqslant$MinPts，令

$$\boldsymbol{\Delta}=\{\boldsymbol{x}_1,\boldsymbol{x}_4,\boldsymbol{x}_6,\boldsymbol{x}_{10}\}\cap\boldsymbol{\Gamma}=\{\boldsymbol{x}_{10}\}$$

$$\boldsymbol{Q}=<\boldsymbol{x}_{10}>$$

$$\boldsymbol{\Gamma}\leftarrow\boldsymbol{\Gamma}\setminus\boldsymbol{\Delta}=\{\boldsymbol{x}_2,\boldsymbol{x}_3,\boldsymbol{x}_5,\boldsymbol{x}_8,\boldsymbol{x}_9\}$$

- 步骤 3.7：由于 $\boldsymbol{Q}\neq\varnothing$，执行以下步骤。
  - 步骤 3.7.1：取出队列 $\boldsymbol{Q}$ 中的首个样本 $\boldsymbol{q}=\boldsymbol{x}_{10}$；
  - 步骤 3.7.2：由于$|N_\varepsilon(\boldsymbol{q})|<$MinPts，令

$$\boldsymbol{Q}=\varnothing$$

- 步骤 3.8：由于 $\boldsymbol{Q}=\varnothing$，令 $k=k+1$，生成以下聚类簇。

$$\boldsymbol{C}_1=\boldsymbol{\Gamma}_{\text{old}}\setminus\boldsymbol{\Gamma}=\{\boldsymbol{x}_1,\boldsymbol{x}_4,\boldsymbol{x}_6,\boldsymbol{x}_7,\boldsymbol{x}_{10}\}$$

$$\boldsymbol{\Omega}\leftarrow\boldsymbol{\Omega}\setminus\boldsymbol{C}_k=\{\boldsymbol{x}_2,\boldsymbol{x}_5,\boldsymbol{x}_9\}$$

步骤 4：由于 $\boldsymbol{\Omega}\neq\varnothing$，执行以下步骤。

- 步骤 4.1：备份 $\boldsymbol{\Gamma}_{\text{old}}=\{\boldsymbol{x}_2,\boldsymbol{x}_3,\boldsymbol{x}_5,\boldsymbol{x}_8,\boldsymbol{x}_9\}$；
- 步骤 4.2：随机选取一个核心对象 $\boldsymbol{o}=\boldsymbol{x}_2\in\boldsymbol{\Omega}$，初始化队列 $\boldsymbol{Q}=<x_2>$，并令

$$\boldsymbol{\Gamma}\leftarrow\boldsymbol{\Gamma}\setminus\{\boldsymbol{o}\}=\{\boldsymbol{x}_3,\boldsymbol{x}_5,\boldsymbol{x}_8,\boldsymbol{x}_9\}$$

- 步骤 4.3：由于 $\boldsymbol{Q}\neq\varnothing$，执行以下步骤。
  - 步骤 4.3.1：取出队列 $\boldsymbol{Q}$ 中的首个样本 $\boldsymbol{q}=\boldsymbol{x}_2$；
  - 步骤 4.3.2：由于$|N_\varepsilon(\boldsymbol{q})|\geqslant$MinPts，令

$$\boldsymbol{\Delta}=N_\varepsilon(\boldsymbol{q})\cap\boldsymbol{\Gamma}=\{\boldsymbol{x}_5,\boldsymbol{x}_8,\boldsymbol{x}_9\}$$

$$\boldsymbol{Q}=<\boldsymbol{x}_5,\boldsymbol{x}_8,\boldsymbol{x}_9>$$

$$\boldsymbol{\Gamma}\leftarrow\boldsymbol{\Gamma}\setminus\boldsymbol{\Delta}=\{\boldsymbol{x}_2,\boldsymbol{x}_3\}$$

- 步骤 4.4：由于 $\boldsymbol{Q}\neq\varnothing$，执行以下步骤。
  - 步骤 4.4.1：取出队列 $\boldsymbol{Q}$ 中的首个样本 $\boldsymbol{q}=\boldsymbol{x}_5$；
  - 步骤 4.4.2：由于$|N_\varepsilon(\boldsymbol{q})|\geqslant$MinPts，令

$$\boldsymbol{\Delta}=\{\boldsymbol{x}_2,\boldsymbol{x}_3,\boldsymbol{x}_8,\boldsymbol{x}_9\}\cap\boldsymbol{\Gamma}=\{\boldsymbol{x}_2,\boldsymbol{x}_3\}$$

$$\boldsymbol{Q}=<\boldsymbol{x}_8,\boldsymbol{x}_9,\boldsymbol{x}_2,\boldsymbol{x}_3>$$

$$\boldsymbol{\Gamma}\leftarrow\boldsymbol{\Gamma}\setminus\boldsymbol{\Delta}=\varnothing$$

- 步骤 4.5：由于 $\boldsymbol{Q}\neq\varnothing$，执行以下步骤。
  - 步骤 4.5.1：取出队列 $\boldsymbol{Q}$ 中的首个样本 $\boldsymbol{q}=\boldsymbol{x}_8$；
  - 步骤 4.5.2：由于$|N_\varepsilon(\boldsymbol{q})|<$MinPts，令

$$\boldsymbol{Q}=<\boldsymbol{x}_9,\boldsymbol{x}_2,\boldsymbol{x}_3>$$

- 步骤 4.6：由于 $\boldsymbol{Q}\neq\varnothing$，执行以下步骤。
  - 步骤 4.6.1：取出队列 $\boldsymbol{Q}$ 中的首个样本 $\boldsymbol{q}=\boldsymbol{x}_9$；
  - 步骤 4.6.2：由于$|N_\varepsilon(\boldsymbol{q})|\geqslant$MinPts，令

$$\boldsymbol{\Delta}=\{\boldsymbol{x}_2,\boldsymbol{x}_3,\boldsymbol{x}_5\}\cap\boldsymbol{\Gamma}=\varnothing$$

$$Q = < x_2, x_3 >$$

$$\Gamma \leftarrow \Gamma \setminus \Delta = \varnothing$$

- 步骤 4.7：由于 $Q \neq \varnothing$，执行以下步骤。
  - 步骤 4.7.1：取出队列 Q 中的首个样本 $q=x_2$；
  - 步骤 4.7.2：由于$|N_\varepsilon(q)| \geqslant \text{MinPts}$，令

$$\Delta = \{x_2, x_3, x_5\} \cap \Gamma = \varnothing$$

$$Q = < x_3 >$$

$$\Gamma \leftarrow \Gamma \setminus \Delta = \varnothing$$

- 步骤 4.8：由于 $Q \neq \varnothing$，执行以下步骤。
  - 步骤 4.8.1：取出队列 Q 中的首个样本 $q=x_3$；
  - 步骤 4.8.2：由于$|N_\varepsilon(q)| < \text{MinPts}$，令

$$Q = \varnothing$$

- 步骤 4.9：由于 $Q \neq \varnothing$，令 $k=k+1$，生成以下聚类簇。

$$C_2 = \Gamma_{\text{old}} \setminus \Gamma = \{x_2, x_3, x_5, x_8, x_9\}$$

$$\Omega \leftarrow \Omega \setminus C_k = \varnothing$$

综上，采用基于密度的聚类算法对表 7-1 的训练数据进行聚类分析，共分为 2 个簇，结果如下：

$$C_1 = \{x_1, x_4, x_6, x_7, x_{10}\}$$

$$C_2 = \{x_2, x_3, x_5, x_8, x_9\}$$

7.6 层次聚类算法

层次聚类（hierarchical clustering）假设类别之间存在层次结构，基于簇间的相似度在不同层次上分析数据，形成树状的聚类结构。因为每个样本只属于一个类，所以层次聚类也属于硬聚类。

层次聚类有自下而上的聚合聚类和自上而下的分裂聚类两种策略。聚合聚类开始将每个样本各自分到一个类，之后将相距最近的两类合并，建立一个新类，重复操作直到满足停止条件，得到层次化的类别。分裂聚类开始将所有样本分到一个类，之后将已有类中相距最远的样本分到两个新的类，重复此操作直到满足停止条件，得到层次化的类别。其中，以自下而上的聚合策略最为常见。

AGNES 是一种采用自下向上聚合策略的层次聚类算法，先将数据集中的每个样本看作一个初始聚类簇，然后在算法运行的每一步中找出距离最近的两个聚类簇进行合并，该过程不断重复，直至达到预设的聚类簇个数。这里的关键是如何计算聚类簇之间的距离。由于每个簇就是一个样本集合，只需采用关于集合的某种距离即可。例如，给定聚类簇 C_i 与 C_j，可通过下面的方式来计算距离。

① 最小距离：由两个簇的最近样本决定，表达式为

$$d_{\min}(C_i, C_j) = \min_{x \in C_i, z \in C_j} \text{dist}(x, z) \tag{7-27}$$

② 最大距离：由两个簇的最远样本决定，表达式为

$$d_{\max}(\boldsymbol{C}_i,\boldsymbol{C}_j)=\max_{\boldsymbol{x}\in\boldsymbol{C}_i,\boldsymbol{z}\in\boldsymbol{C}_j}\mathrm{dist}(\boldsymbol{x},\boldsymbol{z}) \tag{7-28}$$

③ 平均距离：由两个簇的所有样本共同决定，表达式为

$$d_{\mathrm{avg}}(\boldsymbol{C}_i,\boldsymbol{C}_j)=\frac{1}{|C_i||C_j|}\sum_{\boldsymbol{x}\in\boldsymbol{C}_i}\sum_{\boldsymbol{z}\in\boldsymbol{C}_j}\mathrm{dist}(\boldsymbol{x},\boldsymbol{z}) \tag{7-29}$$

综上，AGNES 算法的基本流程如下：

步骤 1：遍历样本 $\boldsymbol{x}_i\in\boldsymbol{D}$，$i=1, 2, \cdots, m$，并令 $\boldsymbol{C}_i=\{\boldsymbol{x}_i\}$，当前簇个数为 $q=m$。

步骤 2：计算聚类簇 $\boldsymbol{C}_i$、$\boldsymbol{C}_j$ 的距离 $M(i, j)=d(\boldsymbol{C}_i, \boldsymbol{C}_j)$，$i, j=1, 2, \cdots, q$。

步骤 3：如果 $q>K$，重复执行以下步骤。

- 步骤 3.1：找出距离最近的两个聚类簇 $\boldsymbol{C}_{i^*}$、$\boldsymbol{C}_{j^*}$，进行合并，得到 $\boldsymbol{C}_i^*=\boldsymbol{C}_{i^*}\cup\boldsymbol{C}_{j^*}$；
- 步骤 3.2：删除距离矩阵中的第 j^* 行和第 j^* 列；对编号为 $j=j^*+1, j^*+2, \cdots, q$ 的聚类簇 $\boldsymbol{C}_j$，修改其聚类簇编号为 $j\leftarrow j-1$；然后更新聚类簇个数为 $q\leftarrow q-1$；
- 步骤 3.3：更新聚类簇 $\boldsymbol{C}_i$ 与 $\boldsymbol{C}_j$ 的距离 $M(i, j)=d(\boldsymbol{C}_i, \boldsymbol{C}_j)$，$i, j=1, 2, \cdots, q-1$。

【例 7-3】采用层次聚类算法将表 7-7 中的训练数据集划分为 2 个簇。

表 7-7　训练数据集

编号	特征 1	特征 2	簇标记
1	0.58	−0.95	?
2	−1.13	0.92	?
3	−0.54	1.25	?
4	0.79	−0.72	?
5	−1.07	0.98	?
6	0.82	−1.17	?

解：

步骤 1：遍历样本 $\boldsymbol{x}_i$，并令 $\boldsymbol{C}_i=\{\boldsymbol{x}_i\}$、$q=6$，设置训练集的初始标记如表 7-8 所示。

表 7-8　训练集的初始标记

编号	特征 1	特征 2	簇标记
1	0.58	−0.95	1
2	−1.13	0.92	2
3	−0.54	1.25	3
4	0.79	−0.72	4
5	−1.07	0.98	5
6	0.82	−1.17	6

步骤 2：计算簇 $\boldsymbol{C}_i$、$\boldsymbol{C}_j$ 的距离 $M(i, j)=d(\boldsymbol{C}_i, \boldsymbol{C}_j)$，$i, j=1, 2, \cdots, 6$，结果如表 7-9 所示。

表 7-9　训练集的初始距离矩阵

簇标记	1	2	3	4	5	6
1	0.00	2.53	2.47	0.31	2.54	0.33
2	2.53	0.00	0.68	2.53	**0.08**	2.86
3	2.47	0.68	0.00	2.38	0.59	2.78
4	0.31	2.53	2.38	0.00	2.52	0.45
5	2.54	**0.08**	0.59	2.52	0.00	2.86
6	0.33	2.86	2.78	0.45	2.86	0.00

步骤 3：由于 $q>K$，执行以下步骤。

- 步骤 3.1：找出距离最近的两个聚类簇 $\boldsymbol{C}_2$、$\boldsymbol{C}_5$进行合并，有

$$\boldsymbol{C}_2=\{2\}\cup\{5\}=\{2,5\}$$

- 步骤 3.2：删除距离矩阵中的第 5 行和第 5 列，对编号为 j=6 的聚类簇 $\boldsymbol{C}_6$，修改其聚类簇编号为 j=5，然后更新聚类簇个数为 $q \leftarrow q-1=5$，并更新训练集的簇标记，结果如表 7-10 所示。

表 7-10　训练集第 1 次更新后的簇标记

编号	特征 1	特征 2	簇标记
1	0.58	−0.95	1
2	−1.13	0.92	2
5	−1.07	0.98	2
3	−0.54	1.25	3
4	0.79	−0.72	4
6	0.82	−1.17	5

- 步骤 3.3：更新聚类簇 $\boldsymbol{C}_i$ 与 $\boldsymbol{C}_j$ 的距离 $M(i,j)=d(\boldsymbol{C}_i,\boldsymbol{C}_j)$，$i,j=1,2,\cdots,5$，如表 7-11 所示。

表 7-11　训练集第 1 次更新后的距离矩阵

簇标记	1	2	3	4	5
1	0.00	5.07	2.47	**0.31**	0.33
2	5.07	0.00	1.35	5.05	5.72
3	2.47	1.35	0.00	2.38	2.78
4	**0.31**	5.05	2.38	0.00	0.45
5	0.33	5.72	2.78	0.45	0.00

步骤 4：由于 $q>K$，执行以下步骤。

- 步骤 4.1：找出距离最近的两个聚类簇 $\boldsymbol{C}_1$、$\boldsymbol{C}_4$进行合并，有

$$\boldsymbol{C}_1=\{1\}\cup\{4\}=\{1,4\}$$

- 步骤 4.2：删除距离矩阵中的第 4 行和第 4 列，对编号为 j=5 的聚类簇 $\boldsymbol{C}_5$，修改其聚类簇编号为 j=4；然后更新聚类簇个数为 $q \leftarrow q-1=4$，结果如表 7-12 所示。

表 7-12 训练集第 2 次更新后的簇标记

编号	特征 1	特征 2	簇标记
1	0.58	−0.95	1
4	0.79	−0.72	1
2	−1.13	0.92	2
5	−1.07	0.98	2
3	−0.54	1.25	3
6	0.82	−1.17	4

- 步骤 4.3：更新聚类簇 C_i 与 C_j 的距离 $M(i, j)=d(C_i, C_j)$，i, j=1, 2, 3, 4，结果如表 7-13 所示。

表 7-13 训练集第 2 次更新后的距离矩阵

簇标记	1	2	3	4
1	0.00	2.53	2.42	**0.39**
2	2.53	0.00	1.35	5.72
3	2.42	1.35	0.00	2.78
4	**0.39**	5.72	2.78	0.00

步骤 5：由于 $q>K$，执行以下步骤。

- 步骤 5.1：找出距离最近的两个聚类簇 C_1、C_4 进行合并，有

$$C_1 = \{1,4\} \cup \{6\} = \{1,4,6\}$$

- 步骤 5.2：删除距离矩阵中的第 4 行和第 4 列；然后更新聚类簇个数为 $q \leftarrow q-1=3$，结果如表 7-14 所示。

表 7-14 训练集第 3 次更新后的簇标记

编号	特征 1	特征 2	簇标记
1	0.58	−0.95	1
4	0.79	−0.72	1
6	0.82	−1.17	1
2	−1.13	0.92	2
5	−1.07	0.98	2
3	−0.54	1.25	4

- 步骤 5.3：更新聚类簇 C_i 与 C_j 的距离 $M(i, j)=d(C_i, C_j)$，i, j=1, 2, 3，结果如表 7-15 所示。

表 7-15 训练集第 3 次更新后的距离矩阵

簇标记	1	2	3
1	0.00	2.64	2.54
2	2.64	0.00	**1.35**
3	2.54	**1.35**	0.00

步骤 6：由于 $q>K$，执行以下步骤。

- 步骤 6.1：找出距离最近的两个聚类簇 $\boldsymbol{C}_2$、$\boldsymbol{C}_3$，进行合并，有

$$\boldsymbol{C}_2=\{2,5\}\cup\{3\}=\{2,3,5\}$$

- 步骤 6.2：删除距离矩阵中的第 4 行和第 4 列，然后更新聚类簇个数为 $q\leftarrow q-1=2$，结果如表 7-16 所示。

表 7-16 训练集第 4 次更新后的簇标记

编号	特征 1	特征 2	簇标记
1	0.58	−0.95	1
4	0.79	−0.72	1
6	0.82	−1.17	1
2	−1.13	0.92	2
5	−1.07	0.98	2
3	−0.54	1.25	2

步骤 7：由于 $q=K$，算法结束，最终聚类分析结果为

$$\boldsymbol{C}_1=\{1,4,6\}$$

$$\boldsymbol{C}_2=\{2,3,5\}$$

本章小结

聚类算法是一类无监督学习方法。本章介绍了聚类的相关概念，及其性能度量和距离计算方法。本章介绍了三种常见的聚类算法：K 均值聚类、密度聚类和层次聚类。K 均值聚类是一种基于划分的聚类算法，通过不断迭代而将数据点分配到不同的簇中，直到收敛为止。密度聚类是一种基于密度的聚类算法，通过寻找数据空间中的密集区域，将数据点分为不同的簇。层次聚类是一种基于凝聚的聚类算法，通过不断合并最相似的簇，直到只剩下一个簇或达到预定的簇数。

习题

习题 7-1：什么是聚类分析？请简要解释聚类分析的基本原理。

习题 7-2：请描述如何评估聚类算法的性能。通常有哪些指标用于评估聚类效果的好坏？

习题 7-3：在 K 均值聚类的每次迭代中，如何更新聚类中心并分配样本到相应的簇？

习题 7-4：K 均值聚类算法中的 K 值如何选取？

习题 7-5：请解释什么是密度聚类，并举例说明如何使用密度聚类算法进行聚类分析。

习题 7-6：层次聚类中的两个簇之间的相似度是如何计算的？

习题 7-7：采用 MATLAB 或 Python 编程实现一种聚类算法。

第 8 章

神经计算

扫码获取配套资源

建立在仿生学基础上的计算智能是人工智能的一个重要分支，其基本原理是基于对生物体智能机理和自然界规律的认识，采用数值计算的方法模拟和实现生物智能和自然界规律。计算智能主要依赖于数据和数学计算方法，而不依赖于知识，具有明显的数值计算信息处理特征，强调用计算的方法来研究和处理智能问题。

计算智能的基本领域包括神经计算、进化计算、模糊计算和单点搜索算法。本章将介绍神经计算技术，主要包括人工神经网络的基本原理、典型结构、学习算法以及应用技术。

思维导图

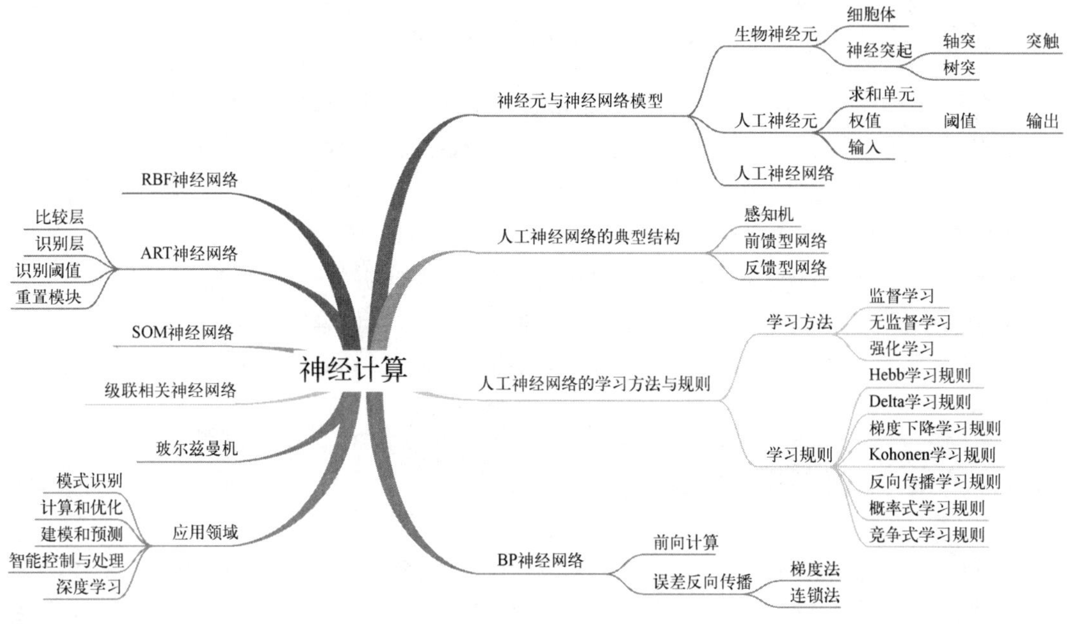

学习目标

1. 了解生物神经元的构造，理解人工神经元和人工神经网络的模型构建过程；
2. 了解人工神经网络的原理、特点和发展概况，熟悉常见的人工神经网络模型；
3. 熟悉人工神经网络的学习规则，理解各种学习规则的基本原理；
4. 掌握人工神经网络的训练方法，能够运用 BP 算法训练网络的模型参数；
5. 熟悉神经计算的应用领域和应用方法。

案例引入

神经网络的本质就是通过训练权重与激励函数来拟合特征与目标之间的真实函数关系，从而获得更强的区分能力。一个神经网络的训练算法就是让权重的值调整到最佳，使得神经网络的输出尽可能地逼近期望值，进而使得整个神经网络的预测效果达到最佳。

假设有一个最简单的神经系统，包含一层输入单元和一层输出单元，根据已知数据去预测输出 y，且已知 y 值符合方程 $y=x_1+2x_2+3x_3+4$。为此，需要设置四个输入单元分别接收输入 x_1、x_2、x_3 以及一个固定输入 $x_4=1$，还有一个输出单元 y 产生输出值，网络结构如引图 8-1 所示。

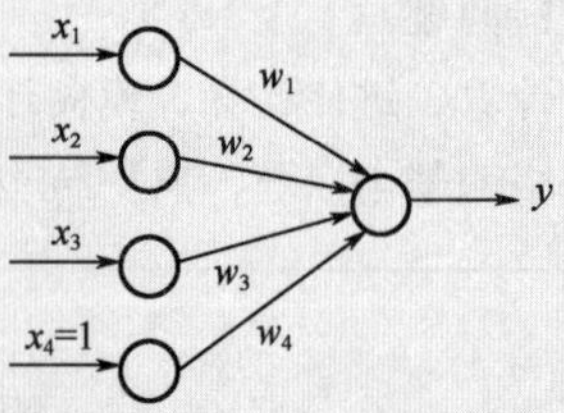

引图 8-1　最简单的人工神经网络模型

接下来，需要对单元间的各个连接权值 w_i（i=1, 2, 3, 4）进行处理。实际上并不知道这些权值的具体取值，只能采用随机的方法设置这些权值的初始值，然后根据提供的已知样本的输入来计算网络的实际输出，与样本的期望输出进行比对，通过实际输出与期望输出的误差，采用相应的算法不断地修正所有权值，直到实际输出与期望输出相等或接近。此时，网络的权值就不断地逼近 $w_1=1$、$w_2=2$、$w_3=3$、$w_4=4$。此时，该人工神经网络就通过这样一组权值的组合记住了一个函数模式，即当输入为 $x_1=1$、$x_2=2$、$x_3=3$、$x_4=1$ 时，就可以预测出该神经网络的输出为

$$y = w_1x_1 + w_2x_2 + w_3x_3 + w_4x_4 = 1\times1+2\times2+3\times3+4\times1=18$$

8.1　人工神经网络的发展概况

连接主义强调智能活动是由大量的生物神经元通过复杂的相互连接后并行运行的结果，着力在细胞水平上模拟人脑的结构及功能，人工神经网络（artificial neural network, ANN）就是连

接主义学派的代表性技术。简单地说，神经计算就是用数值方法模拟大脑神经系统求解问题的计算方法，是关于人工神经网络或系统的原理、结构和功能的学科，其主旨是从细胞水平上模拟人脑的结构及功能。

现代人工神经网络的研究始于美国神经学家麦克洛奇（W. S. McCulloch）和数理逻辑学家皮兹（W. Pitts）在 1943 年提出的 M-P 神经元模型。在这个模型中，神经元接收其他神经元传递过来的输入信号并进行加权求和，然后将总值与神经元的阈值进行比较，最后通过激活函数的处理来产生神经元的输出。麦克洛奇和皮兹发现，当神经元的数目足够多时，适当设置连接权值，神经元构成的网络在原则上可以计算任何可计算函数，这个结论标志着人工神经网络的诞生。1949 年，心理学家提出了突触联系强度可变的设想，为人工神经网络引入了权值的概念。

1958 年，计算机科学家罗森布拉特（F. Rosenblatt）提出了由两层神经元构建的网络，命名为感知机。感知机虽然简单，但是基本具备了神经网络的主要功能，包括自动学习权重、梯度下降算法、优化器、损失函数等，在一定程度上推动了人工神经网络的发展。但是在 1969 年，计算机科学家明斯基（M. L. Minsky）证明了感知机本质上是一个线性模型，只能解决线性可分问题，而无法解决像“异或”问题这样的非线性可分问题，这导致人工神经网络的研究陷入了低谷。

1974 年，哈佛大学的韦伯斯（P. Werbos）在博士论文中首次提出了反向传播（back propagation, BP）算法，但在当时并未受到重视。1982 年，生物物理学家霍普菲尔德（J. Hopfield）基于能量函数的思想提出了一种对称连接的递归网络计算新方法，引起了研究者们的关注，在那个时期产生了用于联想记忆和优化计算的网络，这就是著名 Hopfield 网络。Hopfield 网络采用硬件模拟神经网络，在旅行商（traveling salesman problem, TSP）问题上获得了当时最好的结果，引起了巨大轰动。尽管 Hopfield 网络不是真正的生物神经系统，但在动态稳定网络中存储信息的原理是极为深刻的。

1983 年，克尔潘特里克（S. Kirkpatrick）、格拉特（C. D. Gelatt）和维奇（M. P. Vecchi）描述了解决组合优化问题的模拟退火算法。之后，阿克列（D. H. Ackley）、辛顿（G. E. Hinton）和塞杰诺斯基（T. J. Sejnowski）利用模拟退火的思想提出了一种随机神经网络模型——玻尔兹曼机，这是多层神经网络的第一个成功实现。一年后，他们又改进了模型，提出了受限玻尔兹曼机。1986 年，鲁梅尔哈特（D. E. Rumelhart）等人对连接主义在计算机模拟神经活动中的应用进行了全面论述，重新发展了能够适用于多层感知机的反向传播算法，通过引入 Sigmoid 函数使得人工神经网络能够用于解决非线性问题，实现了明斯基关于多层神经网络的设想。BP 算法应用非常广泛，为人工神经网络的发展发挥了重要作用，这使得人工神经网络的研究得到了复兴。1988 年，诞生了基于径向基函数（radial basis function, RBF）的分层网络，将人工神经网络设计与数值分析和线性适应滤波相挂钩。1990 年，埃尔曼（J. L. Elman）针对语音处理问题提出了一种典型的局部回归网络，称为 Elman 网络。Elman 网络可以看作一个具有局部记忆单元和局部反馈连接的递归神经网络，是最早的循环神经网络。

不过，BP 算法仍存在一些缺陷。该方法是在原有的前向神经网络中加入了偏差，然后通过连锁求导法则进行误差反向传播，利用求导法最小化误差来更新神经网络的所有权值，不断迭代直到误差达到满意值。当神经网络的层数较多时，运算量会呈指数上升，甚至会出现梯度爆炸和梯度消失的问题。到了 20 世纪 90 年代中期，统计学习理论（statistical learning theory, SLT）和以支持向量机（support vector machine, SVM）为代表的机器学习模型开始兴起。相比之下，人工神经网络的理论基础不清晰、优化困难、可解释性差等缺点更加凸显，这使得人工神经网络的研究再次陷入了低谷。

之后，伴随着深度学习的兴起，人工神经网络开始进入深度网络领域，人工神经网络的研究重新掀起了热潮。实际上早在 1987 年，卷积神经网络（convolutional neural network, CNN）就已经开始用于语音识别，而且一度取得了商业化的成果，但受限于当时的计算机技术，一直没能得到更好的发展。2006 年，辛顿等人发现多层前馈神经网络可以先通过逐层预训练，再用反向传播算法进行精调的方式进行有效学习，从而正式提出了深度学习的概念。深度学习理论的提出和数值计算设备的发展，使卷积神经网络得到了快速发展，并在语音识别和图像分类等任务上取得了巨大成功。在 2006 年至 2012 年之间，对深度学习的研究逐渐增多，方法和思路也日新月异，其中 2011 年提出的 ReLU 激活函数，很好地解决了 Sigmoid 函数在梯度传播过程中的梯度消失问题，该激活函数至今应用于各种流行的人工神经网络中。随着大规模并行计算以及 GPU 设备的普及，计算机的计算能力得以大幅提高，可供机器学习的数据规模也越来越大。在计算能力和数据规模的支持下，计算机已经可以训练大规模的人工神经网络。2013 年，第一个现代深度卷积网络模型 AlexNet 诞生，这是深度学习技术在图像分类上取得真正突破的开端。AlexNet 不用预训练和逐层训练，首次使用了很多现代深度网络的技术。2016 年，基于深度学习神经网络的围棋人工智能程序 AlphaGo 以 4∶1 的比分战胜了围棋世界冠军李世石，这让世人深刻地意识到，基于深度学习的人工神经网络时代已经到来，必将引领人工智能技术开始新一轮的蓬勃发展。

随着计算机技术的不断发展，人工神经网络未来的应用前景非常广泛，不仅可以应用于传统计算机领域，还可以与机器人、自动驾驶、无人机等领域结合，为人类带来更加高效和便利的生活。当然，人工神经网络也存在一些问题需要解决。例如，在某些领域中，神经网络的训练过程仍然需要大量的数据，并且容易出现过拟合问题。另外，人工神经网络的可解释性也有待进一步研究。

8.2 神经元与神经网络

8.2.1 生物神经元与神经网络

在生物界，神经系统的基本组成单元是生物神经元，其构造如图 8-1 所示。大多数的生物神经元由一个细胞体和许多神经突起组成，神经突起分为轴突和树突。轴突较长，通过突触与其他神经元上较短的树突相连，以实现神经元之间的信息传递。当某个神经元接收到的所有输入的总效应达到其输出阈值时，神经元就会产生一个全强度的输出窄脉冲（称为触发，也称为兴奋或激活），从细胞体经轴突进入树突的分支，将信号通过突触传输给与之相连的其他神经元。神经元触发时会向与之相连的神经元发送化学物质，从而改变这些神经元内的电位；如果神经元的输入未达到输出阈值则不会产生输出，称为抑制。

脑神经生理学的研究表明，人类大脑包含 10^{11}～10^{12} 个神经元，每一个神经元又拥有 10^3～10^4 个突触。全部神经元通过突触构成极其复杂的网络结构，这就是神经网络。越来越多的证据表明，学习发生在突触附近，突触能够把经过一个神经元轴突的脉冲转化为下一个神经元的兴奋或抑制。神经网络中的每个神经元都可以向其他神经元传输兴奋性信号或抑制性信号，这些神经元的传输与激活模式就是实现人脑的记忆和思维的基本途径。

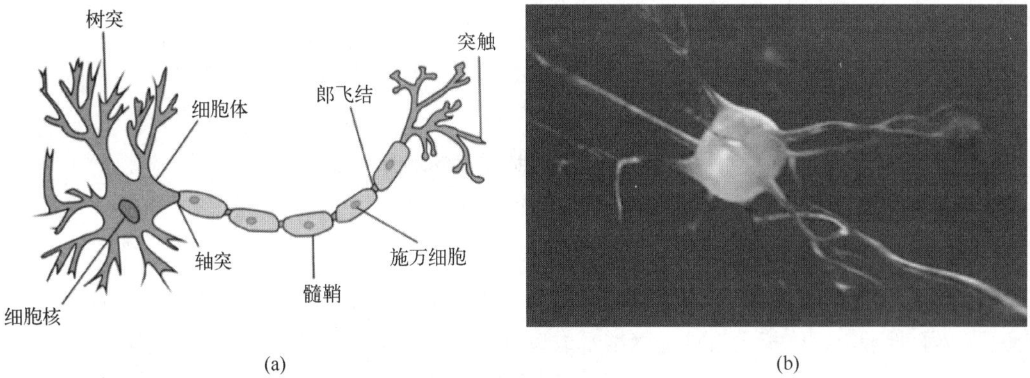

图 8-1　生物神经元的结构示意图

8.2.2　人工神经元与神经网络

（1）人工神经元

对生物神经元的人工模拟就是人工神经元。如图 8-2 所示，人工神经元由求和单元和加权有向弧组成，分别用来模拟生物神经元中的细胞体和突起。其中，x_i 表示来自其他神经元的输入，w_i 表示连接权值，输入值加权求和并减去阈值（也称偏置）θ 后，由激发函数 f 决定神经元的输出值 y。表 8-1 是生物神经元与人工神经元的对应关系。

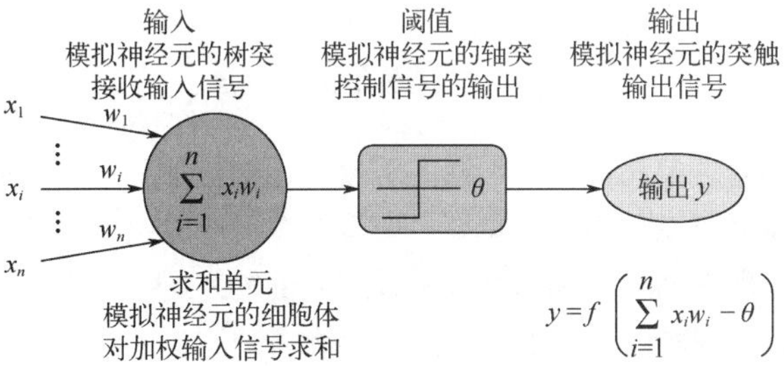

图 8-2　人工神经元模型

表 8-1　生物神经元与人工神经元的对应关系

生物神经元	人工神经元	作用
树突	输入	接收输入信号
细胞体	求和单元	加工处理信号
轴突	激活函数	控制输出
突触	输出	输出结果

人工神经元的激活函数一般具有非线性特性。常用的激活函数主要有以下几种：图 8-3（a）所示阈值型（阶跃函数）；图 8-3（b）所示分段线性强饱和型；图 8-3（c）所示 S 型（Sigmoid 函数）。其中，S 型激活函数具有很好的性质，因此在神经网络中得到了非常广泛的运用，其表达式为

$$f(\sigma) = \frac{1}{1+\mathrm{e}^{-\sigma}} \tag{8-1}$$

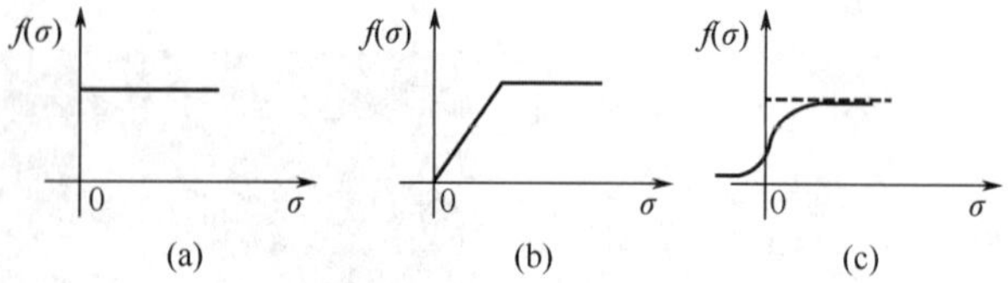

图 8-3 人工神经元的激活函数

（2）人工神经网络

人工神经网络就是由多个人工神经元按照层级结构连接而成的网络，简称神经网络，其结构如图 8-4 所示。可以把人工神经网络看成以处理单元为节点，用加权有向弧相互连接而成的有向图。其中，处理单元是对生物神经元的模拟，而有向弧则是对轴突-突触-树突对的模拟。有向弧的权值 w_{ij} 也称为连接权值，表示两个连接的处理单元之间相互作用的强弱。信息的表示和处理就体现在处理单元的连接关系中。

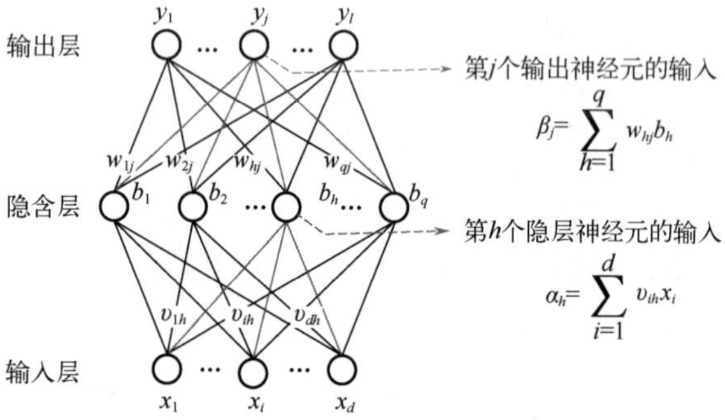

图 8-4 人工神经网络的结构示意图

人工神经网络中的处理单元可表示不同的对象，例如特征、字母、概念等，或者一些有意义的抽象模式。处理单元可以分为 3 种类型，即输入单元、输出单元和隐含单元。输入单元接收外部的信号与数据，所有的输入单元组成神经网络的输入层；输出单元实现系统处理结果的输出，所有的输出单元组成神经网络的输出层；隐含单元则处于输入单元和输出单元之间，不能由系统外部直接观察到，所有的隐含单元构成神经网络的隐含层。

人工神经网络中第 N 层的每个神经元都与第 $N-1$ 层的所有神经元连接，这称为全连接。第 $N-1$ 层神经元的输出就是第 N 层神经元的输入，每个神经元的连接都具有一个权值，同一层的神经元之间没有连接。全连接神经网络中，隐含层和输出层的每个神经元所接收到的总输入是其上层所有神经元的输出与连接权值的乘积之和。神经网络的输入层和输出层通常都只有一层，而隐含层可以有一层，也可以有多层。神经网络的隐含层越多，计算就越复杂，能够实现的性能也就越强。

人工神经网络有以下几个特点。

① 非线性。人脑的智能，如记忆、决策、推理、判断等功能，本身就是极为复杂的非线性现象。人工神经元处于激活或抑制的状态，在数学上表现为一种非线性关系，因而可以用来模拟人脑的智能。

② 非局限性。一个神经网络通常由多个神经元相互连接而成，其整体行为不仅与单个神经元的特性有关，而且也会受到各个神经元之间相互连接和相互作用的影响。人工神经网络就是通过神经元之间大量的连接来模拟大脑的非局限性，比如联想记忆就是非局限性的典型代表。

③ 非定常性。人工神经网络具有自适应、自组织、自学习能力，不但可以处理各种变化的信息，而且系统本身也在不断变化，经常采用迭代过程来实现系统的演化。

④ 非凸性。一个系统的演化方向，在一定条件下将取决于某个特定的状态函数，例如能量函数，其极值对应于系统比较稳定的状态。非凸性是指这种状态函数存在多个极值，因此系统会具有多个较为稳定的平衡状态，这会使得系统在演化时出现多样性，以实现系统的复杂功能。

另外，人工神经网络具有自学习功能、联想存储功能和高速寻找优化解的能力。自学习功能是指通过输入数据和标签，人工神经网络就能学会识别类似的模式，这对于预测有特别重要的意义；人工神经网络的反馈网络可以实现联想存储功能，能够模拟人脑的联想和记忆能力；人工神经网络是基于并行处理的网络结构，对于需要复杂计算的问题，通过所设计的反馈型网络，可以充分发挥计算机的高速运算能力来寻找优化解。

总之，人工神经网络是一种非程序化、适应性、大脑风格的信息处理模型，本质是通过网络的变换来实现一种并行分布式的信息处理，在不同程度和层次上模仿人脑神经系统的信息处理功能。

8.3 人工神经网络的典型结构

人工神经网络主要分为前馈型、反馈型、随机型、竞争型等类型。

前馈型网络也称前向型网络，神经网络中各个神经元接收前一级的输入，并输出到后一级，网络中没有反馈。前馈型网络学习能力强，结构简单，易于编程，通过简单非线性单元的复合而获得非线性处理能力，但缺乏动态处理能力。多层感知机就是一个典型的前馈型网络。

反馈型网络中的信息在前向传递的过程中还要进行反向传递，反馈可以发生在不同层的神经元之间，也可以限制在某一层神经元上。反馈型网络是一种动态反馈系统，比前馈型网络具有更强的计算能力。例如 Elman 网络和 Hopfield 网络。

随机型网络中的神经元具备某种随机运算单元，能够令网络的连接权值发生随机变化，从而解决优化计算过程易于陷入局部最优的问题。例如，玻尔兹曼机就是一种特殊形式的对数线性的马尔可夫随机场，网络中使用了概率性函数来实现算法收敛到最优解的目的。

竞争型网络中同层神经元相互竞争，胜利者才能修改权值，是一种无监督学习策略，只需提供学习样本，不需要样本标签。自组织竞争网络是竞争型网络的典型代表。

前馈型和反馈型是神经网络的基本结构，下面着重讨论前馈型和反馈型神经网络。

8.3.1 感知机

感知机是最早使用也是最简单的神经网络，由一个或多个线性阈值单元组成。由于感知机的结构非常简单，因此计算能力很有限，实际中使用较少。不过，感知机是构成其他类型神经网络的基本单元，很多神经网络实际上就是由感知机组合而成的。

感知机由输入和输出两层神经元组成，输入层接收外界的输入信号，然后传递给输出层，输出层是 M-P 神经元。例如图 8-5 所示的最简单的感知机网络，由 2 个输入单元和 1 个阈值输出单元组成，能够很容易地实现逻辑“与”“或”“非”运算。

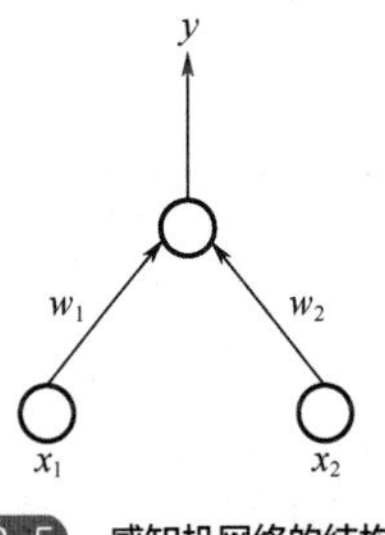

图 8-5 感知机网络的结构图

设输出单元的激活函数 f 为图 8-3（a）所示的阶跃函数，即

$$f(x)=\begin{cases}1, & x\geqslant 0\\ 0, & x<0\end{cases} \tag{8-2}$$

输出单元的阈值为 θ，则输出 y 为

$$y=f\left(\sum_{i=1}^{2} w_i x_i-\theta\right) \tag{8-3}$$

- “与”运算（$x_1 \wedge x_2$）：令 $w_1=w_2=1$，$\theta=2$，由式（8-3）可知，$y=f(1\times x_1+1\times x_2-2)$。当 x_1 和 x_2 取不同值时，y 的值如表 8-2 所示。可以看出，此时感知机输出 y 的值是对两个输入 x_1 和 x_2 进行“与”运算的结果。

表 8-2　感知机的“与”运算

x_1	x_2	y
0	0	0
0	1	0
1	0	0
1	1	1

- “或”运算（$x_1 \vee x_2$）：令 $w_1=w_2=1$，$\theta=0.5$，由式（8-3）可知，$y=f(1\times x_1+1\times x_2-0.5)$。当 x_1 和 x_2 取不同值时，y 的值如表 8-3 所示。可以看出，此时感知机输出 y 的值是对两个输入 x_1 和 x_2 进行“或”运算的结果。

表 8-3　感知机的“或”运算

x_1	x_2	y
0	0	0
0	1	1
1	0	1
1	1	1

- “非”运算（$\sim x_1$）：令 $w_1=-0.6$，$w_2=0$，$\theta=-0.5$，由式（8-3）可知，$y=f(-0.6\times x_1+0.5)$。当 x_1 取不同值时，y 的值如表 8-4 所示。可以看出，此时感知机输出 y 的值是对输入 x_1“非”运算的结果。

表 8-4　感知机的“非”运算

x_1	y
0	1
1	0

更一般地，对于有 n 个输入单元的感知机网络，如果给定训练数据集，那么网络的权值 w_i（$i=1, 2, \cdots, n$）以及阈值 θ 可以通过学习来得到（阈值 θ 也可看作一个输入固定为−1 的单元所对应的连接权值 w_{n+1}，从而将权值和阈值统一为权值，后面的讨论中均按此方法将阈值 θ 统一到权值中）。感知机的学习规则非常简单，对于训练样本(x, y)，若当前感知机的输出为 $\hat{y}$，则

感知机的权值按下面的方式进行调整：

$$\begin{cases} w_i \leftarrow w_i + \Delta w_i \\ \Delta w_i = \eta(y - \hat{y}) \end{cases} \tag{8-4}$$

式中，$\eta \in (0, 1)$，称为学习率。学习率太大时误差容易发散，太小时收敛速度又会过慢，需要根据待求解问题来选择，通常设置在 0.1～0.3 之间。

如果感知机的输出 $\hat{y}$（称为对训练样本的预测值）与训练样本的输出 y 相等，则感知机的权值不发生变化，否则将根据不符合的程度按照式（8-4）进行权值调整，直至预测值与训练样本的输出值相等或误差达到满意程度。

需要注意的是，由于感知机只有输出层神经元进行激活函数处理，其学习能力非常有限。事实上，前述的与、或、非问题都是线性可分的问题。所谓线性可分，是指对于两类模式（用 y=1 和 y=0 或“+”“−”表示两类），存在一个线性超平面能够将两个类别区分开来，图 8-6（a）～（c）所示分别为逻辑“与”“或”“非”三种线性可分问题。对于线性可分问题，在感知机学习过程中权值一定会收敛于适当的值；如果在感知机学习过程中权值无法稳定下来，说明遇到的是非线性可分问题，例如图 8-6（d）所示的“异或”问题，就是一种简单的非线性可分问题。

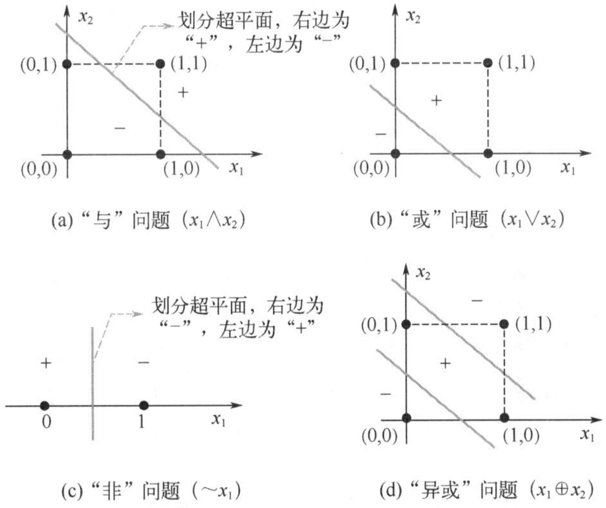

图 8-6　线性可分问题与线性不可分问题

8.3.2　前馈型网络

如前所述，只有输入层和输出层的感知机网络是无法解决非线性可分问题的。如果给感知机增加隐含层，可以构成多层感知机网络。多层感知机网络在输出层与输入层之间还有一层或多层神经元，被称为隐含层或隐层。隐含层和输出层的神经元都是拥有激活函数功能的神经元。按这种层次结构组成的感知机网络就可以用来处理“异或”问题，即能够处理非线性可分问题。

如图 8-7 所示的具有一层隐含层的感知机网络，将输入层与隐含层之间的四个权值分别设置为 w_1=1、w_2=−1、w_3=−1、w_4=1，隐含层与输出层之间的两个权值设置为 w_5=w_6=1，隐含层单元的阈值设置为 θ_1=θ_2=0.5，输出层单元的阈值设置为 θ_3=0.5，隐含层与输出层单元的激活函数都采用阶跃函数。

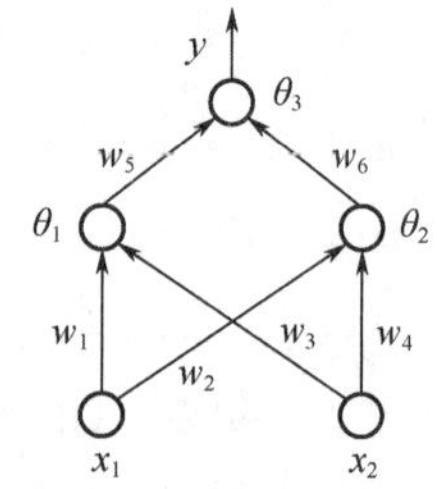

图 8-7 多层感知机网络

多层感知机网络的输出为

$$y = w_5 f(w_1 x_1 + w_3 x_2 - \theta_1) + w_6 f(w_3 x_1 + w_4 x_2 - \theta_2) - \theta_3 \tag{8-5}$$

分别令 x_1、x_2 取 0 和 1，按照式（8-5）计算感知机的输出值，得到的运算结果如表 8-5 所示。从表 8-5 可以看出，感知机的输出值正是输入 x_1 和 x_2 进行“异或”运算的结果，这说明多层感知机能够解决非线性可分问题。

表 8-5 多层感知机网络的“异或”运算

x_1	x_2	y
0	0	0
0	1	1
1	0	1
1	1	0

从上面的感知机网络可以看到，在计算网络的输出中，从输入层开始，首先计算隐含层的每一个单元的输出，然后将隐含层单元的输出作为输出层单元的输入值，最终计算出感知机网络的输出。在整个计算过程中，数据始终是从输入层向输出层传递的，不存在反馈，因此称之为前馈型网络。更加一般的神经网络是如图 8-8 所示的层级结构，每层神经元与下层神经元全连接，且神经元之间不存在同层连接，也不存在跨层连接。无论隐含层是一层还是多层，数据始终都是从输入层向输出层传递，这样的神经网络结构就称为前馈型神经网络。

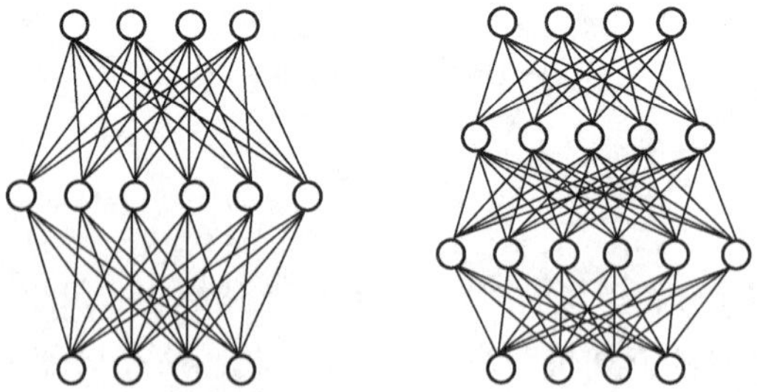

(a) 单隐层前馈网络　　(b) 多隐层前馈网络

图 8-8 前馈型神经网络的结构图

8.3.3 反馈型网络

反馈型神经网络，简称为反馈型网络，也称为递归网络或回归网络，其输入包含有延迟的输入或者输出数据的反馈，是一种从输出到输入具有反馈连接的神经网络，其结构比前馈型网络要复杂得多。反馈型网络在输入和输出之间还建立了反馈关系，网络的输出层单元能够将信号反馈给输入层单元。也就是说，反馈型网络不仅接收外界输入信号，进行数据的前向传递，同时还要接收经过转化的输出信号。输出的反馈信号可以是原始输出信号，也可以是经过转化的输出信号，例如经过一定时刻延迟的输出信号。反馈型网络常用于系统控制、实时信号处理等需要根据系统当前状态进行调节的场合。典型的反馈型神经网络有 Elman 网络和 Hopfield 网络。

如图 8-9 所示，Elman 网络在前向网络的隐含层中增加一个承接层，作为一步延时算子，以达到记忆的目的，从而使系统具有适应时变特性的能力，能直接反映动态过程系统的特性。Elman 网络一般分为 4 层，即输入层、隐含层、承接层、输出层。其中，输入层、隐含层和输出层的连接类似于前馈型网络。输入层的单元仅起信号传输作用；输出层单元起线性加权作用；隐含层单元的激活函数可以采用线性或非线性函数；承接层又称为上下文层或状态层，用来记忆隐含层单元前一时刻的输出值并反馈给输入，可以认为是一个一步延时算子。

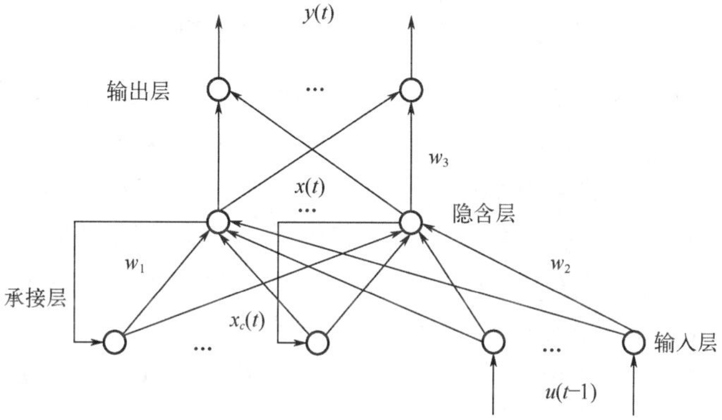

图 8-9 Elman 神经网络的结构图

Elman 网络的特点是：隐含层的输出通过承接层的延迟与存储，自联到隐含层的输入，这种自联方式使其对历史状态的数据具有敏感性，内部反馈网络的加入增加了网络本身处理动态信息的能力，从而达到了动态建模的目的。由于 Elman 网络隐含层中与输入量连接的神经元的输出不仅作为输出层的输入，而且还连接着隐含层内的另外一些神经元，其输入表示了信号的空域信息，而反馈支路是一个延迟单元，反映了信号的时序信息，所以 Elman 网络可以在时域和空域上进行模式识别。

Hopfield 网络又称为联想记忆网络，是一种具有正反向输出的反馈型人工神经网络，常常存储着一个或多个稳定的状态或模式，这些稳定的状态或模式可以通过改变各个神经元之间的连接权值来得到。当网络输入端有相似的输入时，将“唤醒”网络所记忆的状态或模式，并通过输出呈现出来。Hopfield 网络具有很强的计算能力，不仅能够实现联想记忆，而且可以执行线性和非线性规划等优化求解任务，网络的收敛时间可在毫秒级以内。由于具有并行处理能力，Hopfield 网络特别适用于一些模糊推理模型、非线性辨识和自适应控制模型中的问题学习求解。

Hopfield 网络是单层对称（$w_{ij}=w_{ji}$）全反馈网络，根据选取的激活函数不同，可分为离散型和连续型两种。离散型 Hopfield 网络的激活函数采用 δ 函数，主要用于联想记忆；连续型 Hopfield 网络的激活函数采用 S 型函数，主要用于优化计算。

离散型 Hopfield 网络接收二值（0 和 1）输入，是单层全互联网络，其表现形式如图 8-10 所示，具有串行和并行两种工作方式。串行工作方式中，在某一时刻只有 1 个神经元改变状态，而其他神经元的输出保持不变；并行工作方式下，在某一时刻 N 个神经元中有 n 个改变状态，其他神经元的输出保持不变，当 $n=N$ 时，称为全并行方式。

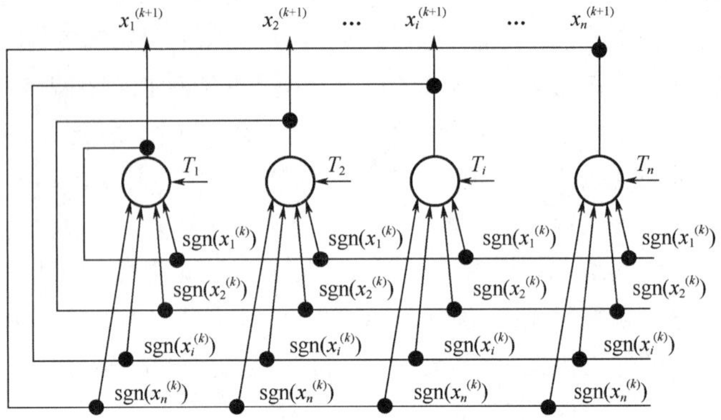

图 8-10 离散型 Hopfield 神经网络的结构图

连续型 Hopfield 网络以模拟量作为输入量，其结构和原理与离散型 Hopfield 网络非常类似。图 8-11（a）是 Hopfield 神经元，采用无源电子器件 R_f 和 C_f 的并联来模拟生物神经元的输出时间常数，用跨导 T_f 模拟生物神经元通过突触互连传输信息时的损耗，用有源电子器件运算放大器的非线性特性模拟生物神经元的输入输出非线性关系，并补充信息传输路径上的损耗。图 8-12（b）是由 Hopfield 神经元构成的模拟电路组成的连续型 Hopfield 神经网络。连续型 Hopfield 网络中的各神经元采用并行方式工作，能够实现神经元间的相互激励和抑制，有很强的学习能力，在信息处理的并行性、联想性、实时性、分布存储、协同性等方面比离散型 Hopfield 网络更接近于生物神经网络。

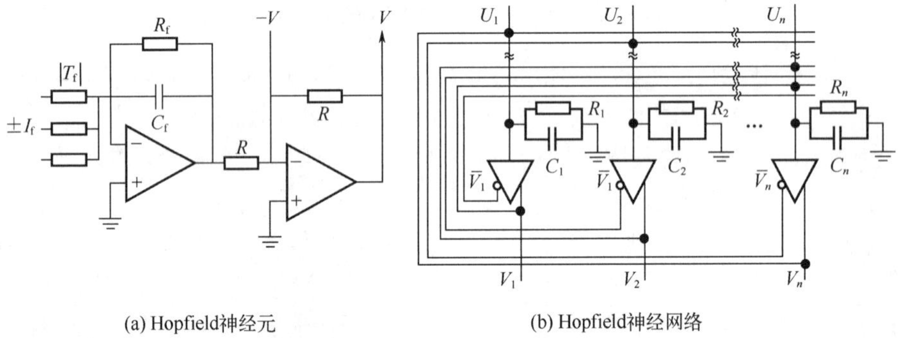

图 8-11 连续型 Hopfield 神经网络的结构图

8.4 人工神经网络的学习方法与规则

人工神经网络性能的优劣关键在于神经网络的学习能力。神经网络的学习主要有两方面：一是学习方法，二是学习规则。

8.4.1 人工神经网络的学习方法

神经网络的学习就是从已有的数据中发现规律，即知识。例如，人可以很简单地识别出某个字符，但却很难明确说出是基于何种规律而识别出的。也就是说，人的识别过程中包含了关于某个模式的特征对应关系。人工神经网络的学习就是要从已知的字符模式中提取并学会这种特征对应关系，对于一个未知类别的字符，就可以依据学到的知识进行模式的判断。

神经网络的学习就是不断地调整和修正网络的各种参数（如触发阈值、连接权值等），使神经网络具备蕴含在一系列权值中的模式、类别、概念等知识，然后通过计算来获得新数据所归属的模式。神经网络的学习方法包括监督学习、无监督学习和强化学习三种类型。

（1）监督学习

监督学习也称为有监督学习、有指导学习或有教师学习，用来学习的数据包含输入和期望输出（或类别标签）。数据输入网络后计算实际输出，并与期望输出进行比较，根据两者间的差异调整网络的权值，使差异不断变小。学习的目的就是减小网络的实际输出与期望输出之间的误差，这是依靠不断调整神经网络的权值来实现的，这个过程称为训练，当网络的输出等于期望输出或与期望输出的误差达到了允许范围，则称网络训练成熟，就可以用来计算新数据的输出，这被称为预测。

监督学习的原理如图8-12所示，训练样本集中的样本必须具有标签，用来指明样本的期望输出或类别，这种标签就称为教师信号。为保证神经网络能够区分不同类别，训练样本通常要涵盖各种类别（最简单的情况是正例和反例），因此监督学习极度依赖提供的训练样本集。

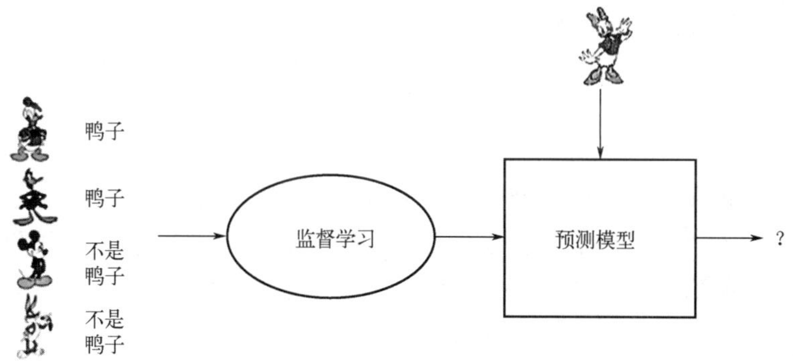

图8-12 监督学习的原理

监督学习的过程主要包括预处理、训练、验证和预测，如图8-13所示。预处理主要是对训练样本进行整理，保证训练数据满足质量要求；训练过程是根据训练样本的输入来计算网络的输出，然后与训练样本的期望输出进行比较、计算损失，并采用相应的学习规则调整模型参数，包括网络的权值和阈值等，使误差不断减少直到满足要求；当网络训练成熟后，需要对网络的性能进行验证，通常是从测试样本集中选取一定数量的样本输入网络，检测网络的实际输出是否与样本的期望输出相符。如果验证结果不佳，则有必要重新对网络进行训练，直到通过验证；网络完成训练和验证后，可认为网络具备了相关的知识，此时就可以用于新样本的预测，将没有标签的新样本输入网络，得到网络的实际输出，即为新样本的标签。

（2）无监督学习

无监督学习也称非监督学习、无指导学习或无教师学习，本质上是一个统计手段，是在没有标签的数据里可以发现潜在的一些结构的一种训练方式。

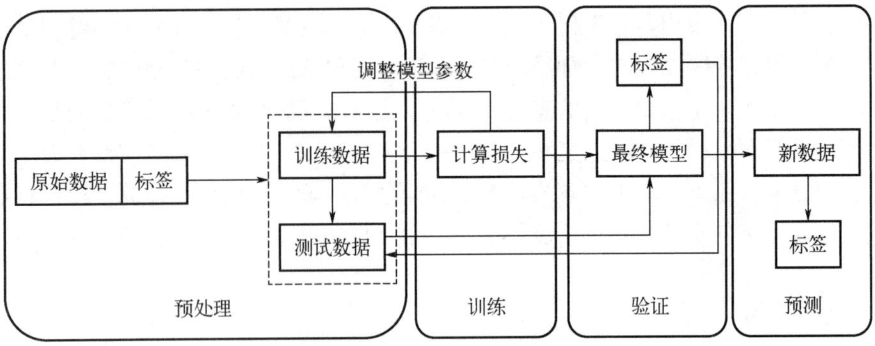

图 8-13 监督学习的过程

无监督学习主要具备三个特点：一是没有明确的目的；二是不需要给数据提供标签；三是无法量化效果。用来学习的数据只包含输入，没有期望输出。数据输入网络后，按照预先设定的规则自动调整网络的权值，最终使网络具备识别或分类能力。无监督学习过程中，训练数据只有输入而没有期望输出，网络必须根据一定的判断标准自行调整权值。在这种学习方式下，网络不依赖于外部的影响来改变权值，也就是说，在网络训练过程中，只提供输入数据而不提供相应的输出数据。

采用无监督学习方式的神经网络在训练过程中检查输入数据的规律或趋向，并根据网络本身的功能进行权值调整，但并不去考察这种调整究竟是优还是劣，强调每一层处理单元间的协作。如果输入信息使处理单元组的任何单元激活，则整个处理单元的活性就增强，然后处理单元组将相关信息传递给下一层处理单元。

无监督学习的典型例子是聚类。聚类的目的仅在于把相似的东西聚在一起，而并不关心到底是什么类别。简单地说，聚类就是一种自动分类的方法。在监督学习中，由于数据有标签，很清楚每一个待分的类别是什么，但是聚类则不然，因此并不清楚聚类后的几个分类分别代表什么。例如图 8-14 就是采用轴承运行时的振动数据样本实现的聚类，每个类别代表轴承的一种运行状态，即正常（记作 normal）、滚动体损伤（记作 roller）、内圈损伤（记作 inner）、外圈损伤（记作 outer），分别汇聚在 4 个中心（center）。

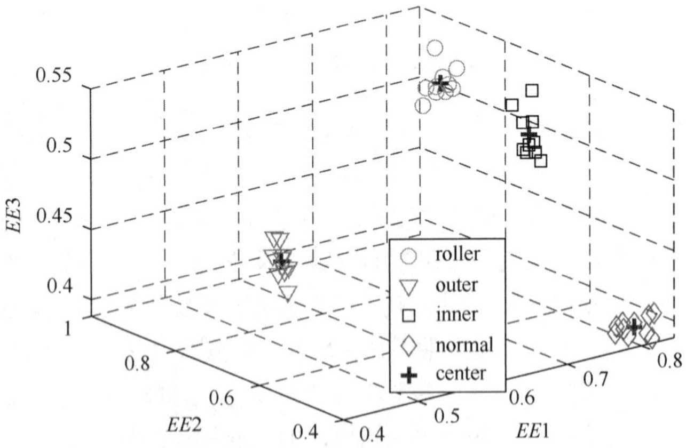

图 8-14 无监督学习方式实现聚类

(3) 强化学习

强化学习也称再励学习、评价学习或增强学习，是介于监督学习和无监督学习之间的一种学习方法。强化学习是学习系统从环境到行为映射的学习，以奖励（也称强化）信号最大化为目标来指导学习行为。环境仅提供对学习行为的评价信号，而不是指导学习系统如何产生正确的动作。学习系统通过奖励信号来改进自身的行动方案以适应环境，以“试错”的方式进行学习，目标是使奖励信号最大化，进而获得知识。

强化学习的要点是从强化物中进行学习，而不是根据指导进行学习，其学习原理如图8-15所示。强化物由环境提供，一般是对学习结果的奖励或惩罚信号，用以加强或修正学习行为。如果学习系统的某个行为导致环境给予奖励信号（称为正强化），那么以后产生这个行为的趋势会加强；反之，如果环境给予惩罚信号（称为负强化），那么以后产生这个行为的趋势会减弱。学习系统选择下一个动作的原则就是使受到正强化的概率增加。学习系统所选择的下一个动作不仅影响立即强化值，而且影响下一时刻的状态及最终的强化值。

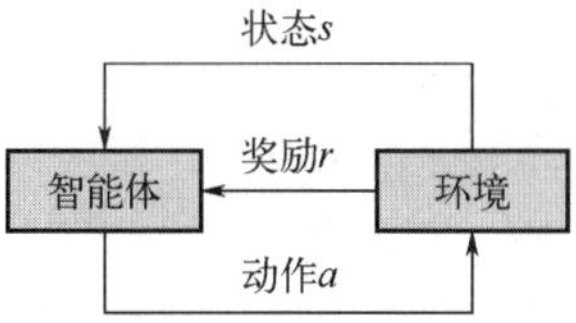

图8-15 强化学习的基本原理

强化学习理论受到行为主义心理学启发，侧重在线学习并试图在探索-利用间保持平衡。不同于监督学习和无监督学习，强化学习不要求预先给定任何数据，而是通过接收环境对动作的奖励（反馈）获得学习信息并更新模型参数。进化计算中的遗传算法、蚁群算法、粒子群算法等都属于强化学习。

强化学习问题在信息论、博弈论、自动控制等领域得到广泛运用，可用于解释有限理性条件下的平衡态、设计推荐系统和机器人交互系统等。一些复杂的强化学习算法在一定程度上具备解决复杂问题的通用智能，可以在围棋和电子游戏中达到人类水平，这方面最早的应用实例是塞缪尔（A. Samuel）的下棋程序。

8.4.2 人工神经网络的学习规则

神经网络学习的另一个重要方面是学习规则。目前应用较为普遍的学习规则主要有以下几种。

（1）Hebb 学习规则

在 Hebb 学习规则中，如果某个处理单元从另一个处理单元接收到一个输入，并且两个单元都处于高度活动状态，则两单元间的连接权值将被加强。Hebb 学习规则是一种联想式学习，属于无监督学习方法，只根据神经元间连接的激活水平来改变权值，因此又称为相关学习。

（2）Delta 学习规则

Delta 学习规则通过改变单元间的连接权值来减小实际输出与期望输出之间的误差，使误差函数达到最小值。该学习规则只适用于线性可分函数，无法用于多层网络，而在其基础上改进的反向传播算法就可以用于多层网络的学习。

（3）梯度下降学习规则

梯度下降学习规则的要点是在学习过程中保持误差曲线的梯度下降，能够以最快的速度进行学习。但是，此时误差曲线可能会出现局部最小。因此，在神经网络学习时应采取一定措施，尽可能地避免陷入局部最小，才能达到真正的误差最小值。

（4）Kohonen 学习规则

Kohonen 学习规则只用于无监督学习网络，学习过程中处理单元竞争学习时，具有高输出的单元阻止其竞争者激活，而且只有胜利者才可以调节与其邻近单元的权值。

（5）反向传播学习规则

反向传播算法是目前应用最为广泛的神经网络学习规则，一般采用 Delta 规则，首先从前往后计算输出，将实际输出与期望输出进行比较并计算误差；然后以误差最小化为目标，从后向前逐层修改权值，直到误差达到允许范围。

（6）概率式学习规则

神经网络处于某一状态的概率主要取决于此状态下的能量，能量越低的状态，出现的概率就越大。同时，此概率还取决于温度参数，温度参数越大，不同状态出现概率的差异就越小，比较容易跳出能量的局部极小而得到全局极小。模拟退火算法是概率式学习规则的典型代表。

（7）竞争式学习规则

竞争式学习属于无监督学习方法，利用不同层间的神经元发生激活性连接以及同一层内距离很近的神经元间发生同样的激活性连接，而距离较远的神经元产生抑制性连接，其本质在于神经网络中高层次神经元对低层次神经元的输入模式进行竞争识别，从而能够及时地调整网络结构，向环境自动学习，完成所需执行的功能。因此，基于竞争式学习规则的神经网络又称为自组织神经网络。

8.5 BP 神经网络

8.5.1 BP 算法的流程

反向传播（back-propagation，BP）算法是一种计算单个权值变化引起网络性能变化值的方法，从输出节点开始，反向地向第一隐含层（即最接近输入层的隐含层）传播由总误差引起的权值修正。运用 BP 算法的神经网络称为 BP 神经网络，在各种分类系统中得到了广泛的应用。

BP 神经网络包括训练和使用两个阶段，其中使用阶段比较简单，就是将新数据输入网络，计算输出即可。在训练阶段，数据从输入层输入，向前把结果输出到第一隐含层，然后第一隐含层将接收的数据处理后作为输出，再作为第二隐含层的输入……以此类推，直到得到输出层的输出信号为止。如果输出层没有得到期望的结果，就把实际输出与期望输出的误差按照相关的公式计算并调整最后一个隐含层到输出层之间的连接权值，之后再从最后一个隐含层向倒数第二个隐含层进行同样的误差反馈并调整两层之间的连接权值……以此类推，直到输入层与第一隐含层之间的网络权重也完成调整为止。此时，再将该训练数据输入网络并检查输出，如果仍不满意则继续按照上述过程重复执行，直至达到要求。然后按同样步骤完成下一个训练样本的训练，直至所有的训练样本都完成训练。上述基于 BP 算法的网络训练流程如图 8-16 所示。

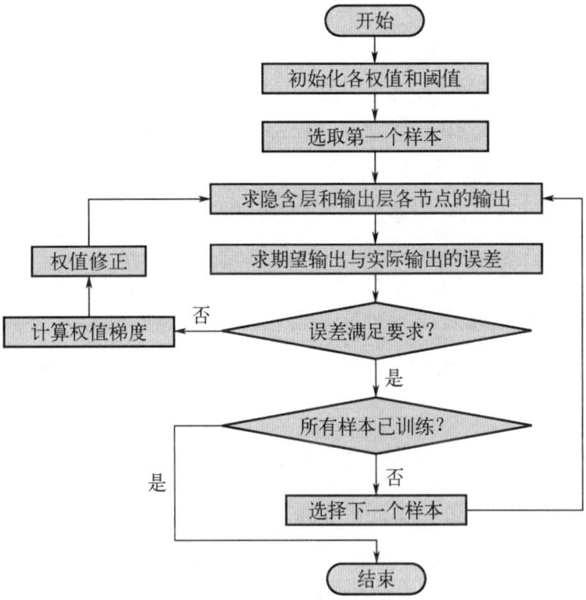

图 8-16　BP 算法的训练流程图

8.5.2　误差反向传播的计算过程

误差反向传播过程中对权值的修正以下列的两个概念为依据。

(1) 梯度法

设 y 为某些变量 x_i 的平滑函数，为使 y 值能够尽快增大，每个 x_i 值的变化量 Δx_i 应与 y 对 x_i 的偏导数成正比，即

$$\Delta x_i \propto \frac{\partial y}{\partial x_i} \tag{8-6}$$

(2) 连锁法

设 y 为某些中间变量 x_i 的函数，每个 x_i 又为变量 z 的函数，则 y 对 z 的导数为

$$\frac{\mathrm{d}y}{\mathrm{d}z} = \sum_i \left(\frac{\partial y}{\partial x_i} \times \frac{\partial x_i}{\partial z} \right) \tag{8-7}$$

在输入 x 和激活函数 f 确定时，神经网络各处理单元的输出都是权值的函数。用 s 表示输入层的单元数，z 表示输出层的单元数，前向计算时信息由第 i 层向第 j 层再向第 k 层传递，w_{ij} 表示第 i 层与第 j 层之间的连接权值，w_{jk} 表示第 j 层与第 k 层之间的连接权值，如图 8-17 所示。

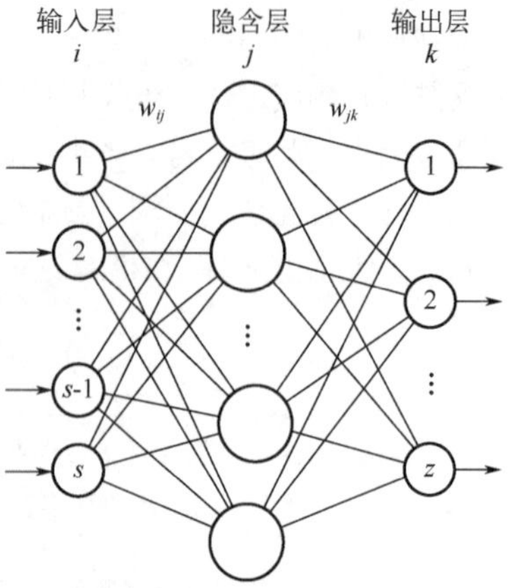

图 8-17 BP 神经网络的结构图

为了得到网络的性能，取一个训练样本作为输入（实际上，人工神经网络都是以训练样本集进行训练的，为叙述简便，此处以一个样本的训练为例进行讲解），然后求取网络的输出，用输出与该训练样本的期望输出求取误差平方和的$\frac{1}{2}$，即 P（称为网络性能），有

$$P=\frac{1}{2}\sum_{k}(d_k-O_k)^2 \tag{8-8}$$

式中，d_k 为训练样本在输出单元 k 的期望输出；O_k 表示训练样本在输出单元 k 的实际输出。

网络训练的目标就是最小化 P。显然，P 是网络的实际输出 O_k 的函数，而 O_k 又是输出单元接收到的总输入 σ_k 的函数，同时 σ_k 又是权值 w_{jk} 的函数，所以 P 是 w_{jk} 的函数。根据梯度法，有

$$\Delta w_{jk}\propto\frac{\partial P}{\partial w_{jk}} \tag{8-9}$$

计算出网络性能 P 对单个权值 w_{jk} 的偏导数，然后将所有的 w_{jk} 都按各自对应的偏导数成正比变化，P 就能够很快趋向最小值。根据连锁法可知

$$\frac{\partial P}{\partial w_{jk}}=\frac{\partial P}{\partial O_k}\frac{\partial O_k}{\partial \sigma_k}\frac{\partial \sigma_k}{\partial w_{jk}} \tag{8-10}$$

式中，O_k 表示第 k 层单元的输出；σ_k 表示第 k 层单元接收到的来自第 j 层单元的总输入，有

$$\sigma_k=\sum_{j}w_{jk}O_j \tag{8-11}$$

则式（8-9）可写为权值修正方程，即

$$\Delta w_{jk}=-\eta\frac{\partial P}{\partial O_k}\frac{\partial O_k}{\partial \sigma_k}\frac{\partial \sigma_k}{\partial w_{jk}} \tag{8-12}$$

式中，η 为比例常数，即前述的学习率。设神经元的激活函数为 f，则有

$$O_k=f(\sigma_k)=f\left(\sum_{j}w_{jk}O_j\right) \tag{8-13}$$

式中，O_j 是第 j 层单元的输出，则有

$$\frac{\partial O_k}{\partial \sigma_k}=\frac{\mathrm{d}f(\sigma_k)}{\mathrm{d}\sigma_k} \tag{8-14}$$

由式（8-11）知

$$\frac{\partial \sigma_k}{\partial w_{jk}}=\frac{\partial}{\partial w_{jk}}\left(\sum_j w_{jk}O_j\right)=O_j \tag{8-15}$$

将式（8-14）、式（8-15）代入式（8-10），得到第一个关键方程：

$$\frac{\partial P}{\partial w_{jk}}=O_j\frac{\mathrm{d}f(\sigma_k)}{\mathrm{d}\sigma_k}\frac{\partial P}{\partial O_k} \tag{8-16}$$

将式（8-14）、式（8-15）代入式（8-12），有

$$\Delta w_{jk}=-\eta O_j\frac{\mathrm{d}f(\sigma_k)}{\mathrm{d}\sigma_k}\frac{\partial P}{\partial O_k} \tag{8-17}$$

权值 w_{jk} 的修正可表达为

$$w_{jk}\leftarrow w_{jk}+\Delta w_{jk} \tag{8-18}$$

接下来修正第 i 层与第 j 层间的连接权值 w_{ij}，与上述过程类似，权值修正方程为

$$\Delta w_{ij}=-\eta\frac{\partial P}{\partial O_j}\frac{\partial O_j}{\partial \sigma_j}\frac{\partial \sigma_j}{\partial w_{ij}} \tag{8-19}$$

式中，σ_j 是第 j 层单元接收到的来自第 i 层单元的总输入。

此处要注意的是，w_{jk} 只受到一个输出层单元的输出误差的影响，而 O_j 连接着输出层的所有单元，各个输出单元的误差 P_k 都是 O_j 的函数，因此总误差 P 对 O_j 的偏导数应采用求和的方式，同时考虑到 O_k 也是 O_j 的函数，故有

$$\frac{\partial P}{\partial O_j}=\sum_k\left(\frac{\partial P}{\partial O_k}\frac{\partial O_k}{\partial O_j}\right) \tag{8-20}$$

将式（8-20）代入式（8-19），得到

$$\Delta w_{ij}=\eta\left[\sum_k\left(\frac{\partial P}{\partial O_k}\frac{\partial O_k}{\partial O_j}\right)\right]\frac{\partial O_j}{\partial \sigma_j}\frac{\partial \sigma_j}{\partial w_{ij}} \tag{8-21}$$

第 j 层单元的输出 O_j 同样有

$$O_j=f(\sigma_j)=f\left(\sum_i w_{ij}O_i\right) \tag{8-22}$$

式中，O_i 表示第 i 层单元的输出，故有

$$\frac{\partial O_j}{\partial \sigma_j}=\frac{\mathrm{d}f(\sigma_j)}{\mathrm{d}\sigma_j} \tag{8-23}$$

且有

$$\frac{\partial \sigma_j}{\partial w_{ij}}=\frac{\partial}{\partial w_{ij}}\left(\sum_i w_{ij}O_i\right)=O_i \tag{8-24}$$

将式（8-23）、式（8-24）代入式（8-21），得到

$$\Delta w_{ij}=\eta O_i\left[\sum_k\left(\frac{\partial P}{\partial O_k}\frac{\partial O_k}{\partial O_j}\right)\right]\frac{\mathrm{d}f(\sigma_j)}{\mathrm{d}\sigma_j} \tag{8-25}$$

由式（8-13）可知 O_k 是 σ_k 的函数，而 σ_k 又是 O_j 的函数，运用连锁法并结合式（8-14），有

$$\frac{\partial O_k}{\partial O_j}=\frac{\partial O_k}{\partial \sigma_k}\frac{\partial \sigma_k}{\partial O_j}=\frac{\mathrm{d}f(\sigma_k)}{\mathrm{d}\sigma_k}\frac{\partial \sigma_k}{\partial O_j} \tag{8-26}$$

式中：

$$\frac{\partial \sigma_k}{\partial O_j}=\frac{\partial}{\partial O_j}\left(\sum_j w_{jk}O_j\right)=w_{jk} \tag{8-27}$$

则式（8-26）可以改写为

$$\frac{\partial O_k}{\partial O_j}=\frac{\mathrm{d}f(\sigma_k)}{\mathrm{d}\sigma_k}w_{jk} \tag{8-28}$$

将式（8-28）代入式（8-20），得到第二个关键方程：

$$\frac{\partial P}{\partial O_j}=\sum_k\left(w_{jk}\frac{\mathrm{d}f(\sigma_k)}{\mathrm{d}\sigma_k}\frac{\partial P}{\partial O_k}\right) \tag{8-29}$$

由第一个关键方程［式（8-16）］可知，性能 P 对权值 w_{jk} 的偏导数取决于性能对下一层输出 O_k 的偏导数；由第二个关键方程［式（8-29）］可知，性能 P 对输出 O_j 的偏导数取决于性能对下一层输出 O_k 的偏导数。由此可知，性能 P 对第 i 层权值 w_{ij} 的偏导数要借助于计算右边第 j 层权值 w_{jk} 的偏导数而得到。因此，整个过程必须要完成最后一层输出的偏导数的计算，即

$$\frac{\partial P}{\partial O_k}=\frac{\partial}{\partial O_k}\left[\frac{1}{2}(d_k-O_k)^2\right]=-(d_k-O_k) \tag{8-30}$$

根据式（8-23）、式（8-24）可将式（8-19）的权值修正递推方程改写为

$$\Delta w_{ij}=\eta O_i\frac{\mathrm{d}f(\sigma_j)}{\mathrm{d}\sigma_j}\frac{\partial P}{\partial O_j} \tag{8-31}$$

神经网络的处理单元一般选用 S 型函数作为激活函数，即

$$f(\sigma)=\frac{1}{1+\mathrm{e}^{-\sigma}}$$

易知

$$\frac{\mathrm{d}f(\sigma_j)}{\mathrm{d}\sigma_j}=f(\sigma_j)[1-f(\sigma_j)] \tag{8-32}$$

再令

$$\beta_j=\frac{\partial P}{\partial O_j} \tag{8-33}$$

将式（8-32）、式（8-33）代入式（8-31），最终的权值修正方程可写为

$$\Delta w_{ij}=-\eta O_iO_j(1-O_j)\beta_j \tag{8-34}$$

式中：

$$\beta_j=\begin{cases}\sum_k w_{jk}O_k(1-O_k)\beta_k, & \text{隐含层单元}\\ d_k-O_k, & \text{输出层单元}\end{cases} \tag{8-35}$$

式中，β_k 是下一层神经元的偏导数。

神经元的输出误差为

$$e=\begin{cases}O_j(1-O_j)\sum_k w_{jk}e_k, & \text{隐含层单元}\\ O_k(1-O_k)(d_k-O_k), & \text{输出层单元}\end{cases} \tag{8-36}$$

式中，e_k是下一层单元的误差。

权值 w_{ij} 的修正可以表达为

$$w_{ij}\leftarrow w_{ij}+\Delta w_{ij} \tag{8-37}$$

8.5.3　BP 神经网络的计算实例

【例 8-1】基于 BP 算法的人工神经网络

如图 8-18 所示的一个三层神经网络，设学习率 η=0.9，激活函数采用 S 型函数，一个训练样本为{1, 0, 1}，期望输出（或类别号）为 1，初始各连接权值和阈值如表 8-6 所示。试采用 BP 算法给出该网络的第一次权值更新过程。

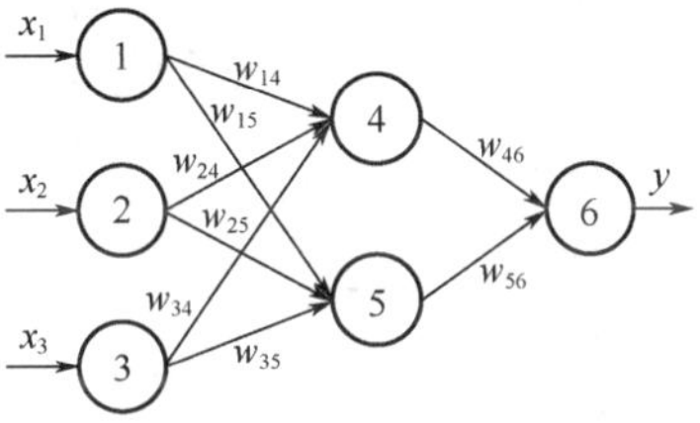

图 8-18　三层 BP 神经网络

表 8-6　神经网络的初始参数

w_{14}	w_{15}	w_{24}	w_{25}	w_{34}	w_{35}	w_{46}	w_{56}	θ_4	θ_5	θ_6
0.2	−0.3	0.4	0.1	−0.5	0.2	−0.3	−0.2	0.4	−0.2	−0.1

注：θ_4、θ_5、θ_6是 4、5、6 三个网络单元的阈值，在单元求和计算时可将 θ 可视为输入固定为−1 的连接权值 w。

解：BP 算法首先由隐含层向输出层计算每个神经元的输出，然后由输出层向隐含层反向计算每个神经元的输出误差。具体步骤如下：

① 令 x_1=1，x_2=0，x_3=1，前向计算的神经元输出值如表 8-7 所示，其中 O_j 表示隐含层单元的输出，O_k 表示输出层单元的输出。

表 8-7　神经元的输入和输出值

神经元编号	输入值 $\sigma_j=\sum_i w_{ij}O_i-\theta_j$	输出值 $O_j=\frac{1}{1+e^{-\sigma_j}}$
4	[0.2×1+0.4×0+ (−0.5)×1]−0.4=−0.7	0.332　(O_j)
5	[(−0.3)×1+0.1×0+0.2×1]−(−0.2)=0.1	0.525　(O_j)
6	[(−0.3)×0.332+(−0.2)×0.525]−(−0.1)≈−0.105	0.474　(O_k)

② 网络的期望输出 d_k=1，而实际输出 O_k=0.474，输出误差为(1−0.474)×100%=52.6%。从输出层单元开始计算输出单元的误差，然后反向计算隐含层单元的误差。各神经元误差的计算结果如表 8-8 所示。其中，6 号神经元是输出层神经元，因此其误差计算公式为 $e_k=O_k(1-O_k)(d_k-O_k)$；而 4

号和 5 号神经元是隐含层神经元，误差的计算公式为 $e_j=w_{jk}O_j(1-O_j)e_k$。由于本例只有一个输出单元，故省略了求和符号；如果有多个输出单元，求取隐含层单元误差时应采用式（8-35）的求和形式。

表 8-8　神经元的误差

神经元编号	w_{jk}	误差 $e_j=O_j(1-O_j)\beta_j$
6	—	$e_k=O_k(1-O_k)(d_k-O_k)=0.474\times(1-0.474)\times(1-0.474)\approx0.1311$
5	$w_{56}=-0.2$	$e_j=w_{jk}O_j(1-O_j)e_k=(-0.2)\times0.525\times(1-0.525)\times0.1311\approx-0.0065$
4	$w_{46}=-0.3$	$e_j=w_{jk}O_j(1-O_j)e_k=(-0.3)\times0.332\times(1-0.332)\times0.1311\approx-0.0087$

③ 令学习率 $\eta=0.9$，根据各神经元的输出值和误差值计算权值及阈值的修正量，结果如表 8-9 所示。其中，阈值可等效处理为输入恒定为−1、连接权值为 θ 的处理单元。

表 8-9　权值的修正量计算

权值	e_j	O_i	修正量
			$\Delta w_{ij}=\eta O_i e_j$
w_{46}	输出层单元，$e_k=0.1311$	0.332	$0.9\times0.332\times0.1311\approx0.039$
w_{56}	输出层单元，$e_k=0.1311$	0.525	$0.9\times0.525\times0.1311\approx0.062$
w_{14}	隐含层单元，$e_j=-0.0087$	1	$0.9\times1\times(-0.0087)\approx-0.008$
w_{15}	隐含层单元，$e_j=-0.0065$	1	$0.9\times1\times(-0.0065)\approx-0.006$
w_{24}	隐含层单元，$e_j=-0.0087$	0	$0.9\times0\times(-0.0087)=0$
w_{25}	隐含层单元，$e_j=-0.0065$	0	$0.9\times0\times(-0.0065)=0$
w_{34}	隐含层单元，$e_j=-0.0087$	1	$0.9\times1\times(-0.0087)\approx-0.008$
w_{35}	隐含层单元，$e_j=-0.0065$	1	$0.9\times1\times(-0.0065)\approx-0.006$
θ_6	输出层单元，$\beta_j=e_k=0.1311$	−1	$0.9\times(-1)\times0.1311\approx-0.118$
θ_5	隐含层单元，$\beta_j=e_j=-0.0065$	−1	$0.9\times(-1)\times(-0.0065)\approx0.006$
θ_4	隐含层单元，$\beta_j=e_j=-0.0087$	−1	$0.9\times(-1)\times(-0.0087)\approx0.008$

④ 应用式（8-37）对网络的各个权值和神经元阈值进行修正，结果如表 8-10 所示。

表 8-10　权值修正

权值	修正前	修正后
w_{46}	−0.3	−0.261
w_{56}	−0.2	−0.138
w_{14}	0.2	0.192
w_{15}	−0.3	−0.306
w_{24}	0.4	0.4
w_{25}	0.1	0.1
w_{34}	−0.5	−0.508
w_{35}	0.2	0.194
θ_6	−0.1	−0.218
θ_5	−0.2	−0.194
θ_4	0.4	0.408

⑤将神经网络的权值和阈值设置为修正后的值，仍以{1, 0 ,1}为输入再次计算网络的输出，结果如表 8-11 所示。由计算结果可以看出，经过第一次参数修正后，网络的输出为 0.5176，误差为(1−0.5152)×100%=48.48%，比网络在初始参数下的误差要小，这说明参数修正起到了改善网络性能的作用，可以继续按照上述步骤继续进行权值修正，直至达到满意的输出误差范围。

表 8-11 权值修正后的神经网络的输出值

神经元编号	输入值	输出值
	$\sigma_j=\sum_i w_{ij}O_i-\theta_j$	$O_j=\dfrac{1}{1+e^{-\sigma_j}}$
4	[0.192×1+0.4×0+ (−0.508)×1]−0.408=−0.724	0.3265 (O_j)
5	[(−0.306)×1+0.1×0+0.194×1]−(−0.194)=0.082	0.5205 (O_j)
6	[(−0.261)×0.3265+(−0.138)×0.5205]−(−0.218)≈0.061	0.5152 (O_k)

8.6 其他常见神经网络

8.6.1 RBF 神经网络

RBF 神经网络是一种单隐含层前馈网络，网络结构只有三层，即输入层、隐含层和输出层，如图 8-19 所示。输出层神经元接收到隐含层的信号后进行线性加权求和来产生输出。也就是说，RBF 神经网络从输入层到隐含层的变换是非线性的，而从隐含层到输出层的变换是线性的。

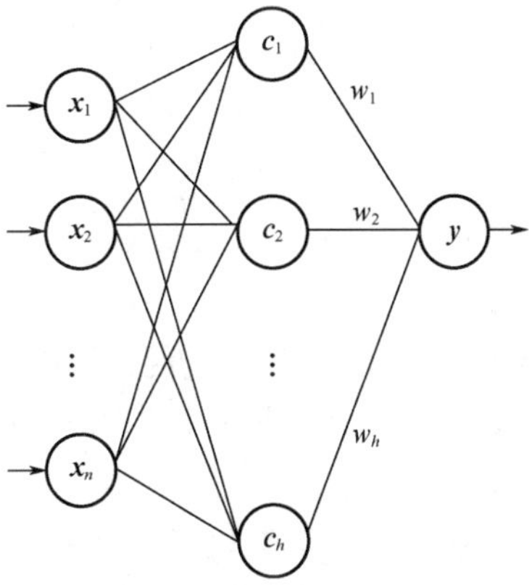

图 8-19 RBF 神经网络的结构

RBF 神经网络隐含层神经元的激活函数采用径向基函数，可表示为

$$\rho(\boldsymbol{x}-\boldsymbol{c}_i)=\exp\left(-\frac{\|\boldsymbol{x}-\boldsymbol{c}_i\|^2}{2\sigma_i^2}\right) \tag{8-38}$$

式中，$\boldsymbol{x}$ 是网络的 d 维输入向量，网络的输出是标量实值（图 8-19 中的 $\boldsymbol{x}_1,\boldsymbol{x}_2,\cdots,\boldsymbol{x}_n$ 即本式中的 $\boldsymbol{x}$，均为向量。式中没有用角标 i=1,2,⋯,n，表示输入层单元所有的 $\boldsymbol{x}_i$ 可以和隐含层单元进行连接计算）；$\boldsymbol{c}_i$ 是第 i 个隐含层神经元的中心，也是一个 d 维向量；σ^2 是高斯分布的方差；$\|\cdot\|$

表示向量的范数，实际应用中常采用 L2 范数，即欧氏距离，有

$$\mathrm{dist}(\boldsymbol{X},\boldsymbol{Y})=\sqrt{\sum_{i=1}^{d}(x_i-y_i)^2} \tag{8-39}$$

式中，$\boldsymbol{X}=(x_1, x_2,\cdots, x_d)$；$\boldsymbol{Y}=(y_1, y_2,\cdots, y_d)$；$x_i\in\{x_1, x_2,\cdots, x_d\}$；$y_i\in\{y_1, y_2,\cdots, y_d\}$。

RBF 神经网络的输出可表示为

$$\varphi(\boldsymbol{x})=\sum_{i=1}^{h}w_i\rho(\boldsymbol{x},\boldsymbol{c}_i) \tag{8-40}$$

式中，w_i 是第 i 个隐含层神经元的连接权值；h 是隐含层神经元的个数。

RBF 神经网络需要求解的参数有 3 个，分别是隐含层径向基函数的中心 $\boldsymbol{c}_i$、方差 σ^2 以及隐含层到输出层的权值 w_i。在网络学习过程中，第一步采用无监督学习方法求解隐含层基函数的中心，如 K 均值算法等聚类方法，也可以采用随机采样的方法确定中心；第二步采用监督学习方法（如 BP 算法）来求解隐含层到输出层之间的权值 w_i。方差可由输入 $\boldsymbol{x}$ 与所选取的中心点 $\boldsymbol{c}_i$ 之间的最大距离 $c_{i\max}$ 确定，即

$$\sigma_i=\frac{c_{i\max}}{\sqrt{2h}} \quad i=1,\ 2,\ \cdots,\ h \tag{8-41}$$

实际应用时也可以将 σ 作为一个权值，采用机器学习算法来确定。

BP 网络中某个权值的变化会影响全部的输出，是全局逼近网络。而 RBF 网络隐含层神经元接收的是输入与中心向量的距离，并采用高斯分布形式的激活函数，神经元的输入离径向基函数的中心越远，神经元的激活程度就越低，一个权值只影响一个输出。也就是说，RBF 网络搜索点与中心距离较大时，径向基函数的输出接近于 0，所以真正起作用还是与中心点很近的点，具有“局部映射”的特性，所以是局部逼近网络。从学习速度上讲，局部逼近网络要快于全局逼近网络，因此 RBF 网络的学习速度更快。

8.6.2 ART 神经网络

建立在自适应共振理论（adaptive resonance theory, ART）基础上的 ART 网络是一种竞争型神经网络。竞争型学习是神经网络中一种常用的无监督学习策略，网络的输出神经元相互竞争，每一时刻仅有一个竞争获胜的神经元被激活，其他神经元则被抑制。

ART 网络由比较层、识别层、识别阈值和重置模块构成。其中，比较层负责接收输入样本并将其传递给识别层神经元；识别层的每个神经元对应一个模式类别，神经元数目可以在训练过程中动态增长以增加新的模式类别。在接收到比较层的输入信号后，识别层神经元之间相互竞争以产生获胜神经元。竞争的最简单方式是计算输入向量与每个识别层神经元所对应的模式类别的特征向量之间的距离，距离最小者获胜。获胜神经元将向其他识别层神经元发送抑制信号。若输入向量与获胜神经元所对应的特征向量之间的相似度大于识别阈值，则当前输入样本将被归为该特征向量所属的类别，同时更新网络连接权值，使得以后再接收到相似的输入样本时，该模式类别能够算出更大的相似度，从而使该获胜神经元有更大的可能获胜；若相似度未达到识别阈值，则重置模块将在识别层增设一个新的神经元，其特征向量就设置为当前输入向量。

显然，识别阈值对 ART 网络的性能有重要的影响。当识别阈值较高时，输入样本将会被分

成比较多且精细的模式类别，而识别阈值较低时，则会产生比较少且较粗略的模式类别。ART 网络比较好地缓解了竞争型学习中的“可塑性-稳定性窘境”：可塑性是指神经网络要有学习新知识的能力，而稳定性则是指神经网络在学习新知识时要保持对旧知识的记忆。这就使得 ART 网络具有了一个很重要的优点：可以进行增量学习或在线学习。

8.6.3 SOM 神经网络

自组织映射（self-organizing map, SOM）网络也是一种竞争学习型的无监督神经网络，能够将高维输入数据映射到低维空间（通常为二维），同时保持输入数据在高维空间的拓扑结构，即将高维空间中相似的样本点映射到网络输出层中的邻近神经元。

如图 8-20 所示，SOM 网络中的输出层神经元以矩阵方式排列在二维空间中，每个神经元都拥有一个权向量。网络在接收到输入向量后，将会确定输出层的获胜神经元，它决定了该输入向量在低维空间中的位置。SOM 网络的训练目标就是为每个输出层神经元找到合适的权向量，以达到保持拓扑结构的目的。

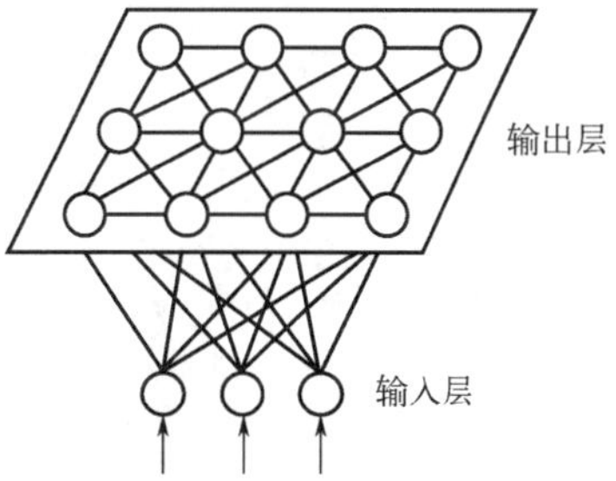

图 8-20 SOM 网络的结构

SOM 网络的训练过程很简单：在接收到一个训练样本后，每个输出层神经元会计算该样本与自身携带的权向量之间的距离，距离最近的神经元成为竞争获胜者，称为最佳匹配单元。然后，最佳匹配单元及其邻近神经元的权向量将被更新，以使这些权向量与当前输入样本的距离缩小。这个过程不断迭代直至收敛。

8.6.4 级联相关神经网络

一般的神经网络模型通常假定网络结构是事先固定的，训练的目的是利用训练样本来确定合适的连接权值和阈值等参数。而结构自适应网络将网络结构也当作学习的目标之一，希望能在训练过程中找到最符合数据特点的网络结构。级联相关（cascade-correlation）网络就是结构适应网络的典型代表。

级联相关网络有两个主要成分：级联和相关。级联是指建立层次连接的层级结构，在开始训练时，网络只有输入层和输出层，处于最小拓扑结构。随着训练的进行，新的隐含层神经元逐渐加入，从而创建起层级结构。当新的隐含层神经元加入时，其输入端连接权值是冻结固定的。相关是指通过最大化新增神经元的输出与网络误差之间的相关性来训练相关的参数。级联相关网络的建立过程如图 8-21 所示。

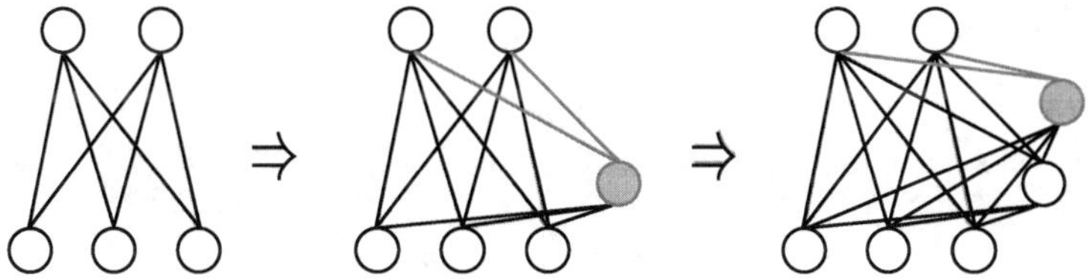

(a) 初始状态　(b) 增加第一个隐含层单元　(c) 增加第二个隐含层单元

图 8-21 级联相关网络的建立过程

与一般的前馈神经网络相比，级联相关网络无须设置网络层数和隐含层神经元的个数，而且训练速度较快，但其在数据较小时易陷入过拟合。

8.6.5 玻尔兹曼机

玻尔兹曼机（Boltzmann machine, BM）是一种基于能量的神经网络模型，结构如图 8-22（a）所示，包含显层与隐层两层神经元，其中显层用于表示数据的输入与输出，隐层则是数据的内在表达。玻尔兹曼机采用布尔型的神经元，神经元的状态只能取 0 或 1，0 表示抑制状态，1 表示激活状态。

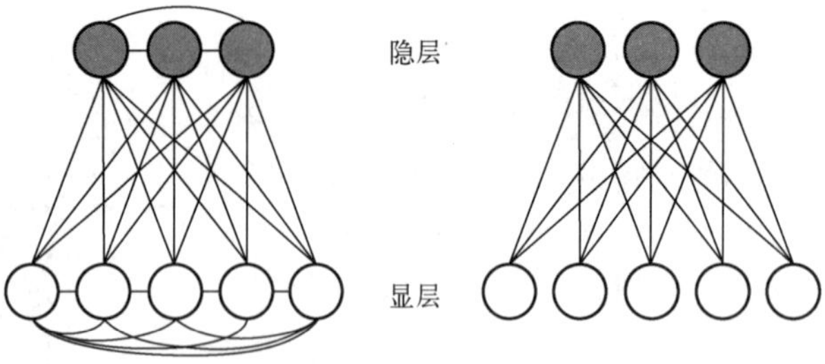

(a) 玻尔兹曼机　　(b) 受限玻尔兹曼机

图 8-22 玻尔兹曼机与受限玻尔兹曼机

令 n 维状态向量 $\boldsymbol{s}=(s_1, s_2, \cdots, s_n)$表示 n 个神经元的状态（其中 $s_i \in \{0, 1\}$，表示神经元 i 的状态），w_{ij} 表示神经元 i 与 j 之间的连接权值，θ_i 表示神经元 i 的阈值，则状态向量 $\boldsymbol{s}$ 所对应的玻尔兹曼机的能量定义为

$$E(\boldsymbol{s}) = -\sum_{i=1}^{n-1}\sum_{j=i+1}^{n} w_{ij}s_i s_j - \sum_{i=1}^{n}\theta_i s_i \tag{8-42}$$

如果网络中的神经元以任意不依赖于输入值的顺序进行更新，则网络最终将达到玻尔兹曼分布，此时状态向量 $\boldsymbol{s}$ 出现的概率 $P(\boldsymbol{s})$将仅由其能量与所有可能的状态向量的能量确定，即

$$P(\boldsymbol{s}) = \frac{\mathrm{e}^{-E(\boldsymbol{s})}}{\sum_{\boldsymbol{t}} \mathrm{e}^{-E(\boldsymbol{t})}} \tag{8-43}$$

式中，$\boldsymbol{t}$ 表示网络所有可能的状态。

玻尔兹曼机的训练过程就是将每个训练样本视为一个状态向量，使其出现的概率尽可能大。标准的玻尔兹曼机是一个全连接网络，训练网络的复杂度很高，这使得其难以用于解决现实任务，实际使用中常采用受限玻尔兹曼机（restricted Boltzmann machine, RBM）。受限玻尔兹曼机仅保留显层与隐层之间的连接，网络结构如图 8-22（b）所示。

受限玻尔兹曼机一般采用对比散度算法来进行训练。假定网络中有 d 个显层神经元和 q 个隐层神经元，令 $\boldsymbol{v}$ 和 $\boldsymbol{h}$ 分别表示显层和隐层的状态向量，由于同层内不存在连接，有条件概率：

$$P(\boldsymbol{v} \mid \boldsymbol{h}) = \prod_{i=1}^{d} P(v_i \mid \boldsymbol{h}) \tag{8-44}$$

$$P(\boldsymbol{h} \mid \boldsymbol{v}) = \prod_{j=1}^{q} P(h_j \mid \boldsymbol{v}) \tag{8-45}$$

对比散度算法对每个训练样本 $\boldsymbol{v}$ 先根据式（8-45）计算出隐层神经元状态的概率分布，然后根据这个概率分布采样得到 $\boldsymbol{h}$；类似地再根据式（8-44）从 $\boldsymbol{h}$ 产生 $\boldsymbol{v}$，则连接权的更新公式为

$$\Delta w = \eta\left(\boldsymbol{v}\boldsymbol{h}^{\mathrm{T}} - \boldsymbol{v}'\boldsymbol{h}'^{\mathrm{T}}\right) \tag{8-46}$$

式中，η 为学习率。

8.7 人工神经网络的应用

随着算法的不断改进和完善，人工神经网络的性能越来越强，已经被广泛运用到各个领域。其中，民用领域的应用主要有：语言识别、图像识别与理解、计算机视觉、智能机器人故障检测、实时语言翻译、企业管理、市场分析、决策优化、物资调运、自适应控制、专家系统、智能接口、神经生理学、心理学和认知科学研究；军用领域的应用主要有：语音、图像信息的录制与处理、雷达和声呐的多目标识别与跟踪、战场管理和决策支持系统、军用机器人控制、导弹的智能引导、保密通信、航天器的姿态控制，以及各种情况和信息的快速录制、分类与查询等。

8.7.1 模式识别

人工神经网络的典型应用就是模式识别，即通过一系列训练数据对神经网络进行训练，让其具有合适的网络结构和权值，从而蕴含了相关的类别知识。不同于传统的判别式统计分类方法，神经网络能够实现非线性模式识别，已在手写内容、牌照、指纹、声音、图像等识别和分类中得到了广泛的应用。

模式识别包括分类和聚类，二者是不同的概念。分类是指训练数据集的所有样本均带有类别标签，当网络训练成熟后，将没有标签的新数据作为网络输入，通过计算得到的网络输出就是新数据的类别，采用的是有教师指导的学习策略；而聚类是指训练数据集的样本没有标签，网络训练只是要求将输入网络的所有数据按照一定的内在规律或特性，分离成不同的数据集群，训练目的也并非获得类别知识，应用的是无教师指导的学习策略。如图 8-23 所示，对新数据有两种识别方式：一是将新数据混入训练集中对网络进行训练并聚类；二是针对已经训练好的网络，通过求取与聚类中心的最小距离来确定新数据的归属。

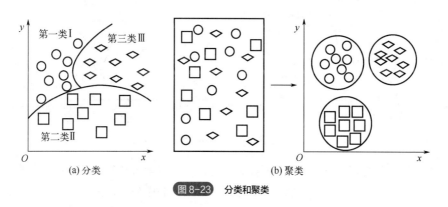

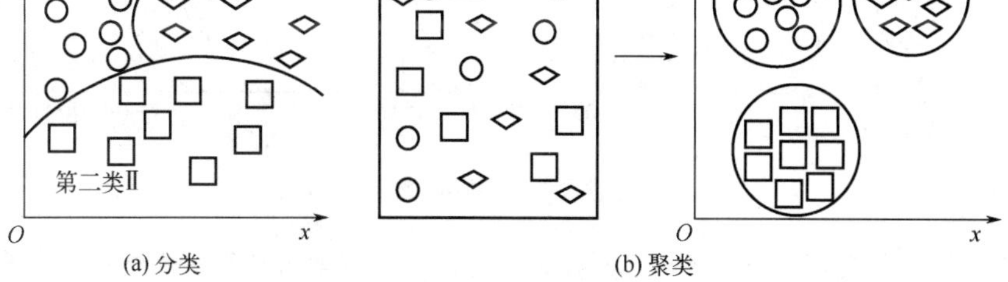

图 8-23 分类和聚类

8.7.2 计算和优化

人工神经网络能够在计算中体现智能，并行计算是神经网络的基本特点。这是因为，神经网络的信息是分布式存储的，即知识是存储在各个连接权值上的，每个神经元可以独立地处理问题并输出结果。每一层神经元同样可以同时工作，充分发挥并行计算的优势，使得神经网络的计算效率大大提升。

优化问题就是在问题的解空间里寻找一个最优解，在满足一定约束条件下，使得目标函数最大化或最小化。从本质上来讲，优化问题就是一个计算问题。神经网络具有并行搜索和处理信息、联想记忆等特点，在搜索系统全局最优或局部最优解方面，具有很大的优势。因此，神经网络在优化领域上得到了广泛的研究和应用。

人工神经网络进行优化时，通常选用 Hopfield 网络来求解离散组合优化问题，例如对不超过 30 个城市的旅行商问题（traveling salesman problem，TSP）一般都能找到最优解或近似最优解。旅行商问题如图 8-24 所示。图中，箭头附近的数字表示在旅行商问题中，不同节点城市之间的距离。

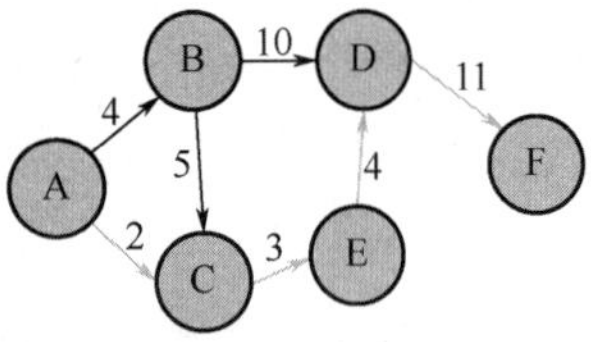

图 8-24 旅行商问题

8.7.3 建模和预测

神经网络的非线性处理能力使其在系统建模上具有很大的优势。系统建模实质上就是通过训练，让神经网络从训练数据中获得知识，并完成从输入到输出的非线性映射。通常来说，采用神经网络进行建模就是为了对数据的变化趋势进行预测，即根据一定数量的历史样本对神经网络进行训练，使之能够反映未来时刻的数据，实际上是建立整体数据的内在规律或函数关系。

人工神经网络建模一般都采用有教师指导的学习策略，从提供的训练数据中挖掘输入和输出之间的内在联系，利用优化计算方法，建立系统的非线性模型，如图 8-25（a）所示就是人工神经网络对函数进行拟合建模的例子。通过训练样本的拟合，神经网络可以得到将输入映射到输出的模型。一般而言，多层网络结构能够对任意函数进行一定精度的逼近，因此在建模中运用最多。神经网络用于函数逼近建模的现实应用主要包括两类：一类是没有现实模型的问题，例如其数据都是通过实验或者观察的方法得到的；另一类是理论模型非常复杂，以至于很难使用理论模型对已知数据进行计算和分析的问题，例如微生物学中的细菌生长预测等问题。

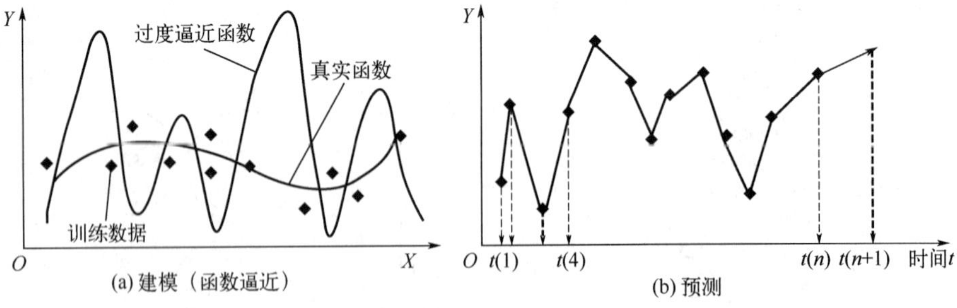

图 8-25 建模和预测

系统建模的目的就是进行预测。当模型建立之后，实际上就获得了系统输入和输出之间的函数关系，利用这个函数关系可以将尚未发生的时刻 $t(n+1)$ 作为输入来计算其输出，输出值就

是时刻 $t(n+1)$的预测值，如图 8-25（b）所示。例如，利用历史气象数据建立好一个气象模型之后，就利用这个模型来预测未来某个时间（即输入）可能发生的气象现象（即输出）。

8.7.4 智能控制与处理

在自动控制领域，神经网络的应用主要包括系统建模和辨识、参数整定、极点配置、优化设计、预测控制、最优控制、滤波与预测容错控制等。此外，神经网络还能在机器人控制方面发挥重要作用，实现对机器人的轨道控制，以及构建机器人的眼手系统，常用于机械手的故障排除、智能自适应移动机器人的导航与视觉系统等。

在各种信息处理领域，神经网络也有重要突破。例如在图像处理方面，神经网络能够很好地对图像进行边缘监测、图像分割、图像压缩和图像恢复等处理。此外，神经网络还被广泛使用于信号处理方面，例如目标检测、多目标跟踪、杂波去噪、畸形波恢复、雷达回波多目标分类、运动目标速度估计、多探测信号融合等。

8.7.5 深度学习

深度学习（deep learning, DL）是机器学习领域中一个新的研究方向，通过学习样本数据的内在规律和表示层次，让机器能够像人一样具有分析和学习能力，以实现文字、图像和声音等数据的识别。深度学习是一个复杂的机器学习算法，在搜索技术、数据挖掘、机器翻译、自然语言处理、多媒体学习、语音识别、推荐和个性化技术以及其他相关领域都取得了很多成果。

深度学习的概念就源于人工神经网络的研究，拥有多个隐含层的感知机就是一种深度学习结构。所谓“深度”，其实就是指对神经网络模型提高容量，最简单的一个办法是增加隐含层的数目。这是因为网络的隐含层多了，相应的神经元连接权值、阈值等参数就会更多，能够存储的信息或知识也就能够大大增加。虽然网络模型的复杂度可以通过增加隐含层的神经元数目来实现(单隐含层的多层前馈网络也具有很强大的学习能力)，但是从增加模型复杂度的角度来看，增加隐含层的数目显然比增加隐含层神经元的数目更加有效。这是因为，增加隐含层的数目不仅增加了拥有激活函数的神经元的数目，还增加了激活函数嵌套的层数。通过深度学习得到的深度网络结构符合神经网络的特征，因此深度网络就是多层的神经网络，称为深度神经网络，其结构类似于图 8-26。

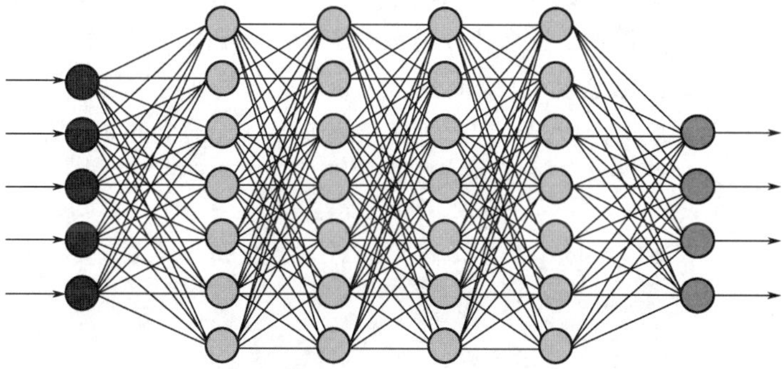

图 8-26 深度神经网络的结构

浅层学习依靠人工经验抽取样本特征，网络模型学习后获得的是没有层次结构的单层特征；

而深度学习是通过对原始信号进行逐层特征变换，将样本在原空间的特征表示变换到新的特征空间，从而得到层次化的特征表示。深度学习模型结构含有更多的层次，包含隐含层的层数通常在5层以上，有时甚至拥有10层以上的隐含层。多层人工神经网络的深度学习模型具有很强的特征学习能力，通过学习得到的特征数据能够从更本质上代表原数据，这将大大有利于分类和特征的可视化。总之，深度网络结构相对于浅层学习方法，如支持向量机、提升方法、最大熵方法等，能够用更少的参数逼近高度非线性函数。

然而，多隐含层的神经网络在直接采用经典学习算法（例如标准BP算法）进行训练时会遭遇所谓的“梯度消失”问题，这导致网络的训练始终无法成熟。这是因为，随机初始化权值极易使目标函数收敛到局部极小值，且由于网络层数较多，残差向前传播时梯度扩散而不能收敛到稳定状态。因此，深度学习采用的是贪婪无监督逐层训练方法，即每一层被分开对待并以一种贪婪方式进行训练。当前一层训练完后，新的一层将前一层的输出作为输入并编码以用于训练。最后，每层参数训练完后，在整个网络中利用监督学习进行参数微调。所谓贪婪方式是指在搜索问题最优解的过程中，在选择下一个可能解时总是选择所有可能解中相对于当前解性能最好的那一个。例如，在旅行商问题中，选择下一个城市时总是选择与当前城市距离最近的那一个城市。

深度神经网络主要分为三类：

第一类是前馈深度网络，由多个编码器层叠加而成。在这种网络中，信息只沿一个方向流动，从输入单元通过一个或多个隐含层到达输出单元，在网络中没有封闭环路。典型的前馈神经网络有多层感知机和卷积神经网络等。

第二类是反馈深度网络，由多个解码器层叠加而成。前馈网络是对输入信号进行编码的过程，而反馈网络则是通过解反卷积或学习数据集的基，对输入信号进行反解。典型的反馈深度网络有反卷积网络、层次稀疏编码网络等。

第三类是双向深度网络，通过叠加多个编码器层和解码器层构成，每层可能是单独的编码过程或解码过程，也可能既包含编码过程，也包含解码过程。双向网络的结构结合了编码器和解码器两类单层网络结构，学习方法则结合了前馈网络和反馈网络的训练方法，通常包括单层网络的预训练和逐层反向迭代误差两个部分，单层网络的预训练多采用贪婪算法。网络结构中各层网络结构都经过预训练之后，再通过反向迭代误差对整个网络结构进行权值微调。其中，单层网络的预训练是对输入信号编码和解码的重建过程，这与反馈网络训练方法类似；而基于反向迭代误差的权值微调与前馈网络训练方法类似。深度玻尔兹曼机、深度置信网络、栈式自编码器等是双向深度网络的典型代表。

深度学习在众多领域都优于过去的方法，相关领域如语音和音频识别、图像分类及识别、人脸识别、视频分类、行为识别、图像超分辨率重建、纹理识别、行人检测、场景标记、门牌识别、手写体字符识别、图像检索、人体运动行为识别等。目前，深度学习已经成为人工智能研究的焦点，研究投入力度大，成果也层出不穷，逐渐形成了一个独立的研究领域。关于深度学习的知识，可以参考相关资料，本书不再赘述。

本章小结

本章介绍了人工神经网络这种模拟人脑神经元网络的数学运算模型，重点讲解了人工神经网络的原理、构造、类型、特点、学习算法和应用方法。学习完本章后，应深入理解人工神经网络是由大量的节点相互连接构成的，每个节点代表一种特定的输出函数，两个节点间的连接都代表信号从前一个单元传送到后一个单元时的增益。人工神经网络就是用这种结构来实现函数逼近、逻辑策略表达、分类和模式识别等重要功能的。

通过学习本章，可深入理解人工神经网络的基本原理和构造，系统地掌握基于 BP 学习算法的神经网络训练过程，并能够将其运用到实际的工程问题中。

习题

习题 8-1：试对比生物神经元与人工神经元，回答人工神经元如何模拟生物神经元的功能。

习题 8-2：人工神经网络是如何构建的？它为什么能够模拟人类的思维策略并表达知识？

习题 8-3：试参照【例 8-1】的过程实现网络权值的第二次修正计算，分析修正过程的性能。

第9章

智能优化算法

扫码获取配套资源

思维导图

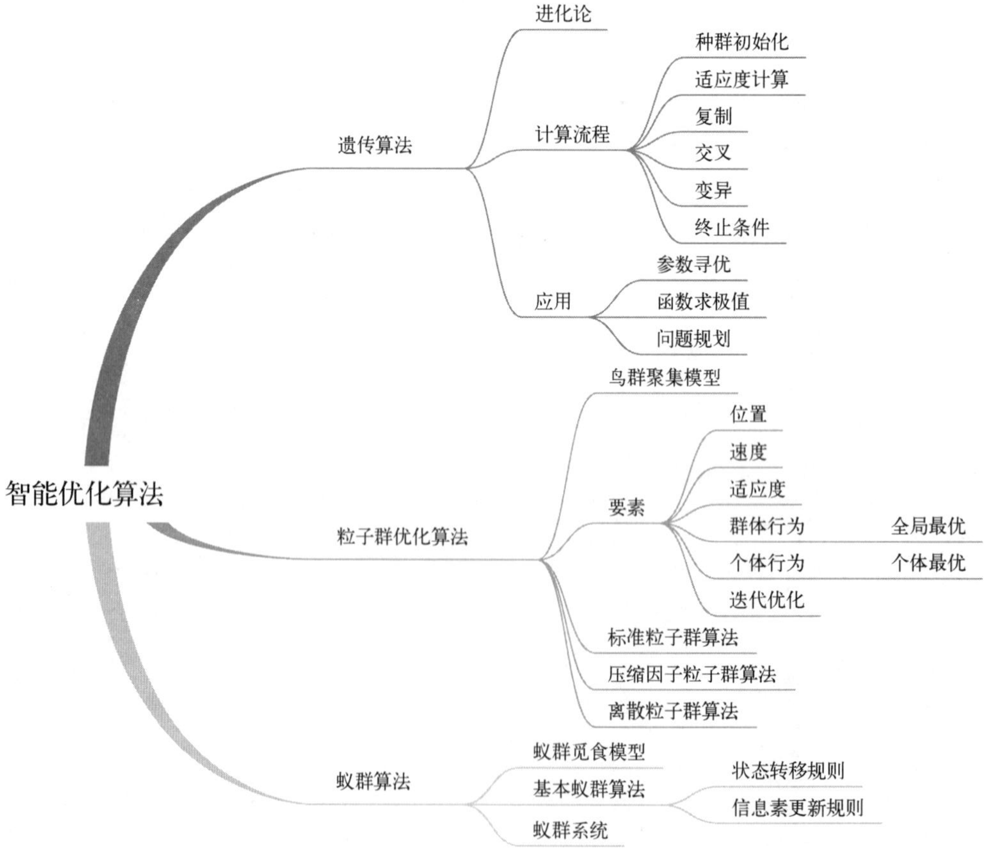

学习目标

1. 掌握智能优化算法的基本概念和核心原理。
2. 理解遗传算法的基本思想。
3. 掌握遗传算法的参数调优方法和策略。
4. 理解蚁群算法的启发式搜索原理。
5. 学习蚁群算法中的信息素更新和路径选择策略。
6. 理解粒子群算法的基本思想。
7. 学习粒子群算法中粒子更新和寻优策略。
8. 了解智能优化算法的应用。

案例引入

粒子群算法作为一种经典的智能优化算法，在路径规划、车间调度、电力系统优化等领域具有广泛的应用。

自动导引车（automated guided vehicle，AGV）也被称作移动机器人，是一种装有导航定位及安全保护装置的、能够按照规划路径行驶且具有移载功能的运输小车。AGV 最显著的特点是无人驾驶、柔性较好、自动化与智能化水平高。随着社会进步以及工业技术的快速发展，AGV 已经成为当今生产以及自动化仓储系统的重要工具之一。对 AGV 及其关键技术的研究，可以有效降低成本，提高生产率，而 AGV 路径规划是众多研究中的关键一环。引图 9-1 所示为某种 AGV 运输小车。

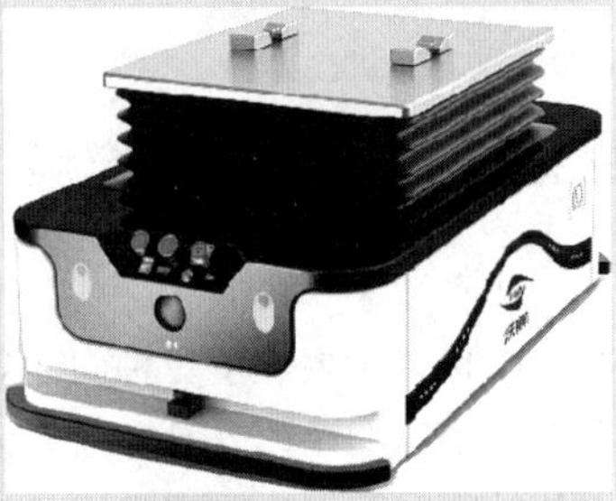

引图 9-1 AGV 运输小车

粒子群算法可以用于路径规划，但是由于在传统算法迭代后期，粒子种群多样性急剧下降，使算法陷入局部最优值而出现“早熟”现象，因此有学者对算法提出改进，提高了算法的搜索能力，实现对 AGV 的路径规划。对 AGV 路径规划问题中的粒子进行编码是一个重要环节，将 AGV 的位置信息转换为适当的编码形式。这个编码形式可以是离散的，如节点编号，也可以是连续的，如坐标值。在将 AGV 位置作为粒子编码后进行适应度函数的建立，用于评估路径的优劣。对于适应度函数可能考虑多个因素，如路径长度、障碍物躲避、时间消耗等，根据具体情况进行设计。

在普通环境和复杂环境中多次运行算法，研究结果表明，使用粒子群算法进行 AGV 路径规划可以获得较传统方法更短且平滑的路径。这意味着粒子群算法在解决路径规划问题上具有较好的表现，并能在考虑各种因素的情况下找到最优路径。需要注意的是，具体的 AGV 路径规划问题可能会涉及更多的细节和约束条件，如地图信息、动态障碍物等。因此，在实际应用中，还需要根据具体问题对粒子群算法进行进一步的设计和调整，以满足实际需求并取得更好的效果。

9.1 概述

当谈及解决现实世界中的复杂问题时，智能优化算法脱颖而出，成为一种强大的工具。这类算法汲取了自然界中生物和社会行为的智慧，将其转化为一系列创新性的优化策略。随着计算能力的不断提升和问题复杂性的增加，智能优化算法在各个领域的应用日益广泛，从工程设计到金融投资，从机器学习到人工智能。

本章将介绍三种代表性算法：遗传算法、蚁群算法和粒子群算法。这些算法不仅在理论上具有吸引力，更在实践中展现了其在解决复杂问题方面的潜力。

遗传算法通过模拟生物的遗传和进化过程，将优良解决方案逐代演化，从而实现问题的优化。蚁群算法则从蚂蚁的觅食行为中汲取灵感，利用信息素传递引导搜索过程，以寻找最优路径或解决方案。而粒子群算法则借鉴鸟群觅食行为之例，将个体和群体信息相结合，快速收敛于解空间的最优点。这些算法的实现原理各有独特之处，但共同点在于它们都以集体智慧为基础，通过模仿自然界中的行为来寻求解决方案。本章将逐一深入探讨这些算法的核心思想、基本操作以及在各个领域的应用案例。

在学习这些算法的同时，也要认识到其优势和限制。不同的算法适用于不同类型的问题，有时可能需要结合多种方法来达到更好的效果。智能优化算法的世界广阔而多样，正不断地拓展着解决问题的边界，因此本章还将讨论这些算法的未来发展趋势及其面对大数据和高维度优化等挑战时的表现。读者学习本章后能够深刻理解遗传算法、蚁群算法和粒子群算法的基本原理，为解决复杂问题提供新的思路和方法。

9.2 遗传算法

9.2.1 遗传算法的起源

达尔文（C. R. Darwin）的自然选择学说认为，生物要生存下去，就必须进行生存斗争。生存斗争包括种内斗争、种间斗争以及生物跟无机环境之间的斗争三个方面。在生存斗争中，具有有利变异的个体容易存活下来，并且有更多的机会将有利变异传给下一代；具有不利变异的个体就容易被淘汰，产生后代的机会也少得多。因此，凡是在生存斗争中获胜的个体都是对环境适应性比较强的。达尔文把这种在生存斗争中适者生存，不适者淘汰的过程叫作自然选择。达尔文的自然选择学说表明，遗传和变异是决定生物进化的内在因素。遗传是指父代与子代之间，在性状上存在的相似现象；变异是指父代与子代之间，以及子代的个体之间，在性状上或多或少地存在的差异现象。在生物体内，遗传和变异的关系十分密切。一个生物体的遗传性状往往会发生变异，而变异的性状有的可以遗传。遗传能使生物的性状不断地传送给后代，因此保持了物种的特性；变异能够使生物的性状发生改变，以适应新的环境从而不断地向前发展。

遗传算法的创始人是美国的著名学者、密西根大学教授霍兰德（J. Holland）。霍兰德在 20 世纪 50 年代末期开始研究自然界的自适应现象，并希望能够将自然界的进化方法用于实现求解复杂问题的自动程序设计。霍兰德认为，可以用一组二进制串来模拟一组计算机程序，并且定义了一个衡量每个“程序”的正确性的度量：适应值。霍兰德模拟自然选择机制对这组“程序”

进行“进化”，直到最终得到一个正确的“程序”。1967 年，霍兰德教授的学生巴格利（J. D. Bagley）博士发表了关于遗传算法应用的论文，在其论文中首次使用了“遗传算法”（genetic algorithm，GA）来命名霍兰德所提出的“进化”方法。1975 年，霍兰德总结了自己的研究成果，发表了在遗传算法领域具有里程碑意义的著作——《自然系统和人工系统的适应性》（*Adaptation in Natural and Artificial Systems*）。在这本书中，霍兰德为所有的适应系统建立了一种通用理论框架，并展示了如何将自然界的进化过程应用到人工系统中去。霍兰德认为，所有的适应问题都可以表示为“遗传”问题，并用“进化”方法来解决。通常把霍兰德所提出的遗传算法称为简单遗传算法或标准遗传算法，在简单遗传算法基础上，人们不断进行各种改进和完善，并与其他算法相结合以解决不同领域的问题。

9.2.2 遗传算法的技术原理

（1）遗传算法的基本原理

遗传算法是基于“适者生存”准则的一种高度并行、随机和自适应优化算法，体现了生命科学与工程科学相互交叉渗透。根据生物进化论的基本观点，生态环境中的生物个体是由染色体定义的，而染色体是由基因构成的。染色体定义了生物个体，而后者发展成为一个生物群体，在漫长的历史进化过程中，生物种群的个体经过各种基因变化来繁衍下一代生物个体，繁衍的下一代生物个体中，适者生存，不适者被淘汰。

遗传算法将问题的求解表示成“染色体”的适者生存过程，利用遗传算法求解复杂工程问题时，问题的每一个解被视为个体，表示为一个参数列表，叫作染色体或者基因串，通过“染色体”群的一代一代不断进化，包括复制、交叉、变异等操作，最终收敛到最适应环境的个体，从而求得问题的最优解或者满意解。其对应方式如图 9-1 所示。

生物进化	遗传算法
环境	适应函数
适者生存	适应函数值最大解被保留的概率最大
个体	问题的一个解
染色体	解的编码
基因	编码的元素
种群	根据适应函数选择的一组解
交叉	以一定方式由双亲产生后代的过程
变异	编码的某些分量发生变化的过程

图 9-1 遗传算法对应的生物进化术语

（2）遗传算法的基本运算过程

遗传算法的基本运算过程如下：

① 种群初始化：初始种群的个体数通常在 50～100；

② 计算种群中每一个体的适应度值；

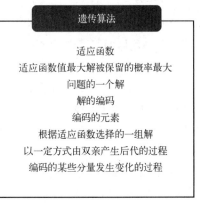

③ 复制：根据适应度值的大小，按照一定的选择方法将某些个体复制到下一代种群；

④ 交叉：把种群中的两个父代个体的部分结构加以替换重组而生成新个体；

⑤ 变异：按照一定概率，选择种群中个体的某些基因位上的基因值略作变动；

⑥ 终止：当满足终止条件时停止算法的运行，否则重复②～⑤步。

经过一系列的复制、交叉和变异，新产生的子代染色体不同于父代染色体，经过适应度评价后，子代染色体种群的适应度整体应好于父代染色体种群。上述过程周而复始，直到搜索到最优的染色体为止。算法终止条件一般可以设为：①进化次数限制；②适应度值已经饱和，继续进化不会产生适应度值更好的个体；③人为干预停止。

遗传算法的流程如图 9-2 所示。

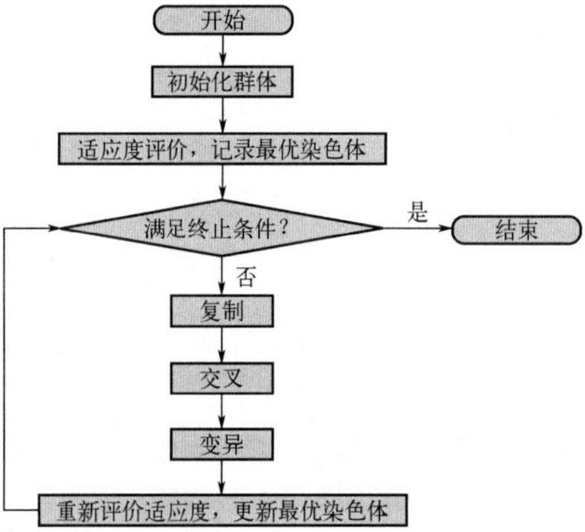

图 9-2 遗传算法流程示意图

（3）复制运算

复制运算是遗传算法的基本算子，将一代种群中适应度值较大的染色体直接复制到下一代种群中，即精英染色体保留策略。常用方法有排序选择、轮盘赌选择、锦标赛选择等。

① 二元锦标赛选择：

a．从父代种群中随机选择两个个体；

b．比较两个个体的适应度值；

c．选中适应度值较大的个体参与交叉和变异，另一个淘汰。

② 多元锦标赛选择：

a．从父代种群中随机选择 N 个个体；

b．比较 N 个个体的适应度值；

c．适应度值最大的个体被选中，其余淘汰。

③ 轮盘赌选择：

a．计算每个个体的相对适应度值；

b．计算每个个体的累积概率；

c．轮盘选择个体，被选中的概率与个体适应度值成正比。

轮盘赌选择的示意图如图 9-3 所示。如果生成的随机数 Rand=0.63，那么会选择“红”。

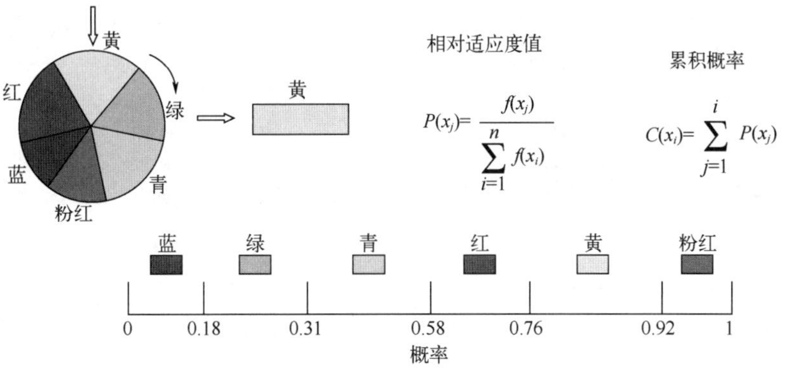

图 9-3　轮盘赌选择示意图

(4) 交叉运算

交叉运算是从种群中随机选择父代染色体，经过一定组合后产生新个体，在尽量降低有效染色体被破坏的概率的基础上对解空间进行高效搜索。交叉操作是 GA（遗传算法）主要的遗传操作，交叉操作的执行方法直接决定了 GA 的运算性能和全局搜索能力。遗传算法的交叉概率一般设置在 0.6～1 之间，反映的是染色体个体被选中进行交叉的概率。GA 中较常见的交叉操作有单点交叉、多点交叉、均匀交叉、次序交叉、循环交叉等。

单点交叉示意图如图 9-4 所示。

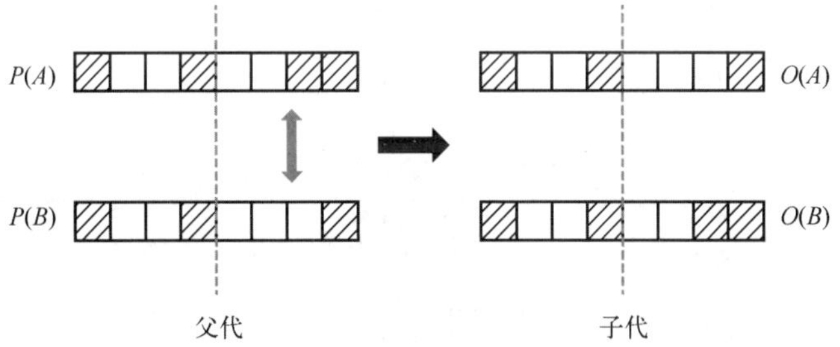

图 9-4　单点交叉示意图

多点交叉示意图如图 9-5 所示。

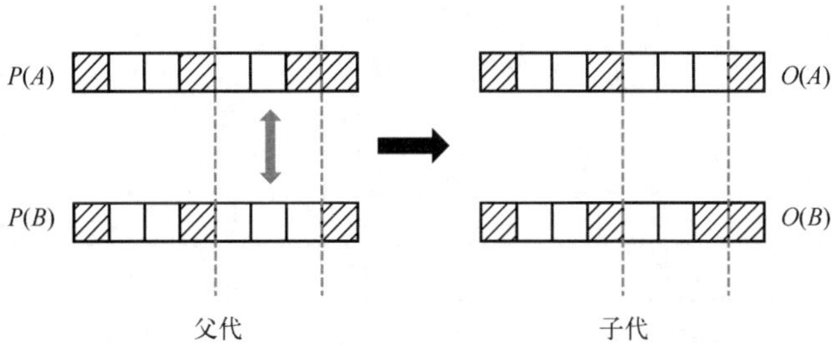

图 9-5　多点交叉示意图

均匀交叉示意图如图 9-6 所示。

(5) 变异运算

变异运算是对种群中的某些染色体的基因进行变动。变异操作主要有两个目的：一是使遗传算法具有局部的随机搜索能力；二是使遗传算法可维持群体多样性，防止出现早熟收敛现象。依据染色体编码方法的不同，主要有两种变异类型：实值变异、二进制变异。二进制变异示意图如图 9-7 所示。

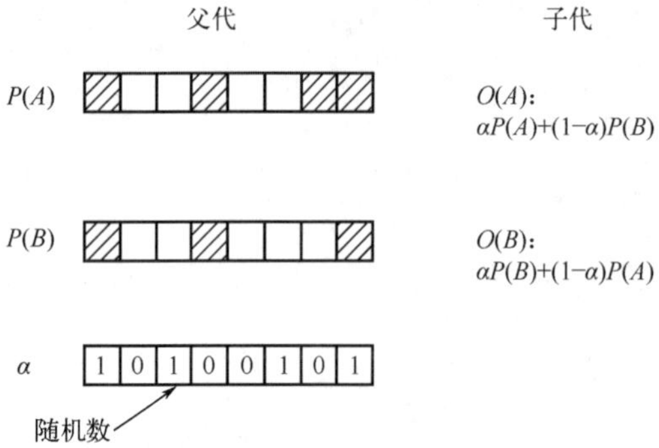

图 9-6 均匀交叉示意图

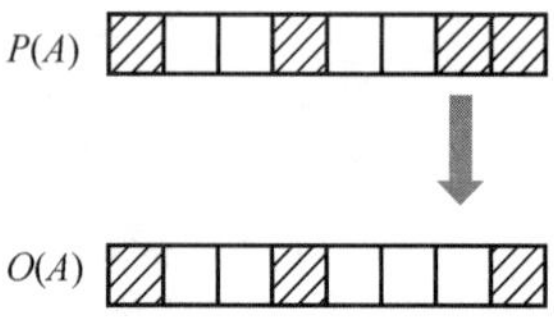

图 9-7 二进制变异示意图

9.2.3 遗传算法案例

【例 9-1】采用遗传算法求取函数 $f(x)=x^2$ 在区间[0, 31]上的极大值，演示第一次迭代过程。

解：函数求极值问题中可以将函数作为染色体的适应度评价函数，函数值作为适应值。采用遗传算法的一次迭代过程如下：

① 根据问题随机生成初始种群。设种群规模 N=4，染色体基因数为 L=5，采用二进制编码。通过掷硬币的方法（正面为 1，背面为 0）确定基因数值。掷 20 次硬币得到 20 位二进制码，分为 4 个 5 位二进制码串，构成初始种群，如表 9-1 所示。

表 9-1 初始种群的染色体

个体	染色体	参数值
x_1	01101	13
x_2	11000	24
x_3	01000	8
x_4	10011	19

② 根据适应度评价函数 $f(x)=x^2$，计算各染色体的适应度值，求出当前种群的总适应度值及各染色体适应度值在种群总适应度值中的占比，记录当前最优个体为 x_2，如表 9-2 所示。

表 9-2 初始种群的适应度

个体	染色体	参数值	适应度值	占比	当前最优个体
x_1	01101	13	169	14.4%	x_2 11000
x_2	11000	24	576	49.2%	
x_3	01000	8	64	5.5%	
x_4	10011	19	361	30.9%	
合计			1170	100%	

③ 采用轮盘赌方法在初始种群中选择染色体。根据各染色体的适应度值占比来设计轮盘的分区，如图 9-8 所示。转动圆盘 4 次，每次选中一个染色体，未被选中的染色体被淘汰。选择

结果如表 9-3 所示。其中，x_2 被选中两次，而 x_3 一次也没被选中，因此 x_3 被淘汰。

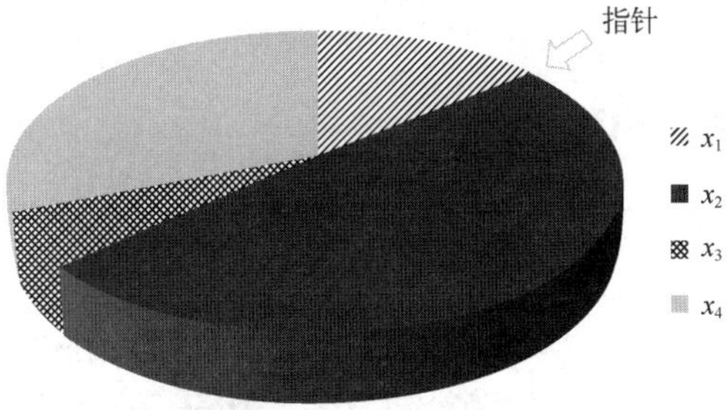

图 9-8　轮盘赌方法的分区

表 9-3　初始种群的适应度

个体	适应度值 f_i	选择概率 $f_i/\Sigma f_i$	实际选中数
x_1	169	0.144	1
x_2	576	0.492	2
x_3	64	0.055	0
x_4	361	0.309	1

④ 取交叉概率 P_c=0.99，将群体中的染色体两两配对，生成两个 0～1 之间的随机数，均小于 0.99，因此两对染色体均进行单点交叉。分别生成 1～4 之间的随机数 k，确定交叉点，进行交叉操作，结果如图 9-9 所示。

⑤ 交叉运算结束后，种群更新为{01100, 11001, 11011, 10000}。取变异概率 P_m=0.05，对群体中染色体的每个基因分别生成一个 0～1 之间的随机数，小于 P_m 时该基因数值变异（1 变为 0，0 变为 1）。假设第 5 个随机数小于 0.05，即第 5 位基因发生变异，结果如图 9-10 所示。

k=4　x_1=0110|1　x_2=1100|0　➡　x_1=0110|0　x_2=1100|1

k=2　x_2=11|000　x_4=10|011　➡　x_3=11|011　x_4=10|000

图 9-9　初始种群交叉运算的结果

01100110011101110000
↓
01101110011101110000

图 9-10　种群变异运算的结果

⑥ 变异运算完成后，产生第二代种群为{01101, 11001, 11011, 10000}。对第二代种群中的染色体计算适应度值，更新最优染色体，判断是否满足终止条件（$|1/f(x_i)|<\varepsilon$，或连续进化 m 代而没有更新最优染色体）。如果不满足终止条件，则重复选择、交叉和变异操作，直至满足终止条件时，输出当前的最优染色体作为问题的最优解，如表 9-4 所示。

表 9-4　第一次迭代后的种群及最优个体

个体	染色体	参数值	适应度值	当前最优个体
x_1	01101	13	169	x_3 11011
x_2	11001	25	625	
x_3	11011	27	729	
x_4	10000	16	256	

9.3 粒子群优化算法

9.3.1 粒子群优化算法的起源

科学家们一直关注自然界中生物的群体行为。早在 1987 年，生物学家雷诺斯（C. Reynolds）就提出一个非常有影响力的鸟群聚集模型，模型中的每个鸟类个体都遵循：避免与邻域个体相撞；匹配邻域个体的速度；飞向鸟群中心，且整个群体飞向目标。该模型在设定简单规则后就可以非常接近地模拟出鸟类飞行的现象。后来，生物学家赫普纳（F. Heppner）也提出一种鸟类模型，其不同之处在于仿真开始时所有鸟类都没有飞向目标，但是在飞行过程中所有个体会逐渐被吸引到栖息地。

粒子群优化（particle swarm optimization，PSO）算法，简称粒子群算法，本质上是一种进化计算技术，在 1995 年由埃伯哈特（R. C. Eberhart）博士和肯尼迪（J. Kennedy）博士对赫普纳的模型进行修正后提出，源于对鸟群捕食行为的研究。该算法最初是在飞鸟集群活动的规律性启发下，利用群体智能建立的一个简化模型。粒子群算法在对动物集群活动行为观察基础上，利用群体中的个体对信息的共享使整个群体的运动在问题求解空间中产生从无序到有序的演化过程，从而获得最优解。粒子群优化算法的核心思想是利用群体中的个体对信息的共享，使整个群体的运动在问题求解空间中产生从无序到有序的演化过程，从而获得问题的可行解。

该算法由于具有简单易实现、不依赖梯度信息、并行化能力强等特点，一经问世便立刻引起学者们广泛关注。2001 年，埃伯哈特和肯尼迪再次出版了《群体智能》（*Swarm Intelligence*）一书，将该算法的影响进一步扩大。随后，国内外涌现了大量基于粒子群算法的研究报告和研究成果。通过模拟粒子的位置和速度的调整过程，粒子群算法能够有效地搜索参数空间，寻找到问题的最优解，在优化问题和搜索问题中得到广泛应用。

9.3.2 粒子群优化算法的技术原理

一群小鸟在一片固定的区域中搜索食物，该地区只有一块食物，所有小鸟都不知道食物在哪里，但是它们可以感知到自己离食物还有多远，通过相互交流来搜索食物。

小鸟们交流分享自己的位置信息，发现鸟 *A* 离食物最近，然后鸟儿们就向着鸟 *A* 的方向移动进行搜寻。鸟 *B* 突然发现，刚才自己经过的某个位置离食物好像也很近，也需要到那附近去搜寻一下。由小鸟们组成的鸟群（称为粒子群）所描述的搜索过程如图 9-11 所示。

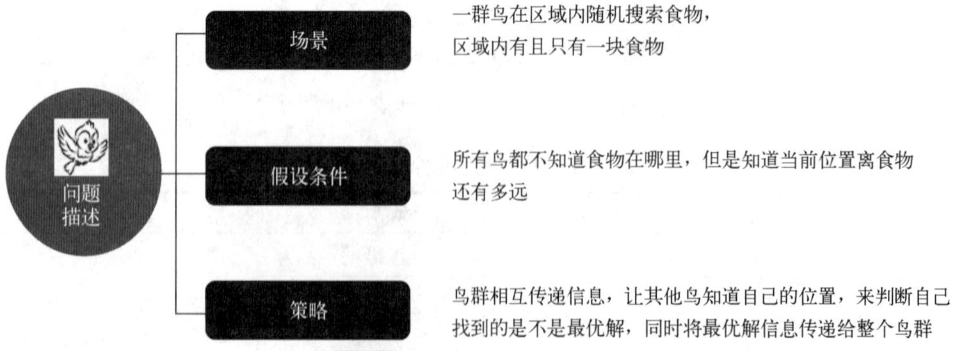

图 9-11 粒子群优化算法问题描述

将每个小鸟抽象成一个粒子，而每个粒子对应于解集中的一个解。在一个 D 维空间中，有 M 个粒子组成一个群落，每个粒子主要有以下参量。

(1) 位置信息

鸟群中的每一个个体都可以当作一个粒子，鸟群即可被看作粒子群。假设一个有 M 个粒子的粒子群在一个 N 维空间内寻找最优位置，那么可以对每个粒子赋予一个“位置”，即

$$\boldsymbol{X}_i = \{x_i^1, x_i^2, \cdots, x_i^N\} \quad i = 1, 2, \cdots, M \tag{9-1}$$

(2) 速度表示

群体中每一个粒子在迭代终止之前都有一个“速度”，包括方向和大小，通过赋予粒子群速度可以使其到达更优的位置。在每一次位置寻找之后，应该对粒子的速度和所在位置进行更新，记第 i 个粒子的速度为

$$\boldsymbol{V}_i = \{v_i^1, v_i^2, \cdots, v_i^N\} \quad i = 1, 2, \cdots, M \tag{9-2}$$

(3) 适应度

对粒子群中每个粒子所处位置和问题的适应度函数进行评价，可获得其位置在参数空间中的优劣程度。粒子的适应度值大小可根据适应度函数来拟定，适应度函数通常是需要最小化或最大化的目标函数。

(4) 群体行为模拟

每个粒子通过学习自身的最佳位置（个体最优解）和整个群体的最佳位置（全局最优解）来指导其移动。粒子的速度更新包括两个因素：惯性因子和社会因子。惯性因子表示粒子的运动惯性，保持粒子在当前方向上的一定速度。社会因子表示粒子受到全局最优解和个体最优解的吸引，以指导其朝向更优的位置移动。

(5) 迭代优化与更新求解

粒子根据更新的速度和位置进行移动，并根据适应度函数重新评估其位置的优劣程度。迭代过程不断重复，直到达到预定的终止条件，如达到最大迭代次数或找到满足停止准则的解。

(6) 最优解

最优解包括局部最优和全局最优两类，每个粒子根据自身的适应度和最佳位置更新个体最优解。整个群体中最优的个体最优解则被视为全局最优解。其中对每一个粒子而言，经过若干次迭代到达不同位置中实用度最大的位置表示为个体最优解，也是目标问题的局部最优解。在所有粒子的个体最优解中选取适应度值最大的一个表示为群体的最优解，也是目前已经得到的目标问题的全局最优解。经过不断迭代，全局最优解随之更新并逐渐逼近目标问题的实际最优解。

在每一次的搜寻过程中，记录每个粒子的最优位置，即当前的个体最优解 $\mathbf{pBest}_i$，然后比较所有粒子的最优位置，得到当前的全局最优解 **gBest**。

9.3.3 粒子群优化算法的分类

最原始的粒子群优化算法是无惯性权重的 PSO，且主要应用于优化连续问题。关于优化参数和求解问题的研究主要集中在连续量上，对粒子群优化算法的改进也主要体现在优化参数的改进和适用范围的推广。

（1）标准粒子群算法

引入研究粒子群算法时经常用到的两个概念：一是“探索”，指粒子在一定程度上离开原先的搜索轨迹，向新的方向进行搜索，体现了一种向未知区域开拓的能力，类似于全局搜索；二是“开发”，指粒子在一定程度上继续在原先的搜索轨迹上进行更细的搜索，主要指对探索过程中所搜索到的区域进行更进一步的搜索。探索是偏离原来的寻优轨迹，到之前未搜索过的区域，进一步搜索更好的解。探索能力是一个算法的全局搜索能力。开发是利用一个好的解，继续沿原来的寻优轨迹去寻找一个更好的解，表示算法的局部搜索能力。如何确定局部搜索能力和全局搜索能力的比例，对一个问题的求解过程很重要。1998 年，Shi Yuhui 等人提出带有惯性权重的改进粒子群算法，该算法有着更好的收敛效果，所以被默认为标准粒子群算法，其进化过程可表示为

$$\boldsymbol{V}_i^{(t+1)} = w\boldsymbol{V}_i^{(t)} + c_1 r_1[\mathbf{pBest}_i^{(t)} - \boldsymbol{X}_i^{(t)}] + c_2 r_2[\mathbf{gBest}^{(t)} - \boldsymbol{X}_i^{(t)}] \tag{9-3}$$

$$\boldsymbol{X}_i^{(t+1)} = \boldsymbol{X}_i^{(t)} + \boldsymbol{V}_i^{(t+1)} \tag{9-4}$$

式中，t 为迭代次数；w 为惯性权重；c_1、c_2 为学习因子；r_1 和 r_2 为介于 0～1 之间的随机数；$i=1, 2, \cdots, M$。

在速度公式[式（9-3）]等号右侧，第一项称为记忆项，表示粒子先前的速度，用于保证算法的全局收敛性能；第二项为自身认知项，是从当前点指向粒子自身最好点的一个矢量，表示粒子的动作来源于自己经验的部分；第三项为群体认知项，是一个从当前点指向种群最好点的矢量，反映了粒子间的协同合作和知识共享。第二项和第三项的加入能够使算法具有局部收敛能力。可以看出，式中惯性权重 w 表示在多大程度上保留原来的速度：w 较大，则全局收敛能力较强，局部收敛能力较弱；w 较小，则局部收敛能力较强，全局收敛能力较弱。当 $w=1$ 时，该方法与无惯性的基本粒子群算法完全一样，表明带惯性权重的粒子群算法是基本粒子群算法的扩展。实验结果表明，w 在 0.8～1.2 之间时，粒子群算法有较快的收敛速度；而当 $w>1.2$ 时，算法则容易陷入局部极值。

另外，在搜索过程中可以对 w 进行动态调整。在算法开始时，可给 w 赋予较大正值，随着搜索的进行，可以线性地使 w 逐渐减小，这样可以保证在算法开始时，各粒子能够以较大的速度步长在全局范围内探测到较好的区域；而在搜索后期，较小的 w 值则保证粒子能够在极值点周围进行精细的搜索，从而使算法有较大的概率向全局最优解位置收敛。对 w 进行调整，可以均衡全局搜索和局部搜索。目前，采用较多的动态惯性权重值策略是线性递减权值策略，其表达式为

$$w = w_{\max} - \frac{(w_{\max} - w_{\min})t}{T_{\max}} \tag{9-5}$$

式中，$T_{\max}$ 表示最大进化代数；$w_{\min}$ 表示最小惯性权重；$w_{\max}$ 表示最大惯性权重；t 表示当

前迭代次数。在大多数的算法应用中，惯性权重取值范围在0.4～0.9。

标准粒子群优化算法的基本流程如下：

a．粒子群初始化，包括设置粒子群的大小、学习因子、惯性权重等，随机初始化每个粒子的速度和位置；

b．计算每个粒子的适应度值，记录个体最优位置和全局最优位置；

c．判断是否满足算法的终止条件，如果满足则执行步骤e，否则执行下一步；

d. 每个粒子根据自身的历史最优位置和全局最优位置更新当前的速度和位置，然后转向步骤b；

e．满足终止条件时，停止算法的运行，并输出当前全局最优位置，作为问题的解。

粒子群算法的流程如图9-12所示。

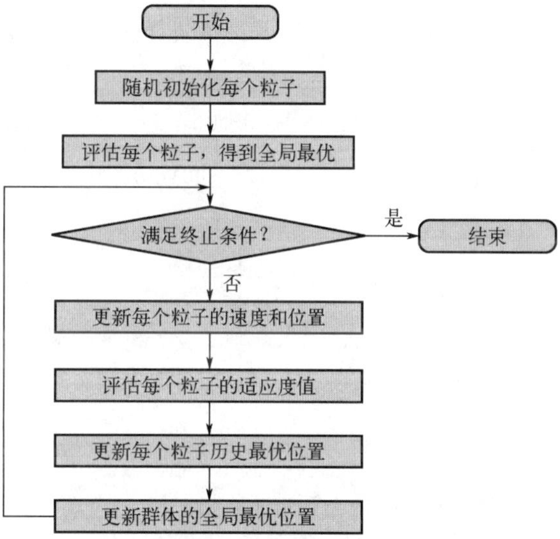

图9-12 粒子群算法的流程图

(2) 压缩因子粒子群算法

为了有效地控制粒子的速度，使算法达到全局探索与局部开发两者间的有效平衡，Clerc构造了引入压缩因子的PSO算法，该方法可以有效地搜索不同区域，并且能够得到高质量的解。其速度更新公式为

$$\boldsymbol{V}_{id}^{(t+1)} = \lambda \boldsymbol{V}_{id}^{(t)} + c_1 r_1 [\mathbf{pBest}_i^{(t)} - \boldsymbol{X}_{id}^{(t)}] + c_2 r_2 [\mathbf{gBest}^{(t)} - \boldsymbol{X}_{id}^{(t)}] \tag{9-6}$$

式中，λ为压缩因子，其表达式为

$$\lambda = \frac{2}{\left|2 - C - \sqrt{C^2 - 4C}\right|} \tag{9-7}$$

式中，$C=c_1-c_2$，c_1、c_2也称为学习因子，决定了粒子本身的经验信息和其他粒子的经验信息对粒子运动轨迹的影响，反映了粒子群之间的信息交流。c_1设置较大的值，会使粒子过多地在局部范围内徘徊；而较大的c_2值，又会促使粒子过早收敛到局部最小值。

实验结果表明，与使用惯性权重的粒子群优化算法相比，使用具有约束因子的粒子群算法具有更快的收敛速度。

（3）离散粒子群算法

最初的粒子群算法主要优化连续问题，是连续域中搜索函数极值的有效工具，但许多实际工程问题属于离散问题，变量也是离散量，如果采用传统的粒子群算法则难以应付这类问题，因此需要对算法进行改造，以适应离散工程问题。

为了能将PSO扩展到二进制空间，埃伯哈特和肯尼迪于1997年率先提出了一种二进制PSO（binary PSO，BPSO）算法。BPSO中粒子用二进制来表示，当粒子某些位置上的值发生改变（0变为1，或1变为0）时就可以实现粒子的移动，其中速度决定了二进制改变的概率。BPSO的速度更新公式为

$$v_{\mathrm{B}id}^{(t+1)} = wv_{\mathrm{B}id}^{(t)} + f_1[p_{\mathrm{B}id}^{(t)} - x_{\mathrm{B}id}^{(t)}] + f_1[g_{\mathrm{Bg}d}^{(t)} - x_{\mathrm{B}id}^{(t)}] \tag{9-8}$$

式中，i代表第i个粒子；d代表粒子的第d维；t为迭代次数；w为惯性权重；f_1和f_2为随机正数；$p_{\mathrm{B}id}^{(t)}$和$p_{\mathrm{Bg}d}^{(t)}$分别表示个体最优位置和全局最优位置；$x_{\mathrm{B}id}$的定义为

$$x_{\mathrm{B}id} = \begin{cases} 1, & \mathrm{rand} < \mathrm{sig}(v_{\mathrm{B}id}) \\ 0, & \text{其他} \end{cases} \tag{9-9}$$

式中，rand为程序生成的[0, 1]区间上的随机数；$\mathrm{sig}(v_{\mathrm{B}id})$为转换限制函数，表示$x_{\mathrm{B}id}$能够取1的概率，定义为

$$\mathrm{sig}(v_{\mathrm{B}id}) = \frac{1}{1+\mathrm{e}^{-v_{\mathrm{B}id}}} \tag{9-10}$$

由式（9-10）可知，$v_{\mathrm{B}id}$越大则$\mathrm{sig}(v_{\mathrm{B}id})$越大，则$x_{\mathrm{B}id}$选择1的概率也越大；反之，$x_{\mathrm{B}id}$选0的概率越大。为避免$x_{\mathrm{B}id}$选择0或1的概率过大，必须对速度进行限制，公式如下：

$$v_{\mathrm{B}id} = \begin{cases} v_{\mathrm{B\,max}}, & v_{\mathrm{B}id} > V_{\mathrm{B\,max}} \\ v_{\mathrm{B\,min}}, & v_{\mathrm{B}id} < V_{\mathrm{B\,min}} \end{cases} \tag{9-11}$$

式中，$V_{\mathrm{B\,max}}$和$V_{\mathrm{B\,min}}$分别是粒子的最大和最小速度。

从式（9-8）中可以看出，相比于连续粒子群速度更新方式，离散粒子群（二进制粒子群）速度更新方式并没有改变。

9.3.4 粒子群优化算法案例

【例9-2】采用粒子群算法实现多元函数的寻优。

已知函数$y=f(x_1, x_2)=x_1^2+x_2^2$，$x_1,x_2\in[-10,10]$，试采用标准粒子群优化算法求解$y$的最小值，演示一次迭代过程。

解：粒子群优化算法过程如下。

① 设粒子群规模N=3，学习因子c_1=c_2=2，惯性因子w=0.5。

② 随机初始化每个粒子$\mathrm{p}_i(i=1,2,3)$的速度$\boldsymbol{v}_i$和位置$\boldsymbol{x}_i$，计算适应度值f_i，并记录个体最优位置$\mathbf{pBest}_i$，通过比较所有粒子的个体最优位置，得到当前粒子群的全局最优位置$\mathbf{gBest}_i$，结果如图9-13所示。

$$\mathrm{p}_1: \begin{cases} v_1=(3,2) \\ x_1=(8,-5) \end{cases} \begin{cases} f_1=8^2+(-5)^2=89 \\ \mathbf{pBest}_1=x_1=(8,-5) \end{cases}$$

$$\mathrm{p}_2: \begin{cases} v_2=(-3,-2) \\ x_2=(-5,9) \end{cases} \begin{cases} f_2=(-5)^2+9^2=106 \\ \mathbf{pBest}_2=x_2=(-5,9) \end{cases}$$

$$\mathrm{p}_3: \begin{cases} v_3=(5,3) \\ x_3=(-7,-8) \end{cases} \begin{cases} f_3=(-7)^2+(-8)^2=113 \\ \mathbf{pBest}_3=x_3=(-7,-8) \end{cases}$$

$$\mathbf{gBest}=\mathbf{pBest}_1=(8,-5)$$

图9-13 粒子群的初始位置和速度

③ 每个粒子根据自身的历史最优位置和全局最优位置更新当前速度和位置（如果越界，需要进行数值调整），结果如图9-14所示。

④ 计算各粒子的适应度值，更新历史最优位置和全局最优位置，结果如图 9-15 所示。

$$\mathrm{p}_1:\begin{cases}\boldsymbol{v}_1=\begin{cases}0.5\times3+0+0=1.5\\0.5\times2+0+0=1\end{cases}=(1.5,1)\\\boldsymbol{x}_1=\boldsymbol{x}_1+\boldsymbol{v}_1=(8,-5)+(1.5,1)=(9.5,-4)\end{cases}$$

$$\mathrm{p}_2:\begin{cases}\boldsymbol{v}_2=\begin{cases}0.5\times(-3)+0+2\times0.3\times[8-(-5)]=6.3\\0.5\times(-2)+0+2\times0.1\times[(-5)-9]=-3.8\end{cases}=(6.3,-3.8)\\\boldsymbol{x}_2=\boldsymbol{x}_2+\boldsymbol{v}_2=(-5,9)+(6.3,-3.8)=(1.3,5.2)\end{cases}$$

$$\mathrm{p}_3:\begin{cases}\boldsymbol{v}_3=\begin{cases}0.5\times5+0+2\times0.05\times[8-(-7)]=4\\0.5\times3+0+2\times0.8\times[(-5)-(-8)]=6.3\end{cases}=(4,6.3)\\\boldsymbol{x}_3=\boldsymbol{x}_3+\boldsymbol{v}_3=(-7,-8)+(4,6.3)=(-3,-1.7)\end{cases}$$

图 9-14 粒子群更新速度和位置

$$f_1^*=9.5^2+(-4)^2=106.25<f_1=89$$
$$\begin{cases}f_1=89\\\mathbf{pBest}_1=(8,-5)\end{cases}$$
$$f_2^*=1.3^2+5.2^2=28.73<f_2=106$$
$$\begin{cases}f_2=f_2^*=28.73\\\mathbf{pBest}_2=\boldsymbol{x}_2=(1.3,5.2)\end{cases}$$
$$f_3^*=(-3)^2+(-1.7)^2=11.89<f_3=113$$
$$\begin{cases}f_3=f_3^*=11.89\\\mathbf{pBest}_3=\boldsymbol{x}_3=(-3,-1.7)\end{cases}$$
$$\mathbf{gBest}=\mathbf{pBest}_3=(-3,-1.7)$$

图 9-15 粒子群更新最优位置

⑤ 如果满足终止条件，则给出当前全局最优位置并结束程序；否则转向步骤③进行下一次迭代。

9.4 蚁群算法

9.4.1 蚁群算法的原理

蚁群算法（也称蚁群优化算法）是由意大利学者多里戈（M. Dorigo）等人于 20 世纪 90 年代首先提出来的，其基本原理来源于自然界中蚂蚁觅食的最短路径问题。他们在研究蚂蚁觅食的过程中，发现蚁群整体会体现一些智能的行为，例如蚁群可以在不同的环境下，寻找到达食物源的最短路径。昆虫学家根据观察，发现自然界中的蚂蚁虽然视觉不发达，但它可以在没有任何提示的情况下找到从食物源到巢穴的最短路径，并且能在环境发生变化（如原有路径上有了障碍物）后，自适应地搜索新的最佳路径。那么，蚂蚁是如何做到这一点的呢？

原来，蚂蚁在寻找食物源时，能在其走过的路径上释放一种蚂蚁特有的分泌物“信息素”，使得一定范围内的其他蚂蚁能够察觉到并由此影响它们以后的行为。当一些路径上通过的蚂蚁越来越多时，其留下的信息素也越来越多，以致信息素强度增大，所以蚂蚁选择该路径的概率也提高，从而更增加了该路径的信息素强度，这种选择过程被称为蚂蚁的自催化行为。由于其原理是一种正反馈机制，因此也可将“蚂蚁王国”理解为所谓的增强型学习系统。

由上述蚂蚁找食物模式演变来的算法，即是蚁群算法。这种算法具有分布计算、信息正反馈和启发式搜索的特征，本质上是进化算法中的一种启发式全局优化算法。这种算法在解决 TSP 等组合优化问题上表现出色，而且在后来的发展中也扩展到其他领域，如图论、路径规划、资源分配等。

组合优化问题通常可以由三元组$(\boldsymbol{S}, f, \boldsymbol{\Omega})$表示。其中，$\boldsymbol{S}$ 是候选解的集合；f 是目标函数，对于任意 $s\in\boldsymbol{S}$，有目标函数值 $f(s)$；$\boldsymbol{\Omega}$ 是约束条件集合。优化目标是寻找全局最优的可行解。

组合优化问题$(\boldsymbol{S}, f, \boldsymbol{\Omega})$可以映射为具有如下特征的问题：

① 有限集合 $\boldsymbol{\zeta}=\{c_1, c_2, \cdots, c_{NC}\}$表示优化问题的组成元素。

② 根据所有的可能序列 $\boldsymbol{x}=<c_i, c_j, \cdots, c_k, \cdots, c_{NC}>$定义问题的有限状态集合 $\boldsymbol{X}$，其中 $c_i, c_j, \cdots, c_k, \cdots, c_{NC}$ 是 $\boldsymbol{X}$ 的元素。序列的长度定义为$|x|$，表示序列中元素的个数，序列长度的最大值 $l<+\infty$。

③ 候选解集合 $\boldsymbol{S}$ 是有限状态集合 $\boldsymbol{X}$ 的子集，即 $\boldsymbol{S}\subseteq\boldsymbol{X}$。

④ 可行状态集合 $\tilde{\boldsymbol{X}}$ 由满足约束条件集合 $\boldsymbol{\Omega}$ 的序列 $\boldsymbol{x}\in\boldsymbol{X}$ 构成。

⑤ 非空集合 $\boldsymbol{S}^*$是最优解组成的集合，$\boldsymbol{S}\subseteq\tilde{\boldsymbol{X}}$ 且 $\boldsymbol{S}^*\subseteq\boldsymbol{S}$。

通过以上描述可知，组合优化问题可以通过图的形式表示为 $G=(\boldsymbol{\zeta},\boldsymbol{L})$，其中，$\boldsymbol{\zeta}$ 表示节点集合，$\boldsymbol{L}$ 表示所有节点的连接弧集合。从而，待求解的问题转化为在一个图中搜索最小代价路径问题。问题的解对应于 G 上的可行序列（即可行路径），其最优解即为 G 上满足约束条件的最短路径，即目标函数的最优解。

蚁群算法是一个迭代算法，在每一次迭代中执行如下操作：一群蚂蚁同步或异步地在问题的相邻状态之间移动，利用关联在每个状态中的信息素和启发信息，采用状态转移规则选择移动方向，逐步构造出问题的可行解；在每只蚂蚁构造解时，可以局部地更新信息素；在所有蚂蚁都完成了解的构造之后，依据获得的解对信息素进行全局更新。这个迭代过程持续到某个停止条件被满足为止。常用的停止条件有最大运行时间或者允许构造解的最大数目等。用不同的方法对蚁群算法总框架的各部分进行具体化，可以产生不同的蚁群算法。

9.4.2 蚁群算法的分类

蚂蚁系统（AS）是最早的蚁群算法，也称标准蚁群算法。此后，人们提出了许多改进的蚁群算法，包括蚁群系统（ACS）、基于排序的蚂蚁系统、最大最小蚂蚁系统（MMAS）等，与AS的主要区别在于状态转移规则和信息素更新规则的不同。其中，ACS和MMAS是两类应用广泛的蚁群算法。

为便于说明这些算法的基本原理，下面首先介绍旅行商问题（TSP）。TSP的图论描述如下：给定 n 个节点（每个节点代表一个城市）和连接节点的弧段（边）的集合 $\boldsymbol{E}$，对任意 $i,j\in\boldsymbol{N}$，$(i,j)\in\boldsymbol{E}$，用 d_{ij} 表示弧段的长度，即城市 i 和 j 之间的距离，TSP问题就是在图 $G=(\boldsymbol{N},\boldsymbol{E})$中找一条最短的Hamilton回路，经过每个节点一次且只经过一次，其长度为组成该回路的各弧段长度的和。在蚁群算法发展过程中，TSP常用作测试问题。

（1）基本蚁群算法

在基本蚁群算法中，人工蚂蚁具有以下特征：

① 蚂蚁在城市 i 根据信息素和启发信息选择下一个城市 j；

② 在从城市 i 到城市 j 移动过程中或在完成一次循环后，蚂蚁在边(i,j)上释放一定量的信息素 $\tau(i,j)$；

③ 为了满足问题的约束条件，在一次循环之中，不允许蚂蚁访问已经访问过的城市。

下面给出基本蚁群算法的状态转移规则和信息素更新规则。

1）状态转移规则

在初始时刻，蚂蚁随机选取一个节点，然后蚂蚁从一个节点移动到另一个节点，直到经过所有的节点。设第 k 只蚂蚁当前所在的节点为 i，则从该节点移到节点 j 的概率为

$$p_k(i,j)=\begin{cases}\dfrac{\tau(i,j)^{\alpha}\eta(i,j)^{\beta}}{\sum\limits_{u\in \boldsymbol{J}_k(i)}\tau(i,u)^{\alpha}\eta(i,u)^{\beta}}, & j\in\boldsymbol{J}_k(i)\\ 0, & 其他\end{cases} \tag{9-12}$$

式中，$\eta(i,j)$是弧(i,j)上的启发信息，在TSP问题中，$\eta(i,j)$一般选取为弧长的倒数；$\boldsymbol{J}_k(i)$是由所有未经过的点组成的集合；α、β分别表示信息素和启发信息相对权重参数，控制$\tau(i,j)$和$\eta(i,j)$在决策中所占的比重。由式（9-12）可知，具有较多的信息素且较短的弧段，被选择的概率较大。

2）信息素更新规则

经过$n-1$次选择，蚂蚁完成一个回路，也就是问题的第一个可行解。当蚂蚁原路返回时，在它所经过的弧段上留下信息素，用$\Delta\tau_{ij}^k$表示第k只蚂蚁在弧段(i,j)上释放信息素的量，其取值与相应的可行解T_k质量有关。设L_k表示该回路的长度，显然L_k越小，解的质量越好，在所经过的弧段上留下的信息素$\Delta\tau_{ij}^k$越大。任意弧段(i,j)上信息素的总改变量为

$$\Delta\tau(i,j)=\sum_{i=1}^{m}\Delta\tau_{ij}^k \tag{9-13}$$

式中，m是蚁群中蚂蚁的数量。

根据具体的算法不同，$\Delta\tau_{ij}^k$的表达形式也有所不同。多里戈曾经给出三种不同的模型，即Ant Cycle System、Ant Quantity System以及Ant Density System。

在Ant Cycle System模型中，有

$$\Delta\tau_{ij}^k=\begin{cases}\dfrac{Q}{L_k}, & \text{第}k\text{只蚂蚁在本次循环中经过弧}(i,j)\\ 0, & \text{其他}\end{cases} \tag{9-14}$$

式中，Q为常数；L_k表示第k只蚂蚁在本次循环中所走路程的长度。

在Ant Quantity System模型中，有

$$\Delta\tau_{ij}^k=\begin{cases}\dfrac{Q}{d_{ij}}, & \text{第}k\text{只蚂蚁在本次循环中经过弧}(i,j)\\ 0, & \text{其他}\end{cases} \tag{9-15}$$

在Ant Density System模型中，有

$$\Delta\tau_{ij}^k=\begin{cases}Q, & \text{第}k\text{只蚂蚁在本次循环中经过弧}(i,j)\\ 0, & \text{其他}\end{cases} \tag{9-16}$$

此外，基本蚁群算法还引入了信息素挥发机制。设信息素保持系数为ρ，则信息素挥发系数为$1-\rho$。信息素按照下式调整：

$$\tau(i,j)\leftarrow\rho\tau(i,j)+\Delta\tau(i,j) \tag{9-17}$$

图9-16为蚁群算法的流程图。

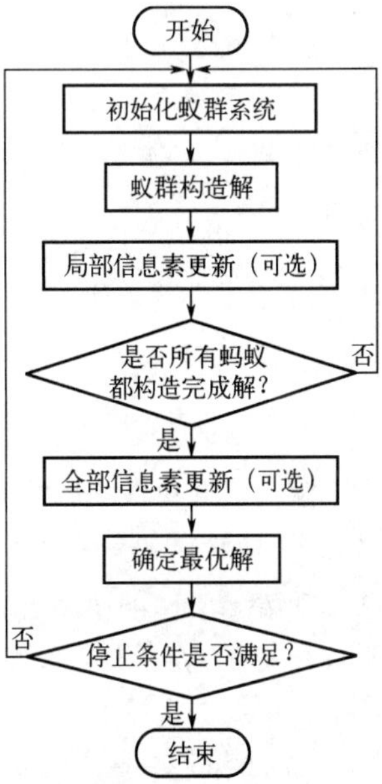

图9-16 蚁群算法的流程图

(2) 蚁群系统

蚁群系统（ACS）是对基本蚁群算法的改良，与基本蚁群算法的主要区别如下。

1）状态转移规则

在ACS中，状态转移规则为，一只位于节点i的蚂蚁按照下式给出的规则选取下一个将要到达的城市j，即

$$j=\begin{cases}\underset{u\in J(i)}{\arg\max}\left[\tau(i,j)^{\alpha}\eta(i,j)^{\beta}\right], & q\leqslant q_0\\ S, & 其他\end{cases} \tag{9-18}$$

式中，q 是一个[0, 1]区间上服从均匀分布的随机数；q_0 是一个参数（$q_0\in[0,1]$）；S 是按照式（9-12）给出的概率分布选出的一个随机变量；$\boldsymbol{J}(i)$是可选城市集合。参数 q_0 决定了探索和开发的相对重要性：当一只位于节点 i 的蚂蚁按照式（9-18）给出的规则选取下一个将要到达的城市 j 时，先产生一个随机数 $0\leqslant q\leqslant 1$；如果 $q\leqslant q_0$，依据式（9-18）选取最好边，否则按照式（9-12）选取一条边。

2）全局信息素更新规则

在 ACS 中，只有全局最优的蚂蚁才被允许释放信息素。这种策略以及伪随机比例规则的使用，使得蚂蚁具有更强的开发能力，蚂蚁的搜索主要集中在到当前迭代为止时所找出的最优路径的邻域内。在每只蚂蚁都构造完一个解之后，全局信息素更新规则按照下式执行：

$$\tau(i,j)\leftarrow(1-\omega)\tau(i,j)+\omega\Delta\tau(i,j) \tag{9-19}$$

$$\Delta\tau(i,j)=\begin{cases}\left(L_{\mathrm{gb}}\right)^{-1}, & (i,j)\in 全局最优路径\\ 0, & 其他\end{cases} \tag{9-20}$$

式中，　是信息素挥发参数（0<　<1）；L_{gb} 是全局最优路径的长度。

3）局部信息素更新规则

在构造解时，蚂蚁应用下式给出的局部更新规则对其所经过的边更新信息素。

$$\tau(i,j)\leftarrow(1-r)\tau(i,j)+r\Delta\tau(i,j) \tag{9-21}$$

式中，r 是一个控制参数，且有 $0<r<1$。

9.4.3 蚁群算法案例

【例 9-3】采用蚁群算法求解旅行商问题。

试采用蚁群算法求解四城市 TSP 问题：A 为起始城市，四个城市 A、B、C、D 之间的距离用矩阵（非对称距离）表示如下式所示，试给出三只蚂蚁的蚁群算法，演示一次迭代过程。

$$\boldsymbol{W}=[d_{ij}]=\begin{bmatrix}- & 3 & 1 & 2\\ 3 & - & 5 & 4\\ 1 & 5 & - & 2\\ 2 & 4 & 2 & -\end{bmatrix}$$

解：蚁群中蚂蚁的数量 $m=3$，优化过程如下。

① 初始化。使用贪婪算法计算从 A 城市出发遍历所有城市的路径（A→C→D→B→A）长度 $L^m=d_{13}+d_{34}+d_{42}+d_{21}=1+2+4+3=10$，因此所有路径的信息素初值 $\tau_{ij}=\tau_0=m/L^m=3/10=0.3$。设置控制参数 $\alpha=1$，$\beta=2$，信息素蒸发因子 $\rho=0.5$，为三只蚂蚁随机设置起始城市，假设蚂蚁 1 选择 A 城市，蚂蚁 2 选择 B 城市，蚂蚁 3 选择 D 城市。

② 选择下一城市。以蚂蚁 1 为例，当前城市为 A，则可访问的城市集合为{B, C, D}，计算蚂蚁 1 选择 B、C、D 作为下一城市的概率，有

$$A \to \begin{cases} B: \tau_{AB}^{\alpha}\eta_{AB}^{\beta} = 0.3^1(1/3)^2 = 0.033 \\ C: \tau_{AC}^{\alpha}\eta_{AC}^{\beta} = 0.3^1(1/1)^2 = 0.3 \\ D: \tau_{AD}^{\alpha}\eta_{AD}^{\beta} = 0.3^1(1/2)^2 = 0.075 \end{cases}$$

$$p(B) = 0.033/(0.033+0.3+0.075) \approx 0.081$$
$$p(C) = 0.3/(0.033+0.3+0.075) \approx 0.74$$
$$p(D) = 0.075/(0.033+0.3+0.075) \approx 0.18$$

采用轮盘赌方法生成下一城市，假设生成的 0～1 之间的随机数 q=0.05，最接近 B 城市，则蚂蚁 1 选择 B 城市，同理假设蚂蚁 2 选择 D 城市，蚂蚁 3 选择 A 城市。

③ 蚂蚁 1 到达 B 城市，路径记忆向量 $\boldsymbol{R}^1$=(AB)，此时可访问城市集合为{C, D}。计算蚂蚁 1 选择 C、D 作为下一城市的概率，有

$$B \to \begin{cases} C: \tau_{BC}^{\alpha}\eta_{BC}^{\beta} = 0.3^1(1/5)^2 = 0.012 \\ D: \tau_{BD}^{\alpha}\eta_{BD}^{\beta} = 0.3^1(1/4)^2 \approx 0.019 \end{cases}$$

$$p(C) \approx 0.012/(0.012+0.019) \approx 0.39$$
$$p(D) \approx 0.019/(0.012+0.019) \approx 0.61$$

用轮盘赌方法生成下一城市，假设生成的 0～1 之间的随机数 q=0.67，最接近 D 城市，则蚂蚁 1 选择 D 城市，同理假设蚂蚁 2 选择 C 城市，蚂蚁 3 选择 C 城市。此时三只蚂蚁的路径已构建完成，分别是：

蚂蚁 1：A→B→D→C→A；

蚂蚁 2：B→D→C→A→B；

蚂蚁 3：D→A→C→B→D。

④ 更新信息素。计算每只蚂蚁构建的路径长度，有

$$C_1=3+4+2+1=10，C_2=4+2+1+3=10，C_3=2+1+5+4=12$$

计算信息素，有

$$\tau_{AB} = (1-\rho)\tau_{AB} + \sum_{k=1}^{3}\Delta\tau_{AB}^{(k)} = 0.5\times0.3 + (1/10+1/10) = 0.35$$

$$\tau_{AC} = (1-\rho)\tau_{AC} + \sum_{k=1}^{3}\Delta\tau_{AB}^{(k)} = 0.5\times0.3 + (1/12) \approx 0.23$$

……

第一次迭代过程完成，如果满足终止条件，则输出全局最优路径，否则重新为三只蚂蚁随机设置起始城市，再次进行上述过程。

本章小结

本章深入探讨了三种重要的智能优化算法：遗传算法、蚁群算法和粒子群优化算法。这些算法在不同领域的问题求解中展现了强大的潜力。

遗传算法通过模拟生物进化的机制，通过选择、交叉和变异等操作，将解决方案逐代演化，从而找到问题的最优解。遗传算法在处理复杂的多变量问题时表现出色，然而在参数设置和收敛速度等方面仍然需要更多的研究。

蚁群算法以蚂蚁觅食行为为灵感，利用信息素传递和路径选择策略来引导算法的搜索过程。在路径规划和组合优化等问题上有着出色的应用，但也需要应对陷入局部最优的问题。

粒子群算法模仿鸟群觅食行为，个体通过合作和信息共享来找到最佳解决方案，在连续优化和神经网络训练等领域表现出色，但在高维度问题中可能需要更精细的参数调整。

本章还介绍了几种算法的常见应用与不同变体和扩展，帮助读者了解如何选择适当的适应度函数和参数设置等以优化算法的性能。不同的改进方法如遗传操作的概率、收缩因子、惯性权重、信息素调整等，可以根据具体问题和需求来选择。

习题

习题 9-1：描述几种智能优化算法的基本原理和思想。

习题 9-2：描述几种算法避免陷入局部最优的方法。

习题 9-3：了解如何改进这些算法以提高性能。

第 10 章

模糊计算

扫码获取配套资源

模糊计算（fuzzy computing, FC）是以模糊理论为基础，涉及模糊语言、模糊逻辑、模糊推理、模糊控制、模糊系统、模糊遗传和模糊聚类等模糊应用领域所用到的诸多计算方法及理论。模糊计算模拟人脑非精确、非线性的信息处理能力，能够与人工智能的一些理论和方法有效结合，因此也被视为一种人工智能实用技术。

思维导图

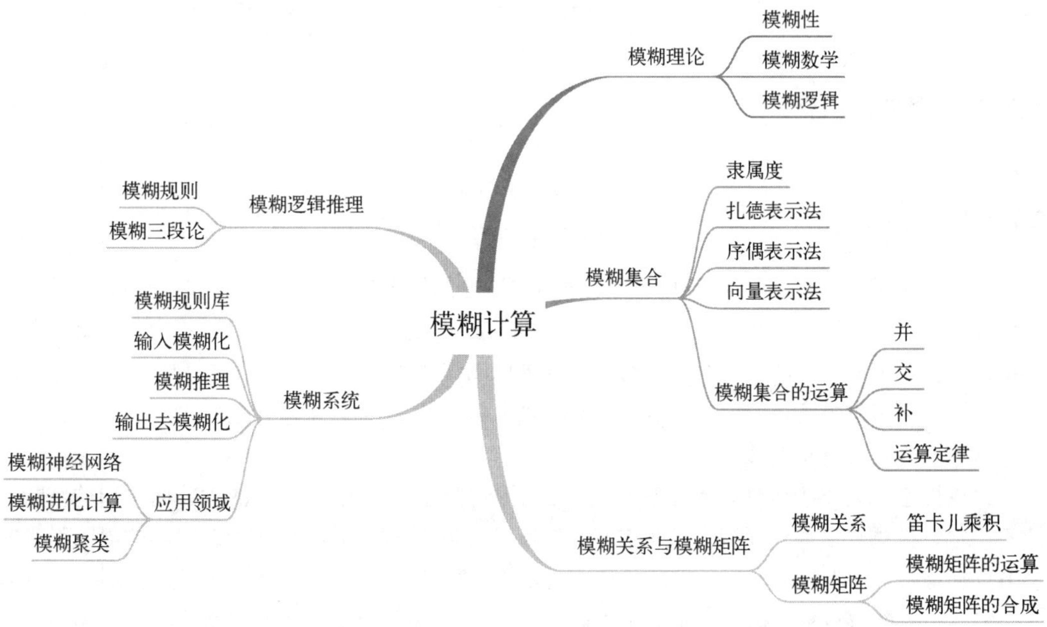

学习目标

1. 理解模糊性的概念，掌握模糊性问题的排中性及处理手段。
2. 掌握模糊集合与隶属度的概念，能够适当地使用隶属度表示模糊集合。
3. 理解并掌握模糊逻辑及模糊推理方法，能够运用模糊方法解决模糊问题。
4. 理解并掌握模糊集合的运算方法，能够对模糊集合进行交、并、余等运算。
5. 理解模糊矩阵的概念和构成，掌握解决模糊问题时常用的模糊矩阵合成方法。
6. 熟悉模糊系统的构成，能够针对实际的模糊计算问题完成模糊运算并得到结果。

案例引入

人类自然语言中的许多概念都具有模糊性，比如“聪明”和“笨拙”，“美”和“丑”，“远”和“近”等，这些概念间没有明确的界限，这称为非排中性。在描述很多事物或现象时，经典集合和经典数学所采纳的精确界限（排中性规则）往往是无能为力的，必须通过引入模糊性的描述来解决。

例如非常有意思的“秃顶悖论”就能够反映引入模糊性的必要之处：想判断一个人是否秃顶，设定头发的数量（例如一万根）作为“秃顶”和“不秃顶”的精确界限是否可行？假如某个人的头发正好一万根，由排中性规则可知他是“不秃顶”的，那么当他仅仅掉了一根头发后，立刻就会由“不秃顶”变成了“秃顶”，这显然不合情理，这种不合理性被称为“排中性的逻辑破缺”。

下面就让我们来了解一下，模糊方法是如何解决排中性的逻辑破缺问题的。

10.1 模糊理论

10.1.1 模糊性

在人类认识世界、进行生产生活及从事科学研究的过程中会不可避免地遇到非确切性问题或现象，不能使用确切的概念来进行描述。例如，在“人到中年”这句话中，“中年”就并非一个精确的概念，35 岁可以认为是中年，40 岁也可以认为是中年。反过来说，35 岁可以算作中年，但算作青年也不为过。这就是说，“中年”“青年”“老年”这些概念之间没有确切的区分界限，这种非确切性就称为模糊性。

模糊性也称为不确定性，是指事物本身性质不确定，无法进行确切的划分而引起的判断上的不确定。模糊性是相对于确定性而言的，实际上是由于事物类属划分没有明确的界限而引起的亦此亦彼性。经典集合理论处理的是确定性概念，要求元素对集合的隶属关系必须是确定的，即“0”和“1”的布尔二值，分别表示“假”和“真”。某元素要么属于某集合，要么不属于某集合，绝不存在既属于又不属于这种情况，这称为经典集合理论的排中性。但是，采用经典集合理论处理那些划分界限不明确的模糊性概念，则会产生比较严重的问题。

10.1.2　模糊数学

1965 年，美国控制论专家扎德（L. A. Zadeh）教授发表了关于模糊集合的论文，提出了表达事物模糊性的重要概念——隶属度，突破了经典集合论的束缚，把元素对集合的隶属性从原来的非 0 即 1 的二值推广到可以取区间[0, 1]上的任何值，这样就可以用隶属度来定量地描述论域中的元素符合某个论域概念的程度，从而将经典数学的应用范围从清晰、精确的传统领域拓展到了模糊领域，将经典集合理论扩展为模糊集合理论，模糊数学作为一门解决模糊性问题的数学理论就此诞生。

【例 10-1】使用隶属度描述模糊概念。

试采用隶属度来描述“聪明”和“不聪明”这两个模糊概念。

解：反映一个人是否聪明常用的指标是智商。如果按定量规则来划分，可以认为智商在 120 以上的人属于“聪明”，那么智商低于 120 的人就属于“不聪明”。这样的话，一个智商为 119 的人将被划分到“不聪明”，这显然是不合情理的。

下面采用模糊隶属度来处理这两个概念，可以这样描述：如果一个人的智商大于 120，则此人属于“聪明”的隶属度为 1，即肯定属于“聪明”；一个人的智商为 119，则此人属于“聪明”的隶属度为 0.99，属于“不聪明”的隶属度为 0.01。也就是说，智商为 119 的人有极大可能属于“聪明”，极不可能属于“不聪明”。按这个思路，一个人的智商越低，他属于“聪明”的隶属度就越低（趋向于 0），属于“不聪明”的隶属度就越高（趋向于 1）。

10.1.3　模糊逻辑

根据扎德的不相容原理，当系统的复杂性达到一定程度时，就不能同时对系统进行既精确又有效的描述。描述的精确性会损害有效性，反之，要提高有效性则要牺牲精确性，而且系统越复杂，这一现象就越明显。在处理一些问题时，精确性和有效性形成了矛盾。传统的数学方法常常试图对事物的概念进行精确定义，而人类思维对于事物的概念往往没有精确的界限和定义。因此，对于实际中的很多复杂问题，诉诸精确性的传统数学方法变得无效，而具有模糊性的人类思维却能轻易解决。

模糊逻辑（fuzzy logic）就是模仿人脑的不确定性概念判断和模糊思维方式，对于模型未知或不能确定描述的系统，以及强非线性、大滞后性的控制对象，应用模糊集合和模糊规则进行模糊推理，表达界限不清晰的、定性而非定量的知识或经验，实行模糊综合判断、推理来解决常规方法难以解决的因排中性的逻辑破缺而产生的规则型模糊信息问题。

模糊逻辑不是非此即彼的布尔二值逻辑，也不是传统意义上的多值逻辑，而是在承认事物隶属于中间过渡区间的同时，认为事物在形态和类别方面具有亦此亦彼、模棱两可的模糊性。正因如此，模糊逻辑可以用来处理那些不精确的模糊性输入信息，能够有效地降低感官灵敏度和精确度的要求，而且用计算机实现算法时，所需要的存储空间少，能够抓住信息处理的主要矛盾，保证信息处理的实时性、多功能性和满意性。

模糊集合是模糊理论的基础，在模糊理论的基础上再把人工智能中关于知识表示和推理的方法引入进来，将模糊集合理论运用到知识工程中，就形成了模糊逻辑和模糊推理；为了克服这些模糊系统在知识获取上的不足及学习能力低下的缺点，又把神经计算加入到这些模糊系统中，形成了模糊神经系统。这些模糊系统表现出了许多领域专家才具有的能力，因此成为人工智能研究的热点。同时，这些模糊系统在计算形式上一般都以数值计算为主，因此也通常被归为计算智能的范畴。

10.1.4 模糊理论的发展概况

20 世纪 20 年代初，波兰数学家鲁卡谢维奇（J. Lukasiewicz）和美国逻辑学家波斯特（E. L. Post）将命题逻辑的真值值域由{0, 1}二值扩展到{0, 1/2, 1}三值，其中 0 表示假，1 表示真，1/2 表示不确定，后来又把真值值域进一步扩展到[0, 1]上的有理数区间，从而提出了多值逻辑；1937 年，量子哲学家布莱克（M. Black）提出了不确定集合，构造了不确定集合的隶属度函数，研究了经典数学概念的模糊化。这些方法拓展了经典集合论，为模糊理论的诞生和发展奠定了基础。模糊理论的创始人是美国加州大学伯克利分校的扎德教授，他于 1965 年在论文中首次提出了模糊集合，之后又于 1973 年提出了模糊逻辑和不相容原理，模糊理论由此诞生。

模糊理论被提出后，在争议中继续发展，并在实践中得到了应用。1974 年，英国伦敦玛丽皇后学院的马姆达尼（E. Mamdani）教授设计了第一个模糊控制蒸汽引擎系统以及第一个模糊交通指挥系统，其特点是使用经验法则进行模糊推理，而不需要程序模型。1978 年，国际性刊物 *Fuzzy Sets and Systems* 创刊，主要刊载有关模糊集合的理论及其应用方面的研究论文，涉及控制理论、医学、人工智能、系统理论、工程、运筹学等领域，兼载评论性文章、札记等。1980 年，丹麦的史密斯公司开始运用模糊控制操作水泥旋转窑，以控制煅烧温度、出口温度、旋转情况、冷却速率等。国际性学术组织“国际模糊系统协会”（International Fuzzy Systems Association, IFSA）于 1984 年 7 月在美国夏威夷筹建，并于 1985 年 7 月在西班牙成立，旨在交流和促进模糊理论及其应用在世界各国的发展。1987 年，第二届模糊系统学大会在日本东京召开，并展示了模糊自动控制应用于仙台市地铁的自动驾驶的成果。此后，模糊理论获得了较为广泛的关注和进一步发展。

进入 20 世纪 90 年代后，模糊系统在日本电器行业得到了广泛应用，并吸引了大量研究者的注意。然而在当时，尽管模糊系统有众多优点，对模糊系统的严格数学分析方法尚没有创建，模糊系统的设计方法还没有成熟化和系统化，其适用的问题也没有得到严格界定。面对这些困难，扎德教授于 1993 年提出了软计算的概念，试图以人类的思维方式和自然语言表达变量之间的关系，并以条件命题记录法则。

自模糊系统诞生以来的几十年中，模糊系统的理论和应用均得到了广泛的关注并取得了飞速的发展。模糊逻辑与人工神经网络的结合、模糊逻辑与进化计算的结合等也为解决一些复杂的非线性问题提供了新的选择。目前，模糊逻辑已经在系统工程、自动控制、信号处理、辅助决策、人工智能、心理学、生态学、语言学等众多研究领域取得了广泛的成功，并成为新世纪人工智能领域具有巨大发展潜力的方向之一。

10.2 模糊集合

10.2.1 模糊集合概述

模糊集合是用来表达模糊性概念的集合。不同于经典集合，模糊集合是把待考察的对象以及反映其模糊性的概念作为集合，建立适当的隶属度函数，通过模糊集合的有关运算和变换，对模糊对象进行分析。模糊理论就是以模糊数学为基础，以模糊集合和隶属度函数为手段，研究模糊对象的一门理论。下面首先给出模糊集合和隶属度的定义。

【定义 10-1】经典集合 $\boldsymbol{X}$ 到[0, 1]闭区间上的任意映射 $\mu_{\boldsymbol{A}}$: $\boldsymbol{X}\to[0,1]$都确定 $\boldsymbol{X}$ 上的一个集合 $\boldsymbol{A}$，称 $\boldsymbol{A}$ 为 $\boldsymbol{X}$ 上的一个模糊集合，也称为模糊标记，称 $\mu_{\boldsymbol{A}}$ 为模糊集合 $\boldsymbol{A}$ 的隶属度函数。对于 $\boldsymbol{X}$ 中的一个元素 x，称 $\mu_{\boldsymbol{A}}(x)$为 x 对模糊集合 $\boldsymbol{A}$ 的隶属度。

定义 10-1 中的经典集合 $\boldsymbol{X}$ 称为模糊集合 $\boldsymbol{A}$ 的论域，$\boldsymbol{X}$ 上的任意一个元素 x 不再只有属于 $\boldsymbol{A}$ 或不属于 $\boldsymbol{A}$ 两种情况，而是以一个数值介于 0～1 之间的隶属度 $\mu_{\boldsymbol{A}}(x)$来表明 x 属于 $\boldsymbol{A}$ 或不属于 $\boldsymbol{A}$ 的程度，或者说可能性。隶属度 $\mu_{\boldsymbol{A}}(x)$的数值越接近于 1，表明 x 属于 $\boldsymbol{A}$ 的可能性越大；$\mu_{\boldsymbol{A}}(x)$的数值越接近于 0，就表明 x 属于 $\boldsymbol{A}$ 的可能性越小。$\mu_{\boldsymbol{A}}(x)=1$ 表明 x 肯定属于 $\boldsymbol{A}$，$\mu_{\boldsymbol{A}}(x)=0$ 则表明 x 肯定不属于 $\boldsymbol{A}$。经典集合可以视为模糊集合的一种退化形式，即：不属于该集合的元素，其隶属度为 0；属于该集合的元素，其隶属度为 1。

模糊集合的表示方法有很多，最常用的有以下三种。

（1）扎德表示法

论域 X 为有限集合，记 $\boldsymbol{X}=\{x_1, x_2, \cdots, x_n\}$，则 $\boldsymbol{X}$ 上的模糊集合 $\boldsymbol{A}$ 记为

$$\boldsymbol{A}=\sum_{i=1}^{n}\frac{\mu_{\boldsymbol{A}}(x_i)}{x_i}=\frac{\mu_{\boldsymbol{A}}(x_1)}{x_1}+\frac{\mu_{\boldsymbol{A}}(x_2)}{x_2}+\cdots+\frac{\mu_{\boldsymbol{A}}(x_n)}{x_n} \tag{10-1}$$

注意：扎德表示法中的求和号和加号并非求和，分数也并非相除，仅仅是借这种符号形式来表示模糊集合而已。

（2）序偶表示法

$\boldsymbol{X}$ 的定义同（1），将 $\boldsymbol{X}$ 上的模糊集合 $\boldsymbol{A}$ 表示为

$$\boldsymbol{A}=\{(x_1,\mu_{\boldsymbol{A}}(x_1)),(x_2,\mu_{\boldsymbol{A}}(x_2)),\cdots,(x_n,\mu_{\boldsymbol{A}}(x_n))\} \tag{10-2}$$

（3）向量表示法

为简单起见，可略去论域元素，将 $\boldsymbol{X}$ 上的模糊集合 $\boldsymbol{A}$ 表示为

$$\boldsymbol{A}=(\mu_{\boldsymbol{A}}(x_1),\mu_{\boldsymbol{A}}(x_2),\cdots,\mu_{\boldsymbol{A}}(x_n)) \tag{10-3}$$

上述三种模糊集合的表示方法仅是形式不同，所表示的内容是统一的。下面通过一个例子来帮助读者理解这几种表示方法。

【例 10-2】模糊集合的表示方法。

设论域 $\boldsymbol{X}=\{x_1=140\text{cm}, x_2=150\text{cm}, x_3=160\text{cm}, x_4=170\text{cm}, x_5=180\text{cm}, x_6=190\text{cm}\}$表示某人的身高，$\boldsymbol{X}$ 上的一个模糊集合 $\boldsymbol{A}$ 表示“高个子”，其隶属度函数的定义为

$$\mu_{\boldsymbol{A}}(x)=\frac{x-140}{190-140}$$

试采用三种方法来表示模糊集合 $\boldsymbol{A}$。

解：首先计算论域 $\boldsymbol{X}$ 中各元素对模糊集合 $\boldsymbol{A}$ 的隶属度，有

$$\mu_A(x_1)=\frac{140-140}{190-140}=0,\ \ \mu_A(x_2)=\frac{150-140}{190-140}=0.2,\ \ \mu_A(x_3)=\frac{160-140}{190-140}=0.4,$$

$$\mu_A(x_4)=\frac{170-140}{190-140}=0.6,\ \ \mu_A(x_5)=\frac{180-140}{190-140}=0.8,\ \ \mu_A(x_6)=\frac{190-140}{190-140}=1$$

模糊集合 $\boldsymbol{A}$ 用扎德法可以表示为

$$\boldsymbol{A}=\frac{0}{x_1}+\frac{0.2}{x_2}+\frac{0.4}{x_3}+\frac{0.6}{x_4}+\frac{0.8}{x_5}+\frac{1}{x_6}$$

用序偶法可以表示为

$$\boldsymbol{A}=\{(x_1,0),(x_2,0.2),(x_3,0.4),(x_4,0.6),(x_5,0.8),(x_6,1)\}$$

用向量法可以表示为

$$\boldsymbol{A}=(0,\ 0.2,\ 0.4,\ 0.6,\ 0.8,\ 1)$$

运用隶属度函数，可以计算出论域中的某个元素隶属于某个模糊集合的程度，参看例 10-3。

【例 10-3】隶属度的计算。

设论域 $\boldsymbol{X}$=[0, 100]，模糊集合 $\boldsymbol{A}$ 表示“年老”，模糊集合 $\boldsymbol{B}$ 表示“年轻”，这两个模糊集合的隶属度函数分别为

$$\mu_A(x)=\begin{cases}0, & 0\leqslant x\leqslant 50\\ \left[1+\left(\dfrac{x-50}{5}\right)^{-2}\right]^{-1}, & 50<x\leqslant 100\end{cases}$$

$$\mu_B(x)=\begin{cases}1, & 0\leqslant x\leqslant 25\\ \left[1+\left(\dfrac{x-25}{5}\right)^{2}\right]^{-1}, & 25<x\leqslant 100\end{cases}$$

试问：一个人的年龄是 70 岁是否属于“年老”？60 岁又是否属于“年轻”？

解：令 x_1=70，x_2=60，$x_1, x_2\in\boldsymbol{X}$，根据隶属度函数分别计算 $\mu_A(x_1)$和 $\mu_B(x_2)$，有

$$\mu_A(x_1)=\frac{1}{1+\left(\dfrac{70-50}{5}\right)^{-2}}\approx 0.94$$

$$\mu_B(x_2)=\frac{1}{1+\left(\dfrac{60-25}{5}\right)^{2}}=0.02$$

计算结果表明，x_1 以 0.94 的隶属度属于“年老”， 由此可以得出结论，70 岁的年龄非常可能属于“年老”；而 x_2 仅以 0.02 的隶属度属于“年轻”，因此 60 岁的年龄极不可能属于“年轻”。

隶属度函数对于模糊集合来讲是非常重要的，一个模糊集合可以被其隶属度函数唯一定义；或者说，不同的隶属度函数对应着不同的模糊集合。如何确定一个模糊集合的隶属度函数至今还是未得到很好解决的问题，常用的方法主要有模糊统计法、指派法、专家经验法、二元对比排序法等。模糊统计法是一种客观方法，主要是在模糊统计试验的基础上根据隶属度的客观存在性来确定隶属度函数；指派法则是依据实践经验来确定某些模糊集合隶属度函数的一种方法，处理不同问题时，往往需要选择不同的隶属度函数。譬如，在经济管理、社会管理中，可以借

助于已有的“客观尺度”作为模糊集合的隶属度。实际应用中的隶属度函数有很多种，图 10-1 所示为几种最常用的隶属度函数。

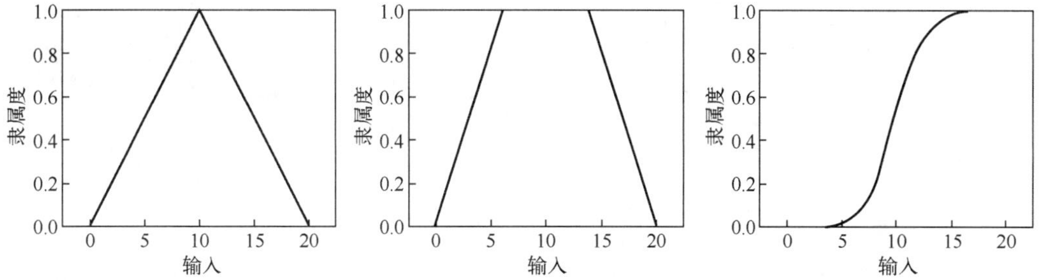

(a) 三角形函数　(b) 梯形函数　(c) Sigmoid函数

图 10-1 常用的隶属度函数

10.2.2 模糊集合的运算：并、交、补

模糊集合与经典集合一样可以有子集，模糊集合的子集参看定义 10-2。

【定义 10-2】 对论域 $\boldsymbol{X}$ 上的模糊集合 $\boldsymbol{A}$ 和 $\boldsymbol{B}$，隶属度函数分别为 $\mu_{A(x)}$和 $\mu_{B(x)}$，若对任意的 $x\in\boldsymbol{X}$，均有 $\mu_A(x)\leqslant\mu_B(x)$，则称 $\boldsymbol{B}$ 包含 $\boldsymbol{A}$，记为 $\boldsymbol{A}\subseteq\boldsymbol{B}$；若 $\boldsymbol{A}\subseteq\boldsymbol{B}$ 且 $\boldsymbol{B}\subseteq\boldsymbol{A}$，则称 $\boldsymbol{A}$ 与 $\boldsymbol{B}$ 相等，记为 $\boldsymbol{A}=\boldsymbol{B}$。

同样地，模糊集合也可以像经典集合一样进行并、交、补等集合运算，模糊集合的运算法则参看定义 10-3。

【定义 10-3】 对论域 $\boldsymbol{X}$ 上的模糊集合 $\boldsymbol{A}$ 和 $\boldsymbol{B}$，称模糊集合 $\boldsymbol{C}=\boldsymbol{A}\cup\boldsymbol{B}$ 为 $\boldsymbol{A}$ 与 $\boldsymbol{B}$ 的并（隶属度取大，记为“∨”），称模糊集合 $\boldsymbol{D}=\boldsymbol{A}\cap\boldsymbol{B}$ 为 $\boldsymbol{A}$ 与 $\boldsymbol{B}$ 的交（隶属度取小，记为“∧”），称模糊集合 $\overline{\boldsymbol{A}}$ 为 $\boldsymbol{A}$ 的补集（或余集），分别有

$$\begin{cases}\mu_C(x)=\mu_{A\cup B}(x)=\max\{\mu_A(x),\mu_B(x)\}\\ \mu_D(x)=\mu_{A\cap B}(x)=\min\{\mu_A(x),\mu_B(x)\}\\ \mu_{\overline{A}}(x)=1-\mu_A(x)\end{cases} \tag{10-4}$$

为了进一步理解模糊集合的并、交、补等运算，下面来看一个实例。

【例 10-4】 模糊集合的运算。

已知论域 $\boldsymbol{X}$=[1, 2, 3, 4, 5, 6]，模糊集合 $\boldsymbol{A}$、$\boldsymbol{B}$ 分别表示为

$$\boldsymbol{A}=\frac{0.3}{1}+\frac{0.5}{2}+\frac{0.8}{3}+\frac{0.4}{4}+\frac{0.1}{5}$$

$$\boldsymbol{B}=\frac{0.2}{3}+\frac{0.3}{4}+\frac{0.9}{5}+\frac{0.5}{6}$$

试求 $\boldsymbol{A}\cup\boldsymbol{B}$、$\boldsymbol{A}\cap\boldsymbol{B}$ 和 $\overline{\boldsymbol{A}}$。

解： 模糊集合 $\boldsymbol{A}$ 中没有元素 6，实际上就是元素 6 对模糊集合 $\boldsymbol{A}$ 的隶属度为 0。同理，元素 1 和元素 2 对模糊集合 $\boldsymbol{B}$ 的隶属度也都为 0。根据模糊集合的运算法则，有

$$\begin{aligned}\boldsymbol{A}\cup\boldsymbol{B}&=\frac{0.3}{1}\vee\frac{0}{1}+\frac{0.5}{2}\vee\frac{0}{2}+\frac{0.8}{3}\vee\frac{0.2}{3}+\frac{0.4}{4}\vee\frac{0.3}{4}+\frac{0.1}{5}\vee\frac{0.9}{5}+\frac{0}{6}\vee\frac{0.5}{6}\\&=\frac{0.3}{1}+\frac{0.5}{2}+\frac{0.8}{3}+\frac{0.4}{4}+\frac{0.9}{5}+\frac{0.5}{6}\end{aligned}$$

$$\begin{aligned}
\boldsymbol{A}\cap\boldsymbol{B}&=\frac{0.3}{1}\wedge\frac{0}{1}+\frac{0.5}{2}\wedge\frac{0}{2}+\frac{0.8}{3}\wedge\frac{0.2}{3}+\frac{0.4}{4}\wedge\frac{0.3}{4}+\frac{0.1}{5}\wedge\frac{0.9}{5}+\frac{0}{6}\wedge\frac{0.5}{6}\\
&=\frac{0}{1}+\frac{0}{2}+\frac{0.2}{3}+\frac{0.3}{4}+\frac{0.1}{5}+\frac{0}{6}\\
&=\frac{0.2}{3}+\frac{0.3}{4}+\frac{0.1}{5}
\end{aligned}$$

$$\begin{aligned}
\overline{\boldsymbol{A}}&=\frac{1-0.3}{1}+\frac{1-0.5}{2}+\frac{1-0.8}{3}+\frac{1-0.4}{4}+\frac{1-0.1}{5}+\frac{1-0}{6}\\
&=\frac{0.7}{1}+\frac{0.5}{2}+\frac{0.2}{3}+\frac{0.6}{4}+\frac{0.9}{5}+\frac{1}{6}
\end{aligned}$$

10.2.3 模糊集合的运算定律

与经典集合一样，模糊集合的运算也满足一系列定律。

（1）幂等律

$$\begin{cases}\boldsymbol{A}\cup\boldsymbol{A}=\boldsymbol{A}\\ \boldsymbol{A}\cap\boldsymbol{A}=\boldsymbol{A}\end{cases} \tag{10-5}$$

（2）交换律

$$\begin{cases}\boldsymbol{A}\cup\boldsymbol{B}=\boldsymbol{B}\cup\boldsymbol{A}\\ \boldsymbol{A}\cap\boldsymbol{B}=\boldsymbol{B}\cap\boldsymbol{A}\end{cases} \tag{10-6}$$

（3）结合律

$$\begin{cases}(\boldsymbol{A}\cup\boldsymbol{B})\cup\boldsymbol{C}=\boldsymbol{A}\cup(\boldsymbol{B}\cup\boldsymbol{C})\\ (\boldsymbol{A}\cap\boldsymbol{B})\cap\boldsymbol{C}=\boldsymbol{A}\cap(\boldsymbol{B}\cap\boldsymbol{C})\end{cases} \tag{10-7}$$

（4）分配律

$$\begin{cases}\boldsymbol{A}\cap(\boldsymbol{B}\cup\boldsymbol{C})=(\boldsymbol{A}\cap\boldsymbol{B})\cup(\boldsymbol{A}\cap\boldsymbol{C})\\ \boldsymbol{A}\cup(\boldsymbol{B}\cap\boldsymbol{C})=(\boldsymbol{A}\cup\boldsymbol{B})\cap(\boldsymbol{A}\cup\boldsymbol{C})\end{cases} \tag{10-8}$$

（5）吸收律

$$\begin{cases}\boldsymbol{A}\cap(\boldsymbol{A}\cup\boldsymbol{B})=\boldsymbol{A}\\ \boldsymbol{A}\cup(\boldsymbol{B}\cap\boldsymbol{C})=\boldsymbol{A}\end{cases} \tag{10-9}$$

（6）复原律

$$\overline{\overline{\boldsymbol{A}}}=\boldsymbol{A} \tag{10-10}$$

（7）两极律

$$\begin{cases}\boldsymbol{A}\cap\boldsymbol{E}=\boldsymbol{A},\ \boldsymbol{A}\cup\boldsymbol{E}=\boldsymbol{E}\\ \boldsymbol{A}\cap\varnothing=\varnothing,\ \boldsymbol{A}\cup\varnothing=\boldsymbol{A}\end{cases} \tag{10-11}$$

式中，$\boldsymbol{E}$ 为全集；$\varnothing$ 为空集。

（8）摩根律

$$\begin{cases} \overline{\boldsymbol{A}\cup\boldsymbol{B}}=\overline{\boldsymbol{A}}\cap\overline{\boldsymbol{B}} \\ \overline{\boldsymbol{A}\cap\boldsymbol{B}}=\overline{\boldsymbol{A}}\cup\overline{\boldsymbol{B}} \end{cases} \tag{10-12}$$

要注意的是，经典集合的矛盾律和排中律对于模糊集合是不成立的。

10.3　模糊关系与模糊矩阵

10.3.1　模糊关系

对于两个模糊集合，由于各自包含的元素可能不同，有时需要考察两个模糊集合中的元素通过相互组合形成的有序对（即笛卡儿乘积，是以两个集合的元素构成的有序对作为元素的集合）的隶属度，为此有如下定义。

【定义 10-4】 设两论域分别为 $\boldsymbol{U}$、$\boldsymbol{V}$，则称笛卡儿乘积空间上 $\boldsymbol{U}\times\boldsymbol{V}=\{(u,v)|u\in\boldsymbol{U}, v\in\boldsymbol{V}\}$ 的一个模糊集合 $\boldsymbol{R}$ 为从 $\boldsymbol{U}$ 到 $\boldsymbol{V}$ 的模糊关系。模糊关系 $\boldsymbol{R}$ 的隶属度函数 $\mu_{\boldsymbol{R}}(u,v)$ 表示有序对 (u,v) 关于模糊关系 $\boldsymbol{R}$ 的相关程度。

【例 10-5】 笛卡儿乘积。

已知集合 $\boldsymbol{U}=\{a,b\}$，集合 $\boldsymbol{V}=\{0,1,2\}$，试求两个集合的笛卡儿乘积 $\boldsymbol{U}\times\boldsymbol{V}$ 和 $\boldsymbol{V}\times\boldsymbol{U}$。

解： 笛卡儿乘积是以两个集合的元素构成的有序对，因此必须区分两个集合的先后关系，即 $\boldsymbol{U}\times\boldsymbol{V}$ 和 $\boldsymbol{V}\times\boldsymbol{U}$ 是不相等的，有

$$\boldsymbol{U}\times\boldsymbol{V}=\{(a,0),(a,1),(a,2),(b,0),(b,1),(b,2)\}$$

$$\boldsymbol{U}\times\boldsymbol{V}=\{(0,a),(0,b),(1,a),(1,b),(2,a),(2,b)\}$$

由定义 10-4 可以看出，模糊关系 $\boldsymbol{R}$ 也是一种模糊集合，其论域为笛卡儿乘积 $\boldsymbol{U}\times\boldsymbol{V}$。如果 $\boldsymbol{U}\times\boldsymbol{V}$ 中的各个有序对 (u,v) 对模糊集合 $\boldsymbol{R}$ 的隶属度取值均为 0 或 1，那么模糊集合也就等同于经典集合，模糊关系也就退化为经典关系的形式。当论域离散且有限时，正如经典关系可以写成矩阵形式一样，模糊关系也可以写成矩阵形式，称为模糊矩阵。经典关系可以认为是经典集合之间的一种映射，模糊关系同样就是模糊集合之间的一种映射。

10.3.2　模糊矩阵概述

模糊矩阵用来表达模糊关系（有序对）对应的隶属度，定义 10-5 给出了模糊矩阵的定义。

【定义 10-5】 设矩阵 $\boldsymbol{R}=(r_{ij})_{m\times n}$，且有 $r_{ij}\in[0,1]$，$i=0,1,\cdots,m$，$j=0,1,\cdots,n$，则称矩阵 $\boldsymbol{R}$ 为模糊矩阵，其中 r_{ij} 是模糊关系 $\boldsymbol{R}$ 中各元素的隶属度。

例如，在例 10-5 中可以将 $\boldsymbol{U}\times\boldsymbol{V}$ 的模糊关系对应的模糊矩阵 $\boldsymbol{R}$ 写为

$$\boldsymbol{R}=\begin{bmatrix} (a,0):0.2 & (a,1):0.4 & (a,2):0.4 \\ (b,0):0.5 & (b,1):0.3 & (b,2):0.2 \end{bmatrix}$$

式中，模糊矩阵的行数等于论域 $\boldsymbol{U}$ 中元素的个数 m，模糊矩阵的列数等于论域 $\boldsymbol{V}$ 中元素的

个数 n。为简便起见，通常可以略去笛卡儿乘积的有序对，即

$$\boldsymbol{R}=\begin{bmatrix}0.2 & 0.4 & 0.4\\0.5 & 0.3 & 0.2\end{bmatrix}$$

对于一个复杂的多输入多输出系统而言，模糊矩阵中的元素（即隶属度）可理解为系统的某个输入 u_i 对系统的某个输出 v_k 的贡献率（往往依赖于经验）。由于模糊矩阵中包含隶属度，所以可以用来对论域中的元素属于某个模糊集合的程度进行评价。应用模糊矩阵时，最简单的方法是由输入和模糊矩阵，对每个输出求取隶属度之和，然后根据最大隶属度原则来确定输出的类别。下面通过一个实例来说明如何运用模糊关系和模糊矩阵解决模糊问题。

【例 10-6】科研成果的等级评定。

现对一项科研成果进行鉴定，需要给出评定等级。已知科研成果评定指标的论域为 $\boldsymbol{U}=\{u_1, u_2, u_3, u_4, u_5\}$，分别对应：创新程度、安全性能、经济效益、推广前景、成熟性。评定等级的论域 $\boldsymbol{V}=\{v_1, v_2, v_3, v_4\}$，分别对应：很好、较好、一般、差。通过对多位科研成果评审专家的问卷打分，采用平均方法统计出了表 10-1 给出的模糊矩阵。

表 10-1 评定科研成果等级的模糊矩阵

	v_1（很好）	v_2（较好）	v_3（一般）	v_4（差）
u_1（创新程度）	0.45	0.35	0.15	0.05
u_2（安全性能）	0.30	0.34	0.10	0.26
u_3（经济效益）	0.50	0.30	0.10	0.10
u_4（推广前景）	0.60	0.30	0.05	0.05
u_5（成熟性）	0.56	0.10	0.20	0.14

假设评审专家组给出的待评价科研成果的评定指标打分为：创新程度 u_1=0.2，安全性能 u_2=0.1，经济效益 u_3=0.3，推广前景 u_4=0.1，成熟性 u_5=0.2。试采用给定的模糊矩阵计算该项科研成果的等级。

解：根据评审专家的打分，该项科研成果的输入为

$$\boldsymbol{X}=\{0.2, 0.1, 0.3, 0.1, 0.2\}$$

模糊矩阵为

$$\boldsymbol{R}=\begin{bmatrix}0.45 & 0.35 & 0.15 & 0.05\\0.30 & 0.34 & 0.10 & 0.26\\0.50 & 0.30 & 0.10 & 0.10\\0.60 & 0.30 & 0.05 & 0.05\\0.56 & 0.10 & 0.20 & 0.14\end{bmatrix}$$

则输出为 $\boldsymbol{Y}=\{\mu_{v1}, \mu_{v2}, \mu_{v3}, \mu_{v4}\}$，分别有

$$\mu_{v1}=0.2\times0.45+0.1\times0.30+0.3\times0.50+0.1\times0.60+0.2\times0.56=\mathbf{0.442}$$

$$\mu_{v2}=0.2\times0.35+0.1\times0.34+0.3\times0.30+0.1\times0.30+0.2\times0.10=0.244$$

$$\mu_{v3}=0.2\times0.15+0.1\times0.10+0.3\times0.10+0.1\times0.05+0.2\times0.20=0.115$$

$$\mu_{v4}=0.2\times0.05+0.1\times0.26+0.3\times0.10+0.1\times0.05+0.2\times0.14=0.099$$

从结果可以看出，v_1 的隶属度最大。根据最大隶属度原则，此成果等级可以评定为“很好”。

10.3.3 模糊矩阵的运算

模糊矩阵从构成形式上来讲与普通矩阵是一致的，因此也遵从普通矩阵的运算法则。下面先给出模糊矩阵的基本运算法则，包括相等、包含、并、交、补。

【定义 10-6】设 $\boldsymbol{A}$ 和 $\boldsymbol{B}$ 是两个模糊矩阵，其中 $\boldsymbol{A}=(a_{ij})_{m\times n}$，$\boldsymbol{B}=(b_{ij})_{m\times n}$，$i=0, 1, \cdots, m$，$j=0, 1, \cdots, n$，定义

① 如果 $a_{ij}=b_{ij}$，则称模糊矩阵 $\boldsymbol{A}$ 与模糊矩阵 $\boldsymbol{B}$ 相等，记为 $\boldsymbol{A}=\boldsymbol{B}$；

② 如果 $a_{ij}\leqslant b_{ij}$，则称模糊矩阵 $\boldsymbol{B}$ 包含模糊矩阵 $\boldsymbol{A}$，或模糊矩阵 $\boldsymbol{A}$ 属于模糊矩阵 $\boldsymbol{B}$，记为 $\boldsymbol{A}\subseteq\boldsymbol{B}$；

③ 模糊矩阵的并运算：$\boldsymbol{A}\cup\boldsymbol{B}=(a_{ij}\vee b_{ij})_{m\times n}$；

④ 模糊矩阵的交运算：$\boldsymbol{A}\cap\boldsymbol{B}=(a_{ij}\wedge b_{ij})_{m\times n}$；

⑤ 模糊矩阵的补运算：$\overline{\boldsymbol{A}}=(1-a_{ij})_{m\times n}$。

下面通过一个实例来说明模糊矩阵的运算方法。

【例 10-7】模糊矩阵的基本运算。

设有两个模糊矩阵 $\boldsymbol{A}$、$\boldsymbol{B}$：

$$\boldsymbol{A}=\begin{pmatrix}1 & 0.1\\ 0.3 & 0.5\end{pmatrix},\quad \boldsymbol{B}=\begin{pmatrix}0.7 & 0\\ 0.4 & 0.9\end{pmatrix}$$

试计算 $\boldsymbol{A}\cup\boldsymbol{B}$、$\boldsymbol{A}\cap\boldsymbol{B}$ 和 $\overline{\boldsymbol{A}}$。

解：模糊矩阵 $\boldsymbol{A}$ 与 $\boldsymbol{B}$ 进行并运算，得到的矩阵中每个元素均为模糊矩阵 $\boldsymbol{A}$ 与 $\boldsymbol{B}$ 中对应元素的大者，有

$$\boldsymbol{A}\bigcup\boldsymbol{B}=\begin{pmatrix}1\vee 0.7 & 0.1\vee 0\\ 0.3\vee 0.4 & 0.5\vee 0.9\end{pmatrix}=\begin{pmatrix}1 & 0.1\\ 0.4 & 0.9\end{pmatrix}$$

模糊矩阵 $\boldsymbol{A}$ 与 $\boldsymbol{B}$ 进行交运算，得到的矩阵中每个元素均为模糊矩阵 $\boldsymbol{A}$ 与 $\boldsymbol{B}$ 中对应元素的小者，有

$$\boldsymbol{A}\bigcap\boldsymbol{B}=\begin{pmatrix}1\wedge 0.7 & 0.1\wedge 0\\ 0.3\wedge 0.4 & 0.5\wedge 0.9\end{pmatrix}=\begin{pmatrix}0.7 & 0\\ 0.3 & 0.5\end{pmatrix}$$

模糊矩阵 $\boldsymbol{A}$ 的补运算，就是将 $\boldsymbol{A}$ 中的每个元素用 1 去减后得到的值，有

$$\overline{\boldsymbol{A}}=\begin{pmatrix}1-1 & 1-0.1\\ 1-0.3 & 1-0.5\end{pmatrix}=\begin{pmatrix}0 & 0.9\\ 0.7 & 0.5\end{pmatrix}$$

10.3.4 模糊矩阵的合成

模糊矩阵除了上述的基本运算外，还可以进行合成运算，参看定义 10-7。

【定义 10-7】设有两个模糊矩阵 $\boldsymbol{A}=(a_{ik})_{m\times s}$，$\boldsymbol{B}=(b_{kj})_{s\times n}$，称模糊矩阵 $\boldsymbol{C}=\boldsymbol{A}\circ\boldsymbol{B}=(c_{ij})_{m\times n}$ 为模糊矩阵 $\boldsymbol{A}$ 与 $\boldsymbol{B}$ 的合成。

定义 10-7 只是给出了模糊矩阵合成的一般形式，规定模糊矩阵 $\boldsymbol{A}$ 的列数必须等于模糊矩阵 $\boldsymbol{B}$ 的行数，两个模糊矩阵才可以进行合成，这与普通矩阵乘法的要求是一致的。另外，模糊矩

阵的合成也与普通矩阵乘法一样不满足交换律，即 $\boldsymbol{A}\circ\boldsymbol{B}\neq\boldsymbol{B}\circ\boldsymbol{A}$。

实际上，模糊矩阵的合成有多种方式，其中使用较多的一种方法是采用取大和取小两种模糊算子，称为“最大-最小合成”，定义为

$$c_{ij}=\max\{(a_{ik}\wedge b_{kj})\mid 1\leqslant k\leqslant s\} \tag{10-13}$$

模糊矩阵的最大-最小合成可以用符号 M(∧,∨)来表示，采用最大-最小合成进行的模糊推理则称为最大-最小推理，也是模糊推理中常用的一种推理规则。

除此之外，还有其他几种模糊算子可以运用，例如采用实数乘法•代替∧，采用实数加法⊕代替∨，分别可以表示为 M(•,∨)、M(∧,⊕)、M(•,⊕)等。不同的模糊矩阵合成算法具有各自的特性，适用于不同类型的模糊问题，可根据实际情况来选择使用。下面来看一个实例。

【例 10-8】模糊矩阵的合成。

设有两个模糊矩阵 $\boldsymbol{A}$、$\boldsymbol{B}$：

$$\boldsymbol{A}=\begin{pmatrix}0.4 & 0.7 & 0\\ 1 & 0.8 & 0.5\end{pmatrix},\quad \boldsymbol{B}=\begin{pmatrix}1 & 0.7\\ 0.4 & 0.6\\ 0 & 0.3\end{pmatrix}$$

试采用不同的模糊算子来实现模糊矩阵 $\boldsymbol{A}$、$\boldsymbol{B}$ 的两种合成：采用 M(∧,∨)计算 $\boldsymbol{A}\circ\boldsymbol{B}$，采用 M(•,⊕)计算 $\boldsymbol{B}\circ\boldsymbol{A}$。

解：两个模糊矩阵在进行合成时，首先将两个模糊矩阵的元素两两配对，然后再运用模糊算子得出合成结果。

两个模糊矩阵的各个元素仿照矩阵乘法规则搭配。例如，采用 M(∧,∨)计算 $\boldsymbol{A}\circ\boldsymbol{B}$ 时，模糊矩阵 $\boldsymbol{A}$ 的第 1 行与模糊矩阵 $\boldsymbol{B}$ 的第 1 列的各个元素配成 3 对，每对元素取数值较小者，得到 3 个数值，然后再从 3 个数值中取较大者，作为合成矩阵第 1 行第 1 列的元素，合成矩阵其他位置的元素计算与上述过程类似，有

$$\begin{aligned}\boldsymbol{A}\circ\boldsymbol{B}&=\begin{pmatrix}\max(0.4\wedge 1,0.7\wedge 0.4,0\wedge 0) & \max(0.4\wedge 0.7,0.7\wedge 0.6,0\wedge 0.3)\\ \max(1\wedge 1,0.8\wedge 0.4,0.5\wedge 0) & \max(1\wedge 0.7,0.8\wedge 0.6,0.5\wedge 0.3)\end{pmatrix}\\ &=\begin{pmatrix}\max(0.4,0.4,0) & \max(0.4,0.6,0)\\ \max(1,0.4,0) & \max(0.7,0.6,0.3)\end{pmatrix}\\ &=\begin{pmatrix}0.4 & 0.6\\ 1 & 0.7\end{pmatrix}\end{aligned}$$

采用 M(•,⊕)计算 $\boldsymbol{A}\circ\boldsymbol{B}$ 时，与上述的 M(∧,∨)合成运算类似，只需将两个模糊算子替换为实数乘法和实数加法即可，同时注意模糊矩阵 $\boldsymbol{B}$ 和 $\boldsymbol{A}$ 的行列对应关系，有

$$\boldsymbol{B}\circ\boldsymbol{A}=\begin{pmatrix}1\times 0.4+0.7\times 1 & 1\times 0.7+0.7\times 0.8 & 1\times 0+0.7\times 0.5\\ 0.4\times 0.4+0.6\times 1 & 0.4\times 0.7+0.6\times 0.8 & 0.4\times 0+0.6\times 0.5\\ 0\times 0.4+0.3\times 1 & 0\times 0.7+0.3\times 0.8 & 0\times 0+0.3\times 0.5\end{pmatrix}=\begin{pmatrix}1.1 & 1.26 & 0.35\\ 0.76 & 0.76 & 0.3\\ 0.3 & 0.24 & 0.15\end{pmatrix}$$

10.4 模糊逻辑推理

人类在运用逻辑思维时通常要求明确的概念划分，遵循采用形式逻辑的排中律，即：在同一个思维过程中，两个相互排斥的结论不能同时为真或同时为假；或者说，形式逻辑的真值非

真即假，不会有亦真亦假的中间状态。排中律是形式逻辑的基本规律之一，但是模糊性问题不服从排中律，因此不能采用形式逻辑，而是需要采用模糊逻辑的方法来解决。

模糊逻辑就是建立在模糊集合的基础之上，采用隶属度和模糊集合来研究模糊性思维及其规律，并实现模糊推理的科学。模糊逻辑是模糊理论的重要组成部分，主要是通过模仿人类的模糊判断和模糊推理思维方式，对不确定的模型、对象和系统应用模糊集合和模糊规则进行模糊判断及推理，解决常规方法难以处理的模糊性问题。模糊逻辑推理善于表达界限不清晰的定性知识与经验，借助于隶属度函数的概念，划分模糊集合，处理模糊关系，解决因“排中性”的逻辑破缺产生的不确定性问题。

10.4.1 模糊规则

模糊推理是一种非精确性推理，是将给定的模糊输入转化为输出的逻辑推理过程，即将输入模糊集合通过运用模糊逻辑方法及模糊规则，对应到特定的输出模糊集合的过程，其中模糊规则是实现模糊推理的关键。

模糊规则是在模糊推理时依赖的推理规则，通常用自然语言表述，例如“如果张三从高处坠落，那么张三会受重伤”。模糊规则包含几个重要概念，主要有语言变量、语言算子和 if-then 规则。

（1）语言变量

语言变量对应于自然语言中的一个词或者一个短语，甚至是一个句子，其取值就是模糊集合。扎德教授对语言变量的定义是：语言变量由一个五元组$(u, \boldsymbol{T}(u), \boldsymbol{U}, G, M)$表达。其中，$u$ 为变量名，如上例中的“张三”；$\boldsymbol{U}$ 是论域，如坠落高度的范围为[0 米, 50 米]；$\boldsymbol{T}(u)$是语言变量取值的集合，如{很高，较高，较低，很低，…}，每个取值都是论域为 $\boldsymbol{U}$ 的模糊集合；G 为语法规则，M 为语义规则，用以产生各模糊集合的隶属度函数。

（2）语言算子

为表达模糊性，人类的自然语言常采用“稍微”“比较”“非常”“极其”等修饰可能性及其程度的词语。为此，引入了语言算子以将自然语言形式化和定量化，对模糊集合进行修饰。语言算子包括语气算子、模糊化算子和判定化算子。

1）语气算子

语气算子是为了让模糊集合更加符合人类的语言习惯而引入的对隶属度进行数学化处理的一种方式。设有模糊集合 $\boldsymbol{A}$，语气算子为 H_λ，则 $H_\lambda\boldsymbol{A}$ 表示对模糊集合 $\boldsymbol{A}$ 施加语气算子 H_λ 后得到新的模糊集合。一种较为常用的语气算子定义为：

- 当 λ=4 时对应“极”，$H_4\boldsymbol{A}=\boldsymbol{A}^4$，即对模糊集合 $\boldsymbol{A}$ 中每个元素的隶属度取 4 次方；
- 当 λ=2 时对应“很”，$H_2\boldsymbol{A}=\boldsymbol{A}^2$，即对模糊集合 $\boldsymbol{A}$ 中每个元素的隶属度取 2 次方；
- 当 λ=0.5 时对应“较”，$H_{0.5}\boldsymbol{A}=\boldsymbol{A}^{0.5}$，即对模糊集合 $\boldsymbol{A}$ 中每个元素的隶属度取 0.5 次方；
- 当 λ=0.25 时对应“稍”，$H_{0.25}\boldsymbol{A}=\boldsymbol{A}^{0.25}$，即对模糊集合 $\boldsymbol{A}$ 中每个元素的隶属度取 0.25 次方。

【例 10-9】语气算子的应用。

在例 10-2 的基础上，试对模糊集合 $\boldsymbol{A}$ 运用语气算子 H_2 产生模糊集合 $\boldsymbol{B}$，并计算模糊集合

$\boldsymbol{B}$ 的隶属度。

解： 由例 10-2 可知模糊集合 $\boldsymbol{A}$ 为

$$\boldsymbol{A}=\frac{0}{x_1}+\frac{0.2}{x_2}+\frac{0.4}{x_3}+\frac{0.6}{x_4}+\frac{0.8}{x_5}+\frac{1}{x_6}$$

对模糊集合 $\boldsymbol{A}$ 运用语气算子 H_2，写为 $H_2\boldsymbol{A}=\boldsymbol{A}^2$，因此模糊集合 $\boldsymbol{B}$ 可表示为

$$\boldsymbol{B}=H_2\boldsymbol{A}=\frac{0^2}{x_1}+\frac{0.2^2}{x_2}+\frac{0.4^2}{x_3}+\frac{0.6^2}{x_4}+\frac{0.8^2}{x_5}+\frac{1^2}{x_6}=\frac{0}{x_1}+\frac{0.04}{x_2}+\frac{0.16}{x_3}+\frac{0.36}{x_4}+\frac{0.64}{x_5}+\frac{1}{x_6}$$

由语气算子可知，模糊集合 $\boldsymbol{B}$ 表示“很高个子”，x_5=180cm 属于“高个子”的隶属度为 0.8，而属于“很高个子”的隶属度则减小为 0.64。

2）模糊化算子

模糊化算子用来使自然语言中某些具有清晰概念的词语模糊化，或者将原来已经有模糊概念的词义更加模糊化，如“大概”“近似于”“大约”等。如果模糊化算子对数字进行作用，就意味着把精确数转化为模糊数。例如数字“5”是一个精确数，而如果将模糊化算子“F”作用于“5”，则这个精确数就变成“$F(5)$”这一模糊数。若模糊化算子“F”是“大约”，则“$F(5)$”就是“大约 5”这样一个模糊数。在模糊控制中，实际系统的输入采样值一般总是精确量，要利用模糊逻辑推理方法，就必须首先把精确量进行模糊化，而模糊化过程在实质上是使用模糊化算子来实现的。

设模糊化之前的集合为 $\boldsymbol{A}$，模糊化算子为 F，则模糊化变换可表示为 $F(\boldsymbol{A})$，并且隶属度函数关系满足

$$\mu_{F(\boldsymbol{A})}(x)=\bigvee_{c\in \boldsymbol{A}}(\mu_{\boldsymbol{R}}(x,c)\wedge\mu_{\boldsymbol{A}}(x)) \tag{10-14}$$

式中，x 是模糊集合 $\boldsymbol{A}$ 里的元素；c 是变换函数 $\mu_{\boldsymbol{R}}(x, c)$的一个参量，与 x 一样是模糊集合 $\boldsymbol{A}$ 里的任一个元素；$\mu_{\boldsymbol{R}}(x, c)$是表示模糊程度的一个相似变换函数，通常可取正态分布函数，即

$$\mu_{\boldsymbol{R}}(x,c)=\begin{cases}\mathrm{e}^{-(x-c)^2}, & |x-c|<\delta\\ 0, & |x-c|\geqslant\delta\end{cases} \tag{10-15}$$

式中，参数 $\delta>0$，其取值大小取决于模糊化算子的强弱程度。

3）判定化算子

判定化算子是将意义模糊的单词转化为有较为确定意义词语的一种算子。例如“偏向”“倾向于”“多半是”等词语，如果将其作为其他词的前缀，会使得原词的含义变得更清楚或模糊程度减弱，修饰的结果相当于对原本模糊的概念做出粗略或大致的判断，记为 P_α，其中 α 称为肯定水平限，且 $0<\alpha\leqslant 0.5$。α 越大，肯定区间就越长，模糊区间就越短；反之，α 越小，肯定区间就越短，模糊区间就越长。

设有模糊集合 $\boldsymbol{A}$，应用判定化算子对 $\boldsymbol{A}$ 修饰之后得到的新模糊集合记为 $P_\alpha\boldsymbol{A}$，其隶属度函数变为

$$\mu_{P_\alpha \boldsymbol{A}}(x)=\varphi_\alpha(\mu_{\boldsymbol{A}}(x)) \tag{10-16}$$

式中，$\varphi_\alpha(x)$是定义在 $\mathbf{R}$ 上的实函数，有

$$\varphi_\alpha(x)=\begin{cases}0, & x\leqslant\alpha\\ 0.5, & \alpha<x\leqslant 1-\alpha\\ 1, & x>1-\alpha\end{cases} \tag{10-17}$$

隶属度 $\mu_A(x)\leqslant\alpha$ 或 $\mu_A(x)>1-\alpha$ 时，通过修饰判定后得到的是肯定的结果；但当 $\alpha<\mu_A(x)\leqslant 1-\alpha$ 时，通过修饰判定后会变得更加模糊。因此，α 的选取要根据实际需要来决定。特别地，如果取 α=0.5，则有

$$\varphi_{0.5}(x)=\begin{cases}0, & x\leqslant 0.5\\ 1, & x>0.5\end{cases}$$

显然，此时经过修饰判定之后，就可以将一个本来是模糊性的概念完全转化成确定性的概念。在一般情况下，通过修饰判定得到的只能是具有某种确定性程度的结论，并不能十分确定，因此可以称为“倾向”。

（3）模糊 if–then 规则

模糊 if-then 规则是用模糊语言表述的经典逻辑 if-then 蕴涵推理，例如

如果 x 是 $\boldsymbol{A}$，那么 y 是 $\boldsymbol{B}$

其中，$\boldsymbol{A}$ 的论域为 $\boldsymbol{U}$，$\boldsymbol{B}$ 的论域为 $\boldsymbol{V}$，$\boldsymbol{A}$ 与 $\boldsymbol{B}$ 均是语言变量的具体取值，即模糊集合；x 与 y 是变量名。在模糊规则中，“如果”引导的“x 是 $\boldsymbol{A}$”称为前件，“那么”引导的“y 是 $\boldsymbol{B}$”称为后件。模糊集合 $\boldsymbol{A}$ 与 $\boldsymbol{B}$ 之间的关系是模糊蕴涵关系。

10.4.2　模糊三段论

运用 if-then 规则进行模糊推理的形式类似于经典逻辑推理的三段论，称为模糊三段论，即：

- 大前提（规则）：如果 x 是 $\boldsymbol{A}$，那么 y 是 $\boldsymbol{B}$。
- 小前提（输入）：x 是 $\boldsymbol{C}$。
- 结论（输出）：y 是 $\boldsymbol{D}$。

在模糊推理过程中，小前提不必和大前提的前件完全一致，结论也不必与大前提的后件完全一致。因此，模糊推理是一种非精确性推理。其中，大前提就是模糊规则，模糊规则中的 $\boldsymbol{A}$ 和 $\boldsymbol{B}$ 都是语言变量的取值，即模糊集合；小前提是模糊推理系统的输入，$\boldsymbol{C}$ 是一个模糊集合。在实际应用中，$\boldsymbol{C}$ 常常是若干个精确输入构成的经典集合，这时 $\boldsymbol{C}$ 相当于一个若干个点的隶属度为 1、其余点的隶属度均为 0 的特殊的模糊集合；结论中 $\boldsymbol{D}$ 就是模糊推理的输出，同样也是一个模糊集合。在模糊推理中，模糊蕴涵的推理方式有两种，一种是肯定式推理（相当于经典推理中的正向推理），另一种是否定式推理（相当于经典推理中的逆向推理或反证法），二者的区别可参看表 10-2。

表 10–2　肯定式和否定式模糊推理的区别

项目	肯定式模糊推理	否定式模糊推理
规则（大前提）	如果 x 是 $\boldsymbol{A}$，那么 y 是 $\boldsymbol{B}$	如果 x 是 $\boldsymbol{A}$，那么 y 是 $\boldsymbol{B}$
输入（小前提）	x 是 $\boldsymbol{A}'$	y 是 $\boldsymbol{B}'$
输出（结论）	y 是 $\boldsymbol{B}'$	x 是 $\boldsymbol{A}'$

肯定式模糊推理利用输入的模糊集合 $\boldsymbol{A}'$和模糊蕴涵关系 $R=\boldsymbol{A}\rightarrow\boldsymbol{B}$ 的合成计算出结论 $\boldsymbol{B}'$，计算公式为

$$\boldsymbol{B}'=\boldsymbol{A}'\circ R \tag{10-18}$$

否定式模糊推理则是根据 $R=\boldsymbol{A}\rightarrow\boldsymbol{B}$ 与模糊集合 $\boldsymbol{B}'$的合成计算出 $\boldsymbol{A}'$，计算公式为

$$\boldsymbol{A}'=R\circ\boldsymbol{B}' \tag{10-19}$$

式（10-18）和式（10-19）中的合成方法最常用的是最大-最小合成，相应的模糊推理方法就称为最大-最小推理。

10.5 模糊系统

10.5.1 模糊系统的构成

模糊系统是一种将输入、输出和状态变量定义在模糊集合上的系统，是确定性系统的一种推广，应用模糊理论来解决模糊问题。模糊系统可以模仿人类的模糊思维能力来处理常规数学方法难以解决的模糊信息处理问题，能够较好地解决非线性问题，已广泛应用于自动控制、模式识别、决策分析、时序信号处理、人机对话、医疗诊断、地震预测、天气预报等方面。

模糊系统的功能是根据模糊规则，由几个输入量得到最终的输出量。从总体结构上讲，模糊系统可以细分为以下 4 个模块。

（1）模糊规则库

模糊规则库包含由领域专家提供的所有模糊规则，最常见的模糊规则形式就是用模糊语言表述的 if-then 规则。

（2）模糊化

模糊系统接收到的通常是具有精确数值的输入。模糊化就是根据系统预设的隶属度函数，由具体、精确的输入得到对模糊集合的隶属度的过程。由于规则是由模糊语言表述的，而模糊系统的输入是精确数值，没有模糊化的过程，模糊规则就难以运用，所以必须经过模糊化，将精确的输入转化为模糊集合，才能够运用模糊规则得出模糊结论。

（3）模糊推理

模糊推理是根据系统输入和模糊规则对相关模糊集合的隶属度进行运算并得到模糊结论的方法。模糊推理有肯定式和否定式两种推理方法。

（4）去模糊化

去模糊化是为了将模糊推理得到的模糊结论转化为具体、精确的输出。模糊推理得出的结论也是用隶属度表示的模糊集合，必须转化成具有精确数值的输出。也就是说，没有去模糊化的过程，结论就无法实际应用。

10.5.2 模糊系统实例

模糊系统非常适用于智能控制领域，下面通过一个温度自动控制系统的实例来帮助读者了

解模糊计算的主要流程。

【例 10-10】 模糊温湿度控制系统。

某温湿度自动控制系统有两个输入量，分别是“温度”和“湿度”；有一个输出量，即“系统运转时间”。温度的论域为[0℃, 100℃]，模糊标记为“低”“中”“高”；湿度的论域为[0%, 60%]，模糊标记为“小”“中”“大”；运转时间的论域为[0s, 1000s]，模糊标记为“短”“中”“长”。输入量对模糊标记的隶属度函数如图 10-2 所示。

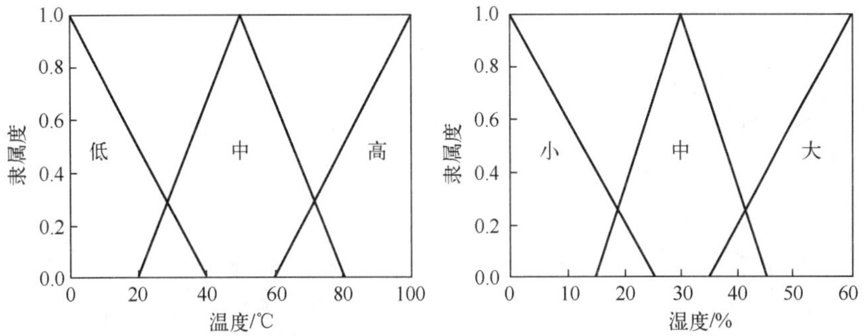

图 10-2 某温湿度控制系统的隶属度函数

领域专家给出的关于系统运转时间的模糊控制规则共有 9 条，如表 10-3 所示。

表 10-3 系统运转时间（短、中、长）的模糊控制规则

湿度	温度		
	低	中	高
小	中	长	长
中	短	中	中
大	长	短	中

模糊规则举例：如果温度为“低”，且湿度为“小”，则系统运转时间为“中”。

已知该温度自动控制系统的输入量取值为：温度=64℃，湿度=22%。试采用模糊计算方法给出该设备的运转时间 t。

解：模糊计算的过程如下。

（1）输入量模糊化

通过隶属度函数，得到输入温度和输入湿度对各模糊标记的隶属度。参看图 10-2 中的隶属度函数，由于输入温度为 64℃，显然对温度模糊标记“低”的隶属度为 0；输入湿度为 22%，对湿度模糊标记“大”的隶属度也为 0，因此在领域专家所给出的 9 条模糊控制规则中，包含低温度和大湿度的规则并不适用，也就是说能够使用的模糊规则只有如下四条：

① 若温度为“高”且湿度为“小”，则运转时间为“长”；

② 若温度为“中”且湿度为“中”，则运转时间为“中”；

③ 若温度为“中”且湿度为“小”，则运转时间为“长”；

④ 若温度为“高”且湿度为“中”，则运转时间为“中”。

（2）计算模糊控制规则的应用强度

模糊控制规则的应用强度可以理解为运用某条模糊控制规则对系统输出的贡献，由于可以

使用的四条规则中都有两个前提条件，且两个条件是逻辑“与”的关系，因此采用取最小值的方法比较合理。查询图 10-2 的隶属度函数曲线可以得到温度和湿度对各自的模糊标记的隶属度，比较后保留最小值。

规则①：温度对“高”的隶属度为 0.1，湿度对“小”的隶属度为 0.075，取小为 0.075，该规则的输出结果是“系统运转时间为长”；

规则②：温度对“中”的隶属度为 0.53，湿度对“中”的隶属度为 0.467，取小为 0.467，该规则的输出结果是“系统运转时间为中”；

规则③：温度对“中”的隶属度为 0.53，湿度对“小”的隶属度为 0.075，取小为 0.075，该规则的输出结果是“系统运转时间为长”；

规则④：温度对“高”的隶属度为 0.1，湿度对“中”的隶属度为 0.467，取小为 0.1，该规则的输出结果是“系统运转时间为中”。

（3）确定系统的模糊输出

四条规则中规则①和规则③的输出都是“系统运转时间为长”，规则②和规则④的输出都是“系统运转时间为中”。也就是说，“系统运转时间为长”和“系统运转时间长为中”这两种规则都应当运用，所以规则①和规则③有一个起作用即可，规则②和规则④也是有一个起作用即可。至于应该让哪个起作用，显然是谁的强度大（即对系统输出的贡献大），就应该让谁起作用。取规则①和规则③二者中强度较大的，即 0.075；同理，取规则②和规则④二者中强度较大的，即 0.467。

（4）输出结果去模糊化

运转时间的论域为 0～1000s，所以系统运转时间“长”对应的数值为 1000(s)，则系统运转时间“中”对应数值就是 500(s)。由于“系统运转时间为长”（强度为 0.075）和“系统运转时间为中”（强度为 0.467）这两种规则都要运用，所以系统的总输出是二者的共同作用，求和即可。按照上述思路可知，系统的输出去模糊化后最终为

$$t = \frac{0.075 \times 1000 + 0.467 \times 500}{0.075 + 0.467} \approx 569(\mathrm{s})$$

即控制系统应运行 569s，这是一个精确值，而非模糊概念。

10.5.3 模糊系统的应用

模糊系统能够很好地处理模糊概念，清晰地表达和利用学科领域的知识，具有很强的推理能力，对于复杂且没有完整数学模型的非线性问题是一种有效的通过经验规则解决问题的方案。模糊系统主要应用在自动控制、模式识别和故障诊断等领域，已经取得了很多令人振奋的应用成果。不过，大多数模糊系统都是利用已有的专家知识，缺乏自主学习能力，无法自动提取模糊规则和生成隶属度函数。针对这一问题，可以通过与神经网络算法、遗传算法等自学习能力强的算法融合来解决，实现优势互补，提供了将人类在识别、决策、理解等方面的模糊性引入机器学习及控制的途径，这主要体现在以下几个方面。

（1）模糊系统与人工神经网络的结合

模糊系统与人工神经网络虽然是两种不同的人工智能系统，但实际上存在着理论上的联系。

1993 年，巴克利（Buckley）等人证明了模糊系统与人工神经网络在数学上是等价的，即任意的模糊系统都可以用前馈神经网络以任意精度逼近，反之亦然。二者的不同之处在于，模糊系统的知识是预先提供的、显性的，而神经网络的知识是通过对数据的学习得到的、隐含在网络结构中的。

当规则过多时，由领域专家提供模糊系统的全部规则就变得不太现实。将模糊系统和人工神经网络相结合，通过神经网络的自适应学习来获得部分规则，是一种不错的解决方法。另外，模糊系统适用于描述自然语言与人类思维中的模糊性，而神经网络具有学习、联想、记忆的能力，二者的结合也能够实现优势互补。现有的研究成果中，采用模糊神经网络可以很好地解决数据分类和聚类问题，还可用于资源管理、价格预测、故障诊断、图像处理、温度控制等方面以及心理学、金融学、语言学、生态学等领域。

（2）模糊计算与进化算法的结合

进化算法主要包括遗传算法（genetic algorithm, GA）、蚁群优化（ant colony optimization, ACO）算法和粒子群优化（particle swarm optimization, PSO）算法等。其基本思想是构造一个种群，种群中的个体是问题的可能解，通过种群的不断迭代来搜索问题的最优解。进化算法与模糊计算的结合大致有两种途径：一是在进化算法运行时使用模糊控制来调整群智能算法的参数，二是在模糊系统中用进化算法来产生、挑选和优化模糊控制规则与隶属度函数。

众多研究表明，进化算法的参数设置往往会对算法的性能产生较大的影响，求解不同问题或同一问题的不同阶段时，参数的最优设置也常常不尽相同。模糊计算与进化算法相结合，能够为进化计算提供更优的初始参数，或实现参数的动态自适应调整，这使得进化计算更易朝向最优解方向快速收敛。

传统模糊系统的模糊规则和隶属度函数往往由领域专家提供，其性能在很大程度上依赖于领域专家的经验。当系统非常复杂时，就难以保证这些模糊规则和隶属度函数是有效和最佳的。利用群智能算法可以生成、筛选和优化模糊规则，使模糊系统的输出结论更加可靠，并减少模糊系统的计算消耗。这方面的一个新方向是模糊遗传算法，即基于模糊逻辑的遗传算法，能够进一步修正和完善利用遗传算法获得的知识和经验，有助于深入理解遗传算法的遗传算子及参数设置与算法性能之间的关系；同时，在遗传算法的运行过程中，实现了对遗传算法参数或算子的动态调整，从而保证遗传算法在整个搜索过程中的合理性。把模糊逻辑用于遗传算法是从两个方面着手的：一方面，把已有的关于遗传算法的知识和经验用模糊语言来描述，并用于在线控制遗传操作和参数设置，形成动态遗传算法；另一方面，借鉴模糊逻辑及模糊集合运算的思想，得到模糊编码和相应的模糊遗传操作，以改进遗传算法的性能。目前，模糊计算与遗传算法相结合，已经成功地应用于解决项目地点分配问题、雷达目标跟踪问题等。

（3）模糊理论与聚类算法的结合

聚类就是将数据集分成多个类或簇，使得各个类之间的数据差别尽可能大，类内数据之间的差别应尽可能小，即最小化类间相似性的同时最大化类内相似性。聚类分析是数理统计中的一种多元分析方法，是用数学方法定量地确定样本间的亲疏关系，从而客观地划分样本的类型。

模糊聚类算法就是采用模糊理论并按照一定的要求对事物的类别进行描述的数学方法，一般是根据研究对象本身的属性来构造模糊矩阵，并在此基础上根据一定的隶属度来确定聚类关系，即用模糊数学的方法把样本之间的模糊关系定量地确定，从而客观且准确地进行聚类。事物之间的界限，有些是确切的，有些则是模糊的。例如，人群中的面貌相像程度之间的界限是模糊的，天气阴、晴之间的界限也是模糊的。当聚类涉及事物之间的模糊界限时，就需要运用模糊聚类分析方法。

模糊聚类分析目前已经广泛应用在气象预报、地质、农业、林业等方面，其中比较典型的模糊聚类算法有模糊 C 均值（fuzzy C-means, FCM）算法以及在模糊 C 均值算法的基础上发展起来的模糊核聚类（kernel fuzzy C-means, KFCM）算法。限于篇幅原因，本书不予详述，有兴趣的读者可参考相关文献资料。

本章小结

本章主要介绍了模糊计算与模糊系统的相关理论和应用方法。首先，讲解了模糊性的概念；然后，通过引入隶属度和隶属度函数来构建模糊集合，明确模糊集合与经典集合的差别，并对模糊集合的运算法则和定律进行了阐述；接着，引入了模糊关系的概念，并在此基础上构建了模糊矩阵，介绍了采用不同的算子对模糊矩阵进行合成的方法；最后，从经典逻辑出发引申出模糊逻辑推理，详细介绍了模糊系统的主要构成，以及如何运用模糊计算理论来解决实际的模糊问题。

习题

习题 10-1：什么是排中性？请举例说明经典逻辑推理出现的排中性逻辑破缺。

习题 10-2：什么是隶属度？什么是隶属度函数？实际应用中确定隶属度函数的方法有哪些？

习题 10-3：模糊集合与经典集合的主要区别在哪里？

习题 10-4：什么是模糊关系和模糊矩阵？如何构建模糊关系和模糊矩阵？

习题 10-5：常用的模糊矩阵合成方法有哪些？请举例说明。

习题 10-6：对模糊系统的输入进行模糊化以及对输出进行去模糊化的目的是什么？

第 11 章

经典优化算法

扫码获取配套资源

思维导图

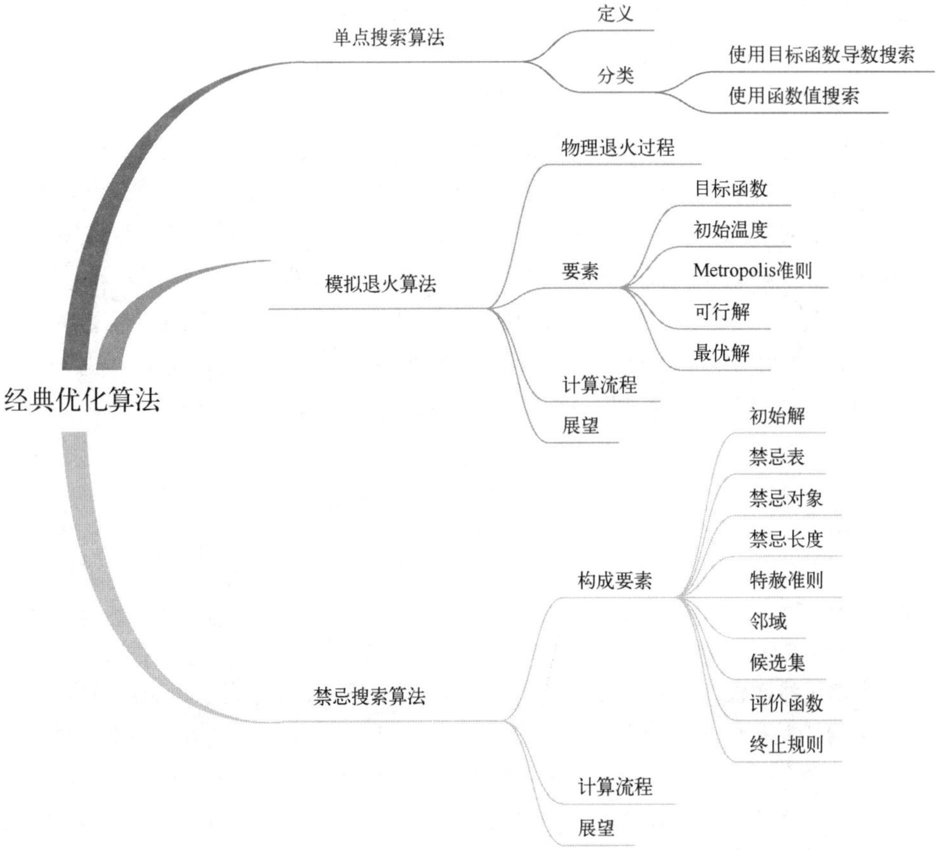

学习目标

1. 了解单点搜索算法的起源、发展及分类。
2. 了解并掌握基于单点搜索算法开发的模拟退火、禁忌搜索算法的概念。
3. 掌握模拟退火与禁忌搜索算法的流程。
4. 将算法与实际问题相结合，提高解决问题的能力。

案例引入

在旅行商问题（TSP）中，研究人员面临着一个挑战：需要找到一条最短路径，使得旅行商能够恰好访问每个城市一次，并最终回到起点。传统的求解 TSP 问题的方法面临着指数级的计算复杂度，因此，研究者一直在寻求高效的算法来解决这一问题。

模拟退火算法是一种经典的智能优化算法，源于固体材料的退火过程，通过模拟加热和冷却的过程来搜索全局最优解。对于 TSP 问题，模拟退火算法可以被用来寻找一条最优路径。

在应用模拟退火算法解 TSP 问题时，首先需要将城市之间的距离表示成一个距离矩阵或者距离图，然后将每个城市看作算法中的一个状态。接着，算法会随机生成一个初始路径（解）。模拟退火算法通过一系列的迭代和状态变换来改变当前的路径，并根据一定的策略接受或拒绝新的路径。这个策略通常基于路径的长度变化以及当前的温度。随着迭代的进行，温度逐渐降低，搜索过程逐渐收敛于最优解。

实际应用中，模拟退火算法在解决 TSP 问题时表现出了一定的优势。模拟退火算法不仅可以找到较优的路径解，而且还能够在不同的约束和条件下进行定制和调整。此外，模拟退火算法具有一定的随机性和全局搜索能力，还能够处理大规模的 TSP 问题。

尽管模拟退火算法在解决 TSP 问题上具有一定的效果，但在实际应用中，也需要考虑其他因素，例如城市之间的实际道路网络、交通状况的动态变化等。因此，在使用模拟退火算法解决 TSP 问题时，需要根据具体情况进行相应的问题建模和参数调整，以获得更好的解决方案。

11.1 概述

在计算机科学和运筹学领域，求解优化问题是一项具有重要意义的任务。优化问题涉及在给定约束条件下寻找最优解或接近最优解的方法。为了解决这类问题，研究者们提出了各种优化算法。在本章中将探讨三种经典的优化算法：单点搜索算法、模拟退火算法和禁忌搜索算法。

单点搜索算法是最简单、最直观的优化算法之一，通过逐个检查搜索空间中的每个点，并比较其对应解的优劣，以找到问题的最优解。尽管这种算法可能会受限于搜索空间的大小和复杂性，但在某些情况下，单点搜索算法仍然是一种有效的方法，可以用于解决那些搜索空间相对较小且具有明确定义的优化问题。

然而，对于搜索空间或解空间复杂的问题，单点搜索算法可能会遇到困难。为了应对这一挑战，模拟退火算法被提出。模拟退火算法受到冶金学中的“退火”过程的启发，通过引入随机因素，不断接受稍差的解，从而有机会跳出局部最优解，朝着全局最优解迈进。模拟退火算法通过控制温度和冷却速率等参数，来模拟退火过程中的温度变化，以便于在解空间中进行更广泛的搜索，这使得模拟退火算法能够在解空间的各个区域寻找潜在的最优解。

第三种常用的优化算法是禁忌搜索算法，能够解决在观察到的局部进行搜索时常常会困于局部最优解的问题。禁忌搜索算法通过引入“禁忌表”和“禁忌规则”，记录和管理搜索过程中已经访问过的解，避免重复访问，从而增加了搜索空间的多样性。通过在搜索过程中兼顾对潜在最优解的探索和对已搜索解的考虑，禁忌搜索算法更有希望找到全局最优解。

本章将深入探讨这三种优化算法的原理、性质和适用范围，详细分析各种优化算法的优势和劣势，并通过具体的示例和应用场景来说明其应用效果。同时，还将讨论如何选择合适的算法以及如何调整算法参数来获得更好的优化结果。

通过对单点搜索算法、模拟退火算法和禁忌搜索算法的研究和分析，读者将能够更好地理解这些算法在不同优化问题上的优势和局限性，为解决实际应用中的复杂优化问题提供有益的指导和启示。

11.2 单点搜索算法

11.2.1 单点搜索算法概述

单点搜索算法是一种用于在数据集中查找指定元素的算法，适合解决搜索问题，例如可用于在数组或列表中查找某个特定的元素。单点搜索算法的目标是找到给定元素的位置（索引），或者确定其是否存在于数据集中。

在过去的几十年里，新型的近似算法被提出，旨在将基本的启发式方法结合到更高级别的框架中，以高效、有效地探索搜索空间。这些方法现在通常被称为元启发式算法。“元启发式”一词最早出现在 Glover 的著作中，是由希腊语中两个单词组合形成的。在广泛采用这个术语之前，元启发式通常被称为现代启发式（modern heuristics）算法。这些算法旨在跨越单纯的启发式方法，以更综合、智能的方式搜索解空间，以达到更好的性能和结果。元启发式算法借鉴了自然界和群体行为中的启发式原则，结合了不同的搜索策略和调整机制，能够较好地应对复杂问题和非确定性环境，被广泛应用于优化问题、机器学习、数据挖掘等领域，为解决现实世界的复杂问题提供了一种强大的工具和方法。

元启发式算法可以分为单点搜索算法（也称为轨迹方法）和基于种群的算法，区别主要在于同时使用的解决方案的数量。单点搜索算法在任何时刻仅针对一个解决方案进行操作，并迭代地更新该解决方案。这类算法通常根据启发式规则或策略对当前解决方案进行修改，以寻找更优的解决方案。单点搜索算法的目标是通过逐步的单点改进来逼近最优解。而基于种群的算法在任何时刻同时作用于多个解决方案，并迭代地更新整个解决方案。这类算法使用一定数量的解决方案（种群）来代表搜索空间，并通过模拟进化的过程，如交叉、变异和选择，来生成新的解决方案。基于种群的算法通过不断地更新和改进解决方案组来寻找全局最优解或接近最优解的解决方案。

总的来说，单点搜索算法和基于种群的算法是元启发式算法的两种重要类型，在解决方案的数量和迭代更新的方式上存在明显区别，选择使用哪种算法取决于具体的问题和需求。

11.2.2 单点搜索算法的分类

单点搜索算法指的是在搜索过程中只使用一个初始点的方法。根据目标函数的分析性质，单点搜索可以进一步分为使用目标函数导数的搜索和仅使用函数值的搜索。

使用目标函数导数的搜索方法包括梯度下降法和共轭梯度法。在梯度下降法中，每一步的搜索方向都是目标函数的梯度的负方向。然而，由于沿着负梯度方向进行搜索，该方法容易陷入局部极值，并且对目标函数的尺度非常敏感，导致收敛速度缓慢并且可能产生大量的摆动。共轭梯度法是一种使用共轭方向作为搜索方向的方法。在每一步中，选择共轭梯度方向作为搜索方向。如果优化问题是二次的，并且在每个搜索方向上进行准确最小化，那么该方法具有快速收敛的理想特性，能够在变量的维数次迭代中达到收敛。

只使用目标函数值的搜索有随机搜索、格点搜索、单变量搜索。随机搜索是指在每一步中随机选择一个方向作为搜索方向。很显然，当迭代次数 k 趋近于无穷大时，该方法得到最优解的概率将趋近于 1。格点搜索的过程是通过使用较稀疏的网格将变量的取值区间进行划分，并在网格点上寻找问题的最优解。显而易见，这样得到的最优解只是原问题的粗糙近似。然后，在粗糙最优解附近的小范围内进行网格细分，并在细分的格子点上寻求最优解。如此继续下去，直到找到满足要求的解为止。这种方法可能会造成最优解被漏掉的情况。单变量搜索是指针对包含 n 个变量的目标函数，选择一个固定的方向作为搜索方向（通常是坐标轴），然后连续进行一维搜索，使目标函数在每个方向上达到最小值。对于大多数目标函数而言，随着最优解的接近，变量 x 的改变量减小，因此为了获得高精度的结果，需要进行大量的迭代步骤。

单点搜索算法常用于组合优化领域、参数优化领域以及路径规划领域等，但在处理多数问题时一般采用基于单点搜索开发的算法，如模拟退火算法、禁忌搜索算法。除此之外，当前主要的单点搜索算法还有 Basic Local Search、Explorative Local Search 等。

11.2.3 单点搜索算法的优缺点

单点搜索算法在任何时刻仅对单个解决方案进行操作，通过迭代更新该解决方案来获得问题的解，其主要优点有：

① 简单直观。单点搜索算法只涉及单个解决方案的改进，通常比基于种群的算法更易于理解和实现。

② 计算开销较低。由于单点搜索算法只对单个解决方案进行操作，因此计算和内存要求相对较低，适用于资源受限的环境。

③ 可局部逼近最优解。单点搜索算法通过逐步改进当前解决方案，可以在局部范围内逼近最优解，特别适用于某些问题的局部搜索需求。

不过，单点搜索算法也存在一些缺点，主要有：

① 局限于局部搜索。由于单点搜索算法每次操作只考虑当前解决方案的改进，可能无法跳出局部最优解，无法全面地探索搜索空间，从而可能错过全局最优解。

② 收敛速度慢。由于单点搜索算法是一种逐步改进的方法，在大规模的搜索空间中收敛速度可能较慢，需要更多的迭代次数才能接近最优解。

③ 对初始解敏感。单点搜索算法对初始解的选择很敏感，不同的初始解可能导致不同的搜索结果，有时需要多次运行以获得更好的结果。

总的来说，单点搜索算法在某些情况下具有简单、高效的优势，并且可以在局部范围内找到相对较优的解决方案，但也存在无法全局搜索、收敛速度较慢以及对初始解敏感等缺点。在具体应用中，需要根据问题的特点和需求来选择合适的搜索算法。

11.2.4 单点搜索算法展望

单点搜索算法是一种优化算法，用于在解空间中搜索最优解或接近最优解。虽然已经有许多单点搜索算法被提出和广泛应用，但这个领域仍然有很大发展空间和潜力。

比如，可以改进搜索策略。单点搜索算法的核心是搜索策略，未来的发展可以集中在改进搜索策略，包括设计更有效的邻域搜索算子、引入启发式信息或领域知识来指导搜索方向、采用自适应搜索步长等方法。这些改进可以提高单点搜索算法的搜索性能和收敛速度。

还可以融合机器学习和深度学习。机器学习和深度学习技术的发展为单点搜索算法提供了新的思路和方法，可以通过使用机器学习模型或深度神经网络来建立问题的目标函数和约束条件，从而指导搜索过程。这样的方法可以通过学习历史搜索经验和数据来改进搜索策略，提高算法的性能和效率。

也可以并行化和分布式搜索。随着计算机硬件的发展，利用并行化和分布式技术进行单点搜索算法的加速成为可能。将搜索过程分解为多个子任务进行并行计算，可以加速搜索过程，提高搜索效率。此外，利用分布式计算资源可以扩展搜索范围，提高搜索的全局性能。

拓展到多目标优化。当前的单点搜索算法主要解决单目标优化问题，即寻找一个最优解。然而，实际问题往往涉及多个冲突的目标。未来的发展中可以将单点搜索算法扩展到多目标优化领域，设计和改进适用于多目标优化的搜索算法，使其能够在多个目标之间找到一组非劣解，形成一个优化的帕累托前沿。

总的来说，单点搜索算法在优化问题中发挥着重要作用，但仍然有很多方向可以进一步研究和改进。通过改进搜索策略、融合机器学习和深度学习、并行化和分布式搜索以及拓展多目标优化，可以提高单点搜索算法的效率和性能，使其在更广泛的问题领域中得到应用。

11.3 模拟退火算法

11.3.1 模拟退火算法概述

模拟退火算法（simulated annealing，SA）最早由美国物理学家 N. Metropolis 及其同仁于 1953 年提出。1983 年，柯克帕特里克（S. Kirkpatrick）等人成功将退火思想引入组合优化领域。该算法是一种基于蒙特卡罗（Monte-Carlo）迭代求解策略的随机寻优算法，其灵感来源于固体物质的退火过程与一般组合优化问题之间的相似性。

模拟退火算法从一个较高的初始温度开始，随着温度参数的不断下降，通过概率跳跃特性在解空间中随机搜索全局最优解。其核心思想是通过允许在局部最优解的位置以一定概率跳出，以防止陷入局部最优，从而最终趋向于全局最优解。

算法中的“退火”这一术语，借鉴了物理中材料的退火过程。固体材料在退火过程中会经历加热和冷却的过程，以使其内部结构得到重新排列并达到最低能量状态。在模拟退火算法中，温度参数类似于物理中的温度，起到控制搜索过程的作用。随着温度的降低，搜索过程将逐渐趋向于对当前解的强化，减小对较差解的接受概率。模拟退火算法可以在解空间中以一定的概率接受较差的解，以避免陷入局部最优解。随着温度的降低，接受较差解的机会逐渐减小，算法会更加趋向于收敛到全局最优解。

模拟退火算法是一种基于随机寻优的算法，通过模拟物质退火的过程，在解空间中寻找目标函数的全局最优解，其优点在于能够在解空间中进行全局搜索，并在搜索过程中逐渐收敛到最优解。模拟退火与物理退火的联系见表 11-1。

表 11-1　模拟退火与物理退火的联系

模拟退火	物理退火
解	状态
目标函数	能量函数
最优解	最低能量的状态
设置初始温度	加温过程
基于 Metropolis 准则的搜索	等温过程
温度参数 t 的下降	冷却过程

模拟退火算法包含两个部分，即 Metropolis 准则和退火过程，其中 Metropolis 准则是模拟退火算法跳出局部最优的关键。Metropolis 准则规定在高温下可接受与当前状态能量差较大的新解，而在低温下只接受与当前状态能量差较小的新状态，即以概率形式来接受新状态，而不是使用完全确定的规则。在温度为 T 时，能量从 $E(X_{\text{old}})$变到 $E(X_{\text{new}})$，则接受新状态的概率为 p，表达式为

$$p=\begin{cases}1, & E(X_{\text{new}})\leqslant E(X_{\text{old}})\\ \exp\left(-\dfrac{E(X_{\text{new}})-E(X_{\text{old}})}{KT}\right), & E(X_{\text{new}})>E(X_{\text{old}})\end{cases} \tag{11-1}$$

式中，K 为玻尔兹曼（Boltzmann）常数。

模拟退火算法的状态转移规则如下：当状态转移后，如果能量减小了，新状态会被接受（概率为 1）；如果能量增加了，表示系统偏离了全局最优位置，此时算法不会立即抛弃该状态，而是根据概率进行判断。判断方法为：首先，从区间[0,1]中产生一个均匀分布的随机数 ε，如果 ε 小于概率 p，则该状态也会被接受；否则，新状态被拒绝，然后进入下一步循环。这种方法的核心思想是当能量增加时，以一定概率接受新状态，而不是完全拒绝，这样就可以在陷入局部最优时有一定概率跳出，并逐渐接近全局最优。

概率 p 的大小取决于能量的变化量和温度 T，其中 p 值是动态变化的，随着温度的降低，p 会逐渐减小。因此，在初期温度较高时，算法更容易接受新解。随着温度的下降，接受较差解的概率逐渐减小，这使得算法能够逐渐收敛到能量较低的平衡态，从而越来越接近全局最优解。这种随机搜索的性质使得模拟退火算法能够在解空间中进行全局搜索，并在搜索过程中逐渐收敛到最优解。

模拟退火算法的优点是不管待求函数的形式多么复杂，模拟退火算法都有可能找到全局最

优解，但也存在以下几个缺点：

① 初始温度的设置问题。初始温度的选择对算法的全局搜索性能至关重要。如果初始温度设置过高，可增大搜索到全局最优解的可能性，但会消耗更多的计算时间。相反，如果初始温度设置过低，可以节约计算时间，但可能导致全局搜索性能下降。

② 退火速度问题，即求解每个温度值下的迭代次数。确保在每个温度下进行足够充分的搜索对于算法的性能至关重要，但这也会增加计算时间的开销。增加迭代次数会增加计算开销，这是一个权衡的问题。

③ 温度管理问题。管理温度是模拟退火算法中的一个挑战。合理降低温度的速度是确保算法收敛到最优解的关键。过快的降温可能导致算法过早陷入局部最优解，而过慢的降温则可能导致算法搜索时间过长。在实际应用中，需要综合考虑计算复杂度的可行性和搜索性能的要求来进行温度的设置、退火速度的选择以及温度管理的策略。其中，经典模拟退火算法采用

$$t_k = \frac{t_0}{\lg(1+k)} \tag{11-2}$$

快速算法采用

$$t_k = \frac{t_0}{1+k} \tag{11-3}$$

式中，t_0 为初始温度；k 为降温次数；t_k 为第 k 次降温的温度。

11.3.2　模拟退火算法流程

模拟退火算法与初始值无关，算法求得的解与初始解状态无关，且具有渐进收敛性，已在理论上被证明是一种以某个概率收敛于全局最优解的全局优化算法，其基本流程如下。

① 初始化。设置初始温度 $t_0=T$、迭代次数 $k=0$，随机生成一个初始解 i 作为当前最优解。初始温度越高，解的质量越好，但计算时间越长，应折中考虑求解的质量和效率。

② 生成新解。采用邻域函数来生成新解 j，应尽量保证所产生的候选解能够遍布全部解空间，一般按某一概率分布（例如均匀分布、正态分布、指数分布等）对解空间进行随机采样来获得新解。为便于后续的计算和接受，减少算法耗时，通常选择由当前解经过简单的变换即可产生新解的方法，如对构成新解的全部或部分元素进行置换、互换等。产生新解的变换方法决定了当前新解的邻域结构，因而对冷却进度表的选取有一定的影响。

③ 判断新解是否被接受。一般采用 Metropolis 准则计算接受新解的概率，生成 0～1 之间的随机数与此概率相比来决定是否接受新解。接受新解的概率与当前温度 t_k 有关，随温度降低而减小。当新解被确定接受时，用新解代替当前解，这只需将当前解中对应于产生新解时的变换部分予以实现，同时修正目标函数值即可。

④ 冷却控制。从较高温度 t_k 降温至 t_{k+1}。

⑤ 内层平衡。决定某一温度下产生的解的个数，方法包括检验目标函数的均值是否稳定、连续若干步目标值变化是否较小，或是否达到预定的解的个数等。

⑥ 判断是否满足终止条件。程序停止的规则，如达到终止温度、达到预设的迭代次数、最优解经过多次迭代而没有更新等。

模拟退火算法的流程图如图 11-1 所示。

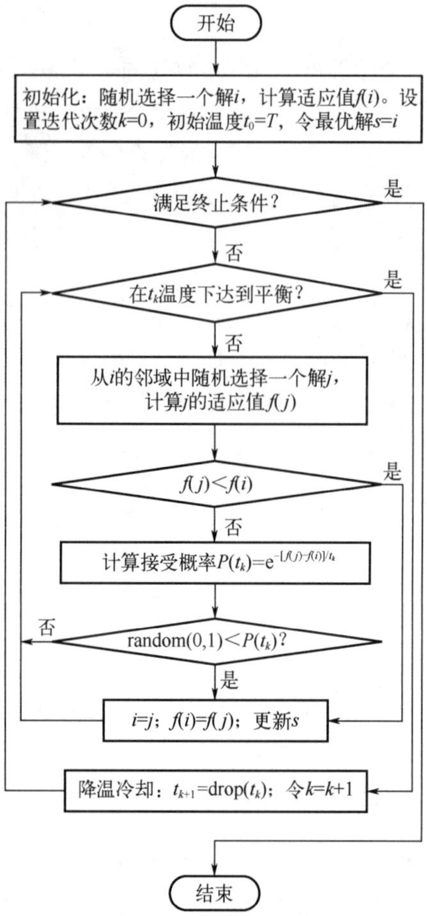

图 11-1　模拟退火算法的流程图

11.3.3　模拟退火算法案例

模拟退火问题可用于解决 0-1 背包问题。所谓 0-1 背包问题，是已知背包的装载量为 c，现有 n 个物品，物品的重量和价值分别为 w_i 和 v_i ($1 \leqslant i \leqslant n$)。将物品装入背包，在不超过背包容量的前提下，使装入背包的物品总价值 z 最大。令 x_i 表示第 i 个物品是否装入背包（装入背包则 x_i=1，否则 x_i=0，故称 0-1 背包问题）。显然，0-1 背包问题是一个求解带约束条件的最优化问题，即

$$
\begin{aligned}
& z = \max \sum_{i=1}^{n} v_i x_i,\ \ x_i \in \{0,\ 1\} \\
& \text{s.t.}\ \sum_{i=1}^{n} w_i x_i \leqslant c
\end{aligned}
\tag{11-4}
$$

【例 11-1】 已知背包的装载量 c=10，物品量 n=5，物品的重量和价值分别为(2, 3, 5, 1, 4)和(2, 5, 8, 3, 6)。试采用模拟退火算法求解背包问题，并给出关键步骤。

解： 采用模拟退火算法求解 0-1 背包问题，步骤如下。

① 初始化。假设随机生成的初始解 $\boldsymbol{i}$=(1 1 0 0 1)，设定初始温度 T=10，K=1，适应度函数为装入背包的物品价值，当前解的适应度值 $f(\boldsymbol{i})$=2+5+6=13，当前最优解 $\boldsymbol{s}=\boldsymbol{i}$=(1 1 0 0 1)。

② 内循环。预设内循环次数为 3，通过随机改变当前解 $\boldsymbol{i}$ 的某一位的值或交换 $\boldsymbol{i}$ 的某两位

的值来生成一个新解。注意要舍弃那些不满足背包装载量约束条件 $c=10$ 的新解。

a. 假设生成的新解 $\boldsymbol{j}=(1\ 1\ 1\ 0\ 0)$，适应度值 $f(\boldsymbol{j})=2+5+8=15>f(\boldsymbol{i})=13$，接受新解 $\boldsymbol{j}$ 为当前解，令 $\boldsymbol{i}=\boldsymbol{j}$，更新当前最优解 $\boldsymbol{s}=(1\ 1\ 1\ 0\ 0)$。

b. 再次生成一个新解 $\boldsymbol{j}=(1\ 1\ 0\ 1\ 0)$，$f(\boldsymbol{j})=2+5+3=10<f(\boldsymbol{i})=15$，根据 Metropolis 准则计算接受概率 $P(T)=\mathrm{e}^{-[f(\boldsymbol{j})-f(\boldsymbol{i})]/KT}=0.607$。生成一个 0～1 之间的随机数 $q=0.72>0.607$，故不接受这个新解。

c. 第三次生成新解 $\boldsymbol{j}=(1\ 0\ 1\ 1\ 0)$，$f(\boldsymbol{j})=2+8+3=13<f(\boldsymbol{i})=15$，计算新解的接受概率 $P(T)=0.741$，生成一个 0～1 之间的随机数 $q=0.53<0.741$，接受 $\boldsymbol{j}$ 为当前解，令 $\boldsymbol{i}=\boldsymbol{j}$。注意：这个新解的适应度值小于当前最优解，故当前最优解仍为 $\boldsymbol{s}=(1\ 1\ 1\ 0\ 0)$。达到预设的内循环次数，内循环结束。

d. 降温。将当前温度从 $T=10$ 降为 $T=9$，预设的终止条件是 $T=0$，判断是否满足终止条件：如果满足，则输出当前最优解，算法结束；若不满足，则再次执行步骤②。

在算法运行过程中，假设从当前解(1 0 1 1 0)得到了一个新解(0 0 1 1 1)，新解的适应度值为 8+3+6=17，这是问题的全局最优解。由此可见，以一定概率接受并不优于当前解的新解，使算法避免陷入局部最优，能够更好地逼近全局最优。

11.3.4 模拟退火算法展望

模拟退火算法是一种元启发式优化算法，经过几十年的发展和应用，在解决各种复杂优化问题上取得了显著的成功。未来，模拟退火算法仍然具有广阔的发展前景和应用潜力，主要有以下几个方面：

(1) 提高收敛速度和效率

目前的模拟退火算法通常需要较长的运行时间才能达到较优解。未来的研究可以集中在提高算法的收敛速度和效率，以便更快地找到近似最优解。这可以通过改进温度控制策略、设计更有效的邻域结构、引入自适应参数调整等方法来实现。

(2) 针对特定问题设计定制化策略

不同的优化问题在求解过程中可能具有不同的特点和结构，未来的研究中可以探索如何根据特定问题的特征设计定制化的模拟退火策略。这可以包括利用问题的先验信息、结合机器学习技术建模问题特征、设计适应性邻域操作等方法，以提高算法的性能和效果。

(3) 融合其他优化技术

模拟退火算法可以与其他优化技术相结合，形成混合优化算法，以充分利用各自的优势。例如，将模拟退火算法与遗传算法、粒子群算法等进化算法相结合，可以有效地探索解空间，并将全局搜索和局部搜索相结合，提高算法的性能。

综上所述，模拟退火算法作为一种经典的优化算法，在未来仍然具有广泛的研究和应用前景。通过改善算法的收敛速度和效率、设计定制化策略、与其他算法相融合、并行化和分布式实现、解决大规模问题以及理论研究和性质分析等方面的努力，可以进一步提高模拟退火算法的性能和应用范围。

11.4 禁忌搜索算法

11.4.1 禁忌搜索算法概述

禁忌搜索（tabu search，TS）算法最早由美国科罗拉多大学的格洛韦尔（F. Glover）教授在1986年提出，是一种用于解决组合优化问题的启发式算法。TS是局部邻域搜索的一种扩展方法，利用邻域随机搜索状态，在搜索过程中设定禁忌表以防止重复操作，并通过特赦准则奖励一些良好的状态。其中涉及的关键因素有初始解、禁忌表、禁忌对象、禁忌长度、邻域、候选集、评价函数、特赦准则和终止准则等。

禁忌搜索算法在计算机领域的组合优化问题等方面取得了显著的成就，并且近年来在函数全局优化方面也得到了广泛的研究和快速的发展。迄今为止，调度问题仍然是禁忌搜索算法应用最广泛且成功的领域之一。Nowicki等于1996年提出了一种名为快速禁忌搜索的方法，用于解决作业车间调度问题。该算法通过引入一种新的邻域构造方法，使得找到的相邻解集合较小。同时，该算法还具备回访跟踪功能，可提高历史信息的利用率。Ferdinando Pezzella和Emanuela Merelli于2000年提出了一种解决工厂作业车间调度问题的禁忌搜索算法，引入了转换瓶颈法，用于生成初始解并在解的优良区域进行进一步集中的搜索。此外，该算法还采用了动态的禁忌表结构，以拓宽算法的搜索范围，通过使用一组标准问题实例验证了其有效性，在优化领域享有盛誉。国内的研究中，童刚等人在2001年提出了一种改进的禁忌搜索算法，用于解决作业车间调度问题，利用Hash技术对作业车间问题的解进行编码，从而实现了对解的禁忌，在国内得到了广泛应用。

此外，禁忌搜索算法还被广泛应用于其他领域，包括图分区、频带分配、0-1背包问题、时间表设计、电力系统设计与调度、聚类问题、间歇化工过程设计、卫星通信、计算机结构设计和光学工程等。学术界和工程实践中都广泛探索和应用禁忌搜索算法，以推动相关领域的研究和发展。需要指出的是，禁忌搜索算法的应用领域远远不止于上述列举的领域，并且正在不断拓宽。

综上所述，禁忌搜索算法在计算机领域具有重要意义，通过改善解决方案的质量和效率，为组合优化等问题提供了强大的优化能力。

11.4.2 禁忌搜索算法的构成要素

禁忌搜索算法主要有以下构成要素。

（1）初始解

禁忌搜索算法可以随机给出初始解，也可以事先使用其他启发式等算法给出一个较好的初始解。由于禁忌搜索算法主要是基于邻域搜索的，初始解的好坏对搜索的性能影响很大。尤其是对于一些带有很复杂约束的优化问题，随机给出初始解很可能是不可行的，甚至通过多步搜索也很难找到一个可行解，这个时候应该针对特定的复杂约束，采用启发式方法或其他方法找出一个可行解作为初始解。

（2）禁忌表

禁忌表是禁忌搜索算法中的关键组成部分，其作用是防止搜索过程中出现循环，避免陷入局部最优解。禁忌表记录了最近接受的一系列移动操作，并在一定次数之内禁止再次使用这些移动操作；当超过指定次数后，这些操作则从禁忌表中移出，可以重新使用。禁忌表在禁忌搜索算法中扮演着核心的角色，其功能与人类的短期记忆类似，因此禁忌表也被称为“短期表”。

（3）禁忌对象

所谓禁忌对象就是放入禁忌表中的那些元素，而禁忌的目的就是避免迂回搜索，尽量搜索一些有效的途径。禁忌对象的选择十分灵活，可以是最近访问的点、状态、状态的变化以及目标值等。

（4）禁忌长度

禁忌长度是指禁忌表中存放的对象所持续的禁忌周期。在每次迭代过程后，周期会减少一次，直到减少到 0 时，相应的禁忌就会解除。在控制其他变量的前提下，禁忌长度的选择对算法具有重要意义。较短的禁忌长度可以减少机器的内存占用，并扩大解禁范围（即增大搜索的上限），但这也很容易导致搜索循环，即实际搜索范围变小，并过早陷入局部最优解。另一方面，较长的禁忌长度会导致计算时间增加。总结起来，主要有如下一些设定禁忌长度的方法：

① 自适应调整：根据算法的运行情况动态调整禁忌长度，例如根据搜索过程中出现的循环次数或搜索范围的变化来自动调整禁忌长度。这样可以在不同的问题和算法实例中提供更好的性能。

② 经验设定：基于过去的经验和实验结果，设定一个合适的禁忌长度。这需要对问题的性质和算法的特点有一定的理解和经验积累。

③ 参数优化：通过参数优化算法，如遗传算法或粒子群优化算法，寻找最佳的禁忌长度取值。这种方法可以自动化寻找最优的参数取值，提高算法的性能。

（5）特赦准则

在迭代过程中，如果出现一种更优的解，即比历史最优解更好的解，尽管该解对应的对象在禁忌表中且禁忌长度不为 0，仍可以对其进行特殊处理，特赦该禁忌对象，解除其禁忌状态。关于特赦准则的设定，有多种不同的形式，可以归纳如下：

① 基于适配值的准则。如果一个候选解的适配值优于历史最优值（也被称为“Best So Far”状态），那么无论该候选解是否处于禁忌状态，都会予以接受。然而，仅使用这种特赦准则可能会错过一些具有潜力的区域。有一些移动操作虽然不能立即带来优于历史最佳的解，但却具有潜力，在接下来的几步迭代中可能超越历史最佳解，于是出现了其他特赦准则。

② 基于搜索方向的准则。如果禁忌对象在进入禁忌表时能够改善适配值，并且该禁忌的候选解再次改善了适配值，那么这个移动将被解除禁忌。这个准则被广泛应用且易于理解，能够有效避免搜索循环的发生。通常情况下，如果在经过某个状态时适配值改善了，而在下一次经过该状态时适配值恶化，那么很可能按照原来的路径返回。

③ 基于影响力的准则。在迭代过程中，不同对象对适配值的影响程度各不相同，有的较大，

有的较小。影响较大的可能是问题的主要因素，影响较小的可能是次要因素。结合禁忌对象进入禁忌表的时间长短以及对适配值的影响力大小，可以制定特赦准则。对于这种策略的直观理解是：解禁一个影响力较大的对象可能对适配值产生较大的影响。这里的影响力可以是增加适配值，也可以是减少适配值。然而，这种做法需要额外制定衡量对象影响力大小的方案，从而增加了算法的复杂性。

④ 其他准则。例如，当所有候选解都被禁忌，而且不满足上述特赦准则，那么可以选择其中一个最好解来解除禁忌，否则算法将无法继续下去。事实上，这种所有候选解都被禁忌而且不优于历史最优解的情况是应该尽量避免的，比如可以设置禁忌长度小于邻域的大小。

（6）邻域

从当前解出发可以进行的所有移动构成邻域，也可以理解为从当前解经过“一步”可以到达的区域。

（7）候选集

它主要从邻域解中产生。可以随机选择几个邻域解作为候选解，或者选择表现较好的作为候选解。候选集的规模过大将增加计算内存和计算时间，过小时会过早陷入局部最优。

（8）评价函数

它是候选集元素的评价公式，候选集的元素通过评价函数值来选取。以目标函数作为评价函数是比较容易理解的。

（9）终止准则

它指算法的结束条件，通常设置为算法执行到某一个迭代次数，或者目标函数值小于某个误差。下面是一些常用的终止准则：

① 给定最大迭代步数。这个方法简单且容易操作，在实际中应用最为广泛。

② 目标控制原则：如果在一个给定步数，当前最优值没有变化，可终止计算。

③ 得到满意解：如果事先知道问题的最优解，而算法已经达到最优解，或者与最优解的偏差达到满意的程度，则停止算法。

11.4.3 禁忌搜索算法的基本思想和流程

禁忌搜索算法的基本思想是：给定一个初始解和邻域，然后在当前解的邻域中确定若干候选解；如果最佳候选解对应的目标值优于当前的解，那么忽视其禁忌特性，用最佳候选解来替代当前解，并将相应的对象加入禁忌表，同时修改禁忌表中各对象的禁忌期限；如果不存在上述候选解，则在候选解中选择非禁忌的最佳状态作为新的当前解，无论其优劣如何，同时将相应的对象加入禁忌表，并修改禁忌表中各对象的禁忌期限；然后，重复上述迭代搜索过程，直到满足终止准则为止。

禁忌搜索算法通过维护一个禁忌表和一个当前解的邻域搜索空间来实现搜索过程（图 11-2），其主要流程如下：

步骤①：确定初始解，可以是随机生成的解或通过其他方法获得的启发式解。同时，需要初始化禁忌列表以及定义邻域映射模式。

步骤②：判断初始解是否满足终止条件。若满足，则输出最优解，结束搜索；若不满足，则继续下一步。

步骤③：根据当前解的邻域映射模式生成若干个邻域解，并从中选出若干候选解，保留较好的候选解进行下一步判断。

步骤④：判断候选解是否满足特赦准则。若满足特赦准则，则将其特赦出来，并作为当前最优解，同时将对应的对象放入禁忌表，并修改表中各个对象的周期长度。若不满足特赦准则，则选出在候选解中没有被禁忌的最优解作为当前最优解，对禁忌表重复前一步操作。

步骤⑤：通过设定的迭代次数、目标函数值的收敛性或其他终止条件来判断算法是否满足停止条件。如果满足停止条件，则输出当前解作为最终解。

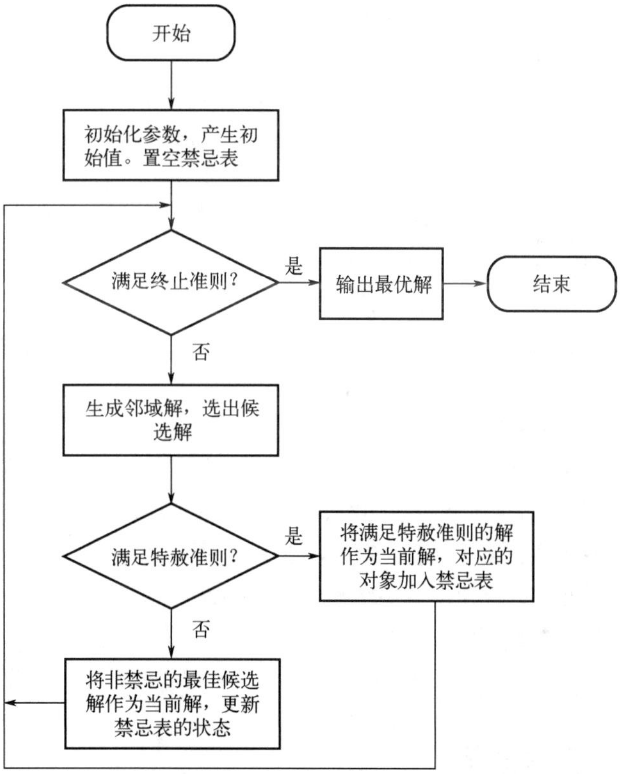

图 11-2　禁忌搜索算法流程图

11.4.4　禁忌搜索算法案例

禁忌搜索算法作为一种全局性寻优方法，比较适合用来求解旅行商问题，在寻求最短路径（解）时，一般可采用交换当前路径的某两个或多个城市的扰动方法来获得新路径。下面通过一个简单的例子来说明禁忌搜索算法的应用流程。

【例 11-2】 采用禁忌搜索算法求解四城市旅行商问题。

已知四城市(a, b, c, d)旅行商问题，城市间距用矩阵 $\boldsymbol{D}$ 表示。邻域映射定义为两个城市位置对换，规定起点和终点都是城市 a。试采用禁忌搜索算法求解该旅行商问题，演示前三次迭代过程和主要步骤。

$$\boldsymbol{D}=[d_{ij}]=\begin{bmatrix} - & 1 & 0.5 & 1 \\ 1 & - & 1 & 1 \\ 1.5 & 5 & - & 1 \\ 1 & 1 & 1 & - \end{bmatrix}$$

解：这是一个非对称 TSP，由于起点和终点城市都是城市 a，产生新解时不必将城市 a 与其他城市交换，也不会影响算法全局寻优的能力。禁忌搜索算法的步骤如下：

① 初始化。假设生成的初始解 $\boldsymbol{i}$=(a b c d)，将之作为最优解 $\boldsymbol{s}$，设定禁忌表 $\boldsymbol{H}$ 为空，根据距离矩阵 $\boldsymbol{D}$ 算得 $f(\boldsymbol{s})=f(\boldsymbol{i})=1+1+1+1=4$。

② 第一次迭代。在 $\boldsymbol{H}$ 限制下构造 $\boldsymbol{i}$ 的邻域 $\boldsymbol{A}$：

交换 b、c→(a c b d)→f=0.5+5+1+1=7.5；

交换 b、d→(a d c b)→f=1+1+5+1=8；

交换 c、d→(a b d c)→f=1+1+1+1.5=4.5。

选择质量最好的解 $\boldsymbol{j}$=(a b d c)替换当前解 $\boldsymbol{i}$，有 $\boldsymbol{i}=\boldsymbol{j}$=(a b d c)，更新禁忌表 $\boldsymbol{H}$={(c d)2}，2 为禁忌期限，表示 2 次迭代以内避免交换城市 c 和 d。由于 $f(\boldsymbol{i})=4.5>f(\boldsymbol{s})=4$，故最优解 $\boldsymbol{s}$=(a b c d)保持不变。

③ 第二次迭代。在 $\boldsymbol{H}$ 限制下构造 $\boldsymbol{i}$ 的邻域 $\boldsymbol{A}$：

交换 b、c→(a c d b)→f=0.5+1+1+1=3.5；

交换 b、d→(a d c b)→f=1+1+1+1.5=4.5。

选择质量最好的解 $\boldsymbol{j}$=(a c d b)替换当前解 $\boldsymbol{i}$，有 $\boldsymbol{i}=\boldsymbol{j}$=(a c d b)，更新禁忌表 $\boldsymbol{H}$={(c d)1, (b c)2}。由于 $f(\boldsymbol{i})=3.5<f(\boldsymbol{s})=4$，故更新最优解 $\boldsymbol{s}$=(a c d b)。

④ 第三次迭代。在 $\boldsymbol{H}$ 限制下构造 $\boldsymbol{i}$ 的邻域 $\boldsymbol{A}$：

交换 b、d→(a c b d)→f=0.5+5+1+1=7.5。

选择质量最好的解 $\boldsymbol{j}$=(a c b d)替换当前解 $\boldsymbol{i}$，有 $\boldsymbol{i}=\boldsymbol{j}$=(a c b d)，更新禁忌表 $\boldsymbol{H}$={(b c)1, (b d)2}，注意此时禁忌对象(c d)解禁。由于 $f(\boldsymbol{i})=7.5>f(\boldsymbol{s})=3.5$，故最优解 $\boldsymbol{s}$=(a c d b)保持不变。

至此前三次迭代过程完成，此时如果要继续迭代，由于只有对象(c d)不被禁忌，将会出现从解(a b d c)到解(a b c d)的过程，因此搜索过程出现了循环。在实际应用时，通过选择更好的禁忌对象，设置合理的禁忌期限，或采用更好的参数，以避免循环的出现，从而提高算法的性能。

11.4.5 禁忌搜索算法展望

禁忌搜索算法作为一种经典的元启发式算法，在问题求解和优化领域显示出了强大的能力，在各行各业中都有广泛的应用潜力。截至 2023 年 8 月，中国知网收录的禁忌搜索算法相关期刊论文达 6800 余篇，学位论文 1351 篇，相关会议 206 场，通过国家知识产权局查询到相关专利 460 篇。从目前对禁忌搜索算法的研究情况来看，虽然已经取得了一定的进展，但在一些方面仍可以进一步改进，主要包括：

（1）算法性能的提升

禁忌搜索算法虽然在解决许多实际问题上表现良好，但仍然存在一些难以解决的优化问题。

研究人员可以针对这些问题改进算法，以进一步提升算法的性能和效率。

（2）禁忌策略的设计

禁忌搜索算法中禁忌策略的设计对算法的效果有重要影响。目前已存在一些常见的禁忌策略，如禁忌长度、禁忌列表的管理方法等。研究人员可以进一步探索不同的禁忌策略的设计，包括新的禁忌策略、适应性禁忌策略等，以提高算法的性能和适应性。

（3）算法的鲁棒性和收敛性

禁忌搜索算法在处理大规模问题或复杂问题时可能面临鲁棒性和收敛性方面的挑战。研究人员可以关注算法的鲁棒性，使其在面对不确定性、噪声时或在非理想条件下仍能有效地求解问题。同时，进一步研究算法的收敛性，以确保算法能够在可接受的时间内找到较优解。

（4）与其他优化方法的结合

禁忌搜索算法可以与其他优化方法相结合，形成混合优化方法，以充分发挥各自的优势。例如，结合禁忌搜索与遗传算法、粒子群优化算法等，可以探索更灵活、高效的优化方案。

（5）算法的并行化和分布式求解

随着计算机硬件的发展，研究人员可以探索将禁忌搜索算法并行化或应用于分布式计算环境中。这样可以加速求解过程，提高算法的处理能力和效率。

（6）算法应用领域的深入研究

禁忌搜索算法已在各个领域得到应用，但每个领域的问题特点和约束条件各不相同。进一步研究禁忌搜索在特定领域的应用，设计领域特定的禁忌策略或算法变体，可以更好地满足实际问题的需求。

本章小结

本章主要讲解了三种经典优化算法的主要原理和应用方法。首先，叙述了单点搜索算法的基本概念和特点，分析了单点搜索算法的研究现状；然后，介绍了模拟退火算法的基本原理、组成要素和计算流程，并通过实例演示了模拟退火算法的具体应用；最后，介绍了禁忌搜索算法的原理和特点，通过实例讲解其组成要素和计算流程，并对算法的研究前景进行了展望。

习题

习题 11-1：简述单点搜索算法的含义。
习题 11-2：说明单点搜索算法有哪些分类。
习题 11-3：单点搜索算法的优缺点有哪些？

习题 11-4：简述模拟退火算法的含义。
习题 11-5：模拟退火算法的优缺点有哪些？
习题 11-6：你认为模拟退火算法未来还能在哪些领域有建树？
习题 11-7：简述禁忌搜索算法的含义。
习题 11-8：简述禁忌搜索算法的基本思想。
习题 11-9：你认为禁忌搜索算法未来还能在哪些领域有建树？

第 12 章

专家系统

扫码获取配套资源

专家系统（expert system, ES）是符号主义和知识工程的产物，也是人工智能最早实现商业化的技术，其应用渗透到几乎各个领域。目前开发的上千种专家系统中，有不少已经在功能上达到甚至超过同领域人类专家的水平，并在实际应用中产生了巨大的经济效益。

本章将重点讲解专家系统的概念、作用、特点、组成结构、主要类型和开发技术，尽可能简单清晰地呈现专家系统的主体框架和相关理论。

思维导图

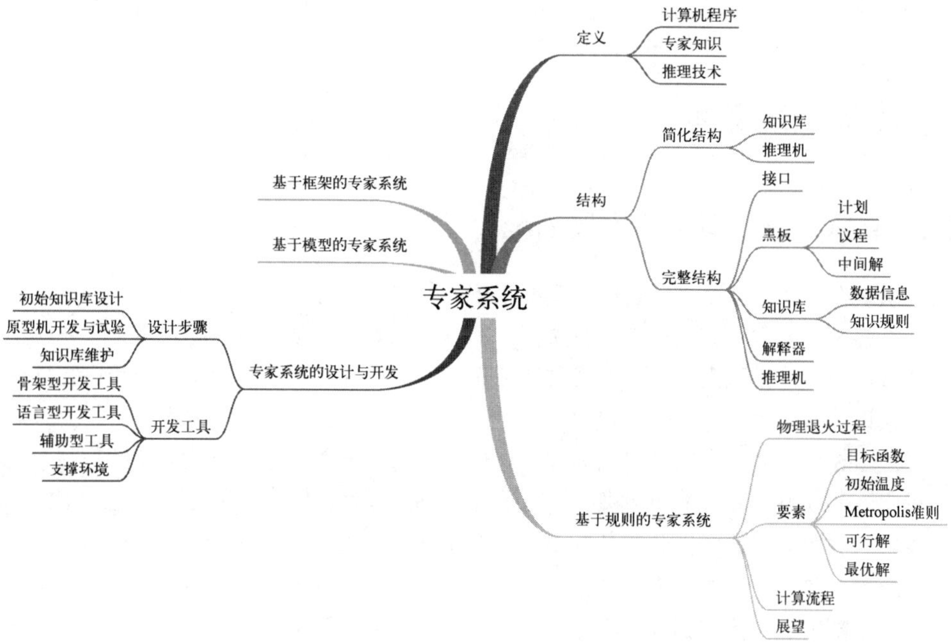

学习目标

1. 理解专家系统的定义和作用，了解专家系统的特点。
2. 熟悉专家系统的组成结构，理解专家系统各组成部分的作用。
3. 熟悉专家系统的类型，理解并掌握常见类型的专家系统的原理。
4. 了解专家系统的开发技术，初步熟悉开发专家系统所采用的工具。

案例引入

美国斯坦福大学于 1972 年开始研制一个用于细菌感染患者诊断和治疗的专家系统，称为 MYCIN，并于 1978 年完成。MYCIN 自带的知识库中有二百多条诊断规则，可以实现识别病菌、处理抗生素等，能够像真正的人类医生一样工作：用户提交患者数据，MYCIN 利用预存的知识和规则以及患者数据，经过逻辑分析，形成临床结论以及治疗建议，同时能够对用户反馈的信息进行解释。此外，MYCIN 还具备学习能力，当遇到知识库没有的知识时，可以与行业专家进行人机交流，获取专家的经验和知识并存放到知识库中。总体来讲，MYCIN 有三个主要功能：一是在临床上提出有用的建议；二是在需要时针对决策进行说明解释；三是从行业专家处直接获取专业知识。

MYCIN 系统巨大的影响力在于其知识表达和推理方案所体现出的强大功能，这对于专家系统的发展有着重要的影响，被视为专家系统的设计规范。现在的专家系统大多都是参考 MYCIN 而设计研发的基于规则的专家系统。其中，EMYCIN 系统就是以 MYCIN 为基础，抽去 MYCIN 固有的细菌感染病知识而得到的一个与领域无关的框架，已成为开发专家系统的骨架型工具。

12.1 专家系统概述

12.1.1 专家系统的概念与发展简况

专家系统在实质上就是一个智能计算机程序，其内部含有大量的某个领域专家水平的知识和经验，能够利用人类专家的知识和解决问题的方法来处理该领域的问题。专家系统应用人工智能和计算机技术，模拟人类专家的思维和决策过程，根据某领域的知识、经验进行推理与判断。简单来说，专家系统就是一种模拟人类专家解决领域问题的计算机程序系统。

20 世纪 60 年代初，人工智能的研究中出现了运用逻辑学和模拟心理活动的一些通用问题的求解程序，可以用来证明定理和进行逻辑推理。1965 年，费根鲍姆（E. A. Feigenbaum）等人在总结通用问题求解系统的经验的基础上，结合化学领域的专门知识，研制了世界上第一个专家系统 DENDRAL，其主要功能是推断化学分子结构。其后二十多年，知识工程和专家系统的理论和技术不断发展，渗透到了化学、数学、物理、生物、医学、农业、气象、地质勘探、军事、工程技术、法律、商业、空间技术、计算机设计和制造等众多领域，各种专家系统如雨后春笋一般诞生，在实际应用中产生了巨大的经济效益。

专家系统的发展已经历了三个阶段，正在向第四代过渡和发展。第一代专家系统（DENDRAL、MACSYMA等）以高度专业化、求解专门问题的能力强为特点，但在体系结构的完整性和可移植性、系统的透明性和灵活性等方面存在缺陷，求解问题的能力较弱；第二代专家系统（MYSIN、CASNET、HEARSAY等）属单学科专业型、应用型系统，其体系结构较为完整，移植性方面也有所改善，而且在系统的人机接口、解释机制、知识获取技术、不确定推理技术、增强专家系统的知识表示和推理方法的启发性、通用性等方面都有所改进；第三代专家系统属多学科综合型系统，采用多种人工智能语言开发，综合运用各种知识表示方法和多种推理机制及控制策略，并开始利用各种知识工程语言、骨架系统及专家系统开发工具和环境来研制大型、综合性专家系统。未来的第四代专家系统将向着多专家多学科协作、多种知识表示、综合知识库、自组织解题机制、并行推理、深度学习知识获取等方面发展，具有多知识库、多主体、技术高度集成的鲜明特点。

12.1.2 专家系统的特点

专家系统主要有以下几个特点：

① 启发性：专家系统能够运用专家的知识和经验进行推理、判断和决策；

② 透明性：专家系统能够解释本身的推理过程并回答用户提出的问题，以便让用户能够了解推理过程，提高对专家系统的信赖度；

③ 灵活性：专家系统能够通过学习不断地增长知识，修改和更新原有知识，从而扩展应用范围；

④ 符号操作：专家系统是符号主义的产物，强调符号处理和符号操作，使用符号表示知识，用符号集合表示问题的概念，其推理过程主要依赖于知识和规则的符号表示；

⑤ 不确定性推理：专家系统能够综合应用模糊和不确定的信息与知识进行推理。

专家系统的优点主要有：

① 高效、准确、迅速、不知疲倦；

② 不受环境影响，不会遗漏忘记；

③ 不受时间和空间的限制，易于广泛传播和推广珍贵的专家知识、经验和能力；

④ 能够汇聚多领域专家的知识和经验，协作解决重大问题；

⑤ 研制和应用专家系统具有巨大的经济效益和社会效益；

⑥ 研究专家系统能够促进科学技术的发展，会对科技、经济、教育、社会和生产生活产生极其深远的影响。

12.1.3 专家系统的结构

专家系统的结构是指专家系统各组成部分的构造方法和组织形式，与专家系统的适用性和有效性密切相关。值得注意的是，专家系统的结构应根据系统的应用环境和任务特点而定。

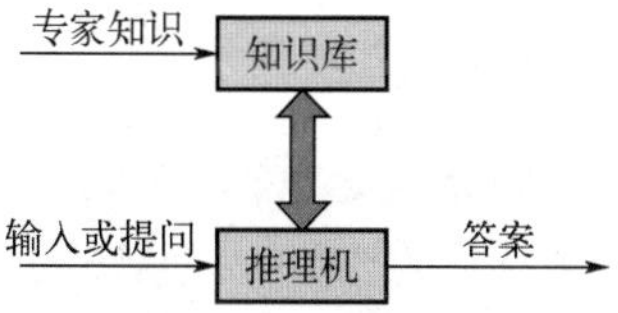

图12-1 专家系统的简化结构

在专家系统的简化结构中只包含专家系统最为核心的两个部件，即知识库和推理机，如图12-1所示。知识库与专家进行信息交换，用户与推理机进行信息交换，推理机则与知识库进行信息交换，最终给出推理结果。因此，专家系统的简化结构实际上就是体现专家、用户、知识库及与推理机之间的协作关系。

专家系统的完整结构则要复杂得多，如图 12-2 所示，主要包括以下部件。

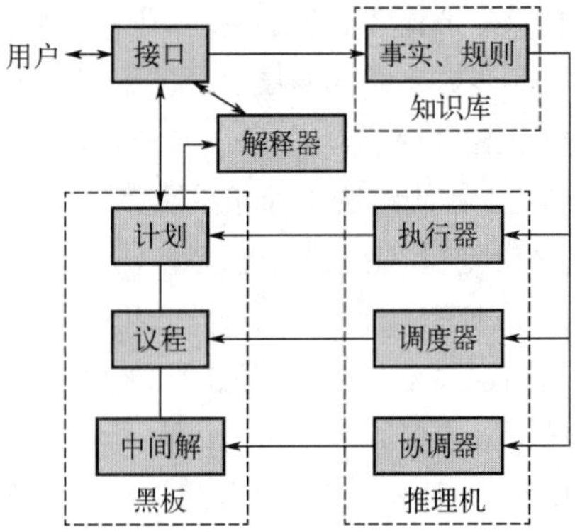

图 12-2 专家系统的完整结构

(1) 接口

接口即人机交互界面，用来识别和解释用户向系统提供的各种信息以作为系统的输入，将系统的决策转换为用户易理解的形式向用户输出。接口使用户能够输入必要的数据、提出问题和了解推理过程及推理结果等。专家系统通过接口向用户提问，并回答用户提出的问题，当用户不理解系统的输出时，还能够通过接口向用户进行必要的解释。

(2) 黑板

黑板即综合数据库，也称全局数据库或总数据库，用来存储领域知识或问题的初始数据，记录推理过程中用到的控制信息、中间假设和中间结果，包括计划、议程和中间解三个部分。其中，计划记录了当前问题的总体处理计划、目标、当前状态和背景，议程记录了一些待执行的动作，中间解存放当前已产生的结果和候选假设。

(3) 知识库

知识库是一个用于存储领域专门知识的数据库，主要包括两部分：一是已知的与当前问题有关的数据信息；二是进行推理时需要用到的一般知识和领域知识，这些知识大多以规则、可行操作和过程等形式表示。知识库涉及知识获取和知识表示两个方面，其中知识获取解决知识工程师与领域专家的交流沟通问题，知识表示则要解决如何运用计算机以用户能够理解的形式来表达和存储知识的问题。

(4) 推理机

推理机是一个用于记忆推理规则和控制策略的程序，使整个专家系统能够以逻辑方式协调地工作，主要包括执行器、调度器和协调器。其中，调度器用来从议程中选择系统下一步要执行的动作，执行器应用知识库及黑板中记录的信息来执行调度器所确定的动作，而协调器则用来对得到的结果进行修正，使结果保持前后的一致性。推理机能够根据知识进行推理并导出结论，而不是简单地搜索知识库。

(5) 解释器

解释器是一个用来向用户解释专家系统行为的程序，包括解释结论的正确性及系统输出其他候选解的原因，通常需要利用黑板中记录的中间结果、中间假设和知识库中的知识。

12.1.4 专家系统的类型

根据工作任务和应用领域的不同，专家系统有各种不同的类型。10 种常见的专家系统简要介绍如下。

（1）解释专家系统

解释专家系统通过对已知信息和数据的分析和解释确定其含义。特点是：能够从不完全的信息中得到解释，并对数据做出某些假设，但所需数据量大，结论往往不准确或不完全，推理过程复杂。该系统可用于卫星云图分析、集成电路分析、染色体分类、化学结构分析、地质勘探数据解释、丘陵找水等。

（2）预测专家系统

预测专家系统通过对历史数据和已知状况的分析，推断未来可能发生的情况。特点是：能够建立随时间变化的动态模型，根据不完全和不准确的信息快速预报，但处理的数据随时间变化，结论可能不准确或不完全。该系统可用于恶劣气候预报、战场前景预测、农作物病虫害预报等。

（3）诊断专家系统

诊断专家系统根据观察到的情况来推断对象机能失常或发生故障的原因。特点是：能够了解诊断对象各组成部分的特性及联系，区分一种现象及其所掩盖的另一种现象，向用户提出测量数据，并从不确切的信息中得出尽可能正确的诊断结果。该系统可用于医疗诊断系统、机械故障诊断系统、材料失效诊断系统等。

（4）设计专家系统

设计专家系统根据设计要求，得出满足设计问题约束条件的目标配置。该系统可用于电子电路设计、土木建筑工程设计、计算机结构设计、机械产品设计和生产工艺设计等。

（5）规划专家系统

规划专家系统构建某个能够达到给定目标的动作序列或步骤。特点是：能够对未来动作做出预测，所涉及的问题复杂，需要处理好各子目标间的关系，通过试验性动作得出可行规划。该系统可用于机器人规划、交通运输调度、军事指挥调度等。

（6）监视专家系统

监视专家系统对系统、对象或过程的行为进行不断观察，把观察到的行为与其应当具有的行为进行比较，以期发现异常并发出警报。该系统可用于核电站安全监视、防空监视与警报、疫情监视、农作物病虫害监视与警报等。

（7）控制专家系统

控制专家系统自适应地管理一个被控对象的全面行为，使之满足预期要求。特点是：能够解释当前情况，预测未来可能发生的情况，诊断问题及原因，不断修正计划并控制计划的执行。该系统可用于交通管制、商业管理、自主机器人控制、生产过程控制、产品质量控制等。

（8）调试专家系统

调试专家系统对失灵的对象给出处理意见和方法，同时具有规划、设计、预报和诊断等专家系统的功能。该系统可用于新产品或新系统的调试，也可用于维修站来进行检修设备的调整、测量与试验。

（9）教学专家系统

教学专家系统能够根据学生的特点、弱项和基础知识，以最适当的教案和教学方法对学生进行教学和辅导。特点是同时具有诊断和调试功能，并具有良好的人机界面。例如，麻省理工学院的符号积分与定理证明系统、计算机程序设计语言的辅助教学系统等。

（10）修理专家系统

修理专家系统对发生故障的对象进行处理，使其恢复正常工作，同时具有诊断、调试、计划和执行等功能。例如，美国贝尔实验室的ACI电话和有线电视维护修理系统。

此外，还有一些其他类型的专家系统，如决策专家系统和咨询专家系统等，其原理请参看相关资料，本书不再详述。

12.2 基于规则的专家系统

12.2.1 基于规则的专家系统的基本结构

如前所述，知识可以表示成产生式规则，即 if-then 规则，具有 if（条件）then（行为）的结构。如果能够明确前提条件，找到符合前提条件的规则并应用，就可以得到明确的结果。例如，对动物分类制定如下规则：

- if（有毛发 or 能产乳）and（（有爪子 and 有利齿 and 前视）or 吃肉）and 黄褐色 and 黑色条纹，then 老虎；
- if（有羽毛 or（能飞 and 生蛋））and 不会飞 and 游水 and 黑白色，then 企鹅。

在基于规则的专家系统中，知识用一组规则来表达。当某个规则的条件被满足时则触发该规则，继而执行该规则对应的行为。基于规则的专家系统，采用基于规则推理的方法，就是将专家所掌握的现有知识和经验转化为规则并进行启发式推理，推理过程比较明确，只要规则正确，结论就比较准确，因此该系统简单实用，应用范围比较广泛，是最早期的一种专家系统。

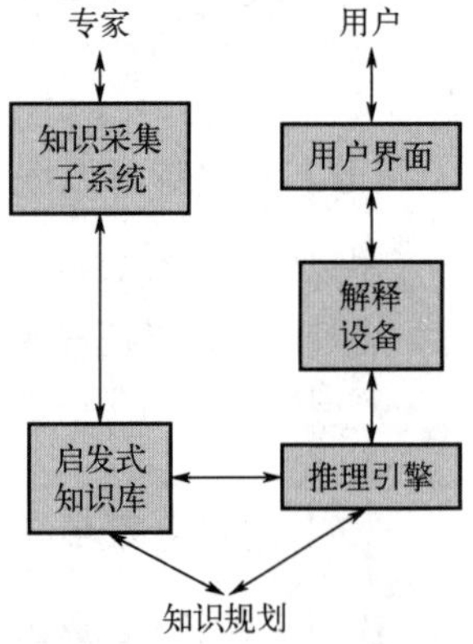

图 12-3 基于规则的专家系统的组成原理

基于规则的专家系统由 4 个部分组成：知识库、推理引擎、解释设备和用户界面。系统的基本原理图如图 12-3 所示。

① 知识库用来存放规则，包含解决问题的相关领域知识，这些知识由谓词演算事实和有关讨论主题的规则构成，知识采集子系统协助完成专家知识的获取和表示。

② 推理引擎由所有操纵知识库来演绎用户要求的信息的过程构成，如消解、前向推理和反向推理。推理引擎链接知识库中的规则和数据库中的事实，通

过执行推理将事实和规则联系起来，推理出结果，专家系统由此来找到解决方案。

③ 解释设备分析被系统执行的推理结构，并向用户解释结果是如何推理得到的，用户也可以使用解释设备来查看专家系统得出解决方案的过程。

④ 用户界面是某种自然语言处理系统或者是带有菜单的图形接口界面，是实现用户查询问题解决方案并与专家系统开展交流的途径。

12.2.2　基于规则的专家系统的特点

基于规则的专家系统具有以下优点：

① 采用自然化的知识表达，规则的构造形式非常符合人类的认知方式；

② 规则具备统一形式的结构，便于新知识的添加和维护；

③ 知识便于处理和隔离；

④ 在处理不完整和不确定的知识时，可以在给出结论时输出多个选项，并标明各选项的置信度。

基于规则的专家系统的主要缺点有：

① 规则的构造严重依赖于专家的知识和经验积累，知识和经验如果不准确则推理结果也就会不准确；

② 各规则之间的关系不清晰，主要原因在于系统没有对知识体系结构的表示；

③ 推理过程实际上是对规则条件的搜索匹配过程，如果知识库较大，搜索效率就会降低；

④ 系统没有学习的能力，更新迭代主要依赖专家经验的不断积累。

12.2.3　基于规则的专家系统实例

下面这个例子是一个运用 EMYCIN 开发的医疗专家系统。

【例 12-1】 EMYCIN 医疗专家系统。

EMYCIN 医疗专家系统采用逆向推理的深度优先控制策略，规则形式为

<IF<前提> THEN<行为> [ELSE<行为>]>

应用场景：判断细菌类别。

```
PREMISE: [$ AND (SAME CNTXT SITE BLOOD)        //出现于血液
          (NOTDEFINITE CNTXT IDENT)            //类别不明
          (SAME CNTXT STAIN GRAMNEG)           //革兰氏阴性
          (SAME CNTXT MORPH ROD)               //外形是杆状
          (SAME CNTXT BURN T)]                 //烧伤严重
ACTION: (CONCLUDE CNTXT INEDT PSEUDOMONASTALLY 0.4)
```

结论：被检物的类别是假单菌的置信度为 0.4。

EMYCIN 医疗专家系统提供良好的用户接口，当用户对系统的某个提问感到不解时，可以通过 WHY 命令向系统询问为什么会提出这样的问题。对于系统所得出的结论，用户还可以通过 HOW 命令向系统询问如何得出这个结论。这样，用户可以避免盲目地按照系统所提供的策略去执行。EMYCIN 医疗专家系统还提供了很有价值的跟踪及调试程序，并附有一个测试例子库，为用户开发系统提供了极大的帮助。

12.3 基于框架的专家系统

12.3.1 基于框架的专家系统的定义

基于框架的专家系统可以看作基于规则的专家系统的一种自然推广，是指采用框架知识表示方法的专家系统，主要运用框架这种数据结构来描述事实和概念。当遇到某个概念（即面向对象方法中的类）的特定实例（即面向对象方法中的对象）时，就向框架中输入这个实例的相关属性值。将编程语言中引入框架的概念后，就形成了面向对象的编程技术。因此可以认为，基于框架的专家系统对应于面向对象的编程技术，其组成结构如图 12-4 所示。

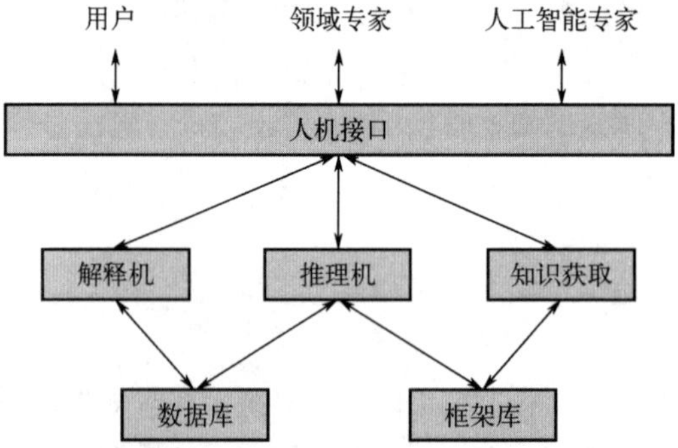

图 12-4 基于框架的专家系统的结构原理图

12.3.2 基于框架的专家系统的特点

在基于规则的专家系统中，推理引擎将包含在知识库中的规则和数据库中给定的数据链接起来。如果目标已经设置，即当专家系统收到指令去确定某个具体对象的取值时，推理引擎搜索知识库，寻找在后项（then 部分）中包含目标的规则。若找到这样的规则，其前项（if 部分）和数据库中的数据能够匹配，则激发该规则，同时指定的对象（即目标）获得取值；若没有得到这样的规则，系统就可以启动附加过程向用户询问，要求用户提供该值。

基于框架的专家系统中的推理机向知识库中特定的框架发送消息以启动特定的附加过程（一般是框架中的 if needed 或 if added 槽），根据返回值决定下一步的附加过程。例如，要确定一个人的年龄，已匹配知识库中的框架为

```
staff
   age        NIL
if needed     ASK
  if added    CHECK
```

由于 age 的属性值未知，此时系统将自动启动 if needed 槽的附加过程 ASK 程序，向用户寻求输入，当用户输入的数值为 25 时，就将 25 作为框架 staff 的 age 槽的值；进而启动 if added 槽的 CHECK 程序，用来检查该值是否为合法的数值。如果 age 有缺省值 20，那么就将直接采用缺省值作为 age 槽的值。

在基于框架的专家系统中，推理引擎也会对目标或指定的属性进行搜索，直到得到属性的值为止。在基于规则的专家系统中，目标是为规则库而定义的；而在基于框架的专家系统中，

规则只是辅助的角色，框架才是知识的主要来源，方法和检查程序都是为了在框架中增加动作而产生。因此，基于框架的专家系统的目标可以在方法中建立，也可以在检查程序中建立。

基于框架的专家系统与产生式系统的对比如表 12-1 所示。

表 12-1 基于框架的专家系统与产生式系统的对比

项目	产生式系统	基于框架的专家系统
知识表示单位	规则	框架
推理机理	固定，同知识库独立	可变，与知识库一体
建立知识库难度	容易	困难
通用性	差	强
应用	简单问题	复杂问题
用户	初学者	专家

12.3.3 基于框架的专家系统实例

下面这个例子是一个船舶装载专家系统，可以看到各种类型的货物均以框架的形式存储在知识库中。

【例 12-2】 船舶装载专家系统。

图 12-5 所示是为描述货物的特性而建立的框架系统，知识库构成树状结构。树的每一个节点采用如下框架形式：

```
<框架名>
    AKO        VALUE       <值>      //框架类别
    PEOP       DEFAULT     <表 1>    //当<表 1>不为空时 PEOP 的槽值为<表 1>
    SF         IF-NEEDED   <算术表达式>//当<表 1>为空时 PEOP 的槽值用其
                                         父节点的 PEOP 槽值来代替
    CONFLICT   ADD         <表 2>      //添加的下一节点
```

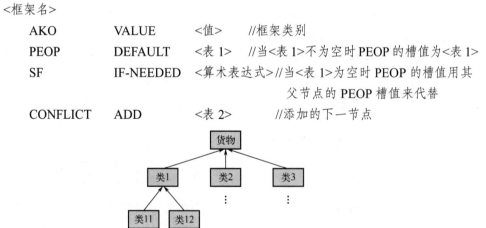

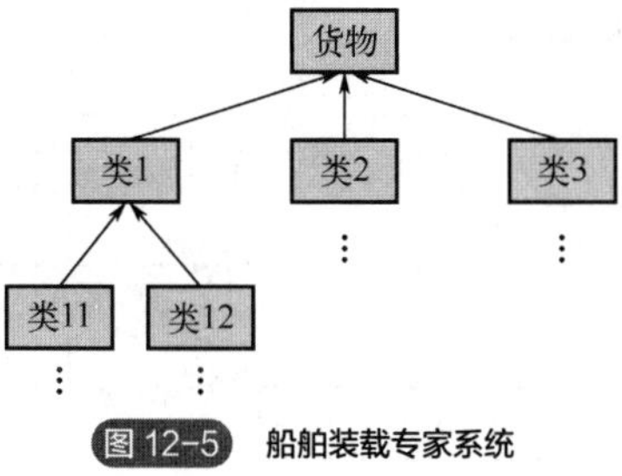

图 12-5 船舶装载专家系统

12.4 基于模型的专家系统

12.4.1 基于模型的专家系统的定义

基于模型的专家系统中的知识库是由各种模型组合而成的，这些模型又往往是定性的模型。由于模型的建立与知识密切相关，因此有关模型的获取、表达和使用就涵盖了知识工程的三个方面，即知识获取、知识表示和知识运用。如果用知识工程的观点来看待专家系统的设计，可以认为专家系统是由一些原理与运行方式不同的模型综合而成的，这样的专家系统就称为基于模型的专家系统。

采用各种模型设计专家系统，一方面增加了系统的功能，提高了性能指标，另一方面可以独立深入地研究各种模型及其相关问题，把获得的结果用于改进系统。

12.4.2 基于模型的专家系统的特点

基于模型的专家系统主要具有以下特点：

① 根据反映事物内部规律的客观世界的模型进行推理；

② 基于启发式规则的推理是浅层推理，运用专家经验，推理效率高，但解决问题的能力较弱，而基于模型的推理为深层推理，接触事物的本质内容，解决问题的能力强，但推理效率较低；

③ 基于浅层推理和深层推理相结合的系统，称为第二代专家系统；

④ 因果模型由各部件有因果关系的特性组成，其中一个特性的值由另一个或多个其他特性的值所决定；

⑤ 在因果模型中，有些特性是可以观察到的，而有些特性则是观察不到或很难观察的，需要根据与其他特性间的因果关系来推理并确定；

⑥ 因果模型可以用语义网络来表示，其中节点表示特性，节点之间的连线表示因果关系。

12.4.3 基于模型的专家系统实例

下面这个例子就是一个用语义网络表示的基于因果模型的故障诊断专家系统。

【例 12-3】基于因果模型的电路故障诊断。

如图 12-6（a）所示电路，若电源和接地良好，且开关（即接点 3）闭合，则灯泡就会亮。如果电源接通，开关和接点都闭合，但灯 1 不亮，试查找故障原因。

解：建立电路的因果模型，如图 12-6（b）所示。

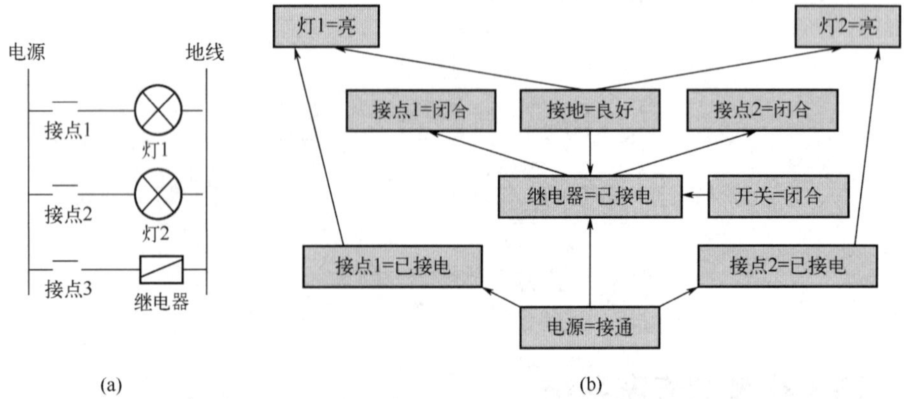

图 12-6 电路及其故障诊断因果模型

从电路的因果模型中查看“灯 1=亮”节点，前提条件有“接地=良好”“接点 1=已接电”和“接点 1=闭合”，因此引起灯 1 不亮的故障原因有 4 个，即灯泡 1 损坏、接地不良、接点 1 未接通电源、接点 1 未闭合。

从已知条件可知，电源已接通，且开关和接点都闭合，根据因果模型可知，接地良好，接点 1 已接电，接点 1 闭合，因此上述故障原因中可排除其中 3 个，故只剩下最后一个故障原因：灯泡 1 损坏。

下面再来看一个更加复杂的故障诊断专家系统，同样采用了语义网络来表示因果模型。

【例 12-4】基于启发式规则和因果模型的专家系统。

系统采用框架表示模型，用规则形式表示启发性知识，用元规则表示控制知识，决定何时利用哪些规则进行规则推理，或何时和如何触发基于模型的推理。启发式规则和因果模型如图 12-7 所示。

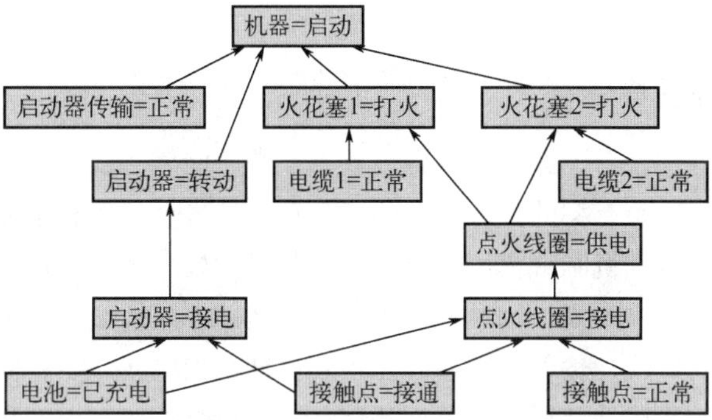

图 12-7　启发式规则和因果模型

关于启动器不转的规则为：

<检验规则>

症状：灯=能亮

～启动器=转动

网络：启动

触发器：启动器=转动

<当前情况>

启动器=转动　异常

电池=已充电　正常

接触点=接通　异常

检验规则中的触发器应从[启动器=转动]开始，查到[启动器=接电]→[电池=已充电]&[接触点=接通]，由于已告知电池已充电，故排除电池故障，因此故障只剩下“接触点接通异常”。

12.5　专家系统的设计与开发

12.5.1　专家系统的设计步骤

专家系统的设计一般可按如下三个步骤进行。

（1）初始知识库的设计

知识库的设计是建立专家系统最重要和最艰巨的任务。初始知识库的设计大致包括五个部分：①问题知识化，即辨别所研究问题的实质，如要解决的任务是什么、任务是如何定义的、可否把任务分解为子问题或子任务、包含哪些典型数据等；②知识概念化，即概括知识表示所需要的关键概念及其关系，如数据类型、已知条件（状态）和目标（状态）、提出的假设以及控制策略等；③概念形式化，即确定用来组织知识的数据结构形式，应用人工智能中各种知识表示方法把与概念化过程有关的关键概念、子问题及信息流特性等变换为比较正式的表达，包括假设空间、过程模型和数据特性等；④形式规则化，即编制规则、把形式化了的知识变换为由编程语言表示的可供计算机执行的语句和程序；⑤规则合法化，即确认规则化了的知识的合理性，检验规则的有效性。

（2）原型机的开发与试验

在选定知识表达方法之后，即可着手建立整个系统所需要的试验子集，包括整个模型的典型知识，而且只涉及与试验有关的足够简单的任务和推理过程。选择合适的程序设计语言或专家系统开发工具，设计推理机制或借用工具语言已具备的推理机制，把形式化表示的知识以专家系统求解目标图解形式中的模块为单位，以逐个单元的方式把知识转换为程序设计语言或工具能接受的内部编码的形式，输入知识库。在不断供给知识库新知识的同时，要不断地对已有知识和新加入的知识的正确性及协调性进行测试。这种不断扩充知识库和不断测试的过程一般可以发现已形式化的知识是否存在不完善之处，从而可以在领域专家的配合下不断调整。

（3）知识库的维护

当开发出原型系统之后，让领域专家选择一些具有代表性的实例，用这些实例进行实际问题的求解，通过实例的运行可能发现新的问题，进而反复对知识库进行改进试验，归纳出更完善的结果。经过长时间的维护，使专家系统在一定范围内达到甚至超过人类专家的水平。

专家系统的设计过程如图 12-8 所示。

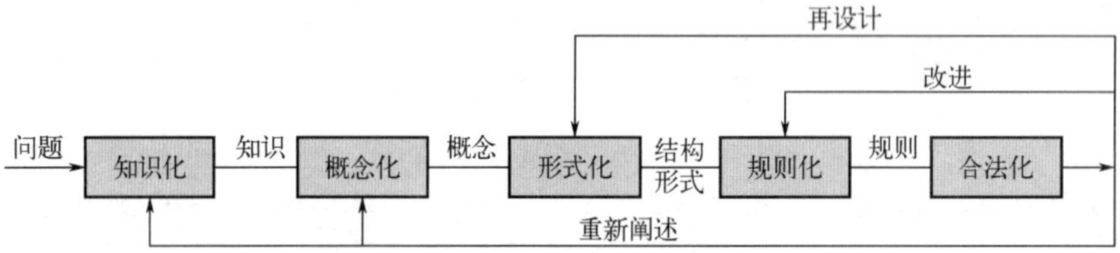

图 12-8 专家系统的设计过程

12.5.2 专家系统开发工具

专家系统开发工具是专门为高效率开发专家系统而设计的一种高级程序系统或高级程序设计语言环境，根据应用范围不同可分为骨架型、语言型和辅助型三类。

（1）骨架型开发工具

骨架型开发工具是从实际应用的专家系统中抽出了领域知识背景，保留了系统中推理机的结构，也就是说推理机完全独立于知识库，这样形成的工具称为骨架型工具，EMYCIN、EXPERT 等均属于此类型。其中，EMYCIN 是在细菌感染疾病诊断专家系统 MYCIN 的基础上，抽离了医疗专业知识，修改了不精确推理，增强了知识获取和推理解释功能之后构造而成的最早的专家系统工具之一。EXPERT 则是从石油勘探和计算机故障诊断专家系统中抽象并构造出来的，适用于开发诊断解释型专家系统。

骨架型开发工具的主要缺点是：原有骨架可能不适合当前问题，推理机中的控制结构也可能不符合专家新的求解问题方法，原有的规则语言可能无法完全表示所求解领域的知识，求解问题的专门领域知识可能不可识别地隐藏在原有系统中，而且应用范围较窄，只能用来解决与原系统类似的问题。

（2）语言型开发工具

语言型开发工具即专家系统开发语言，是具有很强的表处理能力的 LISP 语言，如 OPS5、OPS83、RLL、ROSIE 等，开发人员可以用其来直接编写专家系统。语言型开发工具不与具体的体系和范例有紧密联系，也不偏向于具体问题的求解策略和表示方法，提供给用户的是建立专家系统所需要的基本机制，用户可以通过一定手段来影响其控制策略。

语言型开发工具的特点是通用性好，应用广泛，但用户不易掌握，对具体领域知识的表达比较困难，在与用户对话和对结果的解释方面不如骨架型开发工具。

（3）辅助型工具

辅助型工具是根据开发机、推理机和人机界面三部分的逻辑功能所设计的能够独立完成某一部分逻辑功能的工具系统，可以支撑整个专家系统的开发周期，包括专家知识获取工具、解释系统、自然语言接口等，AGE、TEIRESIAS、EXPERT-EASE 等就属于这一类工具。辅助型工具在一定范围内带有通用性，不仅能广泛地用于不同领域的实用专家系统的开发，也可单独作为功能完善的实用软件。

例如，AGE 是用 INTERLISP 语言实现的专家系统开发工具，提供了一整套组件，能够用来“装配”专家系统，主要包括 4 个子系统：

- 设计子系统：指导用户使用组合规则的预组合模型；
- 编辑子系统：辅助用户选用模块，装入领域知识和控制信息，构造推理机；
- 解释子系统：执行用户程序，进行知识推理以求解问题，提供查错手段；
- 跟踪子系统：为用户开发的专家系统进行全面的运行跟踪和测试。

另一种辅助构造工具 TEIRESIAS 能够帮助知识工程师把一个领域专家的知识植入知识库，利用元知识来进行知识获取和管理，是一个典型的知识获取工具。其主要功能有：

- 知识获取：理解专家以特定的非口语化的自然语言表达的领域知识；
- 知识库调试：发现知识库的缺陷，提出修改建议，用户不必了解知识库的细节就可以调试知识库；
- 推理指导：利用元知识对系统的推理进行指导；
- 系统维护：诊断系统错误的原因，进行修正或学习；
- 运行监控：对系统的运行状态和推理过程进行监控。

（4）支撑环境

支撑环境是一个附带的软件包，帮助开发者进行程序设计，以便使用户界面更友好，常被作为知识工程语言的一部分，一般包括 4 个典型组件：

- 调试辅助工具：跟踪设施和断点程序，进行中断调试；
- 输入/输出设施：使用户能够与运行的系统对话；
- 解释设施：解释系统如何达到一个特定状态，处理假设推理和反事实推理；
- 知识库编辑器：手工修改规则和数据的标准文本编辑器，能够进行语法和一致性检查，记录修改信息，将新知识输入到系统中。

本章小结

本章主要介绍专家系统的概念、原理、类型和开发技术，论述了专家系统的定义和特点，介绍了常见专家系统的类型，并通过实例演示了专家系统的应用过程，最后总结了实用的专家系统设计与开发工具，旨在使读者简要全面地了解专家系统的应用原理和技术现状。

习题

习题 12-1：什么是专家系统？专家系统有什么特点？

习题 12-2：一个完整的专家应包括哪些组成部分？各部分的作用是什么？

习题 12-3：常见的专家系统有哪些类型？各自的主要原理是什么？

习题 12-4：设计和开发专家系统时可以采用哪些专用工具？各有何优势？

参考文献

[1] 蔡自兴. 人工智能基础[M]. 北京：高等教育出版社, 2005.

[2] Glover F. Future paths for integer programming and links to artificial intelligence[J]. Computers & operations research, 1986, 13(5): 533−549.

[3] REEVES C R. Modern Heuristic Techniques for Combinatorial Problems[M]. Oxford, England: Blackwell Scientific Publishing, 1993.

[4] 莫愿斌，刘贺同. 优化算法的信息原理与群搜索[J]. 计算机工程与设计, 2008(04): 909−913.

[5] Christian Blum, Andrea Roli. Metaheuristics in combinatorial optimization: Overview and conceptual comparison[J]. ACM computing surveys (CSUR), 2003, 35(3): 268−308.

[6] Van Laarhoven P J M, Aarts E H L. Simulated annealing[M]// Simulated annealing: Theory and applications. Dordrecht: Springer, 1987:7−15.

[7] Fred Glover. Tabusearchparti[J]. ORSA Journal on Computing, 1989, 1(3): 190−206.

[8] Resende M G C, Ribeiro C C. Greedy randomized adaptive search procedures[M]// Handbook of metaheuristics. Berlin: Springer, 2003: 219−249.

[9] Metropolis N, Arianna W, Marshall N, et al. Equation of State Calculations by Fast Computing Machines[J]. The Journal of Chemical Physics, 1953, 21: 1087−1092.

[10] Kirkpatrick S, Gelatt C, Vecchi M. Optimization by Simulated Annealing[J]. Science New Series, 1983, 200：671−680.

[11] Laarhovern P, Aarts E. Simulated Annealing Theory and Applications[M]. Dordrecht: D. Reidel Publishing Company, 1987.

[12] Deck G, Scheuer T. Threshold accepting: A general purpose optimization algorithm appearing uperior to simulated annealing[J]. Journal of Computational Physics, 1990, 90(1): 161−175.

[13] 胡山鹰，陈丙珍，何小荣，等. 非线性规划问题全局优化的模拟退火法[J]. 清华大学学报(自然科学版), 1997(6): 5−9.

[14] 陈华根，李丽华，许惠平，等. 改进的非常快速模拟退火算法[J]. 同济大学学报(自然科学版), 2006(08): 1121−1125.

[15]Nowicki E, Smutnicki C. A fast taboo search algorithm for the job shop problem[J]. Management Science, 1996, 42(6): 797−813.

[16] Pezzella F, Merelli E. A tabu search method guided by shifting bottleneck for the job shop scheduling problem[J]. European Journal of Operational Research, 2000, 120(2): 297−310.

[17] 童刚，李光泉，刘宝坤. 一种用于 Job−Shop 调度问题的改进禁忌搜索算法[J]. 系统工程理论与实践, 2001(09): 48−52.

[18] 张慕雪，张达敏，杨菊蜻，等. 基于禁忌搜索的蚁群优化算法[J]. 通信技术, 2017, 50(08): 1658−1663.

[19] Neter J, Wasserman W, Kutner M H. Applied Linear Statistical Models[J]. Technometrics, 1996, 39(3): 880−880.

[20] Mccullagh P. Generalized linear models[J]. European Journal of Operational Research, 1989, 16(3): 285−292.

[21] Mitchell T M. Machine Learning[M]. New York: McGraw−Hill, 2003.

[22] 李航. 统计学习方法[M]. 北京：清华大学出版社, 2012.

[23] Belhumeur P N, Hespanha J, Kriegman D J. Eigenfaces vs. Fisherfaces: Recognition Using Class Specific Linear Projection[M]. Berlin: Springer, 1996.

[24] Andrew N. Machine Learning: Hands−On[M]. 2nd Edition. London: Pearson Education, 2019.

[25] Quinlan, J R. Induction of decision trees[J]. Machine Learning, 1986, 1(1):81−106.

[26] Quinlan, J R. C4.5: Programs for machine learning [M]. New York: Morgan Kaufmann, 1993.

[27] Myles A J, Feudale R N, Liu Y, et al. An introduction to decision tree modeling[J]. Journal of

Chemometrics, 2010, 18(6).
[28] 周志华. 机器学习[M]. 北京：清华大学出版社, 2016.
[29] 张军. 计算智能[M]. 北京：清华大学出版社, 2009.
[30] Friedman N, Geiger D, Moisés Goldszmidt. Bayesian Network Classifiers[J]. Machine Learning, 1997, 29(2-3):131-163.
[31] Bishop C M. Pattern Recognition and Machine Learning [M]. New York: Springer, 2006.
[32] Wu X, Kumar V, Quinlan J R, et al. Top 10 algorithms in data mining[J]. Knowledge and Information Systems, 2007, 14(1):1-37.
[33] Domingos P, Pazzani M. On the optimality of the simple Bayesian classifier under zero-one loss[J]. Machine learning, 1997, 29(2-3):103-130
[34] Hartigan J A, Wong M A. Algorithm AS 136: A k-means clustering algorithm[J]. Journal of the Royal Statistical Society: Series C (Applied Statistics), 1979, 28(1):100-108.
[35] Jain A K. Data clustering: 50 years beyond k-means[J]. Pattern Recognition Letters, 2009, 31(8): 651-666.
[36] Hastie T, Tibshirani R, Friedman J H. The Elements of Statistical Learning[M]. 2nd edition. Berlin: Springer, 2009.
[37] Ester M, Kriegel H P, Sander J, et al. A density-based algorithm for discovering clusters in large spatial databases with noise[C]// Proceedings of the 2nd International Conference on Knowledge Discovery and Data Mining (KDD-96), 1996.
[38] Holland J H. Adaptation in natural and artificial systems: an introductory analysis with applications to biology, control, and artificial intelligence[M]. Cambridge, Mass.: MIT Press, 1992.
[39] 李华昌，谢淑兰，易忠胜. 遗传算法的原理与应用[J]. 矿冶, 2005, 14(1): 87-90.
[40] 吴亚楠，张剑. 一种基于 DQN 的改进 NSGA-Ⅱ算法[J]. 舰船电子工程, 2023, 43(4): 29-33.
[41] 房育栋，郝建忠，余英林，等. 遗传算法及其在TSP中的应用[J]. 华南理工大学学报：自然科学版, 1994, 22(3): 124-127.
[42] 李敏强，寇纪淞，林丹，等. 遗传算法的基本理论与应用[M]. 北京：科学出版社, 2002.
[43] Reynolds B A, Weiss S. Generation of neurons and astrocytes from isolated cells of the adult mammalian central nervous system[J]. Science, 1992, 255(5052): 1707-1710.
[44] Jain N K, Nangia U, Jain J. A review of particle swarm optimization[J]. Journal of The Institution of Engineers (India): Series B, 2018, 99: 407-411.
[45] 冯美英. 基于改进粒子群算法的气动机械手的控制研究[J]. 制造业自动化, 2011, 33(24): 112-114.
[46] Dorigo M, Maniezzo V, Colorni A. Ant system: optimization by a colony of cooperating agents[J]. IEEE Transactions on Systems, Man, and Cybernetics: Part b (Cybernetics), 1996, 26(1): 29-41.
[47] Goss S, Aron S, Deneubourg J L, et al. Self-organized shortcuts in the Argentine ant[J]. Naturwissenschaften, 1989, 76(12): 579-581.
[48] 圣文顺，徐爱萍，徐刘晶. 基于蚁群算法与遗传算法的 TSP 路径规划仿真[J]. 计算机仿真，2022，39(12): 398-402, 412.
[49] Dorigo M, Stützle T. The ant colony optimization metaheuristic: Algorithms, applications, and advances[J]. Handbook of Metaheuristics, 2003: 250-285.
[50] Dorigo M, Gambardella L M. Ant colony system: a cooperative learning approach to the traveling salesman problem[J]. IEEE Transactions on Evolutionary Computation, 1997, 1(1): 53-66.
[51] Bullnheimer B. A new rank based version of the ant system: A computational study[J]. Central Eur. J. Oper. Res. Econ., 1999, 7: 25-38.
[52] Stützle T, Hoos H H. MAX-MIN ant system[J]. Future Generation Computer Systems, 2000, 16(8): 889-914.